새들의 방식

새들의 방식

새들은 어떻게 말하고 일하고 놀고 양육하고 생각할까?

제니퍼 애커먼

조은영 옮김

The Bird Way : A New Look at How Birds Talk, Work, Play, Parent, and Think
by Jennifer Ackerman

역자 조은영(趙恩玲)
어려운 과학책은 쉽게, 쉬운 과학책은 재미있게 옮기려는 과학 도서 전문 번역가. 서울대학교 생물학과를 졸업하고 서울대학교 천연물과학대학원과 미국 조지아 대학교 식물학과에서 석사 학위를 받았다. 옮긴 책으로 『10퍼센트 인간』, 『문명의 자연사』, 『생물의 이름에는 이야기가 있다』, 『나무의 세계』, 『오해의 동물원』, 『언더랜드』, 『세상을 연결한 여성들』, 『세상에 나쁜 곤충은 없다』 등이 있다.

새들의 방식 :
새들은 어떻게 말하고 일하고 놀고 양육하고 생각할까?

저자/제니퍼 애커먼
역자/조은영
발행처/까치글방
발행인/박후영
주소/서울시 용산구 서빙고로 67, 파크타워 103동 1003호
전화/02 · 735 · 8998, 736 · 7768
팩시밀리/02 · 723 · 4591
홈페이지/www.kachibooks.co.kr
전자우편/kachibooks@gmail.com
등록번호/1-528
등록일/1977. 8. 5
초판 1쇄 발행일/2022. 1. 5

값/뒤표지에 쓰여 있음

ISBN 978-89-7291-758-8 03490

넬에게

차례

짝짓기

양육하기

새들의 방식

들어가는 글

새 한 마리를 보면서

"포유류에게는 포유류의 방식이, 새에게는 새의 방식이 있다." 한 과학자는 포유류의 뇌와 새의 뇌를 이렇게 간명하게 구분했다. 고도의 지능을 가진 존재를 창조하는 방식에 두 가지가 있다는 뜻이다.

그러나 새의 방식에는 새 특유의 신경배선망 이상의 것이 있다. 새의 방식은 비행이고 알이고 깃털이고 노래이다. 산가시부리솔새의 조신한 깃털이면서 북방긴꼬리딱새의 호사스러운 꽁지깃이고, 금조의 뛰어난 독창인 동시에 등숲굴뚝새의 완벽한 듀엣곡이고, 바닷물을 향한 물수리의 거침없는 돌진이자, 어두운 물속을 응시하는 왜가리의 고요하고 인내심 있는 눈빛이다.

새의 방식을 딱 잘라 말하기는 힘들다. 새는 모습과 생활방식이 천태만상인 놀라운 생물들의 집합이기 때문이다. 깃, 외형, 노래, 비행, 생태적 지위(ecological niche), 행동, 그 어느 면을 보더라도 새들은 다양함 그 자체이다. 사람들이 새를 좋아하는 것도 그 때문이다. 생물학자들은 생명의 다양성에 끌린다. 탐조가들도 마찬가지이다. 그래서 이들이 라이프 리스트(life list : 한 사람이 평생 관찰한 새들의 목록/옮긴이)를 만들고, 희귀종을 보겠다고 지구 저 먼 구석까지 쫓아가고, 폭풍에 집을 잃은 새를 찾아다니고, 숨바꼭질을 잘하는 솔새를 끌어내려고 온갖 정성을 다해 휘파람을 불며 새소리를 흉내 내는 것이다.

누구라도 얼마간 새들을 지켜본다면 새마다 어쩌면 이토록 사는 모습이 다르고, 또 어쩌면 이렇게 평범한 일상사조차 각기 다르게 해내는지 신기하기만 할 것이다. 그렇다면 인간이 새에 빙의해서 만든 표현이 차고 넘치는 것도 이해가 간다. 우리는 올빼미(학자 또는 늦게 잠자리에 드는 사람)가 되기도 하고 종달새(가수 또는 일찍 일어나는 사람)가 되기도 한다. 백조도 되었다가 미운 오리새끼도 된다. 또 매와 비둘기, 좋은 알(믿음직한 사람)과 나쁜 알(못 믿을 인간)이기도 하다. 우리는 저격하고(snipe, 도요새), 불평하고(grouse, 뇌조), 꼬드긴다(cajole). 'cajole'은 "어치와 같은 수다쟁이"라는 뜻의 프랑스어에서 유래했다. 도도새(얼간이)이거나 닭대가리(머리가 나쁜 사람)이거나 앵무새(뜻도 모르고 남의 말을 따라 하는 사람)이거나 공작새(거만한 사람)이다. '의자에 묶인 비둘기(경찰의 끄나풀)'일 때도 있고, '앉아 있는 오리(꼼짝 못 하고 당하는 처지)'가 될 때도 있다. 문화 독수리(culture vulture, 문화광)이고 독수리 자본가(vulture capitalist, 기업 사냥꾼)이고 잉꼬부부이다. 누군가의 목에 걸린 앨버트로스(걸림돌)이고, 기러기의 뒤를 쫓고(헛수고하다), 뻐꾸기(얼간이) 같은 짓을 한다. 파랑어치처럼 벌거벗거나(실오라기 하나 걸치지 않았다는 뜻) 깃털이 완전히 난다(옷을 차려입었다는 뜻). 둥지를 떠나고, 빈 둥지를 지키는 부모가 되고, 그렇게 햇병아리 시절이 지나간다(청춘이 지나갔다는 뜻). 우리는 일찍 일어나는 새이자 감옥을 드나드는 새(상습범)이고, 보기 드문 새(rare bird)이기도, 또 별난 새(odd bird)이기도 하다.

그러나 생물학자 E. O. 윌슨이 말한 대로, 새 한 마리에서 이 전부를 본 사람은 없다.

적어도 행동에 관해서는 분명하다. 큰진흙집새를 보자. 오스트레일리아 사람들은 이 새와 금세 사랑에 빠진다고 말하는데, 이는 사실이다. 큰진흙집새는 사랑스럽고 카리스마 넘치고 사교적이고 무엇보다, 웃기다. 검은 깃털에 눈이 붉은 큰진흙집새 6-7마리가 짧은 나뭇가지에 조르르 앉아서 애정과 사랑을 듬뿍 담아 서로를 정성껏 치장한다. 비행이 서툰 큰진흙집새들은 건조한 유칼립투스 숲에서 머리를 닭처럼 앞뒤로 까딱거리며 으스대며 걷는 것을 좋아한다. 고음을 내지르고 지저귀고 강아지처럼 꼬리를 흔든다. 대장 따라 하기 놀이를 좋아하고 자기들끼리 나뭇가지나 나무껍질을 서로 빼앗으며 뒹굴고 논다. 몸집은 까마귀만 하지만 더 날씬하다. 날개에는 우아한 흰 깃이 있고 부리는 살짝 구부러졌다. 4-20마리가 안정적으로 무리를 이루어 살면서 항상 여럿이 모여 있거나 줄지어 있다. 가족애가 돈독한 식구들처럼 무엇이든지 같이 한다. 다 같이 물을 마시고, 쉬고, 모래 목욕을 하고, 논다. 먹이를 발견하면 축구팀처럼 넓은 대형으로 뛰어가서 공유한다. 집도 같이 짓는다. 수평으로 뻗은 나뭇가지에 진흙으로(여의치 않을 때는 에뮤의 똥이나 소똥으로 대체한다) 크고 특이한 둥지를 짓는데, 가지 위에 줄을 서서 제 차례가 되면 나무껍질, 풀, 진흙으로 적신 털을 둥지 가장자리에 붙여놓고 물러선다. 둥지가 완성되면 다 같이 알을 품고 새끼를 지키고 먹인다. 가족끼리 1.5-3미터 이상 떨어져 있는 일은 거의 없다. 나는 갓 날기 시작한 큰진흙집새 세 마리가 '나쁜 것은 보지도 듣지도 말하지도 말라'(일본 도쿄구 신사의 세 마리 원숭이 부조에서 비롯된 속담으로. 세 마리는 각각 눈, 귀, 입을 가리고 있다/옮긴이)는 세 마리의 현명한 원숭이처럼 땅바닥에 꼭 붙어 있는 것을 본 적이 있다.

그러나 이들에게도 어두운 면이 있다. 특히 날씨가 나빠지면 더 그렇다. 새와 새가 다투고 무리와 무리가 겨룬다. 큰 무리가 떼 지어 날아가 작은 무리를 괴롭히는데, 사납게 쪼아대거나 둥지에서 알을, 나무에서 둥지를 떨어뜨린다. 이 패거리는 다른 무리가 애써 지어놓은 보금자리를 망가뜨리고 폭력적인 범행을 저지른다고 알려졌다. 한 새가 부리로 알을 차례로 집어 땅바닥에 던지는 모습도 목격되었다. 더구나 인간과 개미를 제외한 다른 동물들은 하지 않는 흉악한 행동도 서슴지 않는다. 이 새는 다른 무리의 어린 새들을 강제로 납치해서 노예로 삼는다.

이 책에는 새들이 일상에서 보이는 놀랍고 당혹스럽기까지 한 행동들과 조류 세계의 "평범함"과 한계를 정의해온 오랜 통념을 확실하고 유쾌하게 뒤집는 다양한 행위와 모습을 담았다.

최근 들어 과학자들은 지금까지 무심히 넘겨왔거나 비정상이라고 치부하거나 혹은 영원한 수수께끼로 접어둔 새들의 행동을 새로운 시각으로 보고 있다. 이들의 발견은 새들이 살아가는 방식, 즉 소통하고 먹이를 찾고 구애하고 번식하고 생존하는 방식에 대한 기존의 관점을 뒤엎는다. 그뿐 아니라 이런 행동의 근간이 되는 놀라운 전략과 지능, 그리고 과거에는 인간 내지는 영리한 소수의 포유류만의 영역으로 보았던 속임수, 잔꾀, 외도, 납치, 영아살해, 그리고 독창적인 종간(種間) 의사소통, 협력, 이타주의, 문화, 놀이의 능력을 밝힌다.

이런 이례적인 행동들 중에는 과연 새답다는 것이 무엇이냐는 질문을 한계까지 몰아붙이는 난감한 사례들이 있다. 갓 부화한 아들을 죽이는 어미 새와 다른 새의 새끼를 제 새끼인 양 속도 없이 돌보는 어미 새가 그러하다(제13장). 헌신적으로 형제자매를 먹이고 보살피는 어린 새가 있는가 하면(제14장), 한 둥지를 쓰는 둥지 메이트를 찔러 죽일 정도로 경쟁심에 눈이 먼 새도 있다(제13장). 예술 작품을 창조하는 새가 있고 남의 창작품을 무자비하게 파괴하는 새가 있다. 큰진흙집새는 먹잇감을 가시나 나뭇가지에 꽂아놓는 잔혹한 살인마이면서 동시에 인간 작곡자들이 모티브로 삼아서 곡을 작곡할 정도로 아름답게 지저귀는 가수로서의 모순된 양면을 가지고 있다. 근엄함의 대명사로 불리지만 사실은 노는 데에 정신이 팔린 큰까마귀 같은 새가 있는가 하면(제7장), 큰꿀잡이새처럼 인간에게는 적극적으로 협력하면서 다른 종에게는 소름 끼치는 방식으로 기생하는 새도 있다(제13장). 세상에는 선물을 주는 새, 훔치는 새, 노래하고 북 치는 새, 그림을 그리는 새, 자기 몸을 색칠하는 새가 있다. 소리의 벽을 쌓아서 침입자를 막는 새도 있고(제1장), 특별한 신호로 놀이 친구를 소환하는 새도 있다(제8장). 어쩌면 새들은 인간의 장난기와 웃음이 진화한 비밀의 원천일지도 모른다.

지구에는 1만 종이 훌쩍 넘는 새들이 살고 있다. 많은 새들이 닥터 수스(Dr. Seuss : 동화작가. 독특한 말장난과 음률이 특징인 책을 주로 썼다/옮긴이)가 지었을 법한 독특한 영어식 일반명들—지그재그백로, 흰배고어웨이새, 얼룩쥐새, 민낯거미잡이새, 갈수없는섬의철로(쇠검은뜸부기), 엷은울음참매, 반짝이는햇살, 군대앵무, 방랑하는고자질쟁이(북미노랑발도요)—을 가졌다. 방랑하는고자질쟁이는 샛노란 다리가 우아한 바닷새인데, 나는 알래스카 주 카체마크 만의 어느 작은 섬 가장자리에서 이 새가 갑각류와 벌레를 찾는 모습을 지켜본 적이 있다. '방랑하는'이라는 말은 이 새가 넓은 바다를 헤집고 다닌다는 뜻에서 붙었고, '고자질쟁이'는 관찰자가 너무 근접하면 다른 새들에게 경고를 알리는 날카로운 울음소리에서 왔다. 천인조, 미망인새, 부채꼬리딱새, 요정굴뚝새, 넓적부리새, 코뿔새, 노랑가슴세가락메추라기라는 이름의 새들도 있다. 새는 모든 대륙과 서식처에 산다. 굴파기올빼미와 푸에르토리코난쟁이새처럼 땅속에서 사는 새도 있다. 새들은 몸집과 비행 방식에서부터 깃털 색깔과 생리적 특성에 이르기까지 모든 면에서 극과 극을 달린다. 한번은 한 생물학자가 넓적꼬리벌새 수컷의 몸무게를 재는 것을 본 적이 있는데, 무게가 고작 4그램이었다. 이 새를 45킬로그램짜리—벌새의 1만2,000배—화식조와 비교해보라. 화식조는 살아 있는 새들 중에서 공룡을 가장 많이 닮았다. 나무 열매를 따려고 몸을 세우면 키가 1.8미터나 되고 사람을 죽일 수도 있다. 날개를 펼치면 너비가 3미터나 되는 안데스콘도르와 13센티미터밖에 되지 않는 상모솔새를 비교해보는 것은 어떤가?

참매와 같은 민첩한 비행사들은 새들의 왕국에서 활강의 왕이고, 칼새와 벌새들은 이름난 조류 곡예사이다. 에뮤와 화식조처럼 몸집이 크고 날지 못하는 새들은 조상들과 달리 아예 날개가 없다. 마찬가지로 갈라파고스가마우지는 한때 하늘을 날기도 했지만 땅에서만 살다 보니 진화의 세월을 거치며 나는 법을 잊었다. 큰앨버트로스 같은 바닷새들은 매년 번식을 위해서 수만 킬로미터를 날아서 광활한 바다 한복판의 작은 섬으로 돌아온다. 이들은 뭍에 오르지 않고도 몇 년을 지낼 수 있고 바다가 거친 날이면 날면서 한쪽 눈을 뜨고 잔다. 큰뒷부리도요는 알래스카에서 뉴질랜드까지 편도 1만1,000킬로미터를 날아서 이주하는데, 7일에서 9일 동안 밤낮으로 이동하여 최장 무착륙 비행 기록을 세웠다. 비행 기록만 놓고 보면 북극제비갈매기는 그린란드와 아이슬란드의 번식지에서 남극의 월동지까지 왕복 7만 킬로미터를 움직여 현재까지 가장 긴 이동 기록을 보유했다. 북극제비갈매기는 30년 평생 약 **240만** 킬로미터를 비행하는데, 이동 거리로만 보면 달까지 세 번 왕복하고도 남는다.

2019년 국제우주정거장에서 여성 최초로 우주 유영을 한 우주비행사 제시카 메어는 극한에 관해서라면 모르는 것이 없는 전문가이다. 메어의 목표는 우주에서 걸어보는 것이었고, 그녀는 그 꿈으로 향하는 길에 진실로 특별한 생리학적 위업을 달성한 두 새의 생활을 연구했다. 한 새는 불가능할 정도로 오래 숨을 참고, 다른 새는 숨이 막힐 만큼 높은 고도에서 비행한다.

메어는 남극의 펭귄 목장에서 세계 최고의 조류 잠수부인 황제펭귄을 조사했다. 이 펭귄은 다른 어떤 새보다 더 깊이, 더 오래 잠수하고, 인간이라면 의식을 잃고도 남았을 극도로 낮은 혈중 산소포화도에서도 견딘다. 메어는 수중 관람실에서 황제펭귄이 물고기를 찾아서 잠수하는 모습을 관찰했다. "물속에서는 꼭 다른 동물 같아요." 메어의 말이다. "발레 무용수 같죠." 한 번에 5-12분 동안 물속에 있는 것은 보통이다. 숨한 번에 무려 27분을 잠수한 기록도 있다. 메어는 이 새들이 어떻게 물속에서 그렇게 오래 머물 수 있는지 알고 싶었다. "우리랑 똑같이 숨을 쉬고 사는데 말이죠. 물속에 들어가기 전에 숨을 한 번 들이마신 다음, 바다 밑에 있는 내내 그 숨 안에 든 산소를 사용해요." 비결이 있다면 심박수가 1분당 175회에서 57회로 급격히 느려져서 저장된 산소를 천천히 사용할 수 있다는 것이다.

다음으로 메어는 지구에서 가장 극한 경로로 이동한다고 알려진 새에게 관심을 돌렸다. 철새인 줄기러기는 남아시아 평원에서 중앙 아시아 고원의 여름 번식지까지 왕복하면서 히말라야 산맥을 1년에 두 번씩 횡단한다.

어느 추운 4월, 히말라야 산맥 고산지대에서 박물학자 로런스 스완이 적막에 귀를 기울인다. 저 멀리 남쪽에서 소리가 들려온다. 조용히 웅웅거리던 소리가 끼루룩끼루룩 하는 울음소리로 바뀌었다. 스완은 마칼루 정상을 넘어 줄기러기의 뒤를 쫓았다. 그는 이렇게 썼다. "고도 5,000미터의 능선에 오르니 숨이 턱까지 차올랐는데, 저 멀리 새들이 나보다 3,000미터나 높은 하늘을 나는 모습이 보였다. 그 고도의 산소 분압에서 사람이라면 생명 유지가 불가능하다. 그런데 이놈들은 날면서 소리까지 내는 것이 아닌가. 끼룩거리는 대화로 귀한 숨을 낭비하는 모습이 정상적인 생리 법칙을 무시하고 마치 저 높이에서는 호흡이 불가능하다는 사실에 도전하는 것 같았다."

날개를 퍼덕이는 비행은 날지 않을 때보다 산소를 10-15배나 많이 소비한다. 이 기러기들 대부분이 고도 5,000-6,000미터까지 가뿐히 올라간다. 7,300미터까지 올라간 기록도 있다. 이 높이에서의 산소 수치는 해수면과 비교했을 때 3분의 1, 많아야 절반밖에 되지 않는다. 줄기러기는 뛰어난 운동선수도 간신히 한 걸음 뗄까 싶게 공기가 희박한 곳에서도 비행에 필요한 산소를 충당한다.

처음에 메어는 새들이 상승기류를 이용해서 에너지를 아낀다고 생각했다. "하지만 아니었어요. 줄기러기들은 실제로 밤이나 아침 일찍 비행하거든요. 맞바람이 강하게 불고 기온도 더 낮을 때죠." 게다가 이 새는 날개를 퍼덕이면서 날지, 상승기류를 타고 활강하는 비행사가 아니다. 그렇다면 줄기러기들은 무슨 수로 저 높은 곳에서 버티는 것일까?

답을 찾기 위해서 메어는 줄기러기들을 풍동(風洞 : 공기의 흐름을 인공적으로 조작해서 항공기 비행 등을 실험하는 장치/옮긴이) 안에서 훈련하여 실험하기로 했다. 그래서 메어는 엄마 기러기가 되었다. 알에서 막 깨어난 12마리의 새끼 기러기들을 키워 자신을 각인시켰다. "우리는 같이 걷고 낮잠을 잤어요." 메어의 이야기이다. "애들은 금방 큰다는 말이 사실이더라고요." 메어는 자전거를 타고 달리면서 기러기들의 부리가 자신의 뺨에 닿을 정도로 가깝게 날도록 훈련했다. 기러기들은 하루 만에 방법을 터득했다. 하지만 새들은 너무 빨리 날았다. 그래서 메어는 자전거 대신 오토바이를 타고 작은 도로를 오가면서 새들의 날개 끝이 자신의 어깨에 스칠 정도의 거리를 유지하도록 연습시켰다. "새들의 눈을 이렇게 가까이에서 볼 수 있다니. 정말 특별한 경험이 아닐 수 없죠." 마침내 메어와 그녀의 텍사스 대학교 동료 줄리아 요크는 풍동 속에서 비행할 준비를 마쳤다. 기러기들의 등에는 생체 신호를 기록할 작은 배낭을 매달고 얼굴에는 특수 제작한 마스크를 씌워 히말라야 산맥과 에베레스트 산 정상을 넘을 때의 환경에 맞추어 산소량을 조절했다. 그런 다음 새들을 풍동에서 날게 하면서 다양한 조건에서 심박수, 대사율, 산소포화도, 체온 등을 측정했다.

과거에 과학자들은 줄기러기에게서 높은 고도에 적응된 여러 특징들을 찾아냈다. 이 새는 다른 새들보다 폐가 커서 호흡의 효율성이 높다(즉 호흡이 더 깊고 빈도가 낮다). 또한 혈액 속 헤모글로빈은 산소를 더 효과적으로 포획한다(다른 새들보다 호흡당 산소를 더 많이 추출할 수 있다). 그리고 특히 모세혈관이 근육 구석구석 분포해서 산소를 더 잘 전달한다. 여기에 추가로 메어와 요크는 실험을 통해서 이 기러기들에게 슈퍼새에 걸맞은 또다른 메커니즘이 있다는 사실을 알아냈다. 바로 온도에 대한 독특한 반응이다. 이 새의 몸에서는 차가운 폐와 따뜻한 근육 사이의 온도 차이 덕분에 높은 고도에서 비행하는 중에 산소가 2배나 많이 전달된다. 또한 신진대사율을 최대로 낮추어 나는 동안에는 필요한 산소량을 크게 줄인다.

"하지만 이것이 다는 아니에요." 메어가 말한다. "이처럼 높은 고도에서 낮아진 기압을 어떻게 해결하는지는 아직 모르거든요."

나는 새들의 생리 활동과 행동에서 바로 이런 부분을 좋아한다. 새들에게는 여전히 풀어야 할 수수께끼가 많다.

새들의 세계에서는 깃털의 스펙트럼 또한 그 폭이 상당하다. 멧새류는 눈부시게 다채로운 색감을 자랑하고, 알록달록한 앵무새들의 깃털은 축제에 제격이다. 생기발랄한 팔라완소공작의 윤기 있는 흑청색 깃털에는 반짝이는 금속성 초록색 광택이 흐른다. 주홍극락조의 깃털은 안이 비칠 정도로 얇고 꽁지깃은 플라스틱 철사처럼 가늘고 길게 뻗는다. 반면에 주홍극락조의 사촌인 비늘극락조의 깃털은 빛을 가두는 특이한 미세구조로 되어 있어 검은색 몸조차 이국적이다. 알류샨 열도의 흰수염바다작은오리는 둥지를 짓고 새끼를 키울 때가 오면 머리에서 대단히 민감한 깃털이 돋아나와 구멍 속 어두운 둥지 안에서 길을 안내한다.

조류학자 제임스 데일은 새들의 색과 새들이 색을 이용하는 방식을 연구한다. 데일의 말이다. "새들이 색깔을 무기로 쓰지는 못하지만, 색을 사용해 충돌을 피할 수는 있습니다." 보랏빛 푸케코의 나라, 뉴질랜드에서 태어난 데일은 새들의 환상적인 다양성을 이해하는 연구에 헌신했다. 그는 내게 새들의 색에도 법칙이 있다고 말했다. 그중 대표적인 세 가지는 다음과 같다. 첫째, 수컷이 암컷보다 화려하다. 암컷은 특히 알을 품고 있을 때에는 주위 환경과 잘 어우러져야 하므로 대개 색이 칙칙하다. 둘째, 어른 새의 색깔이 어린 새보다 다채롭다. 셋째, 번식기에 색깔이 더 선명해진다.

"하지만 새들은 규칙 위반자예요." 데일의 말이다. 대표적인 위반 사례를 나열하자면, 붉은배지느러미발도요와 호사도요 암컷은 동종의 색이 연한 수컷보다 훨씬 알록달록하다. 아메리카물닭 새끼들은 부리와 머리 꼭대기가 밝은 주홍색이라서 차분한 색을 띠는 부모보다 더 빛난다. 여기에는 그럴 만한 이유가 있다. 장식이 화려한 새끼일수록 어미가 더 잘 챙겨 먹이기 때문이다. 어린 붉은등요정굴뚝새 수컷이 호화로운 검붉은 번식용 깃털로 털갈이를 할지 말지를 결정하는 것은 이 수컷이 처한 사회적 환경에 달렸다. 특히 주위에 젊은 수컷을 괴롭히고 쫓아내는 나이든 수컷이 있는지가 중요한 요소이다.

아마도 색깔 반군의 대장은 오스트레일리아 북부와 뉴기니 오지에서 사는 뉴기니앵무, 에클렉투스 로라투스(*Eclectus roratus*)일 것이다(학명의 에클렉투스는 영어로 '절충적'이라는 뜻의 'eclectic'과 동일한 그리스 어원에서 왔고, 로라투스는 깃털의 광택을 말한다).

"이 앵무처럼 과학자들을 황당하게 만든 새도 없을 거예요." 오스트레일리아 국립대학교의 진화 및 보전생물학 교수이자 10년 가까이 이 새를 연구해온 로버트 하인손의 말이다. 하인손의 말에 따르면, 위대한 진화생물학자 윌리엄 해밀턴은 강의 시간에 학생들에게 뉴기니앵무 암수가 나란히 있는 사진을 보여주고는 했다. 수컷은 밝은 풀색이고 암컷은 선명한 진홍색으로, 이 새를 처음 발견한 유럽인은 암컷의 배가 "푸른 안개에 젖었다"라고 묘사했다고 한다. 이것은 성적 이형성(性的二形性)이 뚜렷한 새들의 경우 일반적으로 암컷은 칙칙하고 수컷이 화려한 빛깔인 것과 극명하게 대조된다. 하인손은 "암수 모두가 각기 다른 모습으로 이렇게 '아름답게' 진화한 새는 달리 없어요"라고 말한다. 암컷의 깃털이 어찌나 현란하고 수컷과는 딴판인지, 이 새가 발견되고 처음 100년간 사람들은 두 새가 다른 종이라고 생각했다. "그러던 어느 날 박물학자들이 초록 새가 빨간 새 위에 올라타는 것을 본 거죠."

소수의 다른 종들도 암컷이 수컷보다 밝고 화려한 깃을 선보인다. 지느러미발도요, 점박이깝작도요, 호사도요, 아랫볏자카나, 세가락메추라기 등이 그렇다. 그러나 이 새들은 일반적인 성 역할이 뒤바뀐 경우로, 수컷이 알을 품고 암컷이 영역을 수비하면서 수컷을 두고 자기들끼리 싸운다. "그래서 암수 중 경쟁에 직접 참여하는 성별이 밝은색을 가진다는 가설에 딱 들어맞기 때문에 오히려 이런 종들은 이 규칙을 입증하는 예외가 된 셈입니다." 하인손이 말한다.

그러나 이 극단적인 뉴기니앵무들은 다르다. 역할 전환은 없다. 암컷이 알을 품고 새끼를 기른다. 게다가 새끼들조차 법칙 따위는 개의치 않는다. 대부분의 새끼 새들이 적어도 태어난 첫해에는 암수 구분 없이 수수한 색을 고수하는 것과 달리, 뉴기니앵무의 새끼는 두 성별이 처음부터 전혀 다른 색의 솜털을 가지고 태어난 다음, 곧장 어른의 깃으로 극적인 털갈이를 마무리한다.

하인손에 따르면, 윌리엄 해밀턴은 이 앵무를 다음과 같은 말로 특징지으며 강연을 마쳤다. "왜 한 성별은 빨간색이고 다른 성별은 초록색인지 알 수 있다면 죽어도 여한이 없을 것 같네." 안타깝게도 해밀턴은 콩고 탐험 중에 말라리아에 걸려 하인손이 이 미스터리뿐만 아니라 추가로 다른 기묘한 퍼즐을 풀기 전에 세상을 떠나고 말았다(제12장).

만약 뉴기니앵무의 깃털을 유별나다고 한다면, 번식 행위는 희한하기 짝이 없다. 뉴기니앵무 암컷이 갓 부화한 아들을 죽이는 사례가 보고되었다. 도무지 이해가 가지 않는 비상식적인 행동이다.

생물학적 관점에서 보았을 때, 먹이나 경쟁적 이유에서 다른 개체의 새끼를 죽이는 영아살해는 비교적 쉽게 이해할 수 있다. 하지만 자기 자식을 죽이다니. 자손의 번식은 에너지 면에서 비용이 많이 들기 때문에 새끼를 곧바로 없앤다는 것은 생물학적으로 납득이 가지 않는 행동이다.

더군다나 부모 중 하나가 고의로 한 성별의 자식만 죽인다는 것은 더 이해하기 어렵다. 이런 종류의 성 특이적 영아살해는 동물 세계에서 극히 드물다. 노력의 낭비는 둘째 치고 개체군에서 성비의 불균형을 초래하기 때문이다. 너무 많은 암컷이 너무 적은 수컷을 두고, 또는 그 반대로 경쟁하게 될 것이다. 그러나 하인손이 오스트레일리아 북부 오지에서 10년 넘게 연구하면서 발견한 것처럼, 어떤 뉴기니앵무는 부화한 지 3일 안에 새끼 수컷을 제거한다는 목표를 달성한다. 하인손은 둥지가 있는 나무 밑에서 쪼임을 당해 죽은 새끼들을 발견하고는 했다.

왜 어미가 아들을 죽일까? 무엇이 이 새를 이렇게 극단적인 행동을 하게 만든 것일까? 그리고 이 행위가 어미의 번식 성공에 어떤 의미가 있는 것일까?

새들은 행동의 스펙트럼 안에서 이타적인 성향을 더 많이 보인다. 새들은 서로 돕고 협업하고 남을 위한 행동을 한다. 일례로 창꼬리매너킨은 암컷에게 구애할 때에 수컷 두 마리가 한 조를 이루어 함께 날개를 퍼덕이고 공중제비를 돌며 빈틈없는 안무를 선보인다. 그러나 짝을 얻는 것은 알파 수컷뿐이다. 베타 수컷은 언제나 대장의 조력자 역할에 머문다. 그런데도 온 정성을 다해서 공연에 임한다(제10장). 어떤 새들은 자기가 낳지도 않은 새끼를 기르면서 제 새끼에게 하듯이 똑같이 헌신적으로 키우고 돌본다. 철새인 대머리따오기는 V자 대형을 이루고 서로 협력하며 이동한다. 가장 힘이 많이 드는 선두 자리를 번갈아가면서 맡을 뿐 아니라 그 시간까지 정확히 분배한다. 뉴질랜드 자생의 똑똑하고 장난기 많은 케아앵무는 인간들만이 할 수 있다고 생각했던 방식으로 협동하여 과제를 해결한다.

심지어 같은 종 내에서도 개체 사이에 개성이 존재한다. 찌르레기 떼 또는 바닷새 수천 마리가 모인 군락을 떠올려보자. 나는 5월의 어느 날 알래스카 카체마크 만의 걸 섬에서 둥지를 짓는 세가락갈매기 떼를 본 적이 있는데, 1만4,000마리가 모인 집단이라기보다는 마치 처음부터 하나였던 생물처럼 한목소리로 울부짖으며 일사불란하게 하늘을 맴돌았다. 이런 모습을 보면 같은 종이라면 행동까지 모두 비슷할 것이라고 가정하기 쉽다. 실제로 한동안 사람들은 같은 상황 아래에서 모든 새가 정형화된 행동이나 고정된 패턴으로 동일하게 반응할 것이라고 생각했다. 그러나 오랜 시간 가까이에서 새들을 주의 깊게 관찰하고 친밀하게 지내온 박물학자와 과학자들은 고유한 성격, 특유의 버릇, 숨길 수 없는 행동, 심지어 얼굴로도 한 마리 한 마리를 구별한다.

새들은 분명 서로를 하나의 개체로 인식한다. 알에서 깨어난 지 몇 시간도 되지 않아서 어미 뒤를 졸졸 따라다니는 거위나 오리의 새끼들은 외형, 소리, 성격 등을 통해서 놀라울 정도로 일찍부터 어른 새들을 구분한다. 바닷새는 멀리서도 비행 중인 제 짝을 알아본다. 많은 새들이 자신의 이웃을 개별적으로 식별하여 누구에게는 친근하게, 누구에게는 적대적으로 대한다.

종을 식별할 때에 사용하는 그 종만의 특유한 행동이 있는 것은 사실이다. 예를 들면, 점박이깝작도요는 서서 엉덩이를 까딱대는 습성이 있다. 그러나 사람도 제각각 다르듯이 새들도 각자 개성이 있다. 같은 종이라면 기본적인 춤 스텝 정도는 공유하겠지만, 저마다 자기만의 방식대로 몸을 움직이고 먹이를 찾고 말하고 구애하고 짝짓기하는 댄서들이다. 동물학자 도널드 그리핀이 쓴 것처럼, "동물의 행동을 이해하려면, 이들의 개성까지 고려해야 한다. 물리학, 화학, 수학의 딱 떨어지는 공식을 좋아하는 이들에게는 꽤나 성가신 일이겠지만 말이다."

이 책은 새들의 다섯 가지 일상적인 활동 영역—말하기, 일하기, 놀기, 짝짓기, 양육하기—을 탐구하고 각각의 극단적인 사례들을 살펴본다. 예를 들면, 한 새가 다른 새에게 하는 "말"에는 우리가 감히 상상하는 것보다 훨씬 더 많은 의미가 담겨 있다. 그리고 공공의 이익을 도모하려는 말이 있는가 하면, 철저히 이기적인 목적에서 상대를 조종하고 속이려고 유창하게 외국어를 구사하는 경우도 있다. 두 이야기 모두 새들의 의사소통에 숨어 있는 심오한 미스터리를 밝히고 인간의 언어를 닮은 미묘한 속성을 드러낸다. 이 책은 또한 새들이 새끼를 기르는 놀랍도록 다양한 방식을 설명한다. 다른 새의 둥지에 슬쩍 알을 낳고 손 하나 까딱하지 않은 채 생면부지의 집주인에게 자기 자식을 키우게 하는 부모가 있는가 하면(제13장)—나중에 보겠지만 사실은 대단히 수준 높은 지능이 필요한 체제전복적 행위이다—최대 12마리로 이루어진 평등한 집단에서 조율을 통해서 다 함께 새끼를 기르는 파나마의 큰부리애니 같은 공동 육아의 사례도 있다(제14장).

왜 이 책은 새들의 극단적인 행동에 초점을 맞추는가? 로버트 하인손은 이렇게 말한다. "유별난 행동 속에서 비밀이 드러나죠. 때때로 이 별스러운 행동들은 평범한 행동과 강하게 대비되고 규칙을 반증하는 예외가 되어 우리가 새들의 세계에서 전형적이라고 여겼던 것들에 대한 통찰과 새로운 관점을 제시합니다." 또한 이 특별한 행동들은 새들을 새로운 방식으로 바라보게 만든다. "마치 방 안의 모든 사물을 90도로 돌려보는 것 같아요. 갑자기 눈에 낯선 그림이 들어오죠." 우리는 이상치(outlier)를 무시하지 않는 법을 배웠다. 이 이상치들은 한 마리의 새가 성공적인 삶을 살기 위해서, 특히 힘겨운 상황에서 살아남기 위해서 필요한 것이 무엇인지 말해준다. 우리는 새들이 보이는 비범한 행동을 통해서 새들이 어떻게 까다로운 문제를 해결하고 열악한 환경에 기발하게 적응해왔는지를 알 수 있다.

이 책에는 독수리에서 민무늬지빠귀, 두루미에서 등숲굴뚝새에 이르기까지 다양한 야생 조류들이 등장한다. 벌새처럼 여러 번 나오는 새도 있다. 이 작은 새를 만나본 사람이라면 고작 몇 그램밖에 나가지 않는 깃털 뭉치 속에 1톤짜리 극단적인 호전성이 꽉꽉 채워져 있음을 잘 알 것이다. 벌새는 자신이 대형 견종인 마스티프인 줄 아는 치와와처럼 텃세가 말도 못하게 심하고, 적어도 어떤 상황에서는 소시오패스(반사회성 인격장애자)처럼 행동한다는 증거까지 있다.

이 책에는 특히 오스트레일리아 토종 새들이 많이 나오는데, 거기에는 이유가 있다. 생물학자 팀 로가 『노래의 기원(Where Song Began)』이라는 제목의 훌륭한 책에 쓴 것처럼, "새들의 극단적인 행동은 특히 오스트레일리아에서 관찰될 확률이 높다." 오스트레일리아의 새들은 지구의 다른 어느 곳에 있는 새들보다 많은 생태적 지위를 차지한다. 이 새들은 다른 대륙의 새들보다 더 오래 살았고 더 똑똑한 편이다. 그리고 오스트레일리아는 조류의 노래처럼 몇몇 근본적인 특성이 기원한 곳이기도 하다.

나는 이 남쪽 대륙에서 팀 로를 비롯하여 새들의 요상한 습성을 연구하는 다른 오스트레일리아 박물학자들과 과학자들을 쫓아다니며 6주일을 보냈다. 오스트레일리아는 묘사조차 불가능한 이국적인 생물들—캥거루, 오리너구리, 웜뱃, 늪왈라비, 오스트레일리아물도마뱀—이 살고, 가시 돋친 야자나무, 만개한 병솔나무, 노란 아까시나무, 글로불루스유카리, 비현실적인 붉은 꽃을 피우는 나무들이 가득한 아르카디아(목가적 이상향)를 그대로 옮겨놓은 듯한 풍경을 보여주었다. 하지만 나는 그 무엇보다 이곳의 새들에게 취했다.

19세기 중엽, 영국의 조류학자 존 굴드가 오스트레일리아를 처음 방문했을 때, 그는 "지구의 다른 어디에서도 유사한 예를 찾을 수 없는 기이한" 새들이 사는 커다란 남쪽 땅을 보았다. 그곳의 새들은 눈에 띄고 특이하며 놀랍기 짝이 없고 비교할 데가 없었다. 그중에서도 새들의 행동에 대한 기존 가설을 모조리 거부하는 것처럼 보이는, 세상에서 가장 특별한 새들이 있었다. 이 새들은 굴드가 "놀이터"라고 부른 바우어(bower : 정원사새가 구애를 위해서 짓는 것으로, 영어로는 그늘이라는 뜻/옮긴이)를 짓고, 많은 시간을 들여 꼼꼼하고 풍성하게 그 보물을 장식하는데, 심지어 암컷의 눈높이에 맞추어 색깔과 유사성에 따라서 물건을 배열했다(감탄은 감탄일 뿐, 굴드는 이 경이로운 새에게 총을 쏘고 깃털을 뽑아 잡아먹었다)(제11장). 그러나 그외에도 오스트레일리아에는 굴드로부터 최상급 수식어를 얻을 만한 토종 새들이 얼마든지 있다. 예를 들면 야자잎검은유황앵무는 거대한 갈고리 모양의 부리가 있고 짙은 색 관모(冠毛)가 야자잎처럼 펼쳐진다. 무덤샛과의 새들은 최대 4.5미터 높이의 거대한 흙무덤을 쌓고 알을 묻는다. 새끼는 그 속에서 엄청난 양의 흙더미를 뚫고 나와야 한다(제

12장). 금조는 조류계에서 가장 실력 있는 보컬리스트로 한겨울에 꽁지를 흔들며 열창을 한다. 그밖에도 쿠라윙, 백정새, 청해앵무, 극락조가 있고, 정말 어디를 가든 눈에 띄는 오스트레일리아까치가 있는데 시끄럽고 영리할 뿐 아니라 호전성이 강해서 인간을 포함한 누구든 도발하면 포악하게 응징한다. 이 새들이 둥지를 틀고 새끼를 키우는 시기에는 자전거를 타는 사람들이 위에서 덤벼드는 까치들을 막기 위해서 헬멧에 청소솔이나 파티 폭죽 등을 잔뜩 얹고 다니는 모습을 심심치 않게 볼 수 있다(제12장). 오스트레일리아인들은 크고 대담하고 **기괴하기까지 한** 새들이 주위에서 벌이는 이 멋진 퍼레이드를 미처 의식하지 못하는 것 같다. 갈라앵무는 찌르레기처럼 흔하지만 섬세하고 고운 분홍빛이다. 큰유황앵무는 위쪽으로 쓸어올린 세련된 노란 관모가 있고 귀가 찢어질 듯 요란하게 소리를 질러댄다. 몇 년 전, 퀸과 신디 로퍼의 음악에 맞추어 직접 고안한 안무—머리를 까딱이고 발을 들어올리고 몸을 굴리고 헤드뱅잉에 마돈나의 보그까지 총 14가지 동작으로 구성되었다—로 춤 실력을 발휘해서 일약 스타가 된 스노볼이 바로 이 새이다. 스노볼은 연구자들의 말처럼, "음악 소리에 자발적으로 다양한 동작으로 몸을 움직이는 것이 인간만은 아님"을 온몸으로 보여주었다.

그러나 새들의 극단적인 행동이 오스트레일리아에서만 나타나는 것은 아니다. 수적인 측면에서 중앙 아메리카와 남아메리카는 조류의 종 다양성이 독보적인 곳이다. 그중 많은 새들이 오스트레일리아의 아웃사이더들에게 버금갈 만큼 독특하다. 예를 들면, 베네수엘라와 기아나에 서식하는 작은은둔벌새는 경쟁하는 다른 수컷을 죽인 다음 그 새를 사칭해서 구애장소를 차지한다. 브라질의 흰방울새는 세상에서 가장 큰 소리를 내는 새이다. 짝을 유혹할 때에 내는 낑-깡-하고 귀가 찢어질 듯 울리는 두 음짜리 소리는 들소의 우렁찬 울음소리나 고함원숭이의 고함보다도 크다. 중앙 아메리카와 에콰도르 북부에서 발견되는 눈알무늬개미새는 다른 동물, 즉 개미의 습성을 완벽하게 파악하고 활용하는 법을 익혔는데, 인간을 포함한 소수의 종에서만 가능하다고 알려졌던 학습, 기억, 정보 공유를 통해서 달성한 능력이다.

이 책은 전작 『새들의 천재성(The Genius of Birds)』을 쓰면서 자료 조사 중에 만난 맥길 대학교의 루이 르페브르와 새들의 참신한 행동에 관해서 나누었던 대화를 계기로 쓰게 되었다. 르페브르는 20여 년 전에 야생에서의 행동을 기반으로 새의 지능을 측정하는 척도를 맨 처음 개발했다. 한 종이 자신이 살아가는 자연환경에서 얼마나 창조적으로 생활하는가? 처음 보는 물체를 사용하는가? 자신이 처한 문제를 창의적으로 해결할 방법을 모색하는가? 새로운 먹이를 시도하는가? 이런 행위들은 행동의 유연성을 나타내는 지표로서 지능을 측정하는 믿을 만한 척도가 된다. 다시 말해서 새로운 상황과 어려움을 해결하기 위해서 행동을 바꾸어 새로운 일을 할 힘이 있다는 뜻이다. 조류학 학술지에는 이런 종류의 특이하고 흥미로운 행동을 보고한 짧은 논문들이 가득하다. 르페브르는 지난 75년간 발표된 논문들을 샅샅이 뒤져 다양한 조류 종에서 이런 종류의 혁신적인 행동을 보고한 2,000여 건의 사례를 찾아냈다. 그중에서도 얼음 낚시터에서 생선을 훔친 뿔까마귀의 이야기는 주목할 만하다. 이 까마귀는 부리로 낚싯줄을 끌어당겨 얼음판 위를 최대한 멀리 걸어간 다음 다시 돌아와서 물고기가 올라올 때까지 줄을 잡아당겼는데, 놀랍게도 낚싯줄이 도로 물속으로 미끄러져 들어가지 않도록 줄을 밟으면서 돌아왔다.

최근에는 좀더 고차원적인 기술을 사용한 사례가 보고되었다. 2018년, 서부갈매기가 먹이를 먹는 장소를 알아내기 위해서 한 과학자가 새들에게 위치 추적기를 달고 추적 중이었다. 그런데 갈매기 한 마리가 120킬로미터 정도 되는 거리를 시속 95킬로미터의 속도로 이동하여 샌프란시스코에서 베이브리지를 건너 오클랜드까지 갔다가 고속도로를 따라서 똑같은 경로로 둥지까지 돌아오는 것을 보고 의아해했다. 연구자는 처음에 이 갈매기가 트럭에 갇혔다고 생각했다. 그러나 이틀 후에도 똑같은 상황이 발생했다. 알고 보니 샌프란시스코 만의 패럴론 제도 서쪽에서 번식 중인 암컷 갈매기가 쓰레기 트럭에 올라타고 머데스토 근처의 센트럴밸리에 있는 유기농 퇴비 시설에 다녀온 것이었다. 새도 나름 머리를 굴린 것이 틀림없다(그 지역의 한 기자가 "샌프란시스코 주민이 저녁을 먹으러 머데스토까지 운전해간 유일무이한 사건"이라고 보도한 것처럼 미각을 좇은 것이 아니라면 말이다).

전통적으로 과학자들은 일회성의 일화적 증거는 잘 채택하지 않는다. 이들이 원하는 것은 반복할 수 있거나 통계 처리가 가능한 데이터이다. 그러나 단 한 번 관찰되었더라도 유능하고 정직한 관찰자가 보고한 것이라면 이런 이례적인 행동들은 새들의 정신적 유연성을 살필 귀한 기회가 될 수 있다. 그 보고들은 분명 개인의 진술에 불과하지만, 모두 종합하면 문제를 해결하고 일상의 과제를 새롭고 더 나은 방법으로 수행하는 새들의 능력을 증명할 풍부한 증거가 될 것이다.

핵심은 참신하거나 유별난 행동은 보통 지적인 행동이라는 점이다.

내가 세계 각국의 과학자들에게 새들의 충격적인 행동을 본 적이 있는지 물었을 때, 그들은 새들이 보이는 독창성과 영리함의 사례를 반복해서 들려주었다. 그 행동들은 진화된 지혜에 뿌리를 둔 것도 있었지만 대개는 새들의 복잡한 인지 능력에 기반한 똑똑한 전략에서 나왔다. 복잡한 인지 능력이란 정보를 얻고 처리하고 저장하고 새로운 상황에서 활용하는 능력으로 폭넓게 정의된다. 지난 10여 년 동안 새들은 단순한 본능이나 훈련, 연상에 의한 학습이 아닌 진보된 인지 기술을 사용해서 문제를 해결하는 능력을 드러내왔다. 새들은 의사결정, 패턴 찾기, 미래를 위한 계획 등 고도로 발달한 정신적 능력을 통해서 평생 경험할 온갖 종류의 어려움 앞에서 미세하고 유연하게 행동을 조정한다.

최근에서야 과학은 어떻게 새들이 겨우 호두만 한 크기의 뇌로 저렇게 똑똑할 수 있는지 밝히고 있다. 2016년에 한 국제 연구팀이 비밀의 열쇠 하나를 찾았다. 새들의 뇌에는 더 작은 공간에 더 많은 뇌세포가 있다. 연구팀이 자그마한 금화조에서부터 키 1.8미터짜리 에뮤에 이르기까지 총 28종의 다양한 새들을 대상으로 뇌에서 뉴런의 수를 세어보았더니 그 작은 뇌에 뇌의 크기가 비슷한 포유류나 심지어 영장류보다도 많은 뉴런이 들어 있었다. 조류의 뇌에 있는 뉴런은 포유류나 영장류보다 크기가 훨씬 작고 수가 많으며 더 조밀하다. 이처럼 밀집된 배열은 감각 및 신경계의 높은 효율성에 기여한다. 즉 새의 뇌는 포유류의 뇌보다 단위 무게당 훨씬 더 많은 인지 능력을 뒷받침할 수 있다고 연구자들은 말한다.

게다가 앵무와 명금류(鳴禽類)에서 이 연구를 주도한 신경과학자 수자나 에르쿨라노-오젤은 "추가된" 신경세포 대부분이 인간의 대뇌 피질에 해당하는 새의 전뇌 겉질부에 분포한다고 말한다. 이 구역은 전형적으로 지적인 행동과 관련이 있다. 사실 금강앵무나 코카투 같은 큰 앵무들은 큰까마귀나 까마귀 같은 까마귓과 새는 말할 것도 없고, 훨씬 뇌가 큰 원숭이보다도 많은, 개중에는 2배나 많은 뉴런이 연결된 상태로 존재한다. 이것은 이 새들이 유인원에 견줄 만한 인지 능력을 발휘하는 이유를 설명한다.

새들은 우리에게 지적인 뇌가 형성되는 다른 방식을 보여준다. 포유류는 더 큰 뉴런으로 떨어져 있는 뇌의 구역들을 연결한다. 반면에 새는 뉴런을 작게 유지하고 조밀한 상태로 국소적으로 연결하고, 큰 뉴런은 소수만 생산해서 장거리 의사소통을 담당하게 한다. 자연은 강력한 뇌를 형성하는 두 가지 전술을 가지고 있다고 에르쿨라노-오젤은 말한다. 첫째, 뉴런의 수와 크기를 조정하거나, 둘째, 뇌의 구역마다 뉴런의 분포를 달리하는 것이다. 자연은 새에 두 가지 전술을 모두 활용해서 눈부신 효과를 이끌어냈다.

호기심을 자아내는 새들의 행동이 탐구되면서 새에 대한 근본적인 믿음이 흔들리고 있다. 새들의 노래를 보자. 전통적으로 북반구의 조류학자들은 복잡한 노래를 절대적인 수컷의 특징으로 보았고, 암컷이 노래하는 사례를 드물거나 비정상적인 것으로 여기는 경향이 있었다. 몇 년 동안 과학자들이 새들의 노래를 좀더 깊이 파고들면서 이 관점은 무너졌다. 사실 암컷의 노래는 변칙도 일탈도 아닌, 명금류에서는 널리 퍼진 특성이다. 노래하는 암컷은 열대와 아열대 지방에서 더 흔하지만 온대 지방도 크게 다르지 않다.

한편, 한때는 단순하고 당연시되었던 많은 행동들이 실제로는 굉장히 복잡다단한 것으로 드러났다. 이를테면 짝짓기 방식이 그렇다. 과거에는 단순한 일부일처식 짝짓기라고 믿었던 번식 형태가 알고 보니 인간들보다 아주 조금 덜 복잡할 뿐이었다. 또 새들이 먹이를 찾는 방식은 과거에 중시되었던 예리한 시각보다 사냥개처럼 고도로 발달한 후각과 더 연관된 경우가 많았다. 새들이 위협을 느낄 때면 아무렇게나 내지른다고 생각했던 경고음이 상상 이상의 의미를 내포하고 있으며, 경보의 직접 수신자인 동족의 일원뿐 아니라 다른 종들에게까지 완벽하게 전달되었다. 그렇다면 새들이 조류 세계의 공용어를 개발한 것인지도 모른다.

이러한 놀라운 발견들이 왜 이제야 나타난 것일까?

우선, 과학자들이 수세대를 이어오며 자신들의 눈을 가려온 편견을 벗어버리기 시작했다. 예를 들면, 우리에게는 감각에 대한 선입견이 있다. 우리가 보고 듣고 냄새 맡는 세상의 모습 그대로 다른 동물들도 경험할 것이라는 믿음이다. 그러나 그것은 인지적, 생물학적, 심지어 문화적으로 제한된 우리만의 현실일 뿐, 다른 동물은 다른 현실을 경험한다. 감각에 대한 이러한 편견이 우리의 눈을 가려 새들이 가진 감각적 능력의 차이와 다양성을 보지 못하게 했다. 그러나 새로운 기술과 방법이 개발되어 새들이 지각하는 대로의 세상을 우리도 경험하게 되면서 새들이 보는 세상에 대한 관점이 달라지고 감추어졌던 현실이 드러나고 있다. 새들이 어떻게 우리가 상상도 하지 못하는 색깔과 패턴을 보고, 어떻게 우리의 귀에는 들리지 않는 소리를 듣고, 어떻게 우리가 감지하지 못하는 냄새를 맡는지 말이다.

지리적 편견도 무시할 수 없다. 우리는 북반구, 그것도 북아메리카와 유럽을 중심으로 연구된 새들의 행동만 보고서 새들이 살아가는 방식을 전부 파악한 양 착각했다. 아주 최근까지도 대부분의 조류학자들이 북아메리카와 유럽에서 활동해왔다. 북쪽에서 사냥꾼들이 수집한 오리 몇 종이 신열대구(Neotropical region) 우림 상층부의 수많은 작은 토종 새들보다 몇 배나 많이 연구되었다. 수십 년 동안 온대 지방의 새들이 소위 조류의 표준이 되어왔다. 그 표준이란 다음과 같다. 새들의 세상에서는 집단 번식이 극히 드물다. 새들은 전형적으로 계절에 따라서 이동한다. 오직 수컷만 복잡한 노래를, 대개 번식기에 부른다. 명금류만 자외선을 볼 수 있다. 탁란(托卵)하는 새와 그 희생양의 관계는 단일 기생체와 숙주 간의 진화적 군비경쟁의 결과물이다.

그러나 이것들 중 어느 것도 표준이 아니다. 오히려 온대 지방의 새들은 표준이 아닌 예외임이 밝혀지고 있다. 이런 습성과 행동의 대부분은 주로 번식기가 짧고 철에 따라서 이주하는 새들에게서 나타나는데, 진화적 관점에서는 상대적으로 최근에 발달했다. 온대 지방에서 짧은 번식기 동안에 자기 영역을 홍보하는 수단으로 노래하는 수컷이야말로 새들의 세계에서는 특이하고 비전형적인 사례이다. 이제 과학자들이 북반구의 눈가리개를 벗고 열대 지방의 새들에게 집중하고 있으므로, 새들의 세계에서 무엇이 일반적이고 무엇이 그렇지 않은지에 대한 정의가 새롭게 내려질 것이다.

조류학의 많은 시각은 연구자가 소속된 반구의 편향만이 아니라 성별의 편견에 의해서도 왜곡되어왔다. 아주 최근까지도 조류학자는 대부분 남성이었고, 이들의 연구는 수새가 하는 일에 초점이 맞추어졌다. 종의 생활사에서 암새가 맡은 역할이나 번식 체계에서 암컷의 장식적 형질은 종종 경시되거나 무시되었다.

2016년, 워싱턴 DC에서 열린 사상 최대의 조류학 학회에서 캐런 오덤과 로린 베네딕트의 주도로 연구자들이 새의 노래에 관한 원탁 토론을 벌였다. 오덤과 베네딕트는 최근에 국제 연구팀과 함께 새의 복잡한 노래가 거의 절대적으로 수컷의 특징이라는 오랜 가설을 뒤집는 증거를 발견했다. 베네딕트는 대학원 재학 중에 동료 연구자들과 야외 조사를 하다가 암컷 새들이 "이상한 소리로 노래하고, 알 수 없는 근사한 소리를 내는 것"을 들었지만 논문으로 발표하지는 않았다. 자신들이 관찰한 것은 남성 조류학자들이 이미 철저하게 연구해놓은 새들의 단순한 일탈 행위라고 보았기 때문이다.

오돔과 베네딕트와 같은 여성 과학자들 덕분에 조류학계가 달라지고 있다. 이 두 사람이 토론에 참석한 연구자들에게 요청을 하자, 여기저기에서 암새의 노래에 대한 경험담이 줄을 이었다. 노랑아메리카솔새 암컷은 구애 초기에 짝의 마음을 얻기 위해서 독특한 노래를 부른다. 플로리다덤불어치 암컷은 요들송을 부른다. "노래하는 암새의 복귀를 거부한 다"라고 했던 북아메리카의 연구자 더스틴 리처드조차 자신의 연구 개체 군에서 노래하는 검은눈방울새 암컷을 보고 말았다.

새로운 장비와 기술들도 판세를 바꾸고 있다. 특히 야생에서 새를 관찰하 고 새들의 장, 단거리 이동을 추적하고 행동을 모니터링하는 기술이 크게 발전했다. 예를 들면 특수 장비를 설치한 아주 작은 배낭을 군함조의 머 리에 부착한 결과, 놀라운 수면 패턴이 드러났다. 이 새들은 날면서 잠이 드는데, 보통 뇌의 좌반구와 우반구가 번갈아가면서 잔다. 몇 초에 불과 하지만 뇌 전체가 잠들 때도 있다. 비행 중 찰나의 꿀잠이다.

웹캠과 초소형 카메라 덕분에 평소에는 감추어져 있거나 너무 빨라서 우리 눈으로는 볼 수 없는 순간도 포착할 수 있게 되었다. 새들의 세계 는 인간의 세계보다 10배나 빠르게 움직이므로 초고속으로 촬영해야만 이들의 놀라운 재간—박자를 맞추는 탭댄스, 하늘에서 공중제비 돌기, 체조선수 못지않게 복잡하고 잘 조율된 아름다운 공연—을 관찰할 수 있다.

분자 도구도 인간의 시야를 날카롭게 다듬는다. DNA 분석은 새의 기 원과 진화에 대한 이해에 혁명을 일으켰다. 예를 들면, 모두에게 사랑받 는 북반구의 명금류가 4,500만-6,500만 년 전 오스트레일리아와 뉴기니 에서 기원했음이 밝혀졌다. 분자 지문은 대표적인 일부일처 새들의 신화 를 잠재웠고, 또한 친족이 아닌 협력자들 사이에서 일어나는 놀라운 동 맹을 보여주었다.

혁신은 야생 조류의 인지 능력을 연구하는 분야에서도 나타났다. 과학 자들은 새들이 자연환경에서 발생하는 문제를 수준 높게 해결하는 모습 을 보았다. 얼마 전까지만 해도 과학자들은 새의 인지 능력을 실험실에서만 연구했다. 실험실에서는 새의 수행 능력에 영향을 주는 조건들—시각 자극, 소리, 냄새, 빛, 온도, 다른 새의 존재 여부뿐만 아니라 새들의 내적 상태, 배고픔, 과거의 경험 등—을 철저히 통제할 수 있기 때문이다. 세인트앤드루스 대학교의 수 힐리는 "초창기에는 조류의 인지 능력이라고 하면 무조건 상자 속 비둘기와 관련된 것이었다"라고 말했다. 상자 안의 비둘기는 새의 학습과 기억을 조사하는 유용한 방법이고 여전히 그러하다. 예를 들면, 우리는 이 방법으로 비둘기의 인상적인 시각 능력과 기억력을 알게 되었다. 실험실의 조작된 환경에서 비둘기는 수백 개의 이미지를 1년 이상 기억했다. 또한 유방 촬영 사진에서 정상세포 조직과 암세포 조직의 차이를 감지하도록 훈련시켰더니, 미세한 시각적 차이를 구분하는 능력이 어찌나 탁월한지 실제 그 일을 하는 경험 많은 기술자보다 정확도가 높았다. 그런데 새들은 정작 이러한 능력을 그들의 일상에서 어떻게 사용할까?

비둘기나 금화조 같은 새들은 실험실에서도 자연스럽게 행동하고 인공적인 환경이나 장치에 크게 동요하지 않는다. 반면, 어떤 새들은 인위적인 환경에 적응하지 못해서 실험 무대 안에서는 제 능력을 발휘하지 못한다. 진박새나 쇠박새의 기억력을 실험실에서 터치스크린 컴퓨터로 테스트하면 결과는 처참하다. 기껏해야 이미지를 몇 분밖에 기억하지 못한다. 그러나 야생에서는 자기가 먹이를 숨겨둔 장소들을 몇 개월씩 기억한다.

야생에서 둥지 짓기에 관련된 인지 능력을 연구하면서 힐리와 동료들은 한때 단순한 본능으로 취급되었던 행동에 내재한 복잡성을 깨달았다. 푸른박새는 날씨가 새끼에게 미치는 영향을 잘 알고 있어서 바깥 기온에 따라서 둥지를 다른 형태로 짓는다. 또한 흰눈썹배짜는새의 경우, 군락마다 건설하는 둥지의 구조가 제각각인 것은 다른 새를 관찰하면서 배운 사회 학습의 결과임이 밝혀졌다.

힐리는 야생에서 먹이를 찾는 루포스벌새의 인지 능력을 연구하여 이 작은 새의 놀라운 기억력을 발견했다. 쌀 한 톨 크기의 뇌를 가지고 이 새들은 자기들이 방문하는 꽃 앞에서 다양하게 계산기를 두드린다. 어느 꽃이 가장 질 좋은 꽃꿀을 주는지, 꿀을 다시 채우는 데에 얼마나 걸리는지, 언제 다시 꿀을 먹으러 와야 하는지 등 인간이 독점한 것인 줄만 알았던 기억의 유형을 보여주었다.

"야생에서 인지 능력을 시험하기는 정말 어려워요." 힐리가 말한다. "지금까지 우리가 아는 지식들 전부가 비둘기한테서 나온 것도 그 때문이죠. 하지만 이 영리한 종과 함께 작업하는 과정은 정말 만족스럽습니다. 비둘기를 훈련시키려면 2년이 걸리지만 벌새는 하루면 되거든요." 그렇다고 야외 연구가 실험실 연구보다 절대적으로 더 낫다는 것은 아니라고 힐리는 말한다. 둘은 서로 다른 방법이다. "야외에서는 실험실에서 이루어지는 모든 훌륭한 설정과 조작을 할 수 없죠. 하지만 실제로 새들이 열린 환경에서 어떻게 살아가는지를 볼 수 있습니다."

검은앵무와 흰이마유황앵무를 포함한 몇몇 새들은 실험실에서 자기만의 도구를 만들어 사용한다. 그러나 그들이 정말로 야생에서도 그렇게 할까? "야외 실험의 장점은 새들이 무엇을 **할 수 있는지**를 보는 것에 그치지 않고 사회적, 생태적 어려움에 부딪혔을 때, 실제로 무엇을 **하는지**를 볼 수 있다는 겁니다." 힐리가 말한다.

"새의 행동을 연구하는 일은 흥분의 연속입니다." 힐리의 말이다. 새들은 이 영역 저 영역에서 자신들의 자연스러운—겉으로는 **부자연스러워** 보일지도 모르지만—행동의 근간이 되는 수준 높은 지능의 비밀을 드러내고, 우리가 새들의 머릿속에서 일어나는 일을 얼마나 한결같이 과소평가해왔는지를 깨우쳐주고 있다. 새들도 생각하는 존재임이 틀림없다. 인간과는 다른 것을 다른 방식으로 생각할 뿐이다.

새들은 인습 타파자이자 규칙 위반자이다. 새들은 우리의 근거 없는 억측을 무너뜨린다. 우리가 깔끔하게 나누어놓은 범주와 정돈된 이론, 이런 신비로운 다양성을 하나의 틀 안에서 설명하려는 억지 시도를 거부한다. 새들은 인간이라는 종의 유일무이함을 향한 신념을 산산조각 낸다. 인간은 스스로를 도구 제작, 논리, 언어 능력을 갖춘 유일한 종이라고 계속해서 주장해왔지만, 사실은 새들 역시 비슷한 능력을 소유하고 있음이 드러나고 있다. 그 비범한 행동들을 알게 될수록 새들을 비둘기장 안에 가두려는 노력은 헛수고가 될 것이다.

말하기

1

새벽 합창단

나는 알래스카의 카체마크 만 근처 염습지 물가에서 캐나다두루미들을 관찰한 적이 있다. 두루미들은 물에 발을 담그고 고개를 숙인 상태로 깃털을 곤두세운 채 날개를 펼치고 걷고 있었다. 나는 조지 햅과 크리스티 융커가 수 년간의 야외 조사 끝에 펴낸 작고 간편한 두루미 사전에서 이 새의 구애 동작과 자세를 찾아본 다음에야 내가 무엇을 보고 있는지 감이 왔다. 목깃을 세우고 얼굴의 붉은 반점이 커지고 고개를 까딱거린다. 모두 말을 **몸으로** 표현한 것이다. 우리 눈에는 다 비슷해 보이지만, 새들 사이에서는 아주 명확한 감정의 표현이자 의도의 전달이고 사회적 목적이 분명한 신호이다. 머리와 목을 앞으로 "길게 빼는" 것은 "날아오를 준비"가 되었음을 가족에게 알리는 신호이다. 머리를 90도로 들어올려 목을 세우고 얼굴의 붉은 피부가 확장되는 것은 위협 대상을 주시하며 "경계 중"이라는 뜻이다. 머리 꼭대기의 깃 다발을 아래로 스르륵 내리는 것은 성적으로 가볍게 흥분한 상태를 나타낸다. 쭈그리고 앉아서 날개를 펼치고 바닥으로 축 늘어뜨리는 행동은 드물게 강도 높은 공격성의 표현으로 대개 암컷에게서 볼 수 있다.

캐나다두루미는 철분이 풍부한 붉은 진흙을 잔뜩 묻힌 풀로 몸을 문질러 깃을 색칠하는데, 아마 위장의 목적이거나 또는 곤충 퇴치용일 것이다. 왜가리, 펠리컨, 따오기 같은 새들은 성적 신호를 보내기 위해서 소위 색조화장을 한다. 가장 화려한 예가 멸종위기종인 따오기인데, 번식기가 되면 머리와 목에서 배어나오는 기름기 있는 검은 분비액을 흰 깃털에 발라서 혼인색을 낸다.

새들은 동물 세계의 이름난 소통가들이다. 이들은 구애하는 동안에도, 싸우는 동안에도 말을 한다. 날면서도 말하고 먹이를 찾으면서도 말한다. 장거리 여행을 떠날 때에도, 포식자에게서 도망치면서도, 새끼를 기르면서도 말을 한다. 새들은 음성으로 말하고 몸으로 말하고 깃털로 말한다. 새들에게는 영장류가 감정을 표현할 때에 사용하는 안면근육은 없지만, 캐나다두루미처럼 머리와 몸으로, 얼굴 깃, 관모, 몸짓, 날개와 꼬리의 움직임으로 내면의 상태를 강하게 전달한다.

사하라 이남의 아프리카에 서식하는 홍엽조들의 눈으로 보는 수다를 예로 들어보자. 이 새는 보기 드문 형태의 시각적 대화를 구사하여 연구자들을 경악하게 한 전력이 있다.

베짜는새과의 작은 일원인 이 새들은 상상을 초월하는 개체수로 악명이 높다. 야생 조류 중에서 전 세계를 통틀어 수가 가장 많은 홍엽조는 번식기가 되면 15억 마리까지 모인다. 지금은 멸종했지만 한때는 북아메리카에서 태양을 가릴 정도로 수가 많았다는 나그네비둘기처럼, 거대한 홍엽조 떼가 하늘에 어둠을 드리우는 광경은 자연의 환상적인 장관이 아닐 수 없다. 그러나 홍엽조는 수수나 기장 같은 농작물에 극심한 피해를 입히기 때문에 현지에서는 "아프리카의 깃털 달린 메뚜기"라고 불린다.

그러나 홍엽조 얼굴 깃털의 엄청난 변이와 이 새가 이것을 신원 확인에서부터 이웃과의 평화 유지에 이르기까지 다양한 의사소통에 사용하는 방식은 잘 알려져 있지 않다. 번식기의 수컷은 선명한 붉은색 부리 주변으로 얼굴에 일종의 가면을 쓰는데, 색은 흰색에서 검은색까지, 크기는 아예 생기지 않는 것에서부터 꽤 넓은 크기의 줄무늬까지 다양하다. 가면의 주변부도 빨강에서 노랑까지 다양한 색조가 엄지손톱만큼 작을 때도 있고, 또는 가슴과 배까지 넓게 이어지기도 한다. 패턴과 색의 조합은 거의 무한하다고 보면 된다.

제임스 데일은 홍엽조의 얼굴 깃털이 극단의 다양성을 보여준다고 말한다. 과학자들은 보통 각 개체의 깃털의 색깔 차이를 신체 상태의 차이로 본다. 선명하고 알록달록한 깃털은 건강의 상징이자 뛰어난 자질의 정직한 지표이다. 주변에 흔하지 않은 색소를 이용해서 깃을 선명하게 유지하기가 쉽지 않기 때문이다. 건강 상태가 좋은 새일수록 훌륭한 색감을 과시한다. 데일이 처음 박사과정에 들어와서 새를 연구하기 시작했을 때, 그는 홍엽조 얼굴의 무지갯빛이 건강과 색의 상관관계를 명확히 보여줄 것이라고 확신했다. 얼굴 깃의 색이 선명할수록 더 건강하고 따라서 짝짓기와 번식의 기회가 더 높을 것이었다. 데일은 수년간 그 연결 고리를 찾으려고 무척 애를 썼지만 쉽지 않았다. "홍엽조가 둥지를 튼 그 끔찍한 가시투성이 나무들을 조사할 때는 여간 신경이 쓰이는 게 아니에요. 어지간히 조심하지 않으면 옷이 죄다 찢겨나가니까요." 데일이 내게 말했다. 하지만 어떻게 자료를 분석해도 건강과 얼굴 깃 색의 상관관계는 찾을 수 없었고, 결국 조사를 그만두기 직전까지 갔다. 그러나 데일은 끝까지 포기하지 않았고 여기에 훨씬 더 흥미로운 사실까지 추가했다. 홍엽조의 얼굴 깃은 마치 지문처럼 개체마다 모두 달라서 낯선 새들이 떼 지어 모인 곳에서 신원을 알리는 일종의 이름표로 기능한다.

홍엽조는 수백만 마리가 밀집한 군락지에 둥지를 튼다. 수가 많을수록 더 안전하기 때문이다. "이렇게 큰 무리 속에서라면 새끼가 쉽게 잡아먹히지 않겠죠." 데일이 말했다. 그러나 그조차 암울한 복권 같은 확률이다. 수리들은 번식지에 출몰해서 "자루처럼 생긴 둥지를 열어젖히고 통조림에서 체리를 꺼내먹듯 새끼들을 하나씩 잡아먹어요." 이 새들은 포식자로부터 둥지를 지키려고 애쓰는 대신, 때가 되면 엄청난 수가 동시에 폭발적으로 번식한다. 매년 비가 충분히 내리고 씨앗을 제공할 풀들이 무성하게 자랄 무렵이면 수컷들이 밤에 떼로 번식지에 도착한다. 그리고 다음 날이면 가시투성이 나무들은 둥지를 짓느라고 바쁜 홍엽조들로 발디딜 틈이 없어진다. 나무 한 그루에 둥지 수백 개가 만들어진다. "모든 새가 한꺼번에 정신없이 둥지를 엮기 시작합니다." 대단위 공사가 진행되는 3일 동안 "엄청난 소음 속에 완벽한 혼돈과 혼란이 계속되다가, 8일째가 되면 모든 둥지에 알이 채워지죠."

1-2킬로미터 안에 최대 500만 개의 둥지로 붐비는 이런 밀집한 환경에서는 현실적으로 포식자에게 잡아먹힐 위험보다는 모르는 수컷에게 둥지를 빼앗길 위험이 더 크다. "워낙 뻔뻔하고 공격적인 새들인지라 풀이나 재료들을 슬쩍하면서 끊임없이 서로를 시험합니다." 모두 동시에 같은 일에 매진하고, 또 상황이 급박하게 진행되다 보니 홍엽조들에게는 경계나 영역을 설정할 기회가 아예 없다. "북아메리카의 새들처럼 온종일 앉아서 노래나 하고 있을 시간이 없어요." 데일의 말이다. 그래서 홍엽조는 자기들끼리 잘 아는 새들, 즉 자신의 둥지 지키기에 바빠서 남의 둥지를 넘보지 않을 것이 확실한 새들이 모여 소규모 구역을 형성한다. 비록 경쟁자이지만 자기 둥지를 짓느라고 여념이 없는 친숙한 이웃이 새로 온 낯선 수컷보다는 덜 위협적이기 때문이다. 이것을 "친애하는 적 효과(dear enemy effect)"라고 부른다. 새들은 이웃끼리 서로를 빨리 알아간다. 홍엽조는 얼굴을 신호로 보여주고 정체를 공개하여 이웃이 자기를 쉽게 알아보게 한다. "상대를 알아가는 과정이 끝나면 서로를 괴롭히는 부질없는 짓은 그만두고 본격적으로 둥지 짓기에 몰입합니다."

실제로 홍엽조의 건강 상태를 증명하는 단서는 형형색색의 깃털이 아니라 이 신분증 속에 박혀 있는 선명한 붉은색 부리임이 밝혀졌다. 결국 정보와 메시지가 새의 얼굴 안에 모두 담겨 있는 셈이다. 그런데 그것이 그렇게 놀랄 일일까? 개체를 개체로 인식하는 것은 사회관계의 기본 중의 기본이다. 그리고 홍엽조는 매우 사회적인 동물이 아니던가.

새들은 깃털과 몸짓을 이용하여 고함도 치고 이야기도 한다. 그러나 뭐니 뭐니 해도 새들에게 가장 흔하고 극단적이고 복잡한 소통 방식은 목소리이다.

아직 해가 뜨지 않아서 어둑하지만 오스트레일리아 뉴사우스웨일스 주 내륙의 필리가 숲은 웅웅, 끼익, 휘휘, 텅텅거리고 지저귀고 짖기까지 하는 새들의 노랫소리로 가득하다. 이곳은 오스트레일리아의 그레이트디바이딩 산맥 서쪽 사면에 살아남은 가장 큰 원시림으로, 다양한 유칼립투스들로 이루어진 따뜻한 온대림에는 회색머리꼬리치레, 웃음물총새, 흰날개트릴러, 붉은때까치딱새, 심지어 개부엉이(이름만 보고도 울음소리가 어떨지 짐작이 간다) 등 온갖 새들이 서식한다. 새들의 소리는 정신이 혼미할 정도로 시끄럽지만 오스트레일리아에서는 드물지 않다. 새들의 세계에서 가장 기괴하고 시끄럽고 특별한 소리가 이 거대한 남쪽 대륙에서 왔다는 사실은 우연이 아니다. 나중에 팀 로의 이야기를 듣겠지만, 오스트레일리아는 참새목의 노래하는 새, 즉 명금류가 기원한 곳이다. DNA 분석 결과에 따르면, 명금류뿐 아니라 앵무새와 비둘기도 이 대륙에서 진화하여 파도를 타고 전 세계로 퍼져나갔다. 지구를 반 바퀴 돌아서 미국 버지니아 주 중부에 있는 우리 집에서 새벽 합창을 들려주는 새들—아메리카붉은가슴울새, 흉내지빠귀, 솔새, 참새, 홍관조, 되새—은 모두 오스트레일리아에서 기원한 참새목의 후손이고 필리가 숲의 새들처럼 동시에 수다를 떤다.

나에게 새벽 합창은 언제나 이해할 수 없는 행동이다. 모두 같은 시간에, 하루의 다른 어느 때보다 더 크고 활기차게 노래하는 모습은 흡사 시 낭송 대회에서 참가자 전원이 한꺼번에 시를 읊어대는 꼴이다. 새들의 합창은 빠르면 새벽 4시부터 시작해서 해가 뜨고 숲에 온기가 퍼질 때까지 몇 시간씩 계속된다. 온대 지방에서는 비둘기, 지빠귀, 울새, 오스트레일리아에서는 오스트레일리아까치, 얼룩백정새, 웃음물총새처럼 몸집이 큰 새들부터 먼저 합창에 합류한다. 그러나 몸집보다 중요한 것은 눈의 크기이다. 영국의 과학자들은 눈이 커서 낮은 조도에서도 더 잘 볼 수 있는 새들이 더 일찍 노래하기 시작한다는 사실을 알아냈다. 그것은 신열대구 서식처에서도 마찬가지이다. 칼 버그는 에콰도르 열대림에서 새벽 합창을 연구하면서, 평소에 숲에서 새가 주로 먹이를 찾아다니는 높이와 눈의 크기야말로 이 새가 노래를 시작하는 시간을 가장 잘 예측할 수 있는 변수임을 밝혔다. 대체로 눈이 크고 숲의 상층부에서 먹이를 찾는 새들이 눈이 작고 숲 바닥에서 먹이 활동을 하는 새들보다 좀더 일찍 노래를 시작했다.

새들이 동트기 전에 온 힘을 다해 노래를 부르는 이유는 잘 알려지지 않았다. 아직 어두운 이른 새벽에 소리 전달이 더 잘 된다는 물리 법칙과 연관이 있을지도 모른다. 새벽에는 기온이 더 낮고 공기가 더 차분하고 곤충들에 의한 주변 소음(그리고 이동)이 덜하기 때문에 새의 노랫소리가 더 멀리까지 이동한다. 그래서 새들—적어도 북쪽 지방의 새들—이 영역을 표시하고 미래의 짝에게 존재감을 드러내는 데에 유리할지도 모른다. 그것이 아니면, 그 시간에 포식자의 위협이 덜해서일 수도 있다. 아니면, 그냥 모처럼 새벽에 눈이 일찍 떠졌는데 아직 날이 밝지 않아서 먹이를 찾아나서기도 애매하고 적막을 깨고 이동하기에도 마땅치 않고 곤충들도 아직 돌아다니지 않으니 에라 모르겠다 노래나 부르자 하는 것인지도 모른다. 어쩌면 하루를 시작하며 목을 푸는 것일 수도 있다. 아니면 그저 "나 밤새 안녕합니다!" 하고 동네방네 알리는 것일지도 모른다.

오스트레일리아 야생동물 음향 기록가인 앤드루 스키어치는 새벽 합창을 새들이 갈등을 최소화하며 관계를 조율하고 확인하는 집단 현상으로 본다. "매일 아침 자신의 짝, 가족, 이웃과 함께 장소와 소속을 재확인하는 것이죠. 새벽 합창을 통해서 물리적 마찰을 피하면 위험과 스트레스를 줄이고 에너지도 절약할 수 있으니까요. 음성 행동의 태피스트리라고 할까요. 결국 새벽 합창은 명금류가 공존하고 지금처럼 대단히 성공적이고 다양한 집단이 될 수 있었던 가장 큰 진화적 업적일지도 모릅니다."

새들의 노래와 울음소리는 사할린뇌조가 거칠고 코믹하게 따져 묻듯이 딸 그르르거리는 소리부터, 귓속말로 소근대는 소문처럼 들릴 듯 말 듯한 고음으로 부드럽게 픽픽대는 보석새 소리, 흰허리바다제비가 요정처럼 작고 여린 음성으로 꼬르꼬르 하는 소리, 세볏방울새와 흰방울새의 킹, 깡 하고 쩌렁쩌렁 울리는 소리, 관머리떠들썩오리의 요란한 트럼펫 소리, 오스트레일리아까치의 오르간 연주 소리, 7시간이나 계속되는 얼룩백정새의 아름다운 야밤의 솔로곡에 이르기까지 다양함의 극치를 달린다. 말이 나왔으니 이야기하자면, 백정새는 조류계의 스위니 토드(빅토리아 시대 영국의 괴담에 등장하는 연쇄 살인마 이발사/옮긴이) 같은 존재이다. 이 새는 저녁거리로 잡은 작은 새나 동물을 가시나 막대기에 꼬치를 꿰듯이 꽂아두는 악랄한 행동을 서슴지 않는다. 그러나 노래만큼은 천사 세라핌처럼, 그것도 때로는 삼중창으로 부른다. 그 노래가 어찌나 빼어나고 아름다운지 바이올린 연주자이자 작곡가인 홀리스 테일러는 10년에 걸쳐 얼룩백정새의 소리를 녹음해서 듣고 곡을 만들었다. 테일러가 야외에서 녹음한 소리들을 편곡해서 만든 놀라운 곡, "비행(Taking Flight)"을 2017년에 애들레이드 교향악단이 연주했다.

내가 지금까지 들은 가장 기묘한 울음소리는 초록고양이새의 소리이다. 이 잘생긴 작은 새는 초록색과 황갈색 얼룩으로 완벽하게 위장하고 있어서 보금자리인 우림에서는 눈보다는 귀로 더 알아차릴 수 있다. 초록고양이새의 울음소리는 고양이와 갓난쟁이가 우는 소리를 섞어놓은 것 같아서 나는 그 소리를 처음 들었을 때, "대체 무슨 일이 있길래 이 가엾은 아이가 저리 울꼬"라는 생각까지 들었다.

과학은 이제 막 새들의 목소리가 가지는 복잡성과 의미를 분석하기 시작했다. 아메리카붉은가슴울새처럼 주위에 흔한 종들도 20가지 이상의 다른 소리를 내는데, 각각의 뜻은 아직 잘 모른다. 거위의 단순한 꺽꺽 소리에도 예상치 못한 풍부함과 복잡함이 들어 있고, 펭귄의 울음소리처럼 단순하고 거기서 거기 같은 소리조차 음향의 변이가 있기 때문에 펭귄들이 서로를 알아보고 짝을 찾게 돕는다.

명금류의 발성은 대체로 지역마다 다르고 인간처럼 "사투리"도 있다. 사투리란 노래의 구조나 구성에서 뚜렷하게 구분되고 장기간 지속되는 지역적, 문화적 차이를 말한다. 사투리는 구애 과정에서 두드러진 역할을 한다. 어떤 암새는 자기가 쓰는 어휘로 노래하는 수새에게 더 호감을 느낀다. 사투리는 영토 분쟁이 일어났을 때, 새들이 현지인과 이방인을 구별하고 싸움 없이 갈등을 해결하는 역할도 한다. 루이스 밥티스타는 흰정수리북미멧새 연구로 새들의 사투리를 처음 인지한 조류학자이다. "조류계의 헨리 히긴스(영화 「마이 페어 레이디」에 나오는 음성학자/옮긴이)"라고 불리는 밥티스타는 노랫소리만 듣고도 그 새와 부모가 어느 지역 출신인지를 정확히 집어냈다. 흰정수리북미멧새의 억양은 지역 간의 변이가 너무 심해서 밥티스타의 말에 따르면, 태평양을 바라보고 섰을 때에 왼쪽 귀에 들리는 사투리와 오른쪽 귀에 들리는 사투리가 달랐다고 한다.

새의 발성기관은 흉강 깊숙이 묻혀 있는 명관(syrinx)으로, 울대라고도 한다. 소리는 공기가 명관을 통과할 때에 막이 진동하면서 나온다. 새의 명관은 크기나 구조가 다양한데, 오리, 거위, 백조의 경우는 둥근 공명실과 고리형 긴 기관지—예상치의 최대 20배—덕분에 제 몸집보다 큰 소리를 내고, 명금류의 명관은 명관근에 의해서 섬세하게 조절되는 한 쌍의 작은 방 형태이다. 어떤 명금류는 명관 양쪽에 있는 다수의 근육을 아주 미세하게 조절하여 동시에 여러 소리를 낼 수 있다. 그러니까 혼자서도 듀엣곡을 소화할 수 있다는 말이다. 오스트레일리아까치의 풍성한 노래와 숲지빠귀의 눈부시게 아름다운 지저귐이 여기에서 나온다.

과거에는 새의 가청 범위가 인간보다 좁다고 생각되었다. 최근에서야 붉은머리오목눈이나 검은자코뱅벌새는 인간의 청력을 넘어서는 초음파 영역의 소리를 낸다는 것이 밝혀졌는데, 반대로 해석하면 이 새들은 우리 귀에는 "보이지 않는" 소리를 감지한다는 뜻이다. 일반적으로 새들은 우리가 상상하는 것보다 소리를 더 잘 인지한다. 소리의 음조, 음색, 선율의 변이에 민감해서 울음소리로 동종의 새를 식별할 뿐 아니라 시끌벅적한 난장판 속에서도 무리의 특정 개체까지 구별한다.

사랑앵무의 인사 신호(contact call, 접촉음)는 소리로 무리의 개별 구성원을 인식하는 훌륭한 예이다. 이 소리는 새마다 미묘한 차이가 있어서 구분이 가능하다. 사랑앵무도 홍엽조처럼 큰 무리를 지어 산다. 1950년대와 1960년대에는 이 새들이 "전깃줄에 얼마나 많이 모여 앉았는지 무게를 못 이긴 전선이 땅까지 늘어졌다"라고 묘사되었다. 인사 신호는 사랑앵무가 짝과 무리를 알아보게 한다. 어른이 되면 무리를 옮길 때마다 짝이나 무리의 다른 새들의 신호에 맞추어 소리에 변화를 준다.

사랑앵무와 다른 새들은 우리가 말을 배울 때와 비슷한 과정을 통해서 노래와 울음소리를 배운다. 이것은 음성 학습이라는 모방과 연습의 과정인데, 동물의 세계에서 극히 드물다. 임신 마지막 3분기에 인간의 태아는 바깥세상에서 들리는 소리를 기억하고, 특히 음악과 언어의 멜로디에 민감한데, 새들도 그렇다. 어떤 새의 배아는 알껍데기를 통과한 소리를 듣는데, 부모의 소리를 들으면 심장 박동수가 증가한다. 동부요정굴뚝새는 아직 알 속에 있을 때부터 부모에게 특별한 음성 암호를 배워 탁란에 대비한다. 연구에 따르면, 새끼 새는 부화하기 적어도 5일 전에 그 소리를 익힌다. 금화조 부모는 알 속에서 발달 중인 새끼에게 바깥 날씨가 덥다는 사실을 알리는데, 성장하는 새끼에게는 매우 중요한 정보이다. 몸집이 작을수록 날씨가 더울 때에 열을 더 쉽게 발산할 수 있기 때문이다. 더운 지방에서 번식하는 금화조는 둥지 온도가 약 26.5도 이상으로 올라가면 부화까지의 기간이 3분의 1 정도 남았을 때, 부모가 새끼에게 이 소식을 전한다. 이 무렵 배아에서 체온 조절 체계가 발달하는데, 이 "혹서 경보"에 대한 반응으로 새끼들은 실제로 성장을 늦추고 더 작게 태어난다. 열기에 맞게 적응된 장점을 가지고 말이다.

새들은 갓난쟁이처럼 울고 돼지처럼 꿀꿀거리고 고양이처럼 야옹거리고 오페라 가수처럼 노래한다. 사투리를 쓰고 듀엣을 하고 합창한다. 새들은 울음소리와 노래에서 온갖 정보를 얻는다. 지금 노래하는 저 새가 무슨 종인지, 어느 지역에서 왔는지, 어느 무리에 속했는지, 구체적인 개체 신원과 신상까지 확인한다. 그리고 소리를 독창적으로 사용해서 정보를 공유하고 경계를 협상하고 상대의 행동에 영향을 미친다.

풍경광부새는 다른 종의 접근을 막기 위해서 실제로 소리의 장벽을 친다. 오스트레일리아 남동부 갭 크리크 보호구역의 숲은 주홍머리꿀빨기새를 비롯한 숲속의 작은 새들이 지저귀는 소리와 동박새의 구슬픈 울음소리로 가득하다. 그러나 유칼립투스를 지나 벨버드 트레일 아래로 조금 더 걸어가면, 어느새 숲속의 수다는 사라지고 팅-팅-팅-팅 울리는 종소리만 남는다. 전형적인 풍경광부새의 울음소리이다. 풍경광부새는 짙은 줄무늬가 부리에서부터 아래로 흘러내려 얼굴이 울상인 호전적인 꿀빨기새이다. 일단 이 새의 세력권에 들어오면 새들의 합창은 숲의 상층부 어디에서나 울리는 차임벨 소리 하나로 줄어든다.

풍경광부새 한 마리가 우는 소리는 듣기 좋다. 1-2분에 40번 정도씩 팅-팅-거리는 소리에 처음에는 별들의 소리를 엿듣는 듯한 경이로운 기분마저 든다. 그러나 서서히 이 합창이 거슬리기 시작한다. 귀울림 현상이 생기는 것 같기도 하고, 꽉 잠그지 않은 수도꼭지에서 물이 계속 똑, 똑, 똑 떨어지는 것 같기도 하다. 영역을 표시하는 울음소리가 1년 중 한 철에만 들리는 북아메리카와 달리, 이곳의 새들은 동틀 때부터 해 질 녘까지 1년 내내 하루도 빠지지 않고 주야장천 팅-팅-거린다. "세상에서 가장 오래 지속되고 멀리 퍼지는 동물의 소리죠." 팀 로의 말이다. "풍경광부새들은 이렇게 말하고 있는 거예요. '섣불리 접근하지 마. 발을 들이는 순간 공격할 테니.'"

풍경광부새들은 세력권을 공격적으로 수비한다고 알려졌다. 이 새들은 웃음물총새나 얼룩무늬쿠카윙처럼 덩치가 큰 새들한테도 겁 없이 덤비고 몸집이 작은 종들은 아예 발도 못 붙이게 한다. 숲의 하층부에서 먹이를 찾아다니는 요정굴뚝새나 흰눈썹굴뚝새 같은 새들 정도는 눈감아준다. 그러나 비슷한 영역과 먹이를 공유하는 보석새들은 이 소리를 듣고 감히 접근하지 못한다. 다른 새들은 종소리가 울리는 풍경광부새의 근거지 바로 너머에 정상적으로 모여 산다. 풍경광부새들은 한곳에 몇 년씩 살면서 다수의 경쟁종들을 제압한다.

저자세를 취하며 풍경광부새와 공존하는 작은 새가 있다. 바로 동부채찍새이다. 이 새에게도 풍경광부새와는 전혀 다른 목적에 쓰이는 나름 주목할 만한 소리 재능이 있다. 올리브색의 날씬한 체형에 양쪽 뺨에는 하얀 얼룩이, 머리에는 까맣고 귀여운 작은 관모가 있는 새가 온몸을 내던져서 내는 소리라니. 채찍새의 낭랑한 소리는 영화 속 정글 장면에서 흔히 사용되는 대표적인 열대우림의 소리이다. 두 음으로 이루어진 독특하고 매혹적인 "채찍질" 소리는 처음에 휘파람처럼 가늘게 휘이이이 하고 시작하다가 갑자기 크게 찌욱 찌욱! 하고 마무리되는데, 이것이 사실은 수컷과 암컷의 듀엣이다. 암수가 주고받는 타이밍이 어찌나 절묘한지 꼭 한 마리가 내는 소리처럼 완벽하게 매끄럽다. 수컷이 신호를 보내면 암컷이 1,000분의 1초 만에 응답한다.

한 쌍의 새가 이렇게 잘 짜인 소리의 사라반드(saraband)를 연출하는 이유가 무엇일까?

캔버라의 오스트레일리아 국립대학교에서 새의 행동을 연구하는 나오미 랭모어는 동부채찍새 개체군은 편향된 성비 때문에—수컷의 수가 암컷보다 적다—실제로 수컷을 두고 암컷들 간에 경쟁이 심하다고 설명한다. 암컷은 수컷과의 관계에서 독점적 지위를 방어하는 데에 이 듀엣곡을 사용한다. 이런 행동을 "짝 지키기"라고 하는데 암컷 새에게서는 흔하지 않은 전략이다. 그러나 암컷이 노래를 통해서 "소유권"을 주장하는 행동은 충분히 이해할 만하다. "수컷이 노래를 할 때마다 암컷도 같이 노래해요. '잘 봐, 이 남자, 임자 있는 몸이야'라고 말하는 거죠. 그래야 다른 암컷들이 감히 그에게 접근하거나 가로챌 생각을 하지 못할 테니까요." 랭모어의 말이다. "반대로 수컷이 암컷의 노래에 응답할 때는, '이봐, 저 여자는 엄연한 유부녀야. 그러니까 엉뚱한 생각은 하지 말라고!'라고 말하는 거예요. 아주 오랫동안 사람들은 저 듀엣곡을 수컷 혼자 부르는 노래라고 생각했어요. 그만큼 타이밍이 완벽해요."

다른 종들도 풍경광부새와 비슷한 이유로 이중창을 한다. 랭모어가 설명한다. "세력권 방어를 위해서 듀엣을 하는 종들이 있어요. 암수가 아주 멋지게 합을 맞추어 이렇게 말해요. '어때, 그쪽이 보기에도 우리가 만만치 않은 팀이지? 우리는 정말 쿵짝이 잘 맞아. 이렇게 환상적인 듀엣곡을 부르는 것을 보면 알잖아? 이게 다 우리가 이 영역에서 오래 함께했기 때문이지. 당신이 함부로 끼어들 사이가 아니라고.'"

목적이 무엇이든 간에 새들의 이중창은 경이로움 그 자체이다. 전체 조류종의 약 16퍼센트—주로 열대 지방에서—그리고 조류 분류군의 절반에 가까운 과(科)의 새들이 암수가 함께 노래하는 것을 보면, 이 습성은 여러 차례 독립적으로 진화한 것 같다. 암수의 이중창은 줄무늬머리참새의 비교적 단순하고 중첩되는 노래에서부터 여러 신열대구 굴뚝새 종들의 빈틈없이 구성된 듀엣에 이르기까지 범위가 다양하다. 굴뚝새류의 경우 암수가 번갈아가며 한 소절씩 부르는데, 상대의 노래와 잘 어울리도록 타이밍과 소절을 섬세하게 조율한다. 이처럼 정확하게 조정된 복잡한 듀엣은 동물의 세계에서 인간의 대화 구조에 가장 가까운 음성 활동이다.

인간의 대화는 두 개체가 이음매 없이 완벽하게 말을 주고받는 전형적인 예이다. 한 번에 한 사람씩 말하고, 다른 사람에게 차례가 넘어갈 때에는 공백이나 침묵이 없어야 하고, 이상적으로는 둘의 말이 반복되지 않는 것이 불문율이다. 이 규칙이 깨지면 대화가 얼마나 어색해질지 생각해 보라. 예를 들면, 라디오 인터뷰에서 진행자가 질문을 던지고 나서 게스트의 대답이 지체될 때 기다리는 시간처럼 말이다. 화자가 바뀌는 순간의 공백이 길어지면 불편하다. 거의 모든 인간의 언어에서 각 차례는 약 2초간 지속되고 그 사이의 전형적인 공백은 0.2초밖에 되지 않는다.

등숲굴뚝새의 이중창에서 수컷과 암컷이 주고받는 타이밍은 더 정교하다. 카를라 리베라-카세레스는 코스타리카 산림에서 고도로 조율된 등숲굴뚝새 듀엣을 연구했다. 등숲굴뚝새는 짝의 소리에 0.06초 만에 응답할 정도로 정확하게 시간을 맞추는데, 이 정도면 인간이 대꾸하는 데에 걸리는 시간의 4분의 1 정도에 불과하다. 또한 구절이 중첩되는 경우도 2-7퍼센트로, 인간의 17퍼센트보다 훨씬 적다. 훈련받지 않은 사람의 귀에는 등숲굴뚝새 한 쌍이 다양하게 주고받는 노래가 마치 한 마리가 부르는 곡처럼 들릴 것이다.

이처럼 암수가 번갈아가며 완벽하고 섬세하게 박자를 맞추어 노래하는 기술은 지각 및 인지적인 측면에서 굉장히 난이도가 높다. 등숲굴뚝새의 듀엣곡은 암수 각각 3가지 범주의 구절로 구성된다. 암수 모두 각 범주에서 많게는 25가지 종류의 레퍼토리를 보유하는데, 이 구절들을 조합하고 반복해서 곡을 만든다. 암수가 함께 노래하는 다른 새들처럼 등숲굴뚝새 듀엣은 자기 팀에만 적용되는 나름의 엄격한 "코드"에 따라서 서로 응답할 노래 구절을 정한다. 게다가 리베라-카세레스가 발견한 것처럼 새들은 상대가 부르는 구절의 종류에 따라서 자기 파트의 박자를 수정해서 곡을 조율한다. 이 조율 과정에서 암수 모두 적절한 구절과 시간을 1,000분의 1초 안에 골라야 한다.

펠릭스굴뚝새는 어둠 속에서 소리 외의 어떤 신호도 없이 이 위업을 달성한다. 퍼시픽 대학교의 크리스토퍼 템플턴 연구팀은 멕시코 서부의 건조한 숲속에서 펠릭스굴뚝새 수컷을 잡아서 새장에 넣고 실험실에서 하룻밤을 보내게 했다. 다음 날 아침 연구팀은 가장 먼저 이 수컷 새들에게 각자의 짝이 부르는 다양한 레퍼토리들을 들려주었다. "정말 놀랍게도 어둠 속 새장의 수컷들은 첫 번째 구절부터 바로 반응했는데, 제 짝이 부르는 구절의 종류를 정확히 인지한 다음 완벽하게 화답했어요. 그것도 0.5초 만에요." 템플턴의 말이다.

리베라-카세레스는 다 자란 암수 등숲굴뚝새의 듀엣 코드가 새로운 짝을 찾으면 얼마든지 달라질 수 있다는 것을 발견했다. 새로 만나서 짝을 지은 암새와 수새는 처음에 가파른 학습 곡선을 그리지만 결국에는 이음매 없는 하나의 곡을 만들어낸다.

2019년, 야생에서 새를 연구하는 과학자들이 이렇게 완벽하게 합을 맞춘 듀엣곡을 부르는 암수의 뇌가 실제로 동시에 활성화된다는 것을 알아냈다. 막스 플랑크 연구소 조류학 연구팀은 동아프리카와 남아프리카에 자생하는 흰눈썹베짜는새의 여러 암수 쌍에게 소형 마이크 송신기가 들어 있는 작은 배낭을 부착한 후에 원래의 서식지에 풀어주었다. 그런 다음 이 새들이 나무에 앉아서 부르는 듀엣곡 수백 곡을 녹음하여 노래하는 동안 발성과 신경 활동을 조사했다. 연구팀은 짝을 이루는 암수의 뇌에서 음성을 통제하는 영역의 뉴런이 동시에 발현되어 실질적으로 두 뇌가 하나처럼 기능한다는 것을 발견했다.

이처럼 절묘하고 정확하게 주고받는 능력은 반사적인 것도 선천적인 것도 아니다. 인간에서처럼 학습된 것이다. 우리는 아직 옹알대는 아기일 때부터 정교하게 조율된 대화의 리듬감을 익힌다. 그것은 부모의 듀엣을 듣고 배우는 등숲굴뚝새들도 마찬가지이다. 처음에 어린 새들은 박자를 놓치고 부모의 노래를 뭉개지만 시간이 지나면서 점점 나아진다. 리베라-카세레스는 어린 굴뚝새 암컷은 아버지가 부르는 소절에 어머니가 응답하는 구절을 모방하고 수컷은 그 반대로 한다는 사실을 밝혔다. 결국 문화 학습이 진행된다는 뜻이다.

과학자들이 지금까지 암컷 새의 노래에 대해서 잘못 알고 있었다는 사실을 처음 깨닫게 된 계기가 바로 듀엣이다.

수 세기 동안 사람들은 명금류 수컷만 노래를 이용한다고 생각했다. 수컷들이 화려한 깃털과 공들인 꼬리로 암컷을 유혹하고 다른 수컷과 경쟁하는 것처럼 말이다. 암컷의 역할은 노래를 듣고 마음에 드는 수컷을 고르는 것인데, 이때 암컷이 영향력을 발휘하여 더 아름답고 복잡한 노래를 부르는 수컷이 선호되는 성 선택(性選擇, sexual selection)을 거쳐 더 정교한 노래가 진화했다고 보았다. 이것은 뇌와 행동 면에서 성별 간의 극단적인 차이를 만드는 성 선택의 힘을 보여주는 전형적인 사례로 인식되었다. 노래하는 암컷은 대개 비정상적인 것으로 간주되고 무시되었다. 흔하지 않은 예외이거나 호르몬 이상에 의한 결과물이라고 말이다.

캐런 오돔이 이끄는 국제 연구팀이 전 세계 1,141종의 조류를 대상으로 암컷이 노래를 부르는 사례를 조사하면서 반전이 일어났다. 이들이 보기에 수컷만 노래한다는 사실은 아무리 생각해도 앞뒤가 맞지 않았다. 명금류 대부분이 열대 지방에서 사는데, 그곳의 새들은 상대적으로 연구가 많이 되지 않았다. 그리고 암컷의 노래는 명금류가 기원한 오스트레일리아와 그 인근 지역에서 더 흔하며 그곳에서는 암수가 성적으로 훨씬 평등하다. 아니나 다를까 2014년에 발표된 연구 보고에 따르면, 조사된 명금류 가운데 3분의 2에 해당하는 분류군에서 암컷이 노래를 불렀다. 암컷의 노래는 곡의 길이나 복잡성 등 구조적으로 수컷과 비슷했고 또 유사한 목적으로 사용되었다. 예를 들면, 동아프리카에서 서식하는 아프리카찌르레기의 암수가 부르는 노래는 모티브의 구조나 수에서 차이가 없었다. 사회성이 매우 발달한 이 종은 암수가 1년 내내 노래하면서 신원을 밝히고 집단 내에서 서열을 확립한다. 이 연구의 확실한 결론은 이것이다. 첫째, 새들의 노래는 수컷의 전유물이 아니다. 둘째, 정교한 노래는 성 선택—암컷이 수컷의 발성적 기량을 선택하는—을 통해서 진화한 것이 아니라, 보다 일반적인 사회적 선택의 과정을 거쳐 진화했다. 연구팀이 발견한 가장 중요한 사실은 명금류 내에서 암컷의 노래가 과거에는 더 흔했을 것이라는 점이다. 심지어 오늘날에는 암컷이 노래를 별로 혹은 아예 하지 않는 종에서조차 말이다. 다시 말하면 이 암컷들이 노래한 적이 없는 것이 아니라 진화적 시간을 거치며 노래를 잊었다는 뜻이다.

그 이유가 무엇일까?

여기에 듀엣이 관여한다. 암수 듀엣이 드물고 노래하는 암컷이 흔하지 않은 북아메리카나 유럽 등 온대 지역은 이주자들이 많이 모이는 곳이다. "암컷이 노래를 잃은 새들은 주로 철새예요." 이 연구에 참여했던 랭모어의 설명이다. "철새는 열대 지방의 새들과는 세력권 형성 방식이나 짝짓기 형태가 아주 다릅니다. 철새의 경우 일반적으로 수컷이 번식지에 도착해 노래를 하면 암컷이 날아들어와서 노래를 듣다가 마음에 드는 수컷의 영역에 내려앉아요. 그런 다음 아주 짧은 번식기를 가지죠. 정신 없이 짝짓기만 하다가 떠나는 거예요."

반면에 열대 지방의 새들과 같은 텃새는 1년 내내 영역을 지켜야 한다. 시간이 지나서 짝이 죽으면 남은 새는 영역을 지키면서 새로운 짝을 유혹할 수 있어야 한다. "새들도 이혼해요." 랭모어의 말이다. "누가 남든 제 세력권을 수비하면서 새로운 파트너를 끌어들이려면 노래를 할 수 있어야 합니다. 그래서 철새 집단에서 암컷이 노래를 잃어버린 것도 상당히 최근에 일어난 사건으로 볼 수 있습니다."

세상을 90도로 돌려서 보게 하는 것이 바로 이런 사실들이다. 어쩌면 문제는 왜 어떤 암컷은 노래하느냐가 아니라 왜 어떤 암컷은 노래하지 않느냐일 것이다. 아니, 언제나 노래를 불러왔지만 우리가 듣지 않은 것인지도 모른다.

2

경계경보

캔버라 중심부 근처의 넓은 숲지대에 자리 잡은 오스트레일리아 국립 식물원은 목가적인 분위기가 물씬 풍기는 곳이다. 유칼립투스 숲, 스피니펙스 초원, 대륙의 붉은 중심에 자리 잡은 솔트부시 관목림, 태즈메이니아에서 퀸즐랜드까지 이어지는 동부 해안을 따라서 펼쳐진 다양한 우림에서 온 식물들로 무성한 우림 계곡 등 오스트레일리아의 자생 서식처를 대표하는 6,500종의 식물 사이로 넓은 산책로가 굽이굽이 이어진다. 이곳에는 캥거루와 늪왈라비, 박쥐, 주머니여우, 유대하늘다람쥐가 산다. 큰 도로를 따라서 붉게 피어난 와라타와 그레빌레아, 길쭉하게 솟아오른 뱅크시아의 노란 꽃들이 줄지어 자란다. 이 꽃들은 꽃꿀을 찾아서 이곳에 자주 출몰하는 많은 새들—이꽃 저꽃 바쁘게 쏘다니는 꿀빨기새, 길고 우아한 부리로 꽃을 탐색하며 곡예를 선보이는 동부가시부리새, 요란스러운 붉은귓불꿀빨기새(귓불꿀빨기새라는 이름은 목 양쪽에 다소 우아하지 못하게 늘어진 피부 때문에 붙여진 이름이다)—을 위한 성서에 나오는 만나(manna)와 같은 일용할 양식이다. 한켠에는 큰진흙집새가 작게 무리를 지어 나무의 뿌리 덮개를 긁고 있다. 우림 계곡에서는 붉은장미잉꼬들이 바쁘게 열매를 찾아다니거나 나무고사리 밑에서 포자낭을 갉아먹는다. 각종 유칼립투스들이 잔뜩 들어선 잔디밭에는 동부요정굴뚝새가 지저귄다.

이 정원에는 없어서 오히려 눈에 띄는 새가 있는데, 바로 풍경광부새와 시끄러운광부새들이다. 그래서 평소 같으면 공격적인 광부새들 때문에 발도 들이지 못하는 작은 새들이 북적대는 것이다. 그들 중에 작고 귀여운 점박이보석새가 부드럽게 피피거리는 소리가 이 새가 곤충을 쪼아먹는 유칼립투스 꼭대기에서부터 흘러내린다.

이렇게 평화로운 전원의 풍경이 또 있을까.

그러나 조금 더 머무르다 보니, 심상치 않은 기운이 감지된다. 유칼립투스들 속에서 고음의 거친 경계음이 갑작스럽게 터져나와서 식물원 전체에 울려퍼진다. 이곳의 새들에게 위험을 알리는 소리이다.

이 정원에는 뱀이 산다. 진짜 뱀도 있고 뱀 같은 존재도 있다. 치명적인 동부갈색뱀은 굴뚝새 둥지에서 알과 새끼들을 채간다. 작은 새의 둥지에 기생하면서 주인을 쫓아내는 부채꼬리뻐꾸기도 있다. 야생 고양이나 유럽붉은여우처럼 이 땅에 도입된 포유류도 무시할 수 없다. 그중 최악은 웃음물총새, 쿠라웡, 갈색참매, 그리고 날아가는 새 전문 사냥꾼인 옷깃새매 등 무시무시한 맹금류들이다. 옷깃새매는 선명하고 날카로운 노란색 큰 눈과 무자비한 추격으로 잘 알려졌는데, 긴 가운데 발톱으로 먹잇감을 붙잡은 다음 죽이고 털을 뽑아서 먹는다.

이 귀에 거슬리는 경계음은 뉴홀랜드꿀빨기새가 내는 것이다. 뉴홀랜드꿀빨기새는 몸 전체에 검은색과 흰색이 섞여 있고 날개에 노란 얼룩이 있는 잘생긴 새로, 유별나게 우렁찬 소리에 비하면 몸집은 작은 편이다. 뉴홀랜드꿀빨기새의 소리는 위험이 코앞에 닥쳤음을 알리는 일종의 조기경보 시스템이다. 경보는 꿀빨기새에서 꿀빨기새로 키 큰 나무에서 키 작은 나무로 새매가 움직이는 길을 따라서 빠르게 전달되면서 실시간으로 요란스럽게 물결친다.

"뉴홀랜드꿀빨기새들은 항상 정원을 감시해요." 새를 전공하는 박사

과정 학생 제시카 맥라클란이 말한다. 그레빌레아 꽃과 유칼립투스 위를 빠르게 저공비행하며 순진한 먹잇감을 찾는 새매의 날렵한 윤곽을 포착하는 순간, 이 새는 폭발적인 경고음을 쏟아내어 포식자의 존재를 알린다. 그러면 요정굴뚝새, 흰눈썹굴뚝새, 갈색가시부리솔새, 줄무늬가시부리솔새, 보석새 및 다른 꿀빨기새들도 자체 경계경보를 발동해서 숲과 관목에 온통 경보음이 울려퍼진다. 포식자의 출현 소식을 모두에게 알리는 이런 소통망 덕분에 새매는 배를 채우지 못하고 발길을 돌릴 가능성이 크다.

맥라클란은 꿀빨기새의 경계음이 단순히 적의 출현을 알리는 비명이 아니라 풍부한 의미가 담긴 복잡한 언어라는 것을 발견했다. "이 새들은 정말 끝판왕들이에요. 신호 하나에 96가지 요소가 들어 있을 때도 있으니까요." 96가지라고? "우리가 들은 것들 중에서 가장 많은 경우예요. 물론 보통은 그보다 훨씬 적죠. 하지만 이 새들이 우리가 생각한 것보다 매우 의미심장한 말을 많이 하는 것은 사실이에요."

맥라클란은 꿀빨기새가 내는 소리가 대단히 구체적인 정보를 암호화한다는 것을 알았다. 게다가 이 소리를 듣는 새들은 그 암호를 해석해서 그 속의 복잡한 메시지를 이해한다. 이것은 대단히 정교한 신호 체계이고 맥라클란은 기발한 방법으로 이 미스터리를 풀었다.

맥라클란은 처음부터 자칭, 자연에 빠진 괴짜였다. 맥라클란은 남아프리카에서 자랐는데, 그녀의 표현에 따르면 그곳은 "커튼에는 게들이 매달려 있고 연못에는 뱀이, 나무껍질에는 전갈이 사는" 자연의 낙원이다. 꽃 피는 진달래 관목에는 태양새가, "아침과 자정을 구분하지 못하는" 나이스나쥐발귀가, 그리고 맥라클란이 항상 가장 마지막에 침대에서 나온다고 말한 잿빛청색직박구리가 살고 있었다.

맥라클란은 잿빛청색직박구리의 아침 습관을 고등학교 시절에 알았다. 맥라클란은 친구와 함께 과학 박람회 프로젝트의 주제로 새의 눈 크기가 새벽 합창의 출석 시간에 어떤 영향을 미치는지를 조사했다. 영국 과학자들이 발표한 둘의 상관관계를 암시하는 논문을 보고 두 학생은 같은 주제로 남아프리카 새들을 관찰하기로 했다. "눈이 클수록 빛을 더 많이 받아들이기 때문에 세상이 더 빨리 밝아 보이고 그래서 더 일찍 노래하기 시작한다는 가설이에요." 맥라클란이 말했다. 잿빛청색직박구리라는 대단히 성가신 예외—"엄청나게 큰 눈을 가졌으면서도 언제나 가장 늦게 합창에 합류했죠"—에도 불구하고 두 친구는 예상했던 상관관계를 찾아냈다.

"정말 신났어요." 맥라클란이 말했다. 하지만 열네 살짜리 10대 아이들이 거의 매일 아침 동이 트기 전에 침대에서 나와야 하는 고된 조사 과정은 하나도 즐겁지 않았다. "우리 둘 다 앞으로 새와 관련된 것이라면 아무것도 하지 않겠다고 맹세했죠." 그러나 바로 다음 해에 맥라클란은 새의 소리를 주제로 한 또다른 프로젝트를 생각해냈다. 그리고 결국 케임브리지 대학교에서 생물학을 전공하게 되었는데, 박사과정 연구 주제를 골라야 할 시기에 마침 뉴홀랜드꿀빨기새가 그녀 앞에 불쑥 나타난 것이었다. "이 새의 발성은 정말 극단적이에요. 그래서 꽤나 근사한 연구 주제가 되리라고 생각했죠."

맥라클란은 꿀빨기새를 "작은 정보원"이라고 부른다. "전 등산을 자주 해요. 도중에 맹금류 같은 흥미로운 볼거리가 나타나면 꿀빨기새들이 먼저 저한테 알려주죠." 맥라클란의 말이다. "야외에서 일어나는 일은 이 새들에게 전적으로 의존하기 때문에 영국이나 다른 나라에 가면 꼭 감각기관 하나가 사라진 느낌이 들 정도예요."

다른 새들도 생사의 문제를 꿀빨기새들에게 일임한다.

"새들의 세상은 위험하기 짝이 없습니다." 롭 매그래스가 말한다. 그는 오스트레일리아 국립대학교에서 행동생태학을 연구하고 맥라클란을 비롯해서 수많은 박사과정 학생들의 연구 프로젝트를 지도한다. "이곳에서 작은 새로 산다는 것은 쥐라기 공원에 들어간 인간이 되는 것과 같아요." 그의 말이다. "매처럼 자기보다 몸집이 10배 내지 20배나 큰 새들에게 잡아먹히지 않으려면 끊임없이 경계하고 신경을 곤두세워야 하죠."

조류 세계에서 경보를 울리는 전략이 수없이 진화한 것도 놀랍지 않다. 매그래스와 그의 학생들은 날개로 위험 신호를 보내는 새들을 발견했다. 뿔비둘기의 날개깃은 구조가 특수하게 변형되어 포식자를 피해서 달아날 때에 독특한 소리를 낸다. 그 소리를 듣고 다른 새들도 도망친다. 소리가 아닌 침묵으로 경고를 보내는 새도 있다. 붉은깃찌르레기처럼 평소에는 시끄럽고 사회적인 새들이 갑자기 쥐죽은 듯이 조용해지면 근처에 위험이 있다는 강한 신호이다. 그러나 대부분의 새들은 소리로 경고를 보낸다. 모두 한 번쯤은 들어본 적이 있는 소리일 것이다. 파랑어치의 빠르고 반복적인 신호, 북부홍관조의 요란한 금속성 칫 칫 소리, 아메리카붉은가슴울새의 날카로운 삑 또는 끼익 소리, 그리고 큰박새의 츠스스스 소리를 말이다.

지난 수십 년 동안 새들의 경계성 의사소통은 소리 재생 연구로 이루어졌는데, 이것은 새들의 음성과 기능을 연구하는 강력한 실험적 접근법이다. 과학자들은 녹음된 새 소리를 확성기로 들려준 다음, 도망가는지, 가지 않는지 새들의 반응을 관찰한다.

맥라클란은 여기에 비디오 녹화를 추가했는데, 그 덕분에 잘 보기 힘든 작은 새들의 아주 미세한 반응까지도 관찰할 수 있었다.

"새들의 영상을 찍으면 훨씬 더 많은 정보를 얻을 것이라고 생각했죠." 그래서 맥라클란은 자신의 몸에 이런저런 장비들을 설치하기 위해서 그녀의 말마따나 "덜 고상한" 시스템을 고안했다. 마이크는 어깨에 부착하고 쌍안경은 목에 걸고 확성기가 내장된 재생 장치는 허리에 두르고 비디오카메라는 화면이 한쪽 눈을 완전히 가리도록 모자에 청테이프로 고정했다. "화면이 잘 보이는지, 또는 새를 제대로 찍고 있는지 확인해야 해요. 그래야 나중에 새들의 행동을 정확히 확인하고 반응 시간을 알 수 있으니까요." 나중에는 배낭식 장비로 바꾸었다.

이 장비들을 다 장착하고 식물원에서 작업을 하다 보면 전시품이나 "행위 예술가"로 오해를 받을 때가 있다. 좋은 장면을 포착하려면 어깨가 결리고 목이 뻣뻣해지고 사람들의 시선이 느껴져도 꼼짝하지 않고 서 있어야 하기 때문이다. 전시장 사잇길을 따라서 산책하는 방문객들은 활짝 핀 그레빌레아와 방크시아 관목 옆에서 키가 크고 마르고 전자 장비들을 주렁주렁 매달고 있는 실물 같은 요상한 조각품이 완벽한 정지 상태로 서 있는 것을 보았다고들 말한다. 대부분은 이 조형물이 남성 과학자라고 확신한다. 특히 겨울철에 맥라클란이 머리에 스키 마스크를 뒤집어쓴 채 입과 눈만 내놓고 있을 때는 더군다나.

"정원에 뭐 이런 이상한 작품을 전시해놓았지?" 사람들이 말한다.

"무엇을 나타내려는 거야?"

"맙소사, 눈을 깜빡거리잖아!"

아이들은 다가와서 "그것"이 살아 있는지 보려고 손으로 그녀를 찔러보기도 한다.

한번은 식물원에서 공룡 전시회를 열었는데, 사람들은 맥라클란이 시간을 여행하는 탐험가라고 생각했다. 겨울이 되어 사방에 전자 장비가 부착된 검은색 옷을 입었을 때는 "테러 진압 특수요원처럼 보였어요." 롭 매그래스가 회상했다. "그런 차림으로 화장실에 들어가서 사람들을 혼비백산하게 만든 적도 있죠!"

이 귀찮고 번거로운 일들은 가치가 있었다. 이 많은 장비들을 짊어지고 얼어붙어 있었던 시간들이 맥라클란에게 참으로 놀라운 행동이 담긴, 그 누구도 본 적이 없는 장면을 선사했다.

일반적으로 새들에게는 두 가지 종류의 경계음이 있다. 집단공격 신호(mobbing call)와 대피경보 신호(flee alarm call)이다.

어느 여름날 북부홍관조 한 쌍이 나의 사무실 창문 바깥에 자리한 배롱나무에 둥지를 틀었다. 나는 7월 중순의 바람이 살랑살랑 불던 아침을 기억한다. 암컷이 며칠 동안 알 3개를 품고 있던 참이었다. 배롱나무 주위에서 새들이 짹짹거리고 날개를 파닥이면서 야단이기에 내다보니 홍관조 암컷은 둥지에 없고 대신 치카디, 댕기박새, 울새 등이 보였다. 온 동네 새들이 칫칫, 끼익, 츠르르르 소리로 무장한 채 일시에 나타났다. 귀청이 떨어져나갈 정도였다. 주위를 둘러보니 둥지 옆 옥상에 까마귀 한 마리가 앉아 있었다. 둥지에는 이미 알이 2개밖에 남지 않았다.

이것이 집단공격 신호이다. 동작이 빠르지 않고 당장의 또는 강한 위협이 되지 않는 뱀이나 고양이 같은 육상 포식자들에 대한 반응으로 촉발되는 경계음인데, 이 경우에는 앉아 있는 새가 원인이었다. 이 신호는 다른 새들에게 위험을 알리고, 신호가 들리는 곳으로 와서 경계음을 보태거나 포식자를 함께 공격해서 쫓아내자고 요청한다. "여기 포식자가 나타났다! 와서 좀 도와줘, 같이 공격하자!"

한편 고음의 대피경보 신호는 공중경계 신호(aerial alarm call)라고도 하는데, 대개 비행 중인 포식자가 있다는 뜻으로 새에게는 훨씬 위험한 상황이다. 이 소리는 전형적으로 대역폭이 좁고 위아래로 증폭되는 소리가 많아서 상대적으로 그 범위의 주파수를 잘 듣지 못하는 맹금류는 소리의 위치를 찾기 어렵다. 작은 새들은 대피경보 신호를 통해서 포식자에게 자신을 노출하지 않으면서 다른 새들에게 위쪽에서 위험이 닥쳐오고 있으니 얼른 숨으라고 경고한다.

대피경보 신호는 새들을 위험에서 멀어지게 하고, 집단공격 신호는 위험을 향해서 새들을 불러모은다.

여기에서 잠시 집단공격 신호의 역설적인 성격을 따져볼 필요가 있다. 몸집도 작은 새들이 가만히 앉아 있는 올빼미나 고양이를 **향해** 날아가고 심지어 몸을 내던져 공격을 한다고?

시간 소모, 에너지 비용, 확실한 위험을 감안하면 상식적으로 이해가 가지 않는 행동이다.

까마귀는 떼를 지어 공격하는 일이 가장 빈번한 새이다. 수리나 매도 가리지 않고 덮치고 돌진해서 언제나 위협적이다. 갈매기 역시 집단공격을 감행하는데, 그 방법이 사뭇 놀랍다. 갈매기는 포식자를 겨냥해서 토악질한다. 갈매기와 달리 회색머리지빠귀 군락은 몸의 반대쪽 출구로 발포한다. 즉, 포식자를 향해서 엄청난 양의 배설물을 쏟아부어 꼼짝도 하지 못하게 만든다. 배설물 폭탄을 넉넉히 맞은 포식자는 날개가 젖어 아예 날지 못하는 경우도 있다.

"남부댕기물떼새에게서 관찰된 집단공격의 위험한 결과"라는 제목의 논문에서 J. P. 마이어스는 포식자를 향한 집단공격의 위험성을 제시한다. 아르헨티나에서 마이어스는 새끼를 돌보며 물가에서 먹이를 찾는 댕기물떼새 한 쌍을 보았다. 맹금류인 카라카라가 새끼 주위를 맴돌자 암수 댕기물떼새가 위쪽에서 쏜살같이 내리꽂으며 공격을 감행했다. 그 순간 강하하는 어미 새를 향해 카라카라가 공중에서 몸을 홱 뒤집더니 잽싸게 잡아채서는 팜파스 초원 위로 날아가버렸다.

왜 겁도 없이 이런 위험을 무릅쓰고 공격을 시도할까? 포식자를 노출시키고 쫓아내기에 이만한 방법이 없기 때문이다. 특히 새끼들이 위험에 처했을 때는 말이다. 또한 아직 경험이 부족한 어린 새들에게 포식자의 위험한 본성을 각인시키는 훌륭한 방법이기도 하다. 다른 새들이 일제히 위협 대상을 공격하는 모습을 본 어리고 순진한 새는 곧 두려움을 배우고, 이후에는 위협 대상이 나타나면 피하거나 더 강하게 공격함으로써 미래의 박식한 정보원이자 폭도가 된다. 이것이 다수의 위력이다.

새들이 동료를 통해서 위협 대상에 관해 배우고 위협을 감지한다는 사실을 증명한 고전적인 실험이 있다. 독일의 동물학자 에베르하르트 쿠리오는 대륙검은지빠귀가 다른 새의 태도만 보고, 한 무해한 새를 포식자로 간주하게 되는 과정을 보여주었다. 그는 "선생" 역할을 맡은 대륙검은지빠귀 한 마리를 상자에 넣은 다음 위협적인 종—작은 올빼미 모형—을 보여주어 거센 집단공격 반응을 일으켰다. 그와 동시에, "관찰자" 혹은 학생 역할을 맡은 다른 대륙검은지빠귀에게는 전혀 위협을 주지 않는 종—수다쟁이꿀빨기새—의 모형을 보여주었다. 학생은 선생과 꿀빨기새 모두를 볼 수 있는 위치에 있었지만 올빼미는 보이지 않았다. 따라서 선생이 올빼미가 아닌 꿀빨기새를 보고 공격 반응을 보였다고 생각했을 것이다. 이내 이 학생은 원래는 아무 위협도 주지 않는 수다쟁이꿀빨기새를 두려워하고 공격하게 되었다. 놀랍게도 쿠리오는 적에 대한 이러한 인식과 두려움이 최대 6마리까지 연속해서 전달된다는 것도 보여주었다. 6번째 새도 첫 번째 시범자가 보였던 것과 똑같은 강도로 수다쟁이꿀빨기새를 공격했다. 사회적 학습의 훌륭한 예이다.

위협의 성격이 다르면 반응하는 방식도 달라야 한다는 점에서 여러 종류의 경계음이 진화한 것은 납득이 가는 일이다. 그러나 새들이 지칭 신호(referential signaling)—포식자를 구체적으로 구분하고 포식자의 위치를 알리는 신호—를 사용해서 소통한다는 사실이 처음 발견되었을 때에는 그것은 실로 굉장한 일로 여겨졌다. 지난 세기에 과학자들은 주위의 특정 사물이나 사건을 지칭하는 능력이 인간의 고유한 의사소통 방식이라고 생각했기 때문이다. 동물의 신호는 오직 한 동물의 "내적 상태"를 반영하는 것으로만 보았다.

이런 관점은 1970년대 후반 아프리카버빗원숭이를 연구하던 록펠러 대학교의 과학자들이 이 원숭이가 서로 다른 포식자—표범, 잔점배무늬 독수리, 비단뱀, 개코원숭이—를 각각 구별하여 신호를 보내고, 소리를 들은 원숭이는 각 신호에 적합한 행동—예를 들면, 표범 경보에는 나무 위로 올라가고 독수리 경보에는 하늘을 살피는 등—을 한다는 사실을 보이면서 바뀌었다. 낮게 꿍꿍대는 소리는 위에서 급습하는 독수리 신호로서 원숭이들은 즉각 위를 확인한 다음 수풀 속으로 몸을 숨겼다. 뱀이 나타났다는 신호를 들으면 뒷다리로 서서 아래를 내려다보며 뱀을 찾았다.

위험의 종류에 따라서 신호를 구분하는 조류의 능력은 10년 후에 닭에서 처음 입증되었다. 닭들은 날고 있는 맹금류를 보았을 때에는 고음의 날카로운 끼익 소리를 냈고, 너구리처럼 땅에서 활동하는 포식자에 대해서는 목이 쉰 듯한 깊은 소리를 냈다.

"이처럼 위협의 종류를 하늘에 있는 것과 땅에 있는 것으로 나누는 것은 새들 사이에서 상당히 흔한 전략인 것 같습니다." 맥라클란의 말이다. 카리브 해 제도의 아메리카애니뻐꾸기는 날고 있는 맹금류를 보았을 때에 내는 소리와 고양이나 쥐 같은 육상 동물의 위협에 반응하는 소리가 다르다. 치카디의 친척인 박새는 구멍 속에 지은 둥지를 공격하는 포식자의 종류를 특정하기 위해서 두 종류의 경계음을 사용한다. 큰부리까마귀가 둥지에 접근하여 입구에서 부리로 박새 새끼를 꺼내려고 할 때에 어미가 보내는 신호에 새끼들은 즉시 구멍 안에서 몸을 웅크리고 앉는다.

반면 일본쥐뱀이 나무를 타고 올라가 둥지를 침입할 때에 내는 신호를 들은 새끼들은 바로 둥지를 뛰쳐나와서 탈출한다.

교토 대학교의 스즈키 도시타카는 이 사실을 발견하고서 과연 이런 특정 경계음이 신호를 듣는 새의 뇌에 실제로 특정 이미지, 이 경우에는 뱀의 이미지를 불러오는지를 조사했다. 인간의 언어에서 특정 물체를 지칭하는 단어는 보통 뇌에서 시각적 이미지를 불러온다. 달이나 개나 뱀이라는 단어를 떠올려보라. 스즈키는 박새의 경계음도 머릿속에서 이런 종류의 특정한 검색 이미지를 생성한다는 증거를 찾았다. 박새의 뱀 신호는 새들로 하여금 뱀을 찾아보게 하고, 뱀처럼 생긴 물체에 시각적으로 더 잘 반응하게 한다. 이것은 인간이 아닌 동물이 소리로 지시된 사물을 시각화한다는 최초의 증거였다.

새들의 경계음에는 현재 포식자가 무엇을 하고 있는지까지 부호화된다.

이것은 유라시아 북부의 아한대 산림에서 서식하는 시베리아어치에게서 처음으로 발견되었다. 사회성이 높아서 가족이 함께 무리를 짓고 사는 이 새에게는 가문의 존폐가 천적에게 달려 있다. 태어나서 첫 겨울을 넘기기 전에 3분의 1 이상이 올빼미, 소나무담비, 새매, 특히 그중 70퍼센트가 참매에게 잡아먹히기 때문이다. 참매는 3단계로 사냥한다. 1단계, 나무에 앉아서 먹잇감을 물색한다. 2단계, 옆 가지로 탐색 비행을 하면서 자세히 살핀다. 3단계, 먹잇감을 향해서 덤불 속으로 날쌔게 파고들어 사냥한다. 어치는 이 단계들을 각각 구분하여 매가 앉아 있는지, 먹이를 살피며 날고 있는지, 공격을 시도하는지를 알리는 세 종류의 경계음이 지정된 정교한 체계를 개발했다.

맥라클란은 뉴홀랜드꿀빨기새에게도 동일한 경보 시스템이 있다는 것을 알아냈다. "눈을 감고 뉴홀랜드꿀빨기새의 경계음이 바뀌는 소리만

들어도 백정새가 앉아 있는지 날고 있는지 대충은 알 수 있어요." 이제는 다른 종들도 다양한 종류의 소리를 사용해서 포식자의 움직임을 전달한다는 사실이 알려졌다. 스티로폼으로 만든 매 모형인 "호크 글라이더"를 이용하여 롭 매그래스와 동료들은 맹금류가 앉아 있을 때(또는 즉각적인 위협으로 보이지 않을 때)와 날고 있을 때에 시끄러운광부새가 반응하는 경계음이 다르다는 것을 알아냈다. "매 모형을 하늘에 날리면 광부새들은 이내 공중경계 신호를 보냅니다." 매그래스가 말한다. "모형이 땅에 내려 앉으면 곧바로 집단공격 신호로 전환하지요. 마찬가지로 실험자가 포식자 모형을 땅바닥에 내려놓으면 집단공격 신호를 보냈다가, 모형을 던져 손에서 떠나는 순간, 공중경계 신호로 바뀝니다. 이처럼 포식자의 행동이 아주 명확하게 설정되어 있어요."

일부 새들에서는 신호의 구체적인 내용이 한층 더 복잡해진다. 흰눈썹굴뚝새와 요정굴뚝새의 경계음은 음의 개수가 포식자와의 거리를 나타낸다. 검은머리박새의 치카디-디-디 하는 집단공격 신호는 소리 끝에 디-음의 개수로 포식자의 크기, 따라서 위협의 수준에 차이를 둔다. 디- 음이 많을수록 더 작고 위험한 포식자라는 뜻이다. 미국수리부엉이처럼 덩치가 크고 둔해서 몸집이 작은 박새에게는 별다른 위협을 주지 못하는 포식자는 몇 개의 디-로 끝난다. 하지만 쇠황조롱이나 캘리포니아난쟁이올빼미처럼 작고 민첩한 맹금류에는 최대 12개의 디- 음이 붙는다.

박새의 경계음에 관한 이런 사실들을 알고 난 후부터는 새소리를 듣는 나의 귀가 달라졌다. 아무렇게나 짹짹거린다고 생각했던 소리가 사실은 다른 새들에게 보내는 정교한 신호이자 지적인 트위터 메시지였다니.

음의 개수가 많아진다는 것은 위협도 커진다는 뜻이다. 이것은 모든 종들에서, 그리고 신호를 보내는 상황, 심지어 대륙 전반에 걸쳐서도 적용되는 규칙이다. 이는 합리적인 설정이다. 여러 개의 음을 길게 나열한 신호는 메시지 전달의 기능은 물론이고 가짜 경보를 걸러내는 기능까지 한다. 이를 반대로 생각해서 만약 음 한 개짜리가 가장 위험한 상태를 나타낸다면, 새들은 실제로 덜 긴급한 신호에 대해서도 첫 음이 들리자마자 도망가게 될 것이다. 그것은 엄청난 에너지 낭비이다. "뉴홀랜드꿀빨기새는 긴급한 공중경계 신호를 아주 많은 수의 음으로 설정하고 전력을 다합니다"라고 맥라클란은 말한다. 하지만 여기에서 나는 96가지라는 극단적인 예를 생각해보았다. 저 많은 음들 중에서 일부라도 제대로 들어야만 "위험"을 감지할 수 있다면, 어떻게 쉽게 목숨을 건질 수 있겠는가.

맥라클란은 이런 방식이 분명 상식과는 어긋난다고 말한다. "사냥 중인 매들은 진짜 빨리 움직여요. 이동 속도가 1초에 최대 25미터나 되니까요. 이런 촌각을 다투는 상황에 느긋하게 신호를 따지고 앉아 있는다는 건 말이 안 돼죠. '음, 음이 하나, 별로 나쁘지 않군. 아니, 둘, 셋, 넷, 다섯, 여섯……? 오 망했다! 나한테 오고 있잖아! 이제 죽었다!'" 사냥꾼들은 찰나의 머뭇거림도 놓치지 않는다. "이런 맥락에서 포식자가 더 가까이 있음을 나타내기 위해서 신호에 더 많은 구성요소를 추가한다는 건 정말 이해할 수 없는 일이죠." 맥라클란이 말한다. "구성요소가 많을수록 신호를 내보내는 데 더 많은 시간이 들고, 듣는 입장에서도 의미를 파악해 위험의 심각성을 깨닫기까지 더 오래 걸리니까요."

그렇다면 새들은 위험도의 신뢰성을 담보하는 동시에 신호의 수신자가 빠르게 덮쳐오는 포식자를 신속히 피할 수 있게 빨리 신호를 전달해야 하는 딜레마를 어떻게 해결할까?

맥라클란은 뉴홀랜드꿀빨기새를 대상으로 이 문제를 연구 중이다. 그녀가 착용했던 영상녹화 장비가 제 몫을 하는 지점이 바로 이 대목이다.

"새들이 경계음에 어떻게 반응하는지는 물론이고 반응 속도도 확인할 수 있었어요." 맥라클란의 말이다. "비디오를 보면서 새들이 말도 안 되게 빠른 속도로 반응하는 것을 보고 정말 놀랐죠. 눈 한 번 깜빡하는 시간보다 빨랐으니까요." 현재 맥라클란은 경계음의 첫 번째 요소를 집중적으로 조사하고 있다. 새들이 첫 음만 듣고도 위험의 정도를 정확히 파악할 수 있는 음향 구조적인 변이가 있는가? 신호를 듣는 새들이 이 작은 음 하나로 도망치거나 숨을지를 판단하고 실행할 충분한 정보를 얻을 수 있는가? 만약 그렇다면, 첫 음 하나로 필요한 모든 정보가 제공되는데 왜 굳이 뒤에 더 길게 음을 붙이는 것인가? 맥라클란은 새들이 이 추가음을 통해서 복귀 시점을 파악할지도 모른다고 추측한다. "이 경계음에는 긴급의 정도를 나타내는 근사한 이중 메커니즘이 있는지도 몰라요." 그녀가 설명한다. "첫 음의 음향 구조는 대피 여부를 알려주고, 전체적인 구성요소의 수는 얼마나 오래 숨어 있어야 할지를 알려주는 것이죠."

맥라클란의 이야기는 끝나지 않았다. 그녀는 꿀빨기새들의 외침을 듣는 것은 정원의 작은 새들만이 아니라고 생각했다. "일반적인 대피경보 신호는 고음으로 조용히 내지르기 때문에 포식자가 그 위치를 찾기가 어렵지만, 꿀빨기새들의 공중경계 신호는 어처구니없을 정도로 커서 마치 대놓고 모두에게 들으라고 소리치는 것 같아요. 저는 신호의 수신자에는 포식자까지 포함되었다고 봐요. 너는 이미 감지되었고 네가 숨어 있는 곳도 들통이 났으니 먹잇감을 쫓아가봤자 소용없다고 알리는 것이죠." 맥라클란의 말이다.

"생물학은 이분법을 좋아하는 경향이 있어요. 그래서 어떤 신호든 아군에게 보내는 것이거나 적군에게 보내는 것이거나 둘 중의 하나라고 보죠. 하지만 신호 하나로 둘 다에게 말할 수도 있잖아요?"

맥라클란과 그녀의 동료 브래니 이직은 장난 삼아 꿀빨기새의 울음소리를 여러 새들에게 들려주며 다녔다. "하나같이 소리를 들으면 곧장 반응하더라고요. 웃음물총새, 큰까마귀, 쿠라윙처럼 몸집이 큰 '최하급' 포식성 조류들까지도요. 고개를 들어 하늘을 훑어보거나 날아가버렸어요."

그러니까 포식자나 먹잇감이 똑같이 꿀빨기새가 내는 경계음의 핵심을 파악하는 셈이다. "이 지역에 맹금류가 나타났다, 도망쳐!" 그러나 새들이 다른 종의 울음소리에 새겨진 구체적이고 상세한 정보까지 알 수 있을까? 어떤 경우에는 그렇다. 롭 매그래스와 동료들은 동일한 지역에 사는 동부요정굴뚝새와 흰눈썹굴뚝새가 서로 상대의 경계음이 가지는 의미를 온전히 이해한다는 사실을 발견했다. 땅에서 많은 시간을 보내는 오스트레일리아까치는 나무 위에서 활동하는 시끄러운광부새의 각종 경계음이 전달하는 메시지를 모두 이해한다. 자기보다 시야가 더 좋은 새의 경고에 귀를 기울이는 것은 현명한 선택이다.

새들은 확실히 다른 새들의 경계음을 엿듣는 데에 도가 텄다.

다른 동물들도 마찬가지이다. 실제로 한 연구에 따르면, 70종 이상의 척추동물들이 다른 동물의 경계음을 들었다. 새는 다른 새를 엿듣고, 포유류는 다른 포유류를, 포유류가 새를, 새가 포유류를, 북아메리카의 다람쥐와 청설모는 새들의 공중경계 신호의 뜻을 안다. 반대로 박새류는 청설모의 경계성 소리를 들으면 바로 반응해서 숨을 곳을 찾는다. 심지어 도마뱀 3종도 새들의 경계음에 주의를 기울인다. 서아프리카의 노란투구코뿔새는 다이애나원숭이가 내는 독수리 경계음과 표범 경계음을 구별한다.

그렇다면 경계 상황을 나타내는 보편어가 있는 것일까? 그렇지 않다면 어떻게 한 종이 다른 종의 언어를 이해할까?

"모든 경계음은 음향적인 측면에서 다른 종들이 따로 배우지 않아도 이해할 만큼 비슷하다는 오랜 믿음이 있습니다"라고 매그래스가 말한다. 즉, 경계음들은 모두 소리가 상당히 비슷하고—고음에 무섭고 거칠고 요란하다—새들은 날 때부터 그 의미를 이해할 수 있다는 말이다. 오스트레일리아흙둥지새는 지구 반대편에 있는 낯선 캐롤라이나굴뚝새의 "이질적"이지만 구조적으로는 비슷한 집단공격 신호에 반응한다. 습지참새와 멧종다리의 조난 신호는 소리가 비슷해서 서로 상대의 신호를 이해하지만, 소리가 다른 흰목참새의 조난 신호에는 반응하지 않는다. 기본 개념은 다음과 같다. 새들의 공중경계 신호는 맹금류에 의한 자연선택을 거치면서 고음의, 그리고 매가 듣고 위치를 파악하기 어려운 소리로 비슷하게 진화했고 그 바람에 새들이 다른 종의 신호를 이해하게 되었다는 것이다. 집단공격 신호 역시 땅에서 활동하는 포식자가 있음을, 새의 경우에는 나뭇가지에 앉아 있는 포식자가 있음을 알리기 위해서 저주파 광대역의 반복적인 소리로 유사하게 수렴되었을지도 모른다. 그것이 사실이라면 어떻게 한 종이 다른 종의 소리를 이해하게 되었는지 쉽게 이해할 수 있다.

그러나 롭 매그래스는 이것이 전부라고 생각하지 않는다. 실제로 경계음은 종들 사이에 매우 다양하다. 예를 들면, 뉴홀랜드꿀빨기새와 동부요정굴뚝새의 대피경보 신호는 주파수, 지속 시간, 소리의 구조가 완전히 다른데도 요정굴뚝새들은 뉴홀랜드꿀빨기새의 경보에 주의를 기울였다. "역사적으로 과학자들은 새들의 경계음이 인간의 비명처럼 격렬한 감정을 쏟아부은 아주 시끄러운 구조이기 때문에 쉽게 주의를 끌기는 하지만 구체적인 메시지를 전달하지는 않는다고 생각했습니다." 매그래스가 말한다. "경계음은 서로 비슷하기 때문에 다소 인지하기 쉽다는 일반적인 믿음이 있었고, 그 믿음은 여전히 살아 있습니다. 그러나 연구 초기에 우리는 대피경보 신호와 집단공격 신호가 종들 사이에 엄청나게 다양하며, 다른 종들에게 자동으로 인식되는 것도 아니라는 사실을 발견했습니다."

이런 사실 때문에 매그래스는 여기에 새의 인지능력이 관여한다고 생각하게 되었다. 새로운 포식자를 두려워하는 법과 떼를 지어 공격하는 법을 배우듯이, 다른 종의 경계음을 따로 **배워야** 하는지도 모른다. 그것은 "외국어를 배우는 것과 마찬가지"라고 매그래스는 말한다.

새들이 정말 그렇게 할까? 우리가 외국어의 단어를 배우듯이 저 신호들을 배울까? 또는 다른 종들의 신호에서 핵심적인 특징이나 특성을 인지하는 것뿐일까? 이것을 알아내기 위해서 매그래스와 그의 동료 톰 베넷은 오스트레일리아 국립대학교 캠퍼스, 그리고 길 건너에 있는 식물원에서 각각 시끄러운광부새의 경계음에 대한 동부요정굴뚝새의 반응을 비교했다. 캠퍼스에는 시끄러운광부새가 흔했지만, 식물원에는 이 새가 살지 않았다. 연구팀이 캠퍼스에 시끄러운광부새의 경계음을 틀어놓자, 요정굴뚝새들은 얼른 날아가서 숨었다. "그런 다음 우리는 길 건너 식물원으로 갔어요." 매그래스가 말했다. "당연히 그곳에서도 결과가 똑같을 줄 알았죠. 소리가 꽤나 무섭게 들렸으니까요." 그러나 그렇지 않았다. 식물원의 요정굴뚝새들은 전혀 반응하지 않았다.

매그래스는 그 결과에 놀랐다. "제가 지금 당장 학교 캠퍼스로 가서 요정굴뚝새들에게 녹음된 시끄러운광부새 소리를 틀어주면 즉시 상황을 파악하고 도망갑니다. 하지만 같은 소리를 길을 따라서 5분만 걸어가 식물원에서 들려주면 요정굴뚝새들이 반응하지 않아요. 정말 놀라운 일이었어요. 그것은 그 소리가 위험을 뜻하는 신호라는 것을 **배울** 때까지, 그러니까 사실상 새로운 언어를 습득할 때까지는 자기에게 익숙하지 않은 경계음에는 요정굴뚝새가 대응하지 않는다는 뜻이니까요."

결국 익숙한 음향 구조가 아니라 학습이 새의 반응을 결정한다. "새들은 누구에게 경청해야 하는지를 배웁니다." 매그래스가 말했다. "그리고 이것은 놀라울 정도로 협소한 공간에서 일어납니다." (그의 논문 제목이 "공포의 미시지리학"이다.) "이런 종류의 유연성은 변화를 거듭하는 세상에서 엄청나게 가치 있는 특성이죠. 종들은 끊임없이 새로운 종, 그러니까 새로운 포식자 그리고 새로운 정보원에 노출되니까요." 매그래스의 설명이다. "여러 종의 경계음을 인지한다는 것은 여러 외국어를 아는 것과 같습니다."

새들이 학습을 통해서 무작위적으로 지어낸 단어나 구절처럼 익숙하지 않은 소리를 위험과 연결 지을 수 있을까? 매그래스는 야생 동부요정굴뚝새에게 처음 듣는 소리를 들려주고 이를 주위에 위협이 있다는 신호로 인지하게 훈련하는 실험을 고안했다. 기본 발상은 간단하다. 포식자인 쿠라웡이나 새매를 본떠서 만든 활강 모형을 요정굴뚝새 머리 위로 날리면서 동시에 낯선 소리를 들려주는 것이다. 훈련을 마친 다음에는 소리만 들려주고 새들이 도망가는지 보면 된다. 말로는 쉽다.

실제는 그렇지 않았다.

훈련 과제는 당시 매그래스가 지도하던 학생인 제시카 맥라클란과 브래니 이직이 맡았다. 설정은 단순했다. 이직이 포식자 모형 글라이더를 들고 관목 속에 숨어서 기다린다. 맥라클란은 허리에 소리재생 장치를 장착한 상태로 새들을 지켜보고 있다가 요정굴뚝새가 나타나면 이직에게 신호를 보내서 글라이더를 던지게 하고 자신은 동시에 소리를 재생하면 되는 것이다.

문제는 새들의 경계심이었다. "새들이 나올 때까지 몇 시간을 기다렸어요." 이직이 회상했다. 또한 타이밍이 한 치의 오차도 없이 맞아떨어져야 했다. 이직은 요정굴뚝새가 개방된 장소로 나왔을 때, 이 작은 새 위로 모형을 날릴 수 있는 적당한 위치에서 대기하고 있어야 했다. "게다가 글라이더가 항상 원하는 대로 날아가는 것도 아니었어요." 이직의 말이다. "나무에 부딪힐 때도 있었는데, 그러면 새들이 겁을 먹고 더 경계하는 바람에 한동안은 넓은 장소로 잘 나오지 않았어요."

"해가 뜰 때부터 질 때까지 정원에 있었어요." 이직이 말했다. "어떨 때는 한 마리가 나올 때까지 꼬박 8시간을 기다렸는데, 그러다 보니 기회가 너무 적어서 쉽게 놓칠 수밖에 없었어요. 아주 간단해 보이지만 정말 어려운 실험이었어요. 야외 연구를 많이 해봤지만 그중에서도 진짜 최악이었어요."

이것은 야생에서 새의 행동을 연구하는 과학자들이 직면하는 극단적인 도전의 좋은 예이다. "동물의 학습을 연구하는 사람들이 왜 들쥐나 비둘기를 가지고 상자 안에서 실험하는지 이해하게 되죠"라고 매그래스가 말한다. "연구자가 하나에서 열까지 모두 제어할 수 있으니까요. 새의 경험을 통제할 수 있죠. 적어도 새가 제자리에 있기는 하니까요. 덤불 속으로 숨지 못하잖아요. 하지만 야외에서는 훨씬 힘들어요. 실험하려는 질문은 아주 간단하지만요."

고생 끝에 낙은 있었다. 이직과 맥라클란은 낯선 소리를 틀고 맹금류 글라이더를 던지는 훈련 과정을 10마리 요정굴뚝새에게 가까스로 8번씩 반복했는데, 새들은 이 새로운 어휘를 고작 이틀 만에 습득했다. 매그래스가 말했다. "제시카와 브래니가 문을 박차고 들어와서는 '해냈어요!'라고 소리치던 것이 기억납니다." 훈련 전에 요정굴뚝새는 새로운 소리를 무시했다. 하지만 훈련을 받고 난 뒤에는 새매 모형이 없이 새로 익힌 경계음만 틀어놓아도 날아가서 숨었다.

야생 새들이 새로운 언어를 배우는 데에 성공한 것이다.

새들이 특히 위험에 관해서는 한 번의 경험에서도 교훈을 얻는 배움이 빠른 학생인 것은 어찌 보면 당연한 일이다. 그들은 잊을 수가 없다. 아니 잊어서는 안 된다. 행동생태학자들의 매정한 말처럼, "포식자를 피하지 못하는 것만큼 용서할 수 없는 실패는 없다. 죽으면 미래의 적합도가 크게 감소하기 때문이다."

에베르하르트 쿠리오의 검은지빠귀들은 새들이 두려움의 대상을 태어나면서부터 아는 것은 아니라는 사실을 보여주었다. 새들은 직접 경험하거나 사회적 학습을 통해서 배운다. 새들이 어떻게 포식자에 관해 배우는지를 보기 위해서 생물학자 블레이크 칼턴 존스는 새가 딱 한 번 마주친 경험으로도 새로운 위협을 각인하는지 실험했다. "포식자"는 크고 노란 눈을 가진 검은 우산이었다. 처음에 새들은 우산에 관심을 보이거나 경계하지 않았다. 그러다가 어느 순간 우산이 딱 5초간 새들의 뒤를 쫓아가도록 했다. 새들은 이 경험을 기억했고 무려 4년이 지난 다음에도 그 우산이 다시 나타나자 즉시 도망쳤다. 반복 수업은 필요하지 않았다.

최근에 매그래스는 요정굴뚝새들이 눈으로 직접 보지 않고도 소리와 위협을 연관 지어 다른 종의 낯선 경계음을 배울 수 있다는 것을 발견했다. 이것은 쿠리오의 집단공격 실험처럼, 새들이 직접 경험이 아닌 다른 새를 보면서 배우는 사회 학습의 좋은 예이다. 매그래스는 새들에게 요정굴뚝새 및 다른 종들의 익숙한 경계음 합창과 함께 어떤 낯선 소리를 들려주었다. 훈련 전에는 새들이 이 낯선 소리를 듣고도 도망가지 않았지만, 훈련 후에는 달아났다. 포식자를 직접 보거나 다른 새들이 달아나는 것을 볼 필요도 없었다. 두 소리의 연관성만으로도 충분했다.

"이론적으로는 이 새들이 눈을 감고도 배울 수 있다는 말입니다!" 매그래스가 말한다. "저는 새들이 소리만 듣고도 배울 수 있다는 생각을 좋아합니다. 탐조가들이 그러거든요. 소리로 새를 '보는' 거죠."

소리의 연관성에 따라서 학습하는 것은 소리의 세계에서 위험 신호를 걸러내는 대단히 복잡한 과제를 돕는다. "경계음이 들리기는 하는데 포식자를 볼 수 없는 우림 속에 있다고 상상해봅시다. 이 포식자는 아주 빠르고 은밀해서 새들이 미처 깨닫기도 전에 덮칠지도 모릅니다." 매그래스가 말한다. "새들은 학습을 통해서 공동체가 제공하는 다양한 경계음을 활용하고 생사를 가르는 정보망을 이용할 수 있습니다. 사회 안에서 다른 새들을 보고 배운다면 개체가 직접 경험을 통해서 배우는 위험을 피할 수 있겠죠." 그것은 또한 지식—그리고 정보원의 존재—을 전파한다.

맥라클란은 야외에 있을 때에는 늘 마이크를 켜놓고 다니면서 언제 일어날지 모르는 경계 상황에 대비한다. "전혀 예측할 수 없거든요." 맥라클란이 말한다. "새들이 언제 날아가버릴지 모르기 때문에 항상 녹음기를 켜두죠." 단점은 자신의 목소리도 함께 녹음된다는 것이다. 맥라클란은 이 사실을 이용해서 가족들에게 작은 실험을 했다. 그녀는 식물원에서 자신이 깜짝 놀랐던 순간의 음성 반응만 모아서 식구들에게 들려준 다음, 가족들이 자신의 음성경계 신호를 듣고 어떤 정보를 얻을 수 있는지 물었다.

"한번은 얼핏 셔츠에 뭐가 묻은 것 같았어요." 맥라클란이 기억을 떠올렸다. "하지만 눈을 카메라에 고정하고 있던 터라서 무시했죠. '나는 지금 경계음을 찍고 있는 중이야. 뭐가 묻었든 중요하지 않아.' 그런데 그것이 조금 움직이더라고요. 하지만 나뭇잎 같은 거라고 생각하고 그냥 넘겼죠. '괜찮아, 신경 쓰지 말자, 신경 쓰지 마.' 그런 다음 촬영을 마치고 아래를 내려다봤는데, 세상에 농발거미인 거예요. 제 가슴을 타고 올라오고 있었죠. 나중에 녹음을 들으니 '꺄아아아아아아악!' 하고 비명을 지르더라고요. 그런 적이 없다고 우기고 싶지만, 뭐 다 녹음된 걸요."

농발거미는 다리 길이가 13센티미터나 되는 아주 크고 무시무시한 털 달린 거미로 거미 공포증 환자에게는 악몽 같은 존재이지만 적어도 독거미는 아니다.

그러나 맥라클란이 거의 밟을 뻔한 동부갈색뱀은 사정이 다르다. 잡지 『오스트레일리아 지오그래픽(Australian geographic)』에 따르면, 이 뱀은 "움직임이 빠르고 공격적이며 성질이 나쁘기로 유명하다. 오스트레일리아에서 가장 많은 사람을 죽인 뱀이다." 동부갈색뱀의 독은 전 세계의 육지 뱀들 중에서 두 번째로 독성이 강하다. 물리면 진행성 마비를 일으키고 피가 응고되지 않아서 피해자는 몇 분 안에 쓰러지고 심하면 죽을 수도 있다.

"한번은 촬영 중에 그 뱀을 밟을 뻔한 적이 있어요." 맥라클란이 말했다. "그 녹음 소리를 가족에게 보내면 재미있겠다고 생각했죠. 제가 어떻게 반응했을지는 뻔했어요. '이런 젠장!' 정도였겠지 했죠. 어쨌든 저는 그때 제가 꽤 침착했다고 생각했거든요. 하지만 녹음된 것을 다시 들어보니 가관이더군요. '이-이-이-이런 젠장!'"

맥라클란은 자신의 경계성 음성 표현이 녹음된 파일을 가족에게 보냈고 그 소리에서 어떤 정보를 알아냈는지 물었다. "내가 뭘 보고 그랬는지 알 수 있겠어? 어떤 동물이었을 것 같아? 하늘에 있는 것일까, 땅에 있는 것일까? 얼마나 가까이 있었게? 얼마나 빨리 움직이는지 알겠어?"

가족들이 알 수 있는 것은 그녀가 공포에 질렸다는 사실뿐이었다.

"우리 인간은 지극히 구체적인 개념을 전달하는 대단히 정교한 언어를 발달시켰어요. 하지만 정작 긴급한 순간에는 위험의 정체가 무엇이고 어디에, 얼마나 가까이 있는지 파악하는 데에 도움이 되는 단어를 사용하지 않아요. 전혀 쓸모가 없죠."

새들은 울음소리에 아주 많은 정보를 담는다. 포식자의 종류, 앉아 있는
지 날고 있는지, 가까이 있는지 멀리 있는지, 얼마나 빨리 접근하는지, 얼
마나 위험한지. 하지만 그것이 그렇게 놀랄 일은 아닐지도 모른다.

　수천 년 동안 인간은 오로지 휘파람 소리로만 구성된 언어를 사용해서
무리를 조직하고 의견을 주장하고 뒤에서 흉을 보고 심지어 이성에게 추
파를 던졌다. 그럼에도 우리는 휘파람을 사람들의 주의를 끌거나 멜로디
를 표현하는 수단으로만 볼 뿐, 많은 의미를 전달할 수는 없다고 생각
한다. 그러나 그리스의 아니타 마을, 히말라야 산맥의 산자락, 카나리아
제도, 베링 해협, 에티오피아의 오모 계곡, 브라질 아마존, 그밖의 10여
곳의 오지를 가면 사람들이 입으로 내는 바람 소리로 알 수 없는 말을
조잘대고 듀엣을 연주하면서 경쾌한 휘파람 소리만으로 대화 전체를 이
끌어나가는 모습을 볼 수 있다. 인간 언어의 미묘함을 그대로 담아서 소
통하는 새들의 소리처럼 말이다.

　프랑스 그르노블 대학교의 줄리앙 메예르는 수십 년간 휘파람 언어를
연구하면서 이 언어를 사용하는 약 70개의 집단을 식별했는데, 대부분 지
형이 가파르거나 숲이 울창한 산악지대 사람들이었다. 메예르는 휘파람
을 부는 사람들이 여러 방식으로 소리를 낸다고 말한다. 손을 컵 모양으
로 오므려 입에 대고 울림통을 만들거나, 혀끝을 아랫니에 대고 돌리기도
하고, 입에 손가락 두 개를 대거나 심지어 나뭇잎을 입술 사이에 끼고 소
리를 낸다. 어떤 경우에든 일반적인 발화의 음절을 흉내 내는 선율이 나
온다. 휘파람 소리는 평범한 말보다 10배나 더 멀리 퍼지는데, 개방된 공
간에서는 최대 8킬로미터까지 도달하고 특히 우림의 짙은 녹음을 뚫고
전달되기 때문에 산악지대의 목동이나 숲속의 사냥꾼, 가파른 협곡의 농

부들에게 유용하다. 스페인 카나리아 제도에서 사용되는 휘파람 언어는 실보(Silbo)라고 하는데, 목동들이 협곡을 사이에 두고 대화할 때에 사용하는 떨림음은 그 지역 검은지빠귀의 노래와 매우 비슷하다. 터키의 작은 마을 쿠스코이에서 사용하는 지역 휘파람 언어는 "새들의 언어"라는 뜻의 '쿠스 딜리(kuş dili)'라고 불린다.

이 모든 휘파람 언어들은 구어의 요소에 기초한다. 일부 휘파람 언어에서 "모음"은 성도(聲道)가 울리는 방식에 따라서 결정된다. "자음"은 음에서 음으로 갑자기 도약하거나 미끄러지는 정도로 표현된다. 터키어, 그리스어, 스페인어의 연속된 5음절은 치아, 혀, 손가락으로 만드는 5가지 서로 다른 휘파람이 된다. 휘파람을 자유자재로 부는 사람은 짹짹거리고 지저귀고 호르르거리는 소리로 이루어진 간단한 "문장"을 90퍼센트의 정확도로 해독할 수 있다. 메예르는 이 언어들이 일상의 활동을 조직하고 위급사항을 알리거나 소식, 비밀, 개인적인 정보를 전달하는 데에 사용된다고 설명한다. 동남 아시아 일부 지역에서는 연인들이 이 언어로 사랑을 속삭인다.

휘파람 언어가 어떻게 시작되었는지는 아무도 알지 못한다. 그리스에서는 휘파람을 부는 사람들이 산 정상에서 보초를 서고 있다가 적이 침입하거나 공격을 해올 때, 휘파람으로 알렸다는 이야기가 있다.

어디에서 들어본 것 같지 않은가?

인간이 휘파람 속에 저 모든 구체적인 메시지들을 새겨넣을 수 있다면, 새라고 해서 하지 못할 것이 무엇인가? 지금까지 새들의 경계음에서 해독해낸 복잡한 의미를 보면서 나는 우리가 또 무엇을 놓치고 있는 것인지 궁금해졌다. 새들의 울음소리를 연구하는 과학자들도 마찬가지이다. 코넬 대학교 조류연구소의 조류 소리 전문가들의 말에 따르면, 지금껏 새들의 신호를 분석한 연구 방식으로는 "새들이 가진 극도로 풍부한 형태의 의사소통 가운데 선별된 일부 특징밖에 볼 수 없다."

새들이 실제로 듣는 것은 무엇일까? 그리고 새들은 무엇에 신경을 쓸까? 우리 뇌는 새만큼 빠르게 소리를 처리하지 못한다. 새들은 음향적으로 복잡한 노래 구조에서 나타나는 미세한 차이와 빠른 변화—우리의 귀에는 들리지 않는 아주 작은 변화와 차이—를 인간보다 훨씬 더 능숙하게 구분한다. 새들은 서로 다른 소리의 출처를 우리보다 훨씬 빠르게 찾아내고 주어진 시간에 더 많은 음을 처리한다. 우리가 새의 소리를 해석하고 범주로 나누는 방식 자체가 실제로 새들이 소리를 듣고 사용하는 방식과는 거리가 멀지도 모른다.

맥라클란은 새들이 위협을 어떤 식으로 분류하는지 궁금해한다. 날고 있는 포식자 대 땅 또는 나뭇가지에 있는 포식자의 구분이 전부일까? 아니면 포식자의 속도나 접근하는 각도까지 고려할까? "포식자인 웃음물총새가 날아내려와 땅에서 뭔가를 잡을 때, 작은 새들은 공중경계 신호를 울립니다." 그녀가 지적했다. "하지만 그러다가 천천히 뒤로 날아오를 때는 집단공격 신호를 울려요. 웃음물총새가 날고 있는 것은 똑같지만 속도와 각도는 달라졌거든요."

롭 매그래스는 자전거를 타고 요정굴뚝새 옆을 아주 빠르게 지나가면 공중경계 신호를 울린다는 것을 알아냈다. "그렇다면 이 새들이 주의를 기울이는 것은 속도일지도 모르죠"라고 맥라클란은 이야기한다. 또한 맥라클란이 밤에 불빛을 빠른 속도로 깜빡거렸더니 요정굴뚝새는 공중경계 신호를 보냈다.

맥라클란은 명금류가 소리를 조합해서 더 복잡한 의미를 창조하는 언어 능력을 소유했다고 주장하는 최신 연구에 지대한 관심을 보였다. "우리가 새의 머릿속에서 일어나는 일을 진짜로 볼 수 있는 곳이 여기죠." 그녀가 말한다.

우리는 오랫동안 언어를 인간 고유성의 지표이자 인간을 다른 동물과 구분하는 핵심적인 특징으로 생각해왔다. 그리고 그것은 사실이다. 인간이 아닌 다른 생물은 구성요소—성인의 경우 1만 개 이상의 단어—의 일부를 선택하고 배열해서 각각의 정확한 뜻이 있는 방대한 조합을 만들어내지 못한다. 그러나 과학은 인간의 말과 새들의 목소리에서 더 많은 유사점을 찾아내고 있을 뿐 아니라 새의 노래와 울음소리에서 언어와 비슷한 특징들을 발견하고 있다.

경계음이 가장 대표적인 예이다. 경계음은 지칭의 기능—구체적인 사물의 특징을 설명하는 단어—이 있을 뿐 아니라, 최근의 몇몇 연구들에 따르면, 인간 언어의 핵심적인 특징을 보인다. 구성 구문법을 예로 들어보자. 구성 구문법은 소리와 단어를 배열, 결합하여 의미를 지닌 구절과 문장을 생성하는 법칙이다. 언어에서는 우리가 어떤 순서로 단어를 배열하는지, 그리고 그것들을 어떻게 조합해서 더 복잡한 메시지를 형성하는지가 중요하다. 예를 들면, 영어에서 'watch out(조심해)'은 말이 되지만 'out watch'는 말이 되지 않는 것처럼 말이다.

우리는 이런 식으로 구문을 사용하는 동물은 인간밖에 없다고 생각했다. 그러나 스즈키 도시타카에 따르면, 박새들은 구성 구문의 언어 규칙을 사용하여 경계음을 생성하는 것처럼 보인다. 박새는 11가지의 다른 소리 레퍼토리를 가지고 있는데, 단독으로 사용하거나 다른 음과 조합하여 175개 이상의 신호를 만든다. 신호를 듣는 박새는 각각의 신호에 맞추어서 반응한다. "ABC" 신호는 다른 박새들에게 주변에 포식자가 있으니 찾아보라고 경고하는 신호이다. "D" 신호는 (치카디의 디- 음처럼) 다른 새들에게 이곳으로 모이라고 한다. 새들은 담비처럼 움직이지 않는 포식자를 집단으로 공격하기 위해서 다른 박새들을 불러모을 때에 이 두 신호를 합쳐서 "ABCD" 신호를 사용한다. "박새는 의미가 다른 신호를 결합해서 각 요소의 의미와 결합 방식에 따라서 달라지는 복잡한 메시지를 생성합니다." 스즈키의 말이다. 신호의 순서를 바꾸면 신호의 의미가 달라진다.

다른 새들도 비슷한 언어 능력을 보인다. 남부얼룩무늬꼬리치레도 박새처럼 의미 있는 신호를 의미 있는 순서열로 조합하는 능력이 있다. 남아프리카에서 서식하는 이 고도로 사회화된 새들은 숨어 있는 무척추동물을 찾아서 평생을 사막의 모래를 뒤지며 보낸다. 따라서 대체로 머리를 아래로 숙인 자세로 지내기 때문에 주위에서 일어나는 일을 제때 파악하려면 음성의 배열—경계 신호(alarm call), 보초 신호(sentinel call), 집합 신호(recruitment call) 및 그밖의 사회적 신호(social call)—에 크게 의존해야 한다. 새들의 의사소통을 연구하는 진화생물학자 자브리나 엥게제르에 따르면, 꼬리치레는 육지 포식자와 마주쳤을 때, "강도가 낮은 위협 신호"와 집합 신호를 결합한 집단공격 신호를 보내서, 잠재적인 위험 상황에 대비하여 집단의 구성원들을 모집한다. 만약 수리처럼 집단공격이 필요한 대형 맹금류가 나타나면 이 새는 공중경계 신호를 집합 신호와 결합한다. 어린 꼬리치레들은 어른과 함께 먹이를 찾으러 나왔을 때, 먹이를 조르는 신호(begging call)와 집합 신호를 결합한 소리를 낸다. 신호의 순서를 바꾸면 꼬리치레들은 응답하지 않는다. 이 새들은 개별 신호(경계 신호나 조르는 신호)에 명령하는 소리를 붙여서 연결한다. 예를 들면, 우리가 "위험해! 어서 이리 와!"라고 말하는 것처럼 말이다. "새들은 복잡한 신호를 개별 신호로 이루어진 복합 구조로 인식합니다. 개별 신호를 결합하면 원래의 의미를 뛰어넘는 메시지로 부호화됩니다"라고 엥게세르가 말한다.

엥게세르와 동료들은 오스트레일리아 남동부에서 서식하면서 협동 번식을 하는 밤색머리꼬리치레가 의미 없는 소리들을 결합하여 의미 있는 신호를 만든다는 것을 발견했다. 언어학적으로 이것은 음소(音素)를 사용해서 의미 있는 단어를 만드는 것과 유사하다. 예를 들면 'p'와 'u'는 혼자서는 아무런 의미가 없지만, 둘을 결합하여 'up' 또는 'pup'을 만들 수 있는 것처럼 말이다. "이 새들은 아주 초보적인 의미에서 단어를 만들고 있어요." 엥게세르가 말한다. "얼룩무늬꼬리치레와 박새의 작업은 구절이나 짧은 문장 생성에 더 가깝고요."

스즈키에 따르면, 박새는 심지어 문법 규칙을 사용해 신호를 새로운 조합으로 해독할 수 있다. 스즈키는 이 새들이 한번도 들어본 적 없는 신호를 조합해보았다. 박새의 ABC 경계 신호를 다른 종인 북방쇠박새의 타아아 하는 집합 신호와 인위적으로 결합했다. 그가 이 조합을 들려주었을 때, 박새는 ABC-타아아 조합의 의미를 해독해냈지만, 반대로 조합해서 들려주었을 때에는 해독하지 못했다. 이 말은 곧 새들이 복잡한 신호를 외우는 것뿐 아니라 일반화된 문법의 순서 규칙을 적용해서 메시지를 해독하고 있음을 암시한다.

새의 목소리 체계가 인간의 언어에서 발견되는 구성 방식을 보여준다는 사실을 모두가 인정하는 것은 아니다. 많은 언어학자들이 주장하듯이, 조류에서 알려진 구문의 사례는 고작 두 개의 의미 있는 신호를 조합한 것에 불과하다. 그러나 인간의 언어는 서로 다른 단어들을 조합해서 무한한 표현을 만들 수 있다. 하지만 스즈키의 최신 연구에서 드러난 것처럼, 새들의 소리는 인간 언어의 문법적 능력과 흥미로운 유사성을 제시함으로써 인간의 언어가 진화한 과정을 밝혀낼지도 모른다.

새가 노래와 소리를 활용하는 방식이 색다른 측면에서 인간의 언어를 반영하고 지능을 드러낼 가능성이 있다. 예를 들면, 남을 속이고 조종하는 능력 속에서 말이다. 어느 심리학자의 말을 빌리자면, "진실된 행동은 자연스럽지만, 거짓에는 노력이 필요하고 예리하고 유연한 마음이 있어야 하는 법이다."

3

모창의 달인

숲에서는 시원하고 축축한 초록의 냄새가 난다. 커다란 유칼립투스 그늘 아래에서 낮게 자라는 고사리와 높이 1.8미터짜리 나무고사리가 무성하고 땅은 개울물이 흘러 질척거린다. 머틀 걸리 서킷 등산로는 오스트레일리아 남동부의 툴랑기 우림 깊숙한 곳에 태즈메이니아너도밤나무와 왕유칼립투스가 높이 솟은 원시적인 장소이다. 활엽수 가운데 세계에서 키가 가장 큰 왕유칼립투스는 독특한 수피(樹皮)로도 유명하다. 기부(基部)에서는 섬유질 형태로 자라지만 높이가 9미터 이상 되면 연한 크림색과 회색으로 부드럽게 얼룩지다가 꼭대기로 올라갈수록 죽은 나무껍질이 좁고 가는 띠처럼 벗겨져 흘러내린다. 숲 하층부 공기는 고요하고 습하다. 그리고 온통 에메랄드 빛이다. 짧고 날카롭게 지저귀며 피-피-거리는 소리가 유칼립투스 사이로 크게 울려퍼진다. 안내자이자 친구인 앤드루 스키어치가 대번에 꿀빨기새의 일종인 동부가시부리새의 소리라고 말한다. 이어서 초승달꿀빨기새의 이집트! 하는 금속성 소리와 촉-칩! 하는 소리, 그리고 갈색가시부리솔새가 부드럽게 쪽쪽거리는 소리가 들려온다.

앤드루는 새 소리를 낼 줄 안다. 야생동물 소리 녹음 전문가인 그는 1993년부터 자연의 소리를 담아왔다. 툴랑기는 그가 맨 처음 본격적으로 녹음을 시작한 장소이다. 이후로 그는 인도, 터키, 태국, 스웨덴, 말레이시아 등 전 세계를 돌아다녔다. 각 종의 대표적인 노래나 소리를 포착하는 것이 목표인 녹음가들도 있지만, 앤드루는 하나의 서식처 전체를 아우르는 대표적인 음향적 특징을 담아내려고 애쓴다. "들려오는 소리가 너무 많아요." 그가 말한다. "소리만 듣고 있어도 주위에 어떤 종이 있는지, 무엇을 하는지, 어떻게 소통하는지 알 수 있어요. 생태계가 움직이는 진짜 소리를 듣는 거죠." 이곳은 새들이 호르르르, 피피피, 츳츳, 휘이 하는 소리가 다 같이 어우러져 흐르고 짤랑대고 울린다.

그러나 오늘의 탐험에서 우리가 찾는 것은 특별한 한 종, 바로 금조이다. 금조는 오스트레일리아를 대표하는 명금류이다. 이 고사리 계곡은 금조의 이상적인 서식처이지만, 금조는 워낙 수줍음이 많고 잘 숨어다녀서 쉽사리 모습을 드러내지 않는다. 우리는 열심히 소리를 들었다. 우림의 어둑한 망토 속에서는 보는 것보다 듣는 것이 먼저이다. 클링 클링 울려퍼지는 회색쿠라웡 소리, 연이어 캑캑거리는 오스트레일리아장수앵무 소리가 들리더니 붉은장미잉꼬가 귀에 거슬리는 클리-클리-클리 소리와 함께 숲 한중간에서 튀쳐나온다. 그러고는 아주 커다란 유칼립투스에 내려앉아 종소리처럼 포-티-포 하고 울리는 소리로 바꾸어낸다. 도-솔-도 하는 "완전 5도 음에 가깝죠"라고 앤드루가 말한다. 흰목나무발바리의 아주 작은 몸집에서 나오는 우렁찬 피피 소리를 들으니 캐롤라이나굴뚝새의 크고 담대한 울음소리가 떠올랐다.

그러더니 또다른 소리가 고요한 녹색 숲을 꿰뚫었다. 멀리서 프슈, 프슈 하는 소리에 이어 섬뜩하고도 경이롭게 귀에서 맴도는 소리가 흘러나왔다.

앤드루가 손가락을 들어올렸다. "저거예요." 멀리서 들려오는 금조의 노랫소리, 동물의 왕국에서 가장 비범한 목소리를 가진 주인공임이 틀림없었다.

금조의 외모는 평범하다. 구릿빛 갈색의 이 새가 꼬리를 들어올리거나 목청을 열기 전에는 꿩이라고 해도 믿을 것이다. 하지만 활짝 펼친 꽁지깃은 고대 현악기인 수금(竪琴)처럼 생겨서 화려하기가 이루 말할 수 없다. 구부러진 두 개의 긴 바깥깃은 수금의 테두리가, 안쪽에 가는 실처럼 펼쳐진 흰색 깃들은 수금의 현이 되어 이 새에게 금조라는 일반명을 주었다. 그러나 이 새가 진정으로 뛰어난 것은 목소리이다. 금조는 다른 누구도 따라 하지 못하는 노래를 부른다. 다른 새들의 음성을 기가 막히게 흉내 낸 완벽한 모방음 10여 가지에 자신의 소리와 노래를 혼합해서 환상적으로 편곡하기 때문이다. 이 노래에는 동부채찍새의 폭발적인 "채찍질" 소리부터 회색때까치의 낭랑한 피이-오 소리까지, 또 강강유황앵무의 더듬대는 삐걱 소리부터 금조길잡이새의 달콤한 은빛 찬가까지 오만 가지 소리가 뒤섞여 있다.

"신기하게도 금조는 가시부리새처럼 주위에서 가장 흔한 새들은 흉내 내지 않더라고요." 앤드루의 말이다. 그러나 금조는 쇳소리로 고함을 치거나 웅웅대는 흰눈썹굴뚝새 소리와 자그마한—몸집이 금조의 70분의 1 크기밖에 되지 않는—갈색가시부리솔새의 다급한 고음까지도 충실하게 모방한다.

능선을 향해서 부드럽게 오르던 진흙 길이 서서히 좁아지면서 길 양쪽으로 양치식물들이 부드럽게 스친다. 다행히 거머리 철은 지났다. 축축한 숲 바닥에는 줄기에서 떨어진 큰 나뭇가지와 쓰러진 통나무들이 온통 이끼, 우산이끼, 균류들로 뒤덮여 있다. 살아 있는 나무줄기도 영어로 노인의 턱수염(old man's beard)이라고 불리는 착생성 이끼 덕분에 폭신하다.

길을 따라서 어디에나 최근에 금조가 다녀갔다는 감질나는 흔적이 있다. 거구의 새가 강력한 검은 발로 곤충, 벌레, 유충을 찾아 땅과 부엽토를 긁고 다닌 자국이다. 금조는 한 발로 서서 머리를 완전히 고정시키고는 다른 발로 흙을 파헤친다. 이런 식으로 1년에 수 톤의 흙과 부엽토를 옮긴다.

앤드루는 이 비탈길을 따라서 120미터마다 주기적으로 수컷들의 노래를 녹음해왔다. 그러나 그것은 번식기의 절정인 6월과 7월의 일이다. 지금은 8월 중순으로 오스트레일리아에서는 늦겨울이다. "한두 달만 일찍 왔으면 고막을 재정비해야 했을 거예요." 그가 말했다. 금조의 노래는 10미터 이내에서 들으면 귀가 아플 정도로 시끄럽다.

앤드루가 다시 멈추었다. "방금 노랑꼬리검정코카투 흉내 내는 소리를 들은 것 같아요. 오싹하게 끼이-오우, 끼이-오우 하고 소리를 지르죠. 진짜 코카투가 아니라면요."

그가 멈칫했다.

"아, 진짜 코카투네요!" 존 굴드가 장례식이 연상되는 새라고 불렀던 검고 큰 새가 가까운 숲 중간층에서 선명한 노란색 꼬리 무늬를 번쩍이며 느긋하게 지나가는 것을 보고 앤드루가 야단스럽게 손짓했다.

우리는 개울 건너 800미터 정도 떨어진 곳에서 또다른 금조가 노래하는 소리를 들었다. 소리만 들리지 눈에는 보이지 않는 것을 보면 우리보다 항상 몇 발 앞서가거나, 양치류 망토를 뒤집어쓴 채 우리를 몰래 지켜보면서 약을 올리는 것이 틀림없었다.

능선의 꼭대기에 이를 즈음 이미 날이 저물기 시작했다. 고리 모양의 등산로에서 마른 길로 더 쉽게 내려오는 방법도 있었지만, 앤드루는 아까 우리가 올라왔던 진창길로 돌아가는 편이 이 엉큼한 새를 볼 가능성이 더 크다고 생각했다. 나는 마지못해 동의했고 우리는 등산로를 따라서 힘겹게 걸었다. 이곳에서 멀지 않은 곳에서 앤드루와 그의 파트너 사라가 암컷 금조를 본 적이 있다고 했다. 발가락 하나가 덩굴에 걸린 채 나뭇가지에 거꾸로 매달려 있는 놈을 앤드루가 셔츠를 벗어 감싸서 받치는 동안 사라가 발가락을 풀어주었다. "내내 나한테서 눈을 뗄 줄 모르더라고요." 그가 회상했다. "그러더니 땅에 내려놓자마자 사라졌어요! 어쩌면 그날 입은 은혜를 오늘 갚으러 올지도 모르죠."

그럴지도. 하지만 나는 희망을 버렸다. 진흙이 부츠와 청바지로 새어들어오고 오후의 빛은 퇴색해가고 있었다. 우림의 저녁은 커튼처럼 빨리 떨어진다. 아직 갈 길이 멀다.

우리는 물을 마시려고 잠시 쉬었다.

그때 갑자기 소리가 들렸다. 30미터도 떨어지지 않은 곳에서 힘찬 노래가 쏟아졌다. 우리는 꼼짝하지 않고 들었다. 실로 영광스러운 공연이었다. 새 본연의 노랫소리가 훔쳐온 소리와 어우러져, 쿵 하는 굉음과 낭랑한 울림이 화려하게 이어지는 멜로디와 함께 흘러나왔다. 앤드루는 귓속말로 이 새가 흉내 내는 종들의 이름을 불러주었다. **채찍새, 장미잉꼬, 회색쿠라웡, 길잡이새, 얼룩무늬쿠라웡.** 그가 옆에서 번역해주어서 정말 좋았다. 나는 새 소리에 이렇게 전율을 느껴본 적이 없었다. 우아하고 순수하고 조화롭고, 빌려온 구절들로 가득 채워져 마치 우림의 모든 곡조가 하나의 목청에서 쏟아져나오는 것 같았다. 비로소 나는 왜 이 새가 노래하는 새들의 어머니라고 불리는지 알 것 같았다.

우리는 조심스럽게 가까이 다가가서 금조의 가볍게 반짝이는 흰색 꼬리를 아주 잠깐 보았다. 새는 가버렸다. 경이로운 노래와 함께.

어둠이 깔리는 숲을 서둘러 내려오면서 나의 머릿속에는 수많은 질문들이 떠올랐다. 왜 금조는 어떤 노래는 따라 하고 어떤 노래는 따라 하지 않을까? 어떤 지능을 가졌기에 흉내를, 그것도 이렇게 잘 낼까? 새 한 마리가 무엇 때문에 번거롭게 그렇게 많은 새들의 목소리를 흉내 내는 것일까?

이 질문들을 탐구하기 위해서 나는 금조와 조류 모방 전문가로, 현재 뉴사우스웨일스의 울런공 대학교에 있는 아나 달지엘을 찾아갔다. 달지엘은 금조의 복잡하고 정교한 발성을 어느 과학자보다도 열성적으로 탐구해왔다. 여기에는 이 새가 교미하는 동안 다른 종의 경계음을 흉내 내는 당혹스러운 성향이 포함된다. 달지엘의 연구는 새들의 대화에 숨겨진 깊은 수수께끼의 핵심을 파헤친다. 모방의 성격과 목적은 물론이고, 새들이 어떻게 자신의 이익을 도모하기 위해서, 그리고 상대를 조종하고 속이기 위해서 모방을 사용하는지를 말이다.

최근까지 우리는 속임수와 거짓이 오직 인간의 영역이라고 생각했다. 인간이 거짓에 능하다는 것은 누구나 아는 사실이다. 최근 미국인들을 대상으로 일상에서 사용하는 거짓말의 빈도를 조사했는데, 사람들은 평범한 하루에 평균 한두 번 정도 거짓말을 한다고 했다. 내가 보기에는 이것도 적다. 그리고 실제로 과소평가된 결과일 수 있다. 이 조사는 설문식으로 이루어졌으므로 과연 사람들이 자신의 거짓말에 대해서 얼마나 진실을 말했을 것인가 하는 의문이 든다. 그러나 사람들 대부분은 정직을 선택하고, 어쩔 수 없다고 생각할 때에만 속임수에 의지하는 것 같다. 그것은 아마도 거짓말 자체가 힘든 정신 활동이기 때문일 것이다.

우리가 동물은 거짓말과 속임수를 사용하지 못한다고 생각했던 이유 중의 하나가 바로 이것이다. 신경과학자 로버트 새폴스키는 거짓말이 정교하고 복잡한 행동이라고 말했다. 거짓말을 하는 사람은 자신의 메시지가 거짓임을 알고, 또 상대가 자신의 거짓말을 믿을 것임을 안다. 다시 말해서 자신의 믿음과 상대의 믿음이 다르고 상대의 마음이 자신과는 다른 지식과 정보로 채워졌다는 사실을 이해한다는 뜻이다. 이런 능력은 "마음 이론(theory of mind)"이라고 알려졌다. 또한 거짓말은 실행 과정에서 주의력, 계획, 억제, 작동기억 등 두뇌에 상당한 능력을 요구한다. 거기에는 의식적이고 정교한 전략이 필요하다. 또한 뉴런이 많이 분포한 인간의 안면근육이 빈번하게 우리를 배신하는 것을 보면 거짓말이 얼마나 복잡한 과정인지 알 수 있다. 그러나 정신적 부담이 큰 대부분의 활동이 그렇듯이 거짓말도 자꾸 연습하면 쉬워진다.

영장류의 속임수를 연구한 과학자들이 여러 종의 원숭이와 유인원을 비교했더니, 교활함과 뇌의 크기 사이에 직접적인 상관관계가 있음이 드러났다. 침팬지처럼 신피질(新皮質, neocortex)을 더 많이 가진 영장류가 기만적 행위도 더 잘해냈다. 스웨덴 동물원의 유명한 침팬지 산티노를 보자. 산티노는 돌멩이를 무더기로 쌓아놓고 있다가 기분이 좋지 않을 때면 방문객들에게 던졌다. 이 사실을 알게 된 동물원 직원들이 산티노가 모아둔 수백 개의 돌을 치우고 방문객들에게는 산티노가 손에 던질 만한 것을 들었을 때에는 뒤로 피하라고 경고했다. 그러자 이 침팬지는 짚과 막대기 더미에 돌을 숨겼고, 돌을 던질 것이라고 짐작할 수 있는 공격적인 과시 행동도 자제했다.

새들은 자연이 만든 가장 재능 있는 거짓말쟁이로, 각종 미묘한 속임수들을 자유자재로 구사할 수 있다고 달지엘은 말한다. 새들의 세계는 허세, 엄포, 가장, 가식, 협잡으로 가득하다. 피리물떼새 어미는 포식자가 둥지에 접근하면 다친 것처럼 보이려고 날개를 어색하게 퍼덕거리거나 부산하게 달리고 뛰어오른다. 몸을 웅크린 자세로 작은 설치류처럼 달려 포식자의 주의를 분산시키는 새도 있다. 메추라기류는 추격자를 속이려고 죽은 척을 한다. 덤불어치처럼 먹이를 숨겨두는 새는 다른 새가 자신을 보고 있다는 생각이 들면 숨겨둔 먹이를 다른 장소로 여러 차례 옮기는데, 실제로 옮길 때도 있지만 옮기는 시늉만 할 때도 있다. 모두 보는 이의 혼란을 유도하는 일종의 야바위꾼 같은 술수이며, 물리적 기만의 사례이다.

그러나 과연 새들이 목소리와 성대모사를 사용해서 속이기도 할까? 금조가 거짓말을 할 수 있을까?

어느 차가운 8월 아침, 나는 시드니에서 기차를 타고 북서쪽으로 이동해서 오스트레일리아 동부의 블루마운틴에 있는 연구지로 가는 달지엘 일행에 합류했다. 하늘은 맑지만 돌풍에 가깝게 거센 바람이 부는 늦겨울 날이었다. 창밖의 시골 풍경을 배경으로 날아다니는 큰유황앵무와 영원토록 이어질 일몰처럼 떠 있는 갈라앵무를 보았다. 에뮤 평원을 지나자마자 블루마운틴 동쪽으로 급경사의 녹색 장벽이 나타났다. 달지엘은 나를 랜드크루저에 태우고 산속에 감추어진 계곡의 연구 현장으로 달렸다. 수컷 금조는 5월에서 7월까지 공연의 절정을 막 끝내고 8월에서 9월까지는 다음 번식기를 위해서 꼬리를 새로 기르면서 조용하고 수줍게 지내는 편이어서 너무 기대하면 안 된다고 달지엘이 말했다. 하지만 양치식물 계곡과 나무로 뒤덮인 블루마운틴 사암 협곡의 "꽤나 멋진" 서식지를 내게 보여줄 수 있다며 좋아했다.

"꽤나 멋진"이라는 표현은 너무 약하다. 이 오래된 산맥은 형광 녹색에 가까운 빽빽한 숲에서 튀어나온 3개의 사암 기둥과 계곡 아래로 온대 우림의 작은 공간을 보호하는 가파른 절벽이 만든 화려한 바위 지형을 남겨둔 채 허물어지고 있었다. 달지엘의 연구지는 최근에 인근 지역에서 희귀종인 울레미소나무가 발견될 정도로 외진 장소였다. 시원하고 축축하고 숲을 흐르는 개울이 있고 먹이까지 풍부해서 금조에게는 천혜의 서식지였다.

달지엘은 주위에서 울부짖는 바람 때문에 불안해했다. "운이 좋지 않네요." 그녀가 조바심을 냈다. 나는 아무래도 바람이 세면 새들이 숨어서 더 나오지 않으려고 하기 때문일 것이라고 생각했다. "그것도 그렇기는 하죠." 달지엘이 말했다. "하지만 그보다는 바람에 나뭇가지가 떨어질까

봐 더 큰 걱정이에요. 이런 숲에서는 쓰러지는 나무에 깔려 사람들이 죽어나간 역사가 길거든요. 지금 보시는 나무들은 이 대륙에서 가장 키가 큰 나무들이에요. 북아메리카의 나무들은 겨울에 잎을 떨구지만 이 나무들은 나뭇가지째 떨어내요. 오죽하면 이 주변의 유칼립투스들을 과부 제조기라고 부르겠어요.."

케둠바 고개에서 우리는 잠긴 정문을 통과해서 더 외딴 제한구역까지 차로 들어갔다. 달지엘은 라디오와 EPIRB(비상 위치지시용 무선표지국)를 들고 다닌다. 그녀가 공원경비대에 문자를 보내서 우리의 정확한 위치를 알려주었다.

왼편으로 깎아지른 듯한 절벽이 솟아 있다. 우리는 절벽 아래에서부터 유칼립투스들을 마구 스치며 굽이굽이 길을 따라 올라갔다. 급커브가 또 나오고, 갑자기 잠잠하다가 또다시 커브가 나온다. 바람이 더 강해진다. 올해는 이상할 정도로 날씨가 따뜻하고 큰 산불이 자주 나서 금조들에게는 힘든 한 해였다고 한다. 이곳의 생태계는 불에 잘 적응되어 있지만, 한 세대에 한 번 일어날까 말까 했던 대형 산불이 이제는 수시로 발생한다. 초봄에 달지엘이 도시로 이사한 직후, 바싹 마른 바람이 뜨겁게 울부짖으며 일으킨 불이 지역 전체를 휩쓸고 그녀의 집까지 삼킬 뻔했다. 달지엘은 기후 변화에 직면한 금조들을 걱정한다. 특히 그들이 번식하는 시기인 겨울철의 폭염과 화재가 문제이다. 새들은 웜뱃이 파놓은 구멍이나 물속에 들어가서 목숨을 건진다. 불을 피해서 젖은 담요를 뒤집어쓰고 개울로 간 사람들이 바로 옆에서 아주 화려한 새 한 마리를 보았다는 이야기들도 전해진다.

바위솔새가 도로를 가로질러서 마치 중력을 거부하듯이 통통 뛰어간다. 절벽이 감싸안은 피난 지역은 습한 경엽수림(硬葉樹林 : 두껍고 질긴 잎이 달리는 작고 견고한 나무들로 이루어진 숲/옮긴이)이다. 각종 유칼립투스,

아까시나무, 방크시아가 자라고 베드포르디아 아르보레스켄스(*Bedfordia arborescens*), 목마황뿐만 아니라 너무 귀해서 사람들이 훔쳐간다고 알려진 바위난초 등이 무성한 깊고 어두운 숲이다. "하지만 이 구역에서는 안전해요." 달지엘이 말한다. "여기까지 오는 사람은 없거든요." 갈색가시부리솔새, 다음은 노란목굴뚝새, 그리고 바쁘게 스위타윗, 스위타윗 하고 지저귀는 아름다운 노랑배때까치딱새까지. 모두 금조가 따라 하는 종들이다.

달지엘은 새들의 성대모사에 푹 빠졌다. "새들의 모창 실력은 입이 다 물어지지 않을 정도예요." 달지엘의 말이다. "6-7그램밖에 안 나가는 갈색가시부리솔새가 제 몸보다 10배나 큰 새들의 노래를 똑같이 흉내 내거든요." 우간다의 붉은모자로빈챗은 초고속 듀엣곡을 포함해서 40종이나 되는 다른 새들의 소리를 그대로 따라 한다. 습지개개비는 제 곡은 하나도 없이 아프리카의 월동지와 유럽의 번식지에 서식하는 200종이나 되는 다른 새들의 곡을 짜깁기한다. 이 새는 훔쳐낸 원곡을 도려내고 조합해서 한 편의 환상곡으로 재편곡한다.

얼마나 많은 새들이 흉내를 내는지는 정확하게 파악되지 않았다. 모방하는 새들을 모아놓은 어느 데이터베이스에는 명금류 43개 과에 해당하는 339종이 목록에 실렸다. 사육 상태에서 앵무새는 사람의 목소리를 따라 하는 뛰어난 능력이 있지만, 아프리카의 회색앵무를 제외하면 야생에서 앵무새가 다른 새를 흉내 낸다는 보고는 드물다. 모방 부분은 원곡의 레퍼토리 중간에 돌발적으로 등장할 때도 있고, 습지개개비나 익테린개개비 수컷처럼 노래 전반을 차지하기도 한다. 오스트레일리아는 60여 종에 달하는 최고의 흉내꾼들을 보유하고 있다. 그중에는 정원사새, 겨우살이새, 동박새, 녹색등꾀꼬리, 덤불굴뚝새, 가시부리솔새 등이 있다. 초기 박물학자들이 "모방의 달인"으로 선정한 14종에는 오스트레일리아까치가 들어간다. 이 새는 어느 조류학자가 쓴 것처럼 "욕심껏 닥치는 대로 가져다가 제 것과 잘 버무려 공연을 예술의 경지로 끌어올리고 완벽하게 자신의 것으로 소화한다." 앤드루 스키어치는 오스트레일리아까치가 말과 똑같이 히힝거리는 소리를 녹음한 적이 있다.

북아메리카의 뛰어난 모창자 중에는 고양이새, 북미흉내지빠귀, 갈색트래셔 등이 있는데 그중에서도 갈색트래셔는 모창 곡목이 무려 2,000곡이라고 알려졌다. 흰점찌르레기들은 다른 새를 모방하는 것으로도 모자라서 자동차 경적부터 휴대전화 벨 소리, 개 짖는 소리까지 모조리 따라 한다. 파랑어치들이 매를 어찌나 잘 흉내 내는지 나는 몇 번이나 속아 하늘에서 붉은꼬리말똥가리를 찾고는 했다. 통곡하는 매 소리의 진짜 출처는 가까운 숲 하층부의 파랑어치였는데 말이다.

이 쟁쟁한 경쟁자들 중에서도 금조의 모사 능력은 타의 추종을 불허한다고 달지엘은 말한다. 이 새들은 자기 울음소리도 가지고 있다. 반복적으로 플리크–플리크 하며 개가 짖는 소리 같기도 하고 도끼를 내리치는 소리 같기도 한 울음소리, 빠르게 걷는 말발굽 소리처럼 따가닥 따가닥 하는 리듬감 있는 소리, 꺽꺽꺽– 꼬꼬꼬 하는 소리, 따다다대고 꽥꽥대는 소리, 달콤한 선율로 지저귀는 소리, 기계가 윙윙 돌아가는 소리, 묘하게 극적으로 팅 하고 팅기는 소리들이 함께 어우러진다. 이 새들에게는 또한 날카로운 고음으로 휘익 하며 끽끽거리는 저만의 강렬한 경계음이 있다. 그러나 레퍼토리의 대부분은 모창이 차지한다. 달지엘은 수컷과 암컷이 둘 다 흉내를 내지만 선호하는 종은 다르다고 설명한다. 암컷은 옷깃새매와 회색참매 같은 맹금류 소리나, 텃세가 심한 풍경광부새의 집단공격 신호 같은 것을 즐겨 따라 한다. 달지엘의 말에 따르면, 수컷은 여러 가지 소리를 재빨리 바꾸어 극명한 대조를 이루는 데에 전문인데, "2초 동안은 동부채찍새, 다음 2초는 붉은장미잉꼬, 그리고 3초 동안은 회색때까치를 모창합니다." 수컷들은 달지엘의 표현을 빌리면, "히트 곡 모음"을 보유하고 있다. 곡목에는 웃음물총새, 채찍새, 노랑꼬리검정코카투, 노랑배때까치딱새, 그리고 또다른 훌륭한 흉내꾼인 새틴정원사새 소리가 들어간다.

"금조들은 흉내꾼까지 흉내 내요." 달지엘이 말한다. "이 흉내꾼들도 실력이 만만치 않습니다. 그래서 연구자들이 특정 지역에 서식하는 다양한 종들을 조사하고 녹음하는 횡단 조사가 복잡해지는 거예요. 어떤 종의 소리를 들었다고 생각하지만 사실은 그 종을 따라 한 모방자의 소리니까요." 나는 지난번에 앤드루가 노랑꼬리검정코카투 소리를 두고 헷갈렸던 일이 생각났다.

다른 종을 사칭하는 실력이 원곡을 부른 당사자들을 속일 만큼 뛰어날까?

달지엘이 연구한 바에 따르면 그렇다. 예를 들면, 회색때까치는 자기 노래를 부르는 금조에게 종종 속아넘어간다. 심지어 아름답고 느긋한 자기 노래를 성급한 축약 버전—롭 매그래스가 말하는 "『리더스 다이제스트(Reader's Digest)』 판"—으로 부르는데도 말이다.

금조는 채찍새의 듀엣이나 앵무새 떼가 킬킬거리며 재잘대는 수다까지 동시에 여러 가지 소리를 따라 할 수도 있다. 달지엘은 금조 한 마리가 웃음물총새들의 합창 전체를 따라 하는 장면을 녹음한 적도 있다.

새들이 인공적인 소리를 자주 따라 한다는 대중적인 인상에도 불구하고—금조가 전기톱, 화재 경보, 카메라 셔터 소리 등을 놀라울 정도로 똑같이 흉내 내는 것을 보여준 데이비드 애튼버러의 인상적인 텔레비전 프로그램에 의해서 생긴 인식이다—달지엘은 야생 새들이 인공적인, 또는 도입된 소리를 모방하는 경우는 극히 드물다고 말한다. 그러나 개구리나 코알라 울음소리, 딩고(야생 들개)가 울부짖는 소리, 코카투가 목재를 갉는 소리 등 금조가 자연의 소리를 무작위적으로 모방한다는 보고는 있다. 달지엘은 금조가 숲 하층부에서 새들이 날개를 퍼덕거리는 소리를 흉내 내는 것을 녹음한 적도 있다. 그리고 달지엘의 연구지에서 한 암컷 금조는 그날 우리가 숲에서 계속해서 들었던, 강한 바람에 나무줄기가 서로 맞비비면서 나는 끼익, 끼익 소리를 즐겨 낸다.

금조의 발성기관인 명관의 근육 수가 축소되었다는 점을 고려하면, 이 새의 폭넓은 발성 범위는 정말 놀라운 것이다. 대부분의 명금류가 4쌍의 명관 근육을 가지는 것과 달리 금조는 3쌍뿐이다. 일반적으로는 명관에 근육이 많을수록 더 복잡한 발성이 가능하다. 그러나 금조는 이 법칙의 예외이다. 앵무새 역시 단순화된 명관으로 고난도 기술이 필요한 갖가지 소리를 낼 수 있다.

의미를 생각하지 않고 기계적으로 반복해서 말한다는 뜻이 함축된 'parrot(앵무새, 앵무새처럼 따라 하다)'이라는 영어 단어에서도 알 수 있듯이, 새들의 모방은 한때 생각 없는 행위로 알려졌다. 그러나 이제 우리는 그것이 사실이 아님을 안다.

노래나 울음소리를 흉내 내려면 다른 새의 소리를 세심히 듣고 기억하고 떠올리고 연습하는 음성 학습이 필요하다. 이는 기억한 것을 완벽하게 따라 하기 위해서 반복적으로 시도하고 똑같이 복제할 때까지 끊임없이 다듬는 과정이다. 다른 종이 내는 소리를 학습하고 기억하는 것은 유난히 까다로운 일이다. 일상적인 레퍼토리가 아닌 새로운 소리를 습득할 정도로 뇌가 유연해야 하기 때문이다. 그리고 그것은 그 소리를 정확하게 재생하는 물리적 과제도 마찬가지이다. 어떤 새들은 모창 대상이 명관의 근육을 조절하는 복잡한 방식을 똑같이 사용해서 흉내를 낸다. 2008년에 습지참새를 연구한 듀크 대학교의 연구진은 새들이 발성을 배울 때에 영장류처럼 "거울 뉴런"을 사용한다고 밝혔다. 한 새가 다른 새의 노래를 들을 때, 이 새의 뉴런은 마치 자기가 동일한 소리로 노래할 때처럼 그와 거의 유사한 활성 패턴으로 점화된다. 그렇다면 모방은 마음과 마음을 연결하는 한 방식이다.

이것은 뛰어난 청력과 기억력은 물론이고 소리를 내는 데에 필요한 완벽한 근육 조절에 이르는 정교하고 대단히 훌륭한 신경 기능을 요구한다. 금조가 이 과제에 뛰어나다는 사실은 곧 비범한 지능을 암시한다. 실제로 과학자들이 다양한 새에서 뇌의 크기와 몸집을 비교했더니 금조는 까마귓과 새들처럼 상대적으로 뇌가 매우 크다는 사실을 발견했다. 또한 이 새들은 부모가 오래 알을 품고 있으면서 천천히 발육하고 부모의 돌봄을 받는 기간도 더 길었다. 이는 대개 뛰어난 인지 기능과 연관된 특성이다.

새가 소리를 흉내 내는 법을 어떻게 배우는지는 여전히 대체로 수수께끼이다. 어떤 경우는 주변의 다른 새들에게서 직접 배우는 것처럼 보인다. 몇 년 전, 당시 에든버러 대학교에 있었던 로라 켈리는 점박이정원사새가 소리를 배우는 것을 보았다. 이 새는 대단히 재능 있는 흉내꾼으로 10여 종의 다른 새들을 모방할 뿐 아니라 나뭇가지가 삐걱거리는 소리, 전선이 튕기는 소리, 심지어 천둥이 우르릉거리는 소리까지 따라 했다. 수컷 점박이정원사새는 서로 적어도 1킬로미터는 떨어진 곳에 바우어를 짓기 때문에 자기 바우어 안에 있을 때에는 상대의 소리를 들을 일이 없다. 그러나 주기적으로 이웃 바우어를 찾아가서 장식품을 훔치거나 망가뜨리고는 하는데, 그렇다면 이 산발적인 방문 기간에 상대를 보고 배우는 것일까? 퀸즐랜드의 한 국립공원에서 정원사새가 휘파람솔개와 얼룩백정새를 모방하는 것을 연구하면서 정원사새의 모창 레퍼토리에도 개인차가 있다는 것을 보여주었는데, 이는 정원사새가 동종의 이웃이 아닌 모방 대상으로부터 직접 소리를 배운다는 사실을 암시한다.

한편, 북미흉내지빠귀는 다른 흉내지빠귀로부터 흉내 내기를 배우는 듯하다. 생물학자 데이브 개먼은 6개월에 걸쳐 흉내지빠귀들에게 새로운 새 8종의 노래를 들려주었지만 흉내꾼 중 누구도 새로운 노래를 습득하지 못했다.

왜 흉내지빠귀가 어떤 새(캐롤라이나굴뚝새, 댕기박새, 파랑어치, 홍관조)는 따라 하고, 어떤 새(비성비둘기와 치핑참새)는 따라 하지 않는지에 대한 대답이 금조의 선택적 모방에 대해서 새로운 실마리를 줄 것 같다. 흉내지빠귀는 자신과 발성과 음역, 리듬감이 비슷한 노래들만 골라서 따라 한다. 따라서 어떤 새의 노래는 그저 신체 조건상 모사가 불가능해서 따라 하지 않는 것인지도 모른다. 예를 들면, 양쪽 명관을 자연스럽게 왔다 갔다 한다든지, 음의 주파수를 도약하는 능력 같은 것들 말이다. 이런 물리적 제약이 금조에게도 적용될 수 있다.

달지엘은 어린 수컷 금조가 모방 대상으로부터 직접 소리를 배우는 것이 아니라 흉내지빠귀처럼 대부분 나이 든 수컷으로부터 배운다고 생각한다. "금조의 모방은 동일 지역에 사는 다른 수컷들 사이에서 유행하는 소리를 따르는 것 같아요." 그녀가 말한다. "그래서 한 집단 안에서의 변이가 집단 간 변이보다 심하지 않은 편이죠." 달지엘에 따르면, 같은 지역에 있는 금조 수컷들이 따라 하는 울음소리나 노래의 조합은 거의 동일하고 심지어 특유의 소리 조합까지 비슷하다고 한다. 이것은 집단 내에서 사회적이고 문화적인 전달이 일어나고 있음을 강하게 암시한다. 다시 말해서 이들의 모방은 현재 주변에 있는 것으로부터 일어나는 것이 아니라 한 새에서 다른 새로 전달된다는 뜻이다. "예를 들면 이 우림 지역에서는 다수의 수컷들이 흰목나무발바리의 빠르게 빕-빕-빕거리는 소리로 시작해서, 붉은장미잉꼬의 요란한 봉-봉 소리로 노래를 마무리해요." 모방이 이처럼 사회적으로 확산된다는 증거는 1934년부터 1949년까지 툴랑기와 워버턴 지역에서 포획하여 태즈메이니아에 도입한 20마리의 금조에서 찾아볼 수 있다. 이 새들은 먼저 살던 경관에서 배운 새소리를 여러 해 동안 계속해서 흉내 냈다. 그리고 30년이 지난 후에도 이 새들의 후손은 태즈메이니아 제도에는 살지 않았던 새들을 흉내 냈다고 한다. 금조길잡이새와 채찍새의 경우처럼 달지엘은 이것을 문화적 전달, 즉 새들이 한 세대에서 다음 세대로 지식을 전한다는 강력한 증거로 본다. 달지엘은 금조를 음향환경(soundscape)의 기록보관자로까지 비유한다. 음향 기록자 앤드루 스키어치의 조류 버전인 셈이다.

바람을 막아주는 피난 구역에 도착하자 달지엘은 자신이 금조 "핫스팟 (hotspot)"이라고 부르는 곳에 차를 세웠다. 우리는 달지엘이 금조의 번식 활동을 관찰하기 위해서 1년 전에 카메라를 심어놓은 둥지를 찾아서 양치식물 덤불을 뚫고 위쪽으로 올라갔다. 달지엘은 나에게 거미는 일절 건드리지 말라고 경고했다. 이곳에서 발견되는 시드니깔대기그물거미에게 물리면 다량의 침과 땀이 흐르고 근육이 경련을 일으키고 혈압이 상승하고 심장 박동수가 올라가면서 심정지가 일어나서 15분 안에 사망할 수 있다.

　다행히 뱀이 나오기에는 너무 추운 날씨였다. 하지만 어쨌거나 다리에는 각반을 찼다. 땅에는 쓰러진 통나무와 바위들이 무성한 양치류에 가려진 채 여기저기 흩어져 있었고, 매 발걸음이 아슬아슬했다. 가시 돋친 청미래덩굴이 청바지를 찢고 스웨터를 붙잡았다. 우리는 늪왈라비의 배설물 더미를 발견했다. "왈라비가 그 큰 발로 이런 곳을 탐색한다고 생각하면 놀랍죠." 달지엘이 말했다. 주위의 모든 것이 왈라비가 뜯어먹지 못하도록 가시투성이였다. 특히 달지엘은 어떻게 금조 수컷이 그 길고 우아한 꼬리를 망가뜨리지 않고 이 청미래덩굴 사이를 통과하는지 몹시 궁금해했다. 수컷의 꼬리깃은 매년 번식기 직후에 빠진 다음 이내 새로 나기 시작하는데, 어떻게 해서든 이듬해 6월까지는 형태를 온전하게 지 킨다.

언덕길 위에서 우리는 나무고사리 밑 바위에 놓인 금조의 둥지와 달지 엘의 카메라를 무사히 발견했다. 둥지는 부피가 꽤 크고 바구니의 안쪽 처럼 둥글다. 나무고사리 뿌리를 촘촘히 엮어서 만든다고 한다.

달지엘이 위를 올려다보라고 했다. 위쪽은 거의 완벽한 어둠이었다. 금 조 암컷이 공중 포식자들—참매, 새매, 쐐기꼬리수리는 물론이고 백정 새, 까치, 쿠라웡까지—로부터 새끼를 보호하기에는 어두운 편이 훨씬 낫다. 둥지는 내리막길을 향하고 있어서 새들이 펄쩍 뛰거나 날아서 도망 칠 수 있다. 이 새는 비행에 서투르지만 시속 40킬로미터까지 달릴 수 있 고 날개를 이용해서 속도를 높인다. 암새는 한 철에 알을 하나만 낳아 서 두 달이나 품으며—명금류로는 세계 기록이다—전적으로 혼자서 새 끼를 보살핀다. 세력권 안에서 새끼를 먹이고 키우기 때문에 암새는 다른 암컷들로부터 적극적으로 영역을 방어한다.

둥지에서 그다지 멀지 않은 나무고사리 밭 한가운데에 지름이 10미터 정도인 깨끗하게 치워진 장소가 있다. 부드러운 토양 표면이 살짝 올라 와서 둔덕을 이루고 기묘하게 반짝거렸다. 달지엘은 이곳이 금조 수컷이 공연하는 둔덕의 아주 멋진 예라고 했다. 힘센 다리로 잎을 갈퀴질하고 작은 돌이나 나뭇가지들을 발로 차서 옆으로 치우고 고사리들은 홱 잡 아당긴 다음 질질 끌어내서 공간을 마련한다. "수컷 한 마리가 자기 영역 내에 이런 둔덕을 10개도 넘게 지어요." 달지엘이 말한다. "하지만 그중에 서도 가장 좋아하는 곳이 있는데, 보통 지대가 높고 상층부가 빽빽하지 않아서 빛이 잘 통과하고 울음소리가 멀리까지 전달되는 장소예요."

"다시 한번 위를 보세요." 달지엘이 말한다. 아까와는 달리 햇살이 비친다.

달지엘은 수컷 금조가 숲 천장의 틈으로 햇빛이 내리비치는 곳에서 공연하는 이유가 흰색 꽁지깃의 밝기를 극대화하기 위해서라는 가설을 세웠다. 금조는 우리보다 빛에 더 민감해서 밝은 눈부심을 더욱 강렬하게 느낀다고 짐작된다. 좋은 터에 무대를 마련하는 것은 수컷 금조의 공연이 성공하기 위한 관건이다. 그는 다른 수컷들과 싸워 자신의 무대를 지킬 것이다. 이곳이 바로 번식기에 그의 모창이 빛을 발하는 곳이다.

고요하고 안개가 자욱한 겨울날, 수컷 하나가 동트기 30분 전인 이른 아침에 노래를 시작한다. 하루에 몇 시간씩 오늘도 내일도 계속해서 노래를 부르며 주위의 울창한 숲에 몸을 감추고 있는 암컷들에게 재주를 뽐낸다. 마침내 어느 암컷이 노래에 이끌려 올 때까지. 관심을 보이는 암컷은 세상에서 가장 기이한 짝짓기 공연으로 대접받을 것이다. 달지엘과 동료들은 수컷이 자연 서식처에서 공연하는 영상을 12건이나 찍었다. 금조들의 비밀스러운 성격과 숲속의 초록빛 어둠을 생각하면 결코 쉽지 않을 것이다.

나는 녹화 영상으로 금조의 공연을 자세하게 보았다. 둔덕에 올라선 수컷이 은빛 꼬리를 몸 위로 쓸어올리며 천천히 돌리고 과장되게 떨더니 폭포수처럼 노래를 쏟아낸다. 날개를 퍼덕거리면서 이쪽저쪽으로 폴짝폴짝 뛰는 와중에 방대한 레퍼토리를 풀어내고 캐스터네츠처럼 딸깍, 쩍쩍, 딱딱거리는 소리를 낸다. 달지엘에 따르면 수컷은 오직 4종류의 곡에만 춤을 추고, 각각에는 고유한 몸동작이 있다. "노래와 춤을 조율해서 노래마다 독특한 안무를 짜요." 사람들이 왈츠 곡에 왈츠를, 살사 곡에 살사를 추는 것과 같다고 그녀가 말했다. "레이저 건이나 1980년대 비디오게임 소리처럼 이상하게 웅웅대는 스퓨, 스퓨, 스퓨 소리에는 옆쪽으로 스텝을 밟으며 춤을 추죠. 그러다 소리를 낮춰 플링케티- 플링케티- 플링케티 하고 조용한 곡을 부를 때는 꼬리를 좁히고 날개를 퍼덕이면서 뛰어오르거나 더 크게 까딱거려요."

그러더니 맨 마지막에 의뭉스러운 행동을 한다. 갑자기 노래와 춤을 멈추고 모방 경계음을 울리는 것이 아닌가.

도대체 왜 새들이 흉내를 내는지는 아직도 미스터리이다. 왜 다른 새들을 따라 하는 번거로움을 감수하는가? 아름다운 선율의 금조의 노래를 듣고 있으면 그저 새들이 오직 아름다움을 추구하기 위해서 모창을 한다고 생각하고 싶어진다. 노래란 그들이 생기와 혈기왕성함을 보여주는 수단이기 때문이다.

그러나 달지엘은 무엇인가 다른 힘이 작용한다고 추측한다.

달지엘의 연구 지역에 서식하는 어느 금조는 짝짓기에 여러 번 성공했다. 달지엘이 트리플 블루라고 부른 이 수컷은 유난히 아름답게 노래한다. "크고 이색적인 모창으로 가득 찬 놀라운 프리스타일 즉흥곡이에요." 그녀의 말이다. "금조 수컷의 모창은 성 선택으로 진화했다는 강력한 증거가 있어요." 눈에 보이지 않는 암컷이 들을 수 있게 큰 소리로 모창하는 것은 자신을 홍보하는 한 방식이다. 수컷은 노래를 통해서 이렇게 말하려는 것이다. "내가 얼마나 똑똑한지, 내 모창이 얼마나 정확하고 다채로운지, 내 목소리가 얼마나 힘찬지 들어봐. 나는 아주 지적이고(똑같이 따라 한다는 것은 내 머리가 그만큼 좋다는 뜻이지), 하루에도 몇 시간씩 노래할 수 있어." 달지엘이 지적한 것처럼 금조 암컷은 혼자서 새끼를 돌본다. 둥지를 짓고 알을 품고 새끼를 기르고 영역을 사수하는 것까지 모두 암컷의 몫이고 수컷에게서 필요한 것은 정자뿐이다. 까다로운 암컷은 화려한 깃털, 춤 실력, 크고 복잡하고 이색적인 노래—모창의 다채로움과 정확성, 그리고 소리의 전달력을 포함해서—를 보고 예비 짝을 평가한다. 이 형질 모두가 수컷의 학습 능력, 힘과 활력, 유전자, 자라온 환경까지 총망라한 자질에 대한 "정직한" 단서가 될 것이다. "암컷 입장에서는 능수능란하게 흉내를 내는 수컷과 짝짓기해서 자식도 모창을 잘 하게 된다면, 딸이라면 모방을 이용해서 둥지를 지키고 아들이라면 짝을 쉽게 얻을 수 있으니까 유리하겠죠." 달지엘이 말한다. 암컷은 짝을 결정하기 전에 몇 달에 걸쳐 여러 수컷들의 노래를 듣는다. 최고의 공연을 선사한 자만이 자신의 유전자를 후세에 남길 수 있다. 그러므로 영리하고 훌륭한 공연을 보여준 새는 더 영리해지고 더 흉내를 잘 내고 더 춤을 잘 추고 더 아름다운 꽁지깃을 기를 수밖에 없다.

이것은 정원사새처럼 모창을 하는 다른 종들에게도 해당된다. 새틴정원사새에게 정확도가 높은 모창은 대단히 섹시하게 보인다. 암컷 새틴정원사새에게 모창 능력은 수컷이 지은 바우어의 아름다움이나 장식품의 개수보다 훨씬 더 중요한 자질인 듯하다. 따라서 많은 소리를 똑같이 따라 하는 수컷이 짝짓기 기회도 더 많이 얻는다. 수컷의 자질을 나타내는 것은 모창곡이나 소리의 길이나 정확도뿐 아니라 수행의 난이도까지 포함된다. 한편 모방 능력이 없는 명금류에서 암컷들이 가장 높이 평가하는 것은 소위 섹시한 음절—또는 양쪽 명관을 다 사용해서 동시에 화음을 내는 고난도 꾸밈음—이다.

금조의 수컷은 나이가 들수록 흉내를 더 잘 내게 되므로 정확도는 나이와도 상관이 있고, 상대에게 자신이 다른 수컷들보다 더 오래 살아남았다고 알리는 신호가 될 수도 있다.

새들이 미래의 짝에게 잘 보이기 위해서만 흉내를 내는 것은 아니다. 점차 누적되는 연구 결과에 따르면, 새들은 울음소리와 노래를 이용해서 다른 새를 속이거나 조종하여 이익을 도모한다. 예를 들면, 공짜 점심을 훔치기 위해서 말이다.

이제는 고전이 된 두갈래꼬리바람까마귀의 예가 있다. 남아프리카 공화국에 자생하는 이 새는 갈라진 꼬리, 붉은 눈, 구부러진 부리, 윤기 나는 깃털이 특징인 작고 검은 새이다. 케이프타운 대학교의 행동생태학자인 톰 플라워는 바람까마귀 64마리를 총 847시간 동안 따라다닌 결과, 이 "절취기생체(kleptoparasite)"가 다양한 종으로부터 먹이를 훔치기 위한 속임수로 성대모사를 사용한다는 점을 알아냈다. 바람까마귀의 경계음 레퍼토리에는 자신의 소리 6가지와, 몽구스와 자칼을 포함한 다양한 새와 포유류로부터 빌려온 최대 45가지 소리가 있다. 바람까마귀는 먹이를 찾는 미어캣과 남부얼룩무늬꼬리치레 등 이웃을 위한 정직한 보초 역할을 한다. 나무 위에 높이 앉아서 위험이 닥치면 경계음으로 경고한다. 그러나 바람까마귀들은 남의 먹이를 훔칠 요량으로 가짜 경계음을 울리기도 하는데, 포식자의 공격이 임박했다는 가짜 신호를 들은 꼬리치레나 미어캣은 깜짝 놀라 들고 있던 귀뚜라미나 딱정벌레를 떨어뜨리고 숨을 곳을 찾아서 황급히 도망친다. 그러면 위에서 유유히 날아와서 육즙이 풍성한 식사를 여유롭게 낚아채간다.

여기에서 진짜로 주목할 것은, 꼬리치레와 미어캣들이 용케 바람까마귀의 수를 읽어 가짜 경계음을 듣고도 도망치지 않으면 바람까마귀는 보기 드물게 기만적인 술수로 맞받아친다는 사실이다. 즉 자신의 방대한 레퍼토리에서 경계음을 바꾸어가며 사용해서 상대가 속임수를 알아채지 못하게 하는 것이다. 게다가 한술 더 떠서 한번 속인 적이 있는 꼬리치레에게는 같은 소리를 사용하지 않는다.

파랑어치가 붉은꼬리말똥가리를 비롯해서 온갖 맹금류를 흉내 내어 찌르레기사촌이나 다른 새들이 먹이를 떨어뜨리고 도망치면 이내 날아와서 공짜 식사를 차지한다는 보고가 있다. 심지어 새끼 새조차 다른 새끼를 사칭해서 더 많은 먹이를 얻는다. 일부 뻐꾸기와 기타 탁란하는―다른 새의 둥지에 알을 낳는―새들의 새끼는 숙주의 새끼가 먹이를 달라고 조르는 소리를 고대로 따라 한다. 뻐꾸기 새끼 한 마리가 개개비 새끼 전체를 흉내 내는 바람에 기생당하는 개개비 부모는 특대형 사이즈의 남의 자식을 먹이기 위해서 갖은 애를 써야 한다.

새들은 다른 동물의 신호와 소리를 불법 복제하여 포식자를 속이고 잡아먹힐 위험에서 벗어난다. 구멍 안에 둥지를 트는 많은 새들은 포식자가 나타나면 둥지 속 새끼나 알을 품고 있는 어미 새나 할 것 없이 모두 뱀처럼 스스 소리를 낸다. 아프리카, 유럽, 아시아에서 자생하는 딱따구릿과의 개미잡이새는 어두운 구멍 안에서 좌우로 몸부림을 치고 스스 소리를 내어 뱀을 흉내 낸다. 알을 품는 중에 방해를 받으면 캐롤라이나 박새는 살모사 소리를 흉내 낸다. 쇠부리딱따구리는 포식성 청설모를 저지하기 위해서 벌집 속 벌떼 같은 웅웅 소리를 낸다.

그러나 가장 인상적인 새는 조그만 갈색가시부리솔새이다. 『오스트레일리아 버드라이프(*Australian Birdlife*)』에서 산가시부리솔새 다음으로 세상에서 가장 촌스러운 새라고 묘사했을 정도로 평범한 갈색의 볼품없는 새이다(산가시부리솔새는 갈색가시부리솔새에 있는 점박이 무늬조차 없어서 1등을 차지했다). 그러나 이 새를 광범위하게 연구한 브래니 이직의 생각은 다르다. 가시부리솔새가 시각적으로는 크게 눈에 띄지 않을지 모르지만 사실은 존재감이 굉장히 큰 존재라고 이직은 말한다. 이 새들의 노래는 아주 멀리까지 전달될 뿐 아니라 그의 말에 따르면 "카리스마가 넘쳐흐른다." 이직은 이 새들을 "원조 앵그리버드(모바일 게임/옮긴이)"라고 부른다. "특히 둥지를 지킬 때는 엄청 흥분하거든요. 하지만 정말 재미있는 놈들이에요." 한번은 이직이 식별 띠를 두르느라고 새끼 가시부리솔새들을 둥지에서 잠깐 꺼낸 적이 있었다. 한참 띠 작업을 하고 있는데 부모 가시부리솔새가 돌아왔다. "저한테 화가 잔뜩 나서는 소리를 지르고 난리였죠." 그 때를 떠올리며 이직이 말했다. "그런데 그중 하나가 자기 몸의 절반은 됨 직한 큰 애벌레를 입에 물고 있었어요. 그리고 그 꿈틀대는 애벌레를 여 전히 부리에 문 채로 저를 야단치더라고요. 그 장면이 정말 너무 웃겼어 요. 결국 작업을 중단했죠."

갈색가시부리솔새의 가장 큰 천적은 작은 새들의 새끼를 잡아다가 자 기 새끼에게 먹이는 얼룩무늬쿠라윙이다. "소형 새들의 세계에서는 다스 베이더(영화 「스타워즈」의 등장인물/옮긴이)로 알려진 새예요." 이직이 말했다. 한 번이라도 이 새를 본 적이 있다면 대번에 이해가 갈 것이다. 얼룩무늬 쿠라윙은 몸집이 크고 검고 무섭게 생겼으며 지능이 매우 높고 게걸스러 운 둥지 포식자이다. 쿠라윙 한 쌍이 한 철에 새끼를 키우기 위해서 작은 새끼 새를 약 2킬로그램어치 잡아가는데, 둥지 수로 따지면 40개에 달한 다. "어찌나 영리한지 둥지 주위를 맴돌며 새들의 활동을 관찰하고 둥지 위치까지 기억해요." 이직이 말한다. "새끼 새들을 연구할 때면 쿠라윙들 이 둥지를 찾으려고 우리 뒤를 쫓아오지나 않을까 걱정할 정도라니까요."

얼룩무늬쿠라윙은 가시부리솔새보다 몸집이 40배나 크기 때문에 이 조 그마한 새가 다스베이더와 힘으로 싸워볼 도리는 없다. 그러나 이들에 게는 비밀 병기가 있다. 이 새는 늑대나 매의 울음소리를 낼 수 있다. 쿠 라윙이 둥지를 공격할 때면 가시부리솔새는 여러 종의 경계성 울음소리 를 내는데, 그 지역 새들이 내는 경계음 합창을 흉내 내기 때문에 쿠라윙 조차 두려워하는 갈색참매가 공격 중이라는 인상을 준다. 영리하게도 이 작은 새들은 갈색참매의 울음소리를 직접 모방하지는 않는다(이 방법은 오히려 효과가 좋지 못할 수도 있는데, 매는 사냥 중에는 소리를 내지 않기 때문이 다). 대신 참매가 나타났을 때에 정상적으로 울려퍼지는 공중경계 신호를 마구 쏟아낸다. 여기에는—아마도 특히—저 믿음직한 보초, 뉴홀랜드꿀빨기새의 소리가 포함된다. 그 반응으로 쿠라웡은 즉시 도망치거나 고개를 들어 하늘을 훑어본다. 어느 쪽이든 이 모창 합창은 쿠라웡에게 혼란을 주어 가시부리솔새 새끼들이 둥지에서 서둘러 나와 주위의 빽빽한 식생 속으로 숨을 수 있는 충분한 시간을 벌어준다.

새들은 또한 대결 상대나 경쟁자를 물리치기 위해서 노래를 훔친다. 섭정꿀빨기새들은 귓불꿀빨기새처럼 몸집이 더 큰 꿀빨기새들의 소리를 따라 하는데, 이것은 같은 먹이원을 두고 경쟁하는 새들을 쫓아낸다. 아메리카 대륙의 굴파기올빼미는 누가 굴에 들어오려고 하면 성난 방울뱀 소리를 내어 캘리포니아땅다람쥐를 비롯해서 자기 굴을 차지할지도 모르는 경쟁자를 저지한다. 몇 년 전에, 어느 연구자는 북미흉내지빠귀가 세력권을 방어하기 위해서 다른 여러 종들의 음성을 흉내 내어 그 지역에 경쟁자나 포식자들이 많은 것으로 착각하게 만든다고 주장했다. 금조의 암컷 역시 매의 울음소리를 선별적으로 따라 하는데, 위험한 맹금류가 주위에 있다는 인상을 심어주어 경쟁자들의 흥미를 떨어뜨리려는 것으로 보인다.

모방을 이용해서 경쟁 우위를 확보하는 대단히 사악한 사례가 있다. 행동생태학자 줄리언 커푸어는 카리브 해에 위치한 트리니다드의 어느 섬 숲에 사는 작은은둔벌새를 연구하면서 차원이 다른 사기성 모방을 발견했다.

이런 모방의 한 가지 결과는 지역별로 사투리가 생긴다는 것이다. 여기에서 사투리란 새들끼리 서로를 이웃의 일원으로 인식하고 떠돌이 새들을 토박이와 구분하게 하는 지역적 변이를 말한다(홍엽조의 "친애하는 적" 발상과 유사하다). 이 작은 은둔자들의 수컷이 그러하다. 번식기에 이 새들은 숲의 무성한 덤불 속에 있는 수컷들의 공용 구애장소인 레크(lek)에서 구애 행위를 한다. 그곳에서 5-50마리의 수컷들이 짝을 얻기 위해서 노래하고 구애한다. 작은은둔벌새의 노래는 5-8음절로 이루어진 고음의 끼익거리는 소리로 고작 1초 정도 지속되지만, 먹이를 찾으러 가는 시간 사이사이에 1시간 정도 반복된다. 이 새들은 레크에서 아침 7시부터 해가 질 때까지 하루에 최대 1만2,000번을 열심히 노래한다. 작은은둔벌새의 노래는 변이가 대단히 심하고 단일 레크 안에서도 수많은 지역 사투리가 존재한다.

"말도 안 되죠." 커푸어가 말한다. "레크 하나의 평균 크기가 일반적인 집터 정도예요. 끝에서 끝까지 1-2분이면 걸어갈 수 있죠. 그런데 한 레크 안에 아주 뚜렷한 사투리들이 있어요. 마치 한 집에서 거실에 있는 사람들은 프랑스어를 쓰는데 부엌에 있는 사람들은 스와힐리어를 쓰는 것에 비유할 수 있어요. 이 정도로 작은 공간에서 이렇게 많은 사투리들이 생긴다는 건 진짜 신기한 일이에요."

작은은둔벌새가 어떻게 이런 "미세지리적" 방언을 가지게 되었는지를 알아내기 위해서 커푸어는 이 새들의 노래와 변이를 조사하고, 수컷 사이의 경쟁이 어떤 식으로 영향을 미쳤는지 연구했다. 번식기에 레크에 모이는 수컷들은 각자 지정된 횃대에 앉아 끝이 하얀 작은 꼬리를 흔들고 노래하면서 자기 영역을 필사적으로 사수한다. 대부분 수컷들은 자기 소유의 횃대와 영역을 길게는 1년 정도 차지하지만 7년이나 소유하는 소수의 운 좋은 놈들도 있다. 그러나 어린 수컷들은 자기 영역을 확보하기가 쉽지 않다. 레크에 합류하려는 젊은 수컷들은 모방의 재주를 사용해서 기존 소유자를 사칭한다. "젊은 새들은 우선 레크의 가장자리에 앉아서 열심히 귀를 기울여요." 커푸어가 설명한다. "그런 다음 몰래 돌아다니면서 다른 새들의 노래를 엿듣고 그중에 하나, 그 새를 '프레드'라고 하죠. 프레드를 골라서 집중적으로 듣고 배워요. 그리고 나서는 숲속으로 들어가서 혼자서 연습을 합니다. 처음에는 소리나 질러대지 아주 형편없어요.

처음 몇 주일 동안은 누구를 따라 하려는 건지도 알 수 없죠." 그러나 어린 새들은 연습에 연습을 거듭하고 그렇게 몇 주일이 지나면 훨씬 나아진다. "어린 수컷이 레크로 돌아가서 영역을 쟁탈할 시기가 되면, 프레드, 아니면 적어도 그의 가까운 이웃 중에 하나와 완전히 똑같이 소리를 내요. 그래서 저는 이놈이 어디로 가려는 건지 정확하게 알 수 있습니다." 커푸어의 말이다.

이제부터가 소름 끼치는 대목이다. 커푸어는 프레드의 노래를 "고대로 연습한 신참"이 프레드를 죽인 다음 그의 횃대를 차지함으로써 기존 수컷의 영역을 빼앗는다고 추정한다. 그 과정에서 자기가 목숨을 잃지 않는다면 말이다. 이것은 여전히 가설일 뿐이고 아직 직접 관찰된 바는 아니지만, 커푸어는 새들이 날카로운 부리 끝으로 서로를 찌르며 일주일 이상 잔인하게 싸우는 장면을 목격해왔다. 만약 어린 흉내꾼이 성공한다면, "레크의 다른 새들은 그 새를 그 지역 주민인 진짜 프레드로 대하고, 그 영역에 대한 정당한 주인으로 인정할 겁니다." 커푸어의 말이다. "모두를 감쪽같이 속일 만큼 충분히 연습했기 때문에 다른 영역의 주인들은 차이를 알지 못할 거예요."

금조가 이익을 위해서 다른 종을 속인다는 증거는 없지만, 작은은둔벌새처럼 적어도 동종은 속이는 것 같다. 달지엘과 그녀의 동료인 저스틴 웰버건은 최근 한 쌍의 금조가 교미하는 장면을 보다가 깜짝 놀랄 사실을 발견했다. 한 번은 직접 목격했고 다른 한 번은 영상에 포착되었다.

"수컷 금조의 모창이 다 똑같지는 않습니다." 달지엘이 말한다. "공연이 이루어지는 동안에 각각 다른 구절과 기능이 있어요." 여기에는 사기성이 농후한 것으로 밝혀진 피날레가 있다.

"정말 냉혹하죠." 그녀가 말한다. "번식 시기에 수컷 금조가 수행하는 모창의 대부분은 횃대에서 일어나요. 그저 앉아서 노래하기 때문에 리사이틀 곡이라고도 부릅니다." 이 노래는 둔덕에서의 노래와 춤 공연으로 완성된다.

그러나 이 구애 과정의 마지막에 수컷들은 때로 이상한 행동을 한다. 암컷이 둔덕에 웅크리고 있는 동안 수컷이 갑자기 모창을 경계음 모사로 바꾸는 것이다. "그것도 그냥 단순한 경계음이 아니에요." 달지엘이 말한다. "갈색가시부리솔새, 흰눈썹굴뚝새, 노란목굴뚝새, 동부노란울새, 동부채찍새처럼 주로 땅에서 활동하는 새들만 골라서 이들이 뱀, 고양이, 그밖의 포유류 포식자들로 인해서 육상에서 위협을 느꼈을 때 반응하는 경계음을 모방해요." 게다가 수컷 금조는 한 마리만 흉내 내는 것이 아니라, 갈색가시부리솔새가 그러듯이 많은 새들이 한꺼번에 경계음을 내는 듯한 소리를 낸다. "여러 요소들을 함께 동원해서 다수의 새가 일부는 가까이서 일부는 멀리서 경계 신호를 보내고 있다고 착각하게 만들죠." 그녀가 설명한다. "이 수컷이 흉내 내는 건 위협적인 뱀이 주위에 나타났을 때 발생하는 집단공격 신호의 라이브 합창 같은 거예요."

도대체 왜 수컷 금조가 한창 교미 중에, 또 실제 뱀이 나타나지도 않았는데 이렇게 하는 것일까?

달지엘과 웰버건의 가설은 이렇다. 교미 시간이 길어질수록 수컷이 수정에 성공할 가능성도 커진다. 그래서 수컷은 장인의 경지에 오른 모사 능력을 발휘하여 가짜 경보 합창으로 암컷에게 겁을 주어 "움직이지 못하게" 유도하거나 수컷의 둔덕을 떠나는 것을 주저하게 만든다는 것이다. 수컷 나방 중에도 비슷한 전략을 사용하는 사례가 있다. 나방의 천적인 박쥐가 내는 초음파 반향정위(反響定位, echolocation) 신호를 흉내 내서 교미 중에 암컷 나방이 꼼짝 못 하게 만들어 수정 가능성을 높인다. 새와 나방 모두 수컷이 "감각의 덫"으로 암컷을 붙잡는 셈이다. 경계음을 모방해서 상대가 일으킬 공포 반응을 이용하는 것이다. 암컷은 수컷의 사기 행각에 대응하는 전략을 진화시킬 수 없다. 집단 경계음을 무시한 결과는 치명적일 테니까. 이런 방식으로 수컷 금조는 자신의 모사 능력으로 암컷을 착각하게 만들고 생물학적 반응을 유도해서 그가 일을 끝내는 동안 암컷이 겁에 질린 채 그저 웅크리고 있게 한다.

"우리가 새들의 모방은 신체적 건강과 정신적 민첩성에 대한 정직한 신호라고 배워온 것과는 상당히 다른 이야기죠." 달지엘이 말한다. 또한 모든 명금류의 어머니라는 금조의 이미지와도 사뭇 다르다.

일하기

4

생계가 달린 냄새

몇 년 전에 나는 일본 홋카이도 북쪽 산림에서 배고픈 새 한 마리가 어둑해지는 숲에서 내려와 연구원들이 차려놓은 신선한 생선을 먹을 때까지 기다리느라 땅거미 지는 시간에 추위에 떨었던 적이 있다. 이윽고 고요한 숲에 보-보흐흐흐 하며 웅장하게 울리는 수컷의 소리가 들렸고, 몇 초 뒤에 좀더 작은 소리로 보흐- 하는 암컷의 대답이 들렸다. 블래키스톤물고기잡이부엉이의 군더더기 없이 짧고 간단한 듀엣곡이다. 이 새는 지구상에서 몸집이 가장 큰 부엉이로 몸무게가 최대 4.5킬로그램에 키는 90센티미터에 가깝고 날개를 편 길이는 180센티미터—미국수리부엉이의 3배 정도 크기라고 생각하면 된다—이다. 이 새는 황혼의 사냥 고수이자 대단히 비밀스러운 종이다.

평소에 물고기잡이부엉이는 이렇게 다 차려놓은 밥상에 앉아서 식사할 일이 없다. 언제나 직접 잡아야 한다. 강둑에 몇 시간이고 끈기 있게 앉아서 사나운 황금색 눈으로 얼음 낀 물살을 지켜보다가 얕은 물 위로 떠오른 물고기의 등이나 지느러미가 보이면 발부터 뛰어든 다음 통조림 뚜껑도 딸 수 있는 날카로운 발톱으로 먹잇감을 낚아챈다. 가을이면 너무 무거워서 들고 가기도 버거운 연어를 사냥한다고 조너선 슬래트가 말했다. 그는 15년 동안 물고기잡이부엉이를 연구했고 야생동물 보호협회에서 연구 프로젝트를 관리한다. 버둥대는 커다란 물고기를 물 밖으로 들어올리려고 씨름하는 부엉이가 목격된 적이 있는데, 강둑으로 시선을 돌려 나무뿌리를 찾더니 한쪽 발로 단단히 부여잡고 뿌리를 지렛대 삼아서 자신의 몸과 함께 단박에 물고기를 둑으로 끌어올렸다.

인간의 진리는 새들에게도 적용된다. 새들이 먹는 것이 그 새를 만든다. 건강한 식단은 곧 이성에게 매력적으로 보이는 아름답고 선명한 깃털이 되고, 노래 학습과 훌륭한 공연에 필요한 신경 배선이 되고, 먹이가 있는 곳을 찾기 위한 뛰어난 기억력이 된다. 참새목 새들이 자식에게 거미를 많이 먹이고—거미는 정상적인 뇌 성장과 발육에 필수적인 아미노산 타우린의 풍부한 공급원이다—블래키스톤물고기잡이부엉이가 둥지 속 새끼에게 물고기, 개구리, 가끔은 칠성장어까지 꾸준히 먹이는 것도 그 때문이다.

새들도 인간처럼 훌륭한 먹거리를 찾기 위해서라면 고생을 마다하지 않는다. 보이지 않는 먹이를 찾아서 땅을 파고 갑옷을 부수어 열고 독이 들었거나 맛없는 부분을 버리고 특별히 제작한 도구로 먹이를 은신처에서 꾀어내는 방법을 찾아냈다. 먹을 것이 있는 장소를 기억하고 먹잇감을 조종하며 심지어 새들에게는 없는 줄 알았던 감각을 동원하고 또 먹이를 감지하기 위해서 불가능할 정도로 많은 양의 공간 정보를 처리하는 법도 개발했다.

어떤 새들은 고난도 방식으로 먹이를 먹는다. 아프리카 남부에 서식하는 맹금류인 민발톱뱀수리가 그렇다. 그리스 신화의 반인반수 같은 이름을 가진 이 새는 하늘 높이 날다가 뱀이 눈에 들어오면 쏜살같이 내려와서 낚아챈 다음 몸부림치는 뱀을 발톱으로 꽉 붙잡고 함께 이륙해서는 날면서 뱀의 머리를 으스러뜨리거나 찢어서 통째로 삼킨다. 민발톱뱀수리의 사촌인 갈색뱀수리 역시 이에 뒤지지 않는 정교한 기술로 길이가 2.7

미터나 되는 검은맘바나 코브라 같은 독뱀을 잡아먹는다.

나는 요동치는 먹잇감을 사냥하는 뱀수리를 직접 본 적은 없지만, 왜가릿과의 큰청왜가리가 커다란 물뱀과 30분이 넘게 사투하는 장면은 한 번 보았다. 결국 왜가리가 이겼다.

슬래트의 동료 세르게이 수르마치가 블래키스톤물고기잡이부엉이의 둥지에 설치한 카메라에는 어미가 태평양칠성장어를 붙잡아 커다란 나무의 구멍 속 새끼들에게 가져다 먹이는 장면이 포착되었다. 영상에는 밤새 먹이를 달라고 **빽빽**거리며 둥지 가장자리를 배회하는 통통한 새끼의 모습이 보인다. 드디어 나타난 어미의 부리에는 약 60센티미터 길이의 살아 있는 칠성장어가 펄떡거린다. "새끼가 열심히 쫓아와서는 물고기를 입에 물고 갑니다." 슬래트가 말한다. 어미는 다시 날아가버린다. 영상의 다음 몇 분은 새끼 새가 몸부림치는 칠성장어와 씨름하는 장면이다. "칠성장어의 꼬리가 요동치면서 새끼의 얼굴을 사정없이 때리죠. 새끼는 장어를 조금씩 조금씩 입에 밀어넣어 질식시킵니다. 마침내 어린 부엉이가 먹이를 꿀꺽 삼켜요. 그러고는 한동안 얌전히 앉아 있습니다. 그러다가 어미가 살아 있는 칠성장어를 다시 들고 와서 둥지에 내려앉으면 새끼는 한 걸음 뒤로 조금 물러나 자리를 만듭니다."

바보때까치는 나중에 먹을 먹잇감을 잔가지나 철조망 가시에 꽂아놓는 것으로 유명하다. 이 새는 쥐나 개구리, 다른 새처럼 몸집이 큰 희생자들을 폭력배처럼 살해한다. 목격된 바에 따르면, 한 때까치는 홍관조를 뒤에서 공격한 다음 요란한 몸부림에도 아랑곳하지 않고 약 1분 정도 꼭 붙잡고 놓아주지 않았다. 그러고는 꽤나 버거운지 잠시 바닥에 질질 끌고 퍼덕대더니 이내 저공비행으로 데려가버렸다. 디에고 수스타이타와 동료들이 2018년에 "이리 와, 나와 트위스트 한번 춰야지?"라는 다소 섬뜩한 제목으로 발표한 논문에서는 바보때까치의 잔인한 공격이 더 상세히 묘사된다. 이 새들은 날카로운 부리로 희생자의 머리나 목을 반복해서 물어뜯은 다음, 목이 부러지고 척수가 손상될 때까지 목덜미를 물고 빠르게 흔든다. 길달리기새, 도마뱀, 뱀, 일부 포유류들이 이런 식으로 먹잇감을 잡고 흔들지만 "트위스트를 추는 것"은 때까치와 악어뿐이다.

먹이원이 풍부하지 않은 헝가리 북동부에서 서식하는 박새는 이 지역의 이슈탈로시-코이 동굴에서 동면하는 박쥐를 잡아먹는다. 박새는 동굴 안을 급습하여 10-15분 만에 박쥐를 입에 물고 나와서 근처 나무에 자리를 잡고 머리부터 먹는다. 박새처럼 작은 새가 이처럼 거칠게 사냥을 하고 또 과감하게 먹이의 종류를 바꿀 수 있다는 사실은 놀랍다. 하지만 필요는 발명의 어머니이다.

해부하는 법을 익혀 독이 든 먹잇감도 문제없이 먹는 새들이 있다. 언젠가 나는 브리즈번 교외에서 얼룩백정새가 수수두꺼비라는 독두꺼비를 먹는 모습을 본 적이 있다. 어떻게 먹었을 것 같은가. 이 신대륙 두꺼비는 1935년에 처음 오스트레일리아에 도입되어 케이프요크 반도에서 시드니까지, 그리고 서쪽으로 다윈 지역을 넘어 빠르게 번식하면서 이 양서류의 독성에 익숙하지 않은 포식자들을 죽음으로 몰고 갔다. 하지만 불과 몇십 년 만에 얼룩백정새를 비롯한 몇몇 영리한 종들(토레시안까마귀, 얼룩무늬쿠라웡, 오스트레일리아흰따오기)은 독이 든 부분—두꺼비 머리 뒤쪽의 분비샘과 피부—을 피해서 먹는 기술을 개발했다. 독만 아니라면 두꺼비는 꽤 괜찮은 먹잇감이기 때문이다. 얼룩백정새는 두꺼비를 뒤집어 배에서부터 안쪽으로 파들어가면서 먹는다. 따오기는 두꺼비의 다리만 먹고, 솔개는 혀만 먹는다.

뉴질랜드의 케아앵무는 100여 가지의 식물을 먹는데, 그중의 일부는 대단히 독성이 강해서 뿌리, 줄기, 잎, 씨앗에 모두 독이 있다. 케아앵무는 이 식물에서 유일하게 안전한 열매의 과육만 먹는 법을 익혔다.

오스트레일리아때까치박새는 가을검나방 애벌레를 먹기 전에 창자를 제거한다. 창자 안에는 애벌레의 주식인 유칼립투스에서 분비되는 독성 기름이 축적되어 있기 때문이다.

독수리들은 죽은 스컹크에서 향낭을 꺼내서 옆에 치워놓고 먹는다.

독수리! 사람들 사이에서 독수리는 때까치보다 더 엽기적인 새로 알려졌지만 이유는 다르다.

나는 호그 윌러라는 오래된 가축 경매장 근처의 철길 건너편 도로 아래쪽에 산다. 경매장이 있는 곳은 지대가 낮아서 비가 많이 내리면 돼지들이 뒹굴며 목욕을 할 수 있을 정도로 진흙투성이가 된다('뒹군다'는 뜻의 영어 단어가 "wallow"인데 현지 사람들은 '월라'라고 발음한다). 호그 윌러는 1940-1950년대에 전성기가 끝났고 내가 이곳으로 이사를 온 1990년대에는 가끔 가축 수레가 커다란 눈망울의 소들을 싣고 덜거덕거리며 지나가는 한산한 장소가 되었다. 하지만 길 건너편 경매장 건물 옥상에 어색하게 어깨를 웅크린 채 머리를 파묻고 있는 독수리 떼를 보면 이 장소가 언제 활기를 띠는지 알 수 있다. 오늘 이 새들은 마치 리처드 닉슨이 출두한 대법원처럼 경매장에서 가까운 곳을 차지하기 위해서 여전히 다투고 있다. 장의사의 기운을 물씬 풍기는 검은대머리수리와 칠면조독수리가 뒤섞여 음울한 광경을 연출하는데, 거기에는 역겹다고 알려진 행동이 한몫한다. 이 새들은 더운 날이면 자기 발에 소변을 보아서 열기를 식히고 공격을 받으면 상대를 향해서 위 속의 내용물을 모조리 토해낸다. 그리고 무엇보다 저 못난 민머리를 피투성이가 된 사체 깊숙이 파묻고 연한 조직, 눈, 입, 항문을 정신없이 먹는다. 내가 가까이 가도 가만히 있다가 마지못해서 날개를 천천히 펄럭이며 옆 지붕 위에 무겁게 내려앉는다.

보통 독수리하면 떠오르는 것은 썩은 고기를 노리는 어둠의 약탈자,

질병 전파원, 쓰레기더미 감정가, 악취 나는 로드킬, 사체의 뼈, 고기, 피부 등이다. 그것이 내가 자라면서 배운 것들이다. 1835년에 찰스 다윈이 비글 호의 갑판에서 서서 칠면조독수리를 처음 보았을 때에 받은 인상도 마찬가지였다. 다윈은 이 새를 "구역질 나는 새"라고 불렀고, 이 새의 벗어진 머리는 "썩은 것들 속에서 뒹굴기 위해서 만들어졌다"라고 했다.

그러나 이제 우리 대부분이 알고 있듯이, 칠면조독수리의 나쁜 평판은 몹시 억울한 부분이 있다. 사실 저 꾸밈없는 민머리는 피 범벅이 된 물질들이 잘 달라붙지 않으므로 대단히 위생적이다. 그리고 독수리들이 푹 썩은 것을 특별히 더 좋아한다는 말은 거짓이다. 실제로 독수리들은 신선한 고기를 더 좋아한다. 이 새는 죽은 생물을 빠르고 능숙하게 치우고 재활용함으로써 환경에 필수적이면서도 대단히 과소평가된 역할을 수행해왔다.

독수리들은 자연계의 환경미화원이다. 이들은 무리를 지어 대단히 빠른 속도로 먹기 때문에—새 한 마리가 1분에 1킬로그램의 살덩어리를 먹어치운다—죽은 동물을 신속히 처리할 수 있다. 독수리의 장은 콜레라나 탄저병 같은 질병의 병인을 파괴할 만큼 산도가 높아서 감염된 사체로부터 오염이 확산될 위험은 거의 없다. 쥐나 개, 코요테처럼 보다 느긋하게 포유류의 사체를 즐기는 다른 동물들의 경우는 그렇지 못하다.

인도와 파키스탄에서 사람들은 독수리가 사라지면 어떤 일이 일어나는지를 뼈아픈 경험으로 깨달았다. 10여 년 전, 이 지역에서는 죽은 가축의 살덩어리에 남아 있던 관절염약 성분 때문에 구대륙 독수리들이 집단 폐사하면서 광견병이 창궐했다. 청소동물의 자리를 개들이 차지하면서 개체수가 늘고 치명적인 질병이 함께 확산된 것이다.

칠면조독수리가 땅에서 걷는 모습은 어설프기 짝이 없지만 비행 중에는 한없이 고고하고 아름답다. 흰머리수리처럼 몸집이 크고, 끝이 올라간 날개와 날개깃은 밑에서 보면 은빛에 가깝다. 이 새는 바람이 없는 곳에서도 상승하는 열기와 상승기류를 타고 비행하는 전문가들로, 나선형을 그리며 엄청난 높이까지 빠르게 올라간 다음 날개를 양쪽으로 조금씩 기울일 뿐 공중에서 정지한 것처럼 보이는 상태로 죽은 동물을 찾는다.

과거에 사람들은 높은 곳에서의 선회비행을 칠면조독수리가 눈으로 먹이를 찾는다는 명백한 증거로 보았다. 곧 우리는 이것이 얼마나 잘못된 생각이었는지를 살펴보겠지만, 당시에는 합리적인 가정이었다. 칠면조독수리가 아주 높은 곳에서 탐색하며 시각으로만 먹이를 찾는다고 선언하고, 더 나아가 자신이 그것을 검증했다고 말한 사람은 다름 아닌 19세기의 위대한 박물학자이자 화가인 존 제임스 오듀본이다.

실제로 오랫동안 새들은 "눈이 이끄는 날개"로 여겨졌다. 먹이를 찾는 것은 목숨을 이어가기 위한 본능과 시각적 탐색의 문제였다. 그 먹이가 날아다니는 곤충이든, 쏜살같이 도망치는 설치류든, 갓 죽은 로드킬 당한 동물이든, 맛 좋고 영양 만점인 열매, 견과류, 딸기류든 간에 말이다.

시각적 능력에 대한 인간의 이런 편견은 놀랍지 않다. 인간은 눈으로 기억하는 생물이다. 그리고 시각적 예리함의 측면에서 인간은 동물 중에서도 최상위권에 속한다. 새의 먹이 찾기에 관한 연구가 오랫동안 시각에 집중된 것도 이해할 만하다. 우리는 새들의 세계가 우리 자신의 세계처럼 빛과 색깔, 움직임, 설치류가 움찔대고 파리가 사체 위에서 빙빙 맴도는 세계라고 생각했다.

물론 시력이 뛰어난 새들도 있다. 인간의 시력이 아무리 좋다고 해도 인간보다 서너 배 더 멀리 볼 수 있는 쐐기꼬리수리에 비할 바가 되지 못한다. 이 수리의 망막에는 시각세포의 일종인 원뿔세포가 우리보다 더 촘촘히 층을 이루고 있어서 인간보다 시력이 훨씬 더 예민하고, 세세한 것이나 대조를 인지하는 능력이 뛰어나다. 쐐기꼬리수리의 눈은 중심와

(원뿔세포로 뒤덮인 오목한 부분)가 깊고 특별히 발달해서 마치 망원 렌즈처럼 시야의 중심부로부터 배율이 추가로 증가하므로 수십 미터 떨어진 곳에서도 들쥐의 움직임을 더 잘 포착할 수 있다.

새들은 색각(色覺)에서도 인간을 능가한다. 이들은 상상력을 초월하는 색을 본다. 인간의 망막에는 파랑, 초록, 빨강의 세 가지 색깔을 수용하는 원뿔세포가 있다. 새들은 추가로 자외선 파장에 민감한 네 번째 원뿔세포를 가지고 있다. 따라서 우리는 "3색형 색각"이지만 주행성 새들은 대부분 "4색형 색각"이다. 추가된 자외선 원뿔세포 덕분에 새들은 우리가 구분할 수 없는 색조를 구별해서 풀과 나뭇잎이 무성한 들판과 숲 바닥의 균일한 배경 속에 위장한 먹잇감들을 잘 포착하고, 두더지가 남긴 소변의 흔적처럼 우리에게는 보이지 않는 것까지 감지할 수 있다.

그러나 새는 그 이상이다. 새들은 인간의 뇌가 처리할 수 없는 엄청난 색 스펙트럼을 본다. 그것은 스펙트럼상에서 우리가 볼 수 없는 파장의 색깔을 추가로 보는 수준이 아니라고 프린스턴 대학교의 생태 및 진화생물학 조교수인 메리 캐스웰 스토더드가 말한다. 스토더드는 조류의 색각을 연구한다. "자외선은 새들이 인지하는 많은 색깔의 근간이 되는 부분입니다. 새는 완전히 다른 차원의 색깔을 경험합니다. 우리가 보는 모든 색에 다양한 양의 자외선이 섞여들어간 것이지요. 그래서 단순히 인간의 시각에 자외선의 보랏빛이 추가된 것으로 생각하면 안 됩니다. 색 경험의 완전한 재이미지화가 일어나거든요."

실제로 새들의 눈에 색이 어떻게 보이는지 알 방법은 없지만, 스토더드는 어떤 물체나 표면이 반사하는 빛의 파장을 분광광도계로 측정해서 그 색깔이 자외선을 반사하는지 반사하지 않는지는 알 수 있다. 그러면 그 수치를 조류학자인 리처드 프럼이 개발한 테트라컬러스페이스(TetraColorSpace)라는 컴퓨터 프로그램에 입력하여 새의 시각과 연관된 방식으로 추정할 수 있다.

스토더드가 가장 좋아하는 오색멧새를 예로 들어보자. 그녀는 가족을 만나러 플로리다에 갔다가 이 새와 사랑에 빠졌다. "오색멧새의 등은 화려하게 빛나는 초록색이에요." 스토더드가 말한다. "이 새의 초록색 등을 분광광도계로 측정하면 초록색 피크(peak)가 나오는데, 그것은 초록색 파장이 반사된다는 뜻이고 그게 바로 우리가 보는 색깔이죠. 하지만 동시에 우리 눈에는 보이지 않는 엄청난 자외선 피크가 나와요. 그러니까 새들에게 오색멧새의 등은 자외선 초록색으로 보이는데, 일반적인 초록색과는 다른, 우리가 짐작도 할 수 없는 완전히 다른 색깔이에요."

스토더드는 이것을 흑백 텔레비전과 컬러 텔레비전의 차이로 설명한다. "평생 흑백 텔레비전만 본 사람에게 컬러 텔레비전이 어떤지 설명하기는 어렵죠." 그녀의 말이다. "인간의 색각과 새의 색 경험과의 거리도 아마 비슷할 거예요. 양자적 도약이라고나 할까요."

2019년에 스웨덴 룬드 대학교의 생물학자 단-에릭 닐손과 동료 연구자들은 새가 주위 환경에서 보는 색을 재현하도록 제작된 카메라로 사진을 찍어 공개했다. 이 카메라는 특수 필터를 통해서 새들이 보는 전체적인 시각 스펙트럼을 시뮬레이션한다. 한 가지 큰 발견을 말하자면, 새들에게 열대 우림의 짙은 나뭇잎들은 우리가 보는 것처럼 균일하고 대개는 밋밋한 초록색 뭉치가 아닌, 개별 잎들이 크게 대조되는 구체적인 3차원 세계로 보인다. 나는 숲속의 초록색 담장 속에서 나뭇잎 하나하나를 구분하며 보려고 애써보았지만, 인간의 눈에 초록색은 대비가 두드러지지 않는다. 그래서 우림에서 초록고양이새를 찾는 일이 그렇게 어려운 것이다. 그러나 자외선은 잎의 앞면과 뒷면의 대비를 증폭시켜서 위치와 방향이 반영된 3차원 구조물로 도드라져 보이게 한다. 그래서 새들은 잎이 우거진 복잡스러운 환경에서도 쉽게 방향을 잡고 먹이를 찾는 것이다.

진실로 색, 아름다움, 현실은 모두 보는 이의 눈에 달렸다.

홋카이도의 블래키스톤물고기잡이부엉이는 얕은 개울에서 물고기가 일으키는 잔물결을 눈으로 보고 찾을지도 모르지만, 대부분의 부엉이들은 먹이를 찾을 때에 귀를 기울인다.

2018년에 나는 어느 조류관에서 "퍼시"라는 이름의 큰회색올빼미와 1시간 정도 함께 있었다. 이 새는 두더지와 그밖의 설치류들이 성긴 땅을 뚫고 굴을 파는 소리를 듣는데, 수십 미터 떨어진 곳의 60센티미터나 쌓인 눈 아래에서 움직이는 소리까지 포착한다. 스웨덴 스톡홀름의 스칸센 야외박물관의 사육사는 해동한 쥐 10여 마리가 담긴 그릇으로 퍼시를 유혹해서 내 팔까지 오게 했다. 이처럼 근엄한 새와 함께 있으니 야생이 아닌 동물원 조류관에서조차 나는 숨이 멎을 것 같았다. 큰 올빼미라는 이름답게 이 새는 키가 60센티미터, 날개를 편 길이가 150센티미터나 되는 거구이지만, 블래키스톤물고기잡이부엉이만큼 육중하지는 않다. 큰회색올빼미의 덩치는 대부분 깃털이 차지하고, 몸집에 비해서 벨벳처럼 부드럽고 조용히 비행한다. 머리가 아주 크고 얼굴은 넓적하고 평평하며 나를 향해서 마치 등대처럼 목을 돌려서 밝은 노란색 눈으로 강렬한 눈빛을 쏘았다. 올빼미류의 안면판(눈 주위의 깃털로 이루어진 원)은 귓바퀴 또는 접시형 안테나처럼 작용해서 올빼미의 거대하고 복잡한 귓구멍으로 소리를 인도한다. 올빼미의 귓구멍은 왼쪽이 오른쪽보다 더 위쪽에 있어서 비대칭인데, 그 덕분에 올빼미는 앉아서도 소리의 방향을 정확히 감지할 수 있다. 또한 원숭이올빼미처럼 완전한 어둠 속에서도 불과 1도 미만의 오차로 먹잇감의 위치를 찾을 수 있다. 사냥하는 올빼미는 머리를 이쪽저쪽 돌리며 열심히 귀를 기울인다. 그러다가 설치류가 바스락대는 소리를 감지하는 순간 머리부터 뛰어내려가서는 마지막 순간에 발을 턱 앞쪽으로 내밀며 먹잇감을 낚아챈다.

올빼미가 사냥하는 장소와 환경 조건을 고려하면 블래키스톤물고기잡이부엉이는 시각에, 큰회색올빼미는 청각에 의존하는 것이 합리적이라고 조너선 슬래트가 말한다. 큰회색올빼미는 눈덮인 고요한 평지에서 사냥한다. 물고기잡이부엉이는 얕고 물살이 빠르고 바위투성이인 좁은 강의 계곡에서 사냥한다. "이렇게 시끄러운 물길에서 사냥하는 새가 예민한 청각을 가졌다면 배겨낼 수 있을까요?" 슬래트가 말한다. "주위가 너무 시끄러워서 먹잇감의 소리를 걸러내는 일이 불가능하겠죠. 물고기잡이부엉이도 안면판이 있지만, 큰회색올빼미나 원숭이올빼미에 비하면 턱도 없죠. 큰회색올빼미는 고도로 발달한 청력 덕분에 100퍼센트 암흑 속에서도 소리만으로 물건을 잡을 수 있으니까요."

오랫동안 과학자들은 올빼미보다 작은 새들은 청력을 이용한 먹이 찾기에 적응하지 못했다고 생각했다. 머리가 너무 작아서 "소리의 그림자"를 충분히 만들지 못하기 때문이다. 이 새들은 양쪽 귀가 너무 가까이 붙어 있어서 올빼미처럼 소리의 위치를 찾는 데에 필요한 두 귀의 시간차를 거의 생성하지 못한다. 그러나 지난 수십 년의 연구는 이 생각이 틀렸다는 것을 입증하고 있다. 오스트레일리아까치는 풍뎅이 유충이 굴을 파면서 내는 희미한 긁는 소리만으로도 유충이 묻혀 있는 곳을 찾아낼 수 있다. 시야가 제한되는 경우에 아메리카붉은가슴울새는 소리로 지렁이를 찾는다. 이 새들이 밭이나 잔디밭에 있을 때에 잘 관찰해보라. 몇 발짝 뛰어간 다음, 황급히 달려들어 부리를 땅 깊숙이 밀어넣었다가 꺼내는데 족족 부리 끝에 지렁이가 딸려온다. 과학자들이 측정한 바로는 이 울새의 지렁이 포획률은 1시간에 20마리 정도쯤 된다. 단, 백색소음으로 모든 소리를 가리면 성공률은 0퍼센트에 가까워진다.

남아메리카 열대 지방의 기름쏙독새를 포함한 소수의 새들은 자기 소리를 이용해서 어둠 속을 돌아다닌다. 기름쏙독새는 1799년에 유럽 과학계에 처음 소개되었다. 프로이센의 박물학자 알렉산더 폰 훔볼트는 베네수엘라 동북부에서 현지 토착민을 쫓아서 "기름 광산"이라는 뜻의 카리페 동굴을 찾아갔다. 원정대는 작은 강을 따라서 동굴의 입구까지 갔다. 동굴의 어둠 속에서 쉰 소리의 귀청을 찢는 듯한 비명과 으르렁대는 소리, 그리고 기괴한 구역질 소리가 둥근 바위 지붕에 부딪혀 크게 울리고 깊숙이 메아리쳤다. 동굴 안에는 프랑스어로 "작은 악마"라는 뜻에서 '디아블로탱(diablotin)', 현지에서는 '울부짖고 탄식하는 자'라는 뜻에서 '과카로(guácharo)'라고 불리는 새 수천 마리가 있었다. 안내인이 횃불을 들어올리자 이 무시무시한 소리의 원천이 모습을 드러냈다. 머리 위로 15-18미터 높이에 깔때기 모양의 둥지 수천 개가 있었다. 사람들이 어둠 속에서 위를 향해 총을 쏘아 떨어뜨린 두 마리를 나중에 조사한 훔볼트는 이렇게 썼다. "과카로는 크기가 닭만 하고, 쏙독새의 부리와 독수리의 걸음걸이를 가졌으며 굽은 부리 주위에는 광택이 있는 뻣뻣한 털이 있다."

기름쏙독새는 기름쏙독새속의 유일한 종이다. 기름쏙독새라는 일반명은 둥지를 떠나기 전에 몸무게가 어미의 1.5배나 늘어 포동포동해지는 어린 새에게서 유래했다. 기름쏙독새의 기름은 투명하고 냄새가 없다고 훔볼트는 썼다. "그리고 순도가 높아서 1년 동안 보관해도 썩지 않는다." 토착민들은 그 새를 수백 년 전부터 알았고 새의 지방만 따로 모아 음식의 맛을 내고 횃불의 연료로 썼다. 그러나 동굴 앞쪽에 있는 새들만 잡아다가 썼기 때문에 개체군은 계속 유지되었다.

기름쏙독새는 열매를 먹는 새들 가운데 세계에서 유일하게 야행성이다. 수천 마리로 이루어진 거대한 무리가 낮에는 동굴의 어둠 속에서 쉬거나 소리를 지르고, 밤이면 조용히 길을 나서 가까운 숲을 돌면서 야자나무나 월계수의 열매를 찾아먹는다. 열매는 통째로 삼켰다가 씨앗만 역류해서 뱉어낸다.

햇빛이 들지 않는 깊은 동굴에 살면서 평생 달빛보다 밝은 빛을 경험해본 적이 없는 삶을 상상해보라. 기름쏙독새는 암흑의 세상과 타협하는 도구를 발달시켰다. 기름쏙독새의 부리 주위에는 길고 특별한 강모(剛毛)가 발달했는데, 이 털을 촉각기관처럼 사용해서 열매와 기타 필수품을 탐색한다. 또한 기름쏙독새의 눈은 어떤 척추동물보다도 빛에 민감하다. 망막의 막대세포가 1제곱밀리미터당 약 100만 개로 조밀하게 분포되어 희미한 달빛 아래에서 먹이를 찾는 동안에도 앞을 볼 수 있다. 그러나 이 새들이 쉬고 둥지를 트는 동굴 속 완벽한 어둠 속에서 생활하려면, 단순한 촉각이나 시각을 초월하는 방향잡이가 있어야 한다.

오늘날에는 일부 동물이 주위의 물체를 감지하기 위해서 자신이 직접 낸 소리의 반사음을 사용한다는 사실을 당연하게 생각한다. 그러나 도널드 그리핀과 동료 학생인 로버트 걸램보스가 1940년대에 이 개념을 처음 학회에 제안했을 때, 그들은 실제로 무대에서 웃음거리가 되었다. 후일 그리핀이 쓴 바에 따르면, 한 저명한 생리학자는 박쥐에 대한 이들의 발표에 너무 충격을 받은 나머지, 로버트의 어깨를 붙잡고 흔들면서 "진짜 그렇게 생각하는 건 아니지!"라고 다그쳤다고 한다.

그리핀이 주창한 반향정위의 개념을 과학자들이 완전히 받아들이기까지는 몇 년이 걸렸다. 수십 년이 지나서 야행성 기름쏙독새에 대한 보고에 흥미를 느낀 그리핀이 이 이상한 새를 테스트하면서 놀라운 사실을 밝혔다. 새의 귀를 틀어막은 다음 암실에 풀어놓으면 벽에 이리저리 부딪혔지만, 신기하게도 귀마개를 빼면 쉽게 피해다닌 것이다.

주파수가 너무 높아서 우리에게는 들리지 않는 초음파를 발사하는 박쥐와 달리, 기름쏙독새는 사람의 귀에도 들리는 딸깍 소리를 낸다. 이 소리가 물체에 부딪혀 튕겨나오는 반사음이 어둠 속 환경의 청각 지도를 제공한다. 기름쏙독새는 명관의 성대 주름을 1초에 5번씩 열었다 닫았다 하면서 클릭 음을 내는데, 이들이 비행 때 1초에 5번 날개를 퍼덕이는 속도에 아주 가깝다. 덴마크의 생물학자 시그네 브링클뢰브는 기름쏙독새가 동굴을 드나들면서 클릭 음을 내고, 전반적인 조도에 따라서 음의 횟수를 조정하는 것을 확인했다. 브링클뢰브는 "달빛이 약할 때에는 클릭 음을 길게 보내 에너지가 더 큰 신호를 발생함으로써 같은 거리에서도 더 큰 반사음을 얻을 수 있다. 빛 조건이 좋지 않을 때는 이런 식으로 반향 정위의 가청 범위를 넓힐 수 있다"라는 가설을 세웠다.

기름쏙독새는 촉각에 민감한 수염, 빛에 민감한 눈, 반향정위를 하는 능력을 갖추었을 뿐만 아니라, 후각기관의 크기도 크다. 이는 기름쏙독새가 먹이를 찾는 데에 냄새가 중요한 역할을 할 가능성을 제시한다.

새들은 보아서, 들어서, 심지어 반향정위를 사용해서 먹이를 찾는다. 그렇다면 냄새는 어떨까? 20세기 중반까지도 사람들은 새들이 냄새를 거의 맡지 못한다고 생각했고 따라서 코로 먹이를 찾을 수 없다고 보았다. 심지어 칠면조독수리나 기름쏙독새를 해부하여, 후각 망울(olfactory bulb, 뇌에서 냄새를 처리하는 부분)의 크기가 매우 크다는 것이 밝혀졌음에도 불구하고, 실제로 후각 망울이 새들에게 냄새를 감지하는 능력을 주었는지를 두고 회의적인 시선이 많았다. 모순된 관찰과 연구—그중에는 특히 실험의 설계에 문제가 있는 것들이 많았다—가 혼란을 일으키면서 새들은 후각 장비를 사용하지 않는다는 인상을 주었다.

바닷새가 광활하고 특징 없는 바다에서 냄새를 사용하여 먹잇감을 찾는다는 가설을 연구하겠다고 결정했을 때, 개브리엘 네빗은 과거 그리핀과 걸램보스가 불러일으켰던 것과 똑같은 회의론에 직면했다. 전부는 아니더라도 많은 과학자들이 새가 냄새를 맡는다는 발상을 터무니없다고 보았다. 네빗은 이 도그마가 여전히 만연하다고 말한다. "아무 조류학 교과서라도 한번 펼쳐보세요. 아마 새는 후각이 발달하지 않았다고 쓰여 있을 거예요." 현재 캘리포니아 대학교 데이비스의 감각생태 연구실을 이끄는 네빗은 그것이 전혀 사실이 아님을 입증할 25년치의 훌륭한 연구 결과를 가지고 있다.

네빗은 자신이 맞선 회의론의 책임을 존 제임스 오듀본에게 돌린다. 지금으로부터 약 200년 전, 이 조류 일러스트레이션계의 원로가 새의 후각 능력에 대한 의심의 씨앗을 뿌렸다. 1826년에 대중강연에서 오듀본은 칠면조독수리가 냄새로 먹이를 찾는다는 "뿌리 깊은 생각을 버려야 한다"라고 권고했다. 독수리가 코로 죽은 동물을 찾지 않는다는 주장을 뒷받침하기 위해서 오듀본은 자칭 "성실하게 실행된 일련의 실험"을 계획했다.

"흥미롭기 짝이 없죠." 네빗이 아이러니한 어조로 오듀본의 실험에 대해서 말했다.

첫 번째 실험에서 오듀본은 사슴 가죽에 풀을 채워넣고 열린 들판 한가운데에 마치 "죽어서 썩어가는 동물처럼" 다리를 위쪽으로 벌린 채 등을 대고 눕혀 놓았다. 물론 냄새는 나지 않았다. 아주 만족스럽게도 "독수리 한 마리가 꽤나 높은 곳을 날고 있다가 사슴을 발견하고는 곧장 날아와서 몇 미터 안쪽에 내려앉았다." 오듀본이 말했다. "그러더니 사슴의 얼굴로 가서는 점토를 공 모양으로 빚어 넣은 가짜 눈을 한 번씩 쪼았다." 이 시연을 통해서 오듀본은 새의 시력이 후각을 능가한다고 결론지었다.

두 번째 실험에서 오듀본은 죽은 돼지를 산골짜기로 끌고 가서는 그 위를 브라이어 줄기와 수숫대로 보이지 않게 덮어놓고 7월의 열기 속에 이틀 동안 썩게 두었다. "사체가 금세 썩어 악취가 진동했다"라고 그는 썼다. 이번에 독수리들은 계곡 주위를 맴돌면서도 이 냄새 나는 사체 근처에는 오지 않았다. 그러나 이 "참을 수 없는" 고약한 냄새를 맡고 개들은 잔뜩 몰려들었다. 참을 수 없는 것은 독수리들도 마찬가지였을 것이다. 사실 독수리는 부패한 고기를 즐기지 않는다. 독수리들은 갓 죽은 신선한 고기를 선호한다. 오듀본의 실험은 칵테일 파티의 손님들에게 썩은 냄새가 진동하는 굴을 대접해놓고 사람들이 해산물을 좋아하지 않는다고 투덜대는 것과 똑같았다.

오듀본은 이 결과가 "확실한 결론을 내리기에 충분한" 것이라고 말했다. "이 새의 후각 능력은 철저히 과장되어왔다!"

이후에 오듀본의 선례를 따른 관찰자들은 칠면조독수리가 냄새 말고도 보이지 않는 먹이를 찾을 수 있는 다른 방법을 애써 생각해냈다. 예를 들면, 죽은 동물에 꼬인 파리를 보거나 그 소리를 들어서, 또는 썩은 고기를 먹는 생쥐나 땅다람쥐가 사체를 들락날락하는 모습이나 개가 예리한 코로 냄새를 맡는 행동을 관찰해서 찾는다는 것이다. 심지어 이들은 칠면조독수리의 후각 망울이 큰 이유가 활공에 필요한 기류의 방향과 상태를 감지하기 위해서라고 주장했다.

다행히 벳시 뱅이 등장해서 오듀본의 이론을 깔아뭉갰다. 1950년대 존스홉킨스 대학교에서 과학 일러스트레이터로 일했던 뱅은 수의사인 남편이 조류의 호흡기 질환을 주제로 집필 중이던 논문의 삽화를 맡아서 다양한 새들의 비강을 해부하고 스케치했다. 그리고 조류의 뇌에서 후각 구조를 총망라하는 책을 제작하여 후각 구조의 크기나 중요성이 특히 두드러지는 일부 종을 그림으로 나타냈다. 개브리엘 네빗은 이렇게 말했다. "신참 박물학자이자 탐조가였던 뱅은 깜짝 놀랐어요. '맙소사, 새들한테도 후각이 있었네!' 그리고 나서 문헌을 뒤져본 뒤 이렇게 말했죠. '세상에, 교과서에는 새들에게 후각이 없다고 나오잖아!'"

뱅은 이렇게 썼다. "후각기관이 발달한 새들이 있다고 해부학자들이 그렇게 자주 언급했는데도 대부분의 후각 연구는 비둘기처럼 애초에 후각이 변변치 않은 새들을 대상으로 진행되었고, 교과서에는 새들의 화학감각(chemical sense)이 최소화되었거나 아예 없다는 개념이 계속 이어지고 있었다."

뱅은 뇌와 말초 후각기관을 중심으로 다양한 새에서 인상적인 후각 능력을 입증하는 상세한 해부학적 증거를 찾아서 일련의 논문으로 발표했다. 뱅이 그린 삽화 중에는 칠면조독수리 후각기관의 거대한 비개골 구조가 있었는데, 비개골이 훨씬 작은 검은대머리수리와 크게 대조되었다. "벳시는 후각이 뛰어난 새들이 있다는 사실을 제시했을 뿐만 아니라, 근연관계에 있는 종들의 후각까지 비교했어요. 벳시는 이렇게 선언했습니다. '오듀본, 당신이 틀렸어요. 새들도 냄새를 맡을 수 있습니다.'"

10년 후, 조류학자 케네스 스태거는 뱅의 주장을 지지하면서 칠면조독수리가 실제로 죽은 고기의 냄새를 맡을 수 있고, 썩은 고기보다는 신선한 사체를 선호한다는 사실을 보여주었다. 한 실험에서 스태거는 갓 죽은 오소리의 거죽을 벗겨 신문지로 싸고 남가샛과 관목 한가운데에 숨겼다. 칠면조독수리 한 마리가 나타나서 처음에는 바람을 안고 주위를 맴돌더니 이내 반대로 바람을 타고 덤불 위로 낮게 날았다. "독수리는 주변을 잠시 살펴보더니 곧장 미끼를 향해서 걸어가 덤불 한가운데에서 신문지로 싼 죽은 동물을 꺼내 먹었다"라고 스태거는 썼다.

이것은 시작에 불과했다. 스태거는 칠면조독수리를 죽은 동물로 끌어들이는 냄새의 정체를 밝혔다. 그는 정유회사의 현장 기술자와 대화를 나누다가 이 사실을 우연히 알게 되었다. 기술자들은 칠면조독수리에게 개코같은 능력이 있다는 사실을 알게 되었고 이 새를 이용해서 천연가스 파이프에서 누수가 있는 지점을 찾았다. 또한 가스에 에틸메르캅탄을 넣으면 파이프 주변에서 선회하거나 그 주변에 내려앉는 칠면조독수리들의 밀집도에 따라서 누수 지점을 찾을 수 있다는 것도 알아냈다. 천연가스에 추가되는 유황은 가스가 샐 때에 인간의 코로도 감지할 수 있는데, 동물이 죽은 직후에 방출되는 물질과 성분이 같다는 것이 밝혀졌다. 스태거의 실험 덕분에 이제 칠면조독수리들이 냄새에 강하게 끌릴 뿐 아니라 냄새를 이용해서 울창한 숲속의 낙엽에 묻힌 죽은 두더지처럼 작은 목표물을 찾을 수 있다는 사실까지 알려지게 되었다.

칠면조독수리의 코가 그토록 초민감한 이유는 2017년에 과학자들이 뱅의 주장을 재검토하고 검은대머리독수리와 칠면조독수리의 뇌를 해부하고 비교하면서 밝혀졌다. 스미스소니언 협회의 조류학자인 게리 그레이브스는 테네시 주 내슈빌에서 미국 농무부 주관으로 검은대머리독수리와 칠면조독수리를 살처분한다는 소식을 듣고 갓 죽은 새들의 뇌를 구해다가 조사했다. 조사 결과, 칠면조독수리는 검은대머리독수리보다 후각 망울이 4배나 더 클 뿐 아니라 승모 세포(mitral cell)도 2배나 더 많았다. 승모 세포는 후각 수용기에서 받은 정보를 뇌로 전달하는 일을 전담하는 신경 세포인데, 수많은 냄새를 구분하고 냄새와 사물을 연결한다. 칠면조독수리는 승모 세포의 수가 토끼나 쥐보다 3배나 많기 때문에 썩어가는 살에서 공기 중으로 흩어지는 냄새 분자를 불과 몇 ppb의 농도에서도 감지할 수 있다.

그렇다면 이 새는 구체적으로 어떤 냄새를 맡는 것일까? 그것은 과학자들도 아직 확실히 알지 못한다. 에틸메르캅탄 같은 단일 분자일 수도 있고, 죽음의 냄새를 구성하는 수백 가지 휘발성 화학물질들이 뒤섞인 복잡한 혼합물일 수도 있다. 부패하는 생체 조직은 유형—근육, 피부, 지방—에 따라서 고유의 냄새를 방출한다. 우리가 아는 것은 이 새들이 공중에서 높이 활강하면서 사체에서 나오는 냄새 기둥을 추적한 다음 원을 그리며 기둥 아래로 내려가서 냄새의 근원을 찾는다는 것이다.

칠면조독수리는 조류계의 블러드하운드로서, 냄새만 맡고도 숲 아래의 먹잇감을 찾아내는 뛰어난 능력 덕분에 독수리들 중에서도 가장 성공한 종이 되었다. 전 세계적으로 약 1,800만 마리의 새들이 사체를 깨끗이 발라 먹는다. 하지만 후각이 예민한 것은 칠면조독수리만이 아니다.

생리학자 버니스 웬젤은 1960년대부터 다양한 새들에게 냄새를 맡는 코가 있는지 연구했다. "웬젤은 이 분야의 최고 전문가였죠." 네빗이 말했다. "당시 포유류 연구에 사용된 최첨단 기법을 빌려와 조류의 후각을 연구했어요. 새들의 코가 해부학적인 측면뿐 아니라 기능적인 측면에서도 발달했다는 것을 보여주려고 다양한 범위의 분류군을 시험했습니다. 웬젤의 연구는 벳시 뱅의 해부학 연구를 크게 보완했어요."

비둘기, 메추라기, 벌새, 울새, 심지어 멕시코양지니와 찌르레기까지 웬젤이 시험한 모든 새들이 냄새를 감지했다. 흰점찌르레기는 둥지에 필요한 식물을 냄새로 구분한다는 것이 밝혀졌다. 이 새는 서양톱풀처럼 휘발성 화합물이 풍부한 식물을 골라서 구멍 속 둥지에 깔아놓는다. 이처럼 향이 강한 식물은 둥지를 반복해서 사용하면서 증가한 기생충과 병원균으로부터 새끼를 보호하는 일종의 훈증제 역할을 한다. 흥미로운 사실은, 이 새들이 서양톱풀과 다른 새들의 냄새를 짝을 짓고 새끼를 키우는 특정 시기에만 구분할 수 있다는 것이다. 꿀길잡이새는 향기로 벌집을 찾고, 타이완의 맹금류인 벌매는 타이완 양봉가들이 벌에게 일종의 건강보조 식품으로 제공하는 영양 만점의 꽃가루 덩어리를 냄새로 추적한다. 뉴질랜드의 키위새는 부리의 아래쪽이 아닌 바깥쪽 끝에 콧구멍이 있는 유일한 새인데, 코로 냄새를 맡아서 땅속의 벌레, 무척추동물, 씨앗 등을 찾는다. 코뿔바다오리는 후각이 대단히 섬세해서 800킬로미터나 떨어진 거리에서도 오직 냄새만으로 무리를 찾아간다. 멕시코양지니는 냄새로 포식자를 감지한다. 심지어 오리도 후각기관이 잘 발달한 새이다. 사실상 모든 종의 새들이 후각을 이용해서 길을 찾고 둥지의 위치를 기억하고 구애 중에 화학 신호를 감지하고 짝을 고르고 포식자를 피하고 먹이를 찾는다. 그러나 개브리엘 네빗이 밝힌 것처럼, 냄새로 먹이를 찾는 능력에서 칠면조독수리의 아성에 도전하는 진정한 라이벌이 있다.

네빗은 냄새에 사로잡힌 사람이다. 나는 그녀를 2,000명의 조류학자들이 모인 캐나다 밴쿠버 학회에서 만났다. 학회에 참석한 많은 이들이 새들의 후각에 대해서 여전히 옛날 교과서적 믿음을 고수하고 있었다. 하지만 네빗이 단상에 올라가자 이들의 오래된 신념은 모두 무너졌다. 네빗은 시애틀의 워싱턴 대학교에서 연어 연구로 이 분야에 발을 들였다. 특히 네빗은 연어들이 먼바다에서 고향으로 돌아오는 능력, 즉 냄새를 추적해서 자신이 태어난 산란지로 돌아오는 능력에 초점을 두었다.

"조류학계의 동료들은 어려서부터 야생에서 새를 관찰하다가 이 분야에 들어선 것 같더라고요. 하지만 저는 사람이 길들인 새들의 **냄새가** 계기였어요." 그녀가 말한다. "엄마가 새를 아주 좋아하셔서 어릴 적부터 집에서 새를 많이 길렀죠. 앵무새랑 구관조도 있었고, 닭도 아주 많았어요. 집 안팎이 온통 새들이었죠." 네빗에게 새들의 감각과 행동을 가르쳐준 것은 책이 아니라 이 반려 새들이었다. "우리 집 앵무새는 자기가 먹는 토스트 종류에 아주 까다로워서 버터를 발랐는지 마가린을 발랐는지까지 구분했어요. 다른 여자애들이 인형을 끼고 다닐 때 저는 수탉을 데리고 다녔어요. 그래서 저는 이 닭의 볏에서 나는 달콤한 냄새, 목 주위의 삼빗 같은 깃털에서 나는 야자나무 냄새, 아니면 풀 냄새, 아니면 가끔은 유칼립투스 같은 냄새를 기억해요. 화학은 잘 몰랐지만 닭의 깃털이 주변 냄새를 몰고 다닌다고 생각했고 하루 종일 어디에서 놀다 왔는지 냄새만 맡아도 알 수 있었죠. 구관조한테서는 귓볼 부분만 빼면 먼지 냄새가 났어요. 입에서는 그날 뭘 먹었는지에 따라 과일 냄새도 나고 개 사료 냄새도 났어요. 다양한 반려새들과 친밀하게 지내면서 특별한 통찰을 얻게 되었죠."

요즘 네빗은 에뮤와 공작을 포함해서 여러 종의 새들을 기른다. "몇 년 전에 시골로 이사했어요. 에뮤를 기르고 싶은 것도 이유였지요." 네빗이 말했다. "저는 에뮤를 연구하고 싶었어요. 에뮤는 모든 새의 시작점이니까요." 에뮤는 조류의 진화계통수에서 가장 아래쪽에 있는 새이다. "에뮤의 후각 망울은 크고, 또 학교에는 에뮤를 키울 만한 곳이 없기도 하고요. 우리는 이 에뮤들을 어릴 때 데려왔는데, 원래는 연구 대상이었던 이 새가 아이러니하게도 가장 사랑받는 반려동물이 되었죠." 그 이후로 네빗은 칠면조, 공작, 그리고 다양한 닭들을 구해와서 키웠다. "우리 집에서는 거위들이 감시견이에요. 물론 후각도 뛰어나죠."

네빗이 연어에서 바닷새로 연구 주제를 바꾼 것은 당연한 수순이었다(바닷새는 바다 위에서 생활하다가 번식할 때에만 육지로 오는 습성 때문에 "하늘의 물고기"라고 불린다). 하지만 네빗은 신랄한 비판에 부딪혔다. "그렇게까지 심한 조롱의 대상이 될 줄은 몰랐어요." 그녀의 말이다. "사람들은 저한테 제정신이 아니라고 하더군요. 연구비를 받지 못할 거라고요." 그럼에도 네빗은 자신의 재능을 앨버트로스, 바다제비, 풀머갈매기, 슴새와 같은 바닷새들에게 집중해서 연구를 계속했다. 이 새들은 깃털에 퍼진 사향 냄새로 유명하다. 그리고 모두 관비(管鼻), 즉 두꺼운 위쪽 부리에 가늘고 긴 관 형태의 콧구멍이 있는데, 바닷물을 마신 후에 염분을 제거하는 데에 사용된다. 네빗이 발견한 것처럼 관비에는 또다른 필수적인 용도가 있다.

과학자들은 관비가 있는 바닷새들이 화려한 후각 장비를 가지고 있다는 것을 알았다. 버니스 웬젤의 실험과 같은 상세한 비교연구에 따르면, 바닷새의 뇌에서 후각 조직은 약 37퍼센트를 차지한다. 반면, 전형적인 명금류의 뇌에서는 약 3퍼센트에 불과하다. 게다가 어떤 바닷새들의 후각 망울에는 들쥐보다 2배, 생쥐보다 6배 많은 승모 세포가 있다.

그러나 네빗 이전에는 바닷새들이 어떻게 이 정교한 후각 장비를 사용하여 광활한 대양에서 먹이를 추적하는지 제대로 연구한 사람이 없었다. 이 새들은 소규모로 무리를 지어 이동하는 먹잇감, 크릴, 물고기들, 그리고 수면 위로 떠오르는 죽은 오징어들을 찾아서 장거리를 날아다니며—앨버트로스의 경우 먹이를 찾아서 길을 나서면 한 번에 수천 킬로미터씩 이동한다—바다를 누빈다. "많은 종들이 어둠 속에서 또는 안개와 구름이 짙게 깔려 시야가 제한된 상황에서 이동하는 것이 일상이에요." 네빗이 말한다. "이들의 생존은 매일같이 건초더미에서 바늘 찾는 일에 달렸어요."

그렇다면 이들은 어떻게 먹이를 찾을까?

이 새들은 냄새를 풍기는 화합물을 쫓는다. 특히 크릴이 식물성 플랑크톤을 집어삼킬 때에 발생하는 DMS(dimethyl sulfide, 다이메틸설파이드)라는 화학물질을 찾아다닌다. 지난 20년 동안 네빗은 극소량의 DMS도 감지하는 바닷새들의 놀라운 능력을 분석해왔다.

우리의 코에 DMS는 유황과 같은, 그리고 바닷가나 굴에서 나는 것과 같은 짠내가 난다. 바닷새들에게 그것은 밥 짓는 냄새이다. "새들은 먹이 자체의 냄새보다는 생물들이 먹고 먹히는 과정에서 발산되는 DMS 같은 냄새에 끌리는 경향이 있어요." 포식자들에 의해서 먹잇감이 초토화된 현장을 완곡하게 표현한 말이다. 다시 말해서, "포식자들은 지저분하게 밥을 먹는 경향이 있고, 따라서 관비가 있는 바닷새들은 누가 누구를 먹는지에 관심을 기울이도록 적응했습니다"라고 네빗은 설명한다.

DMS에 대한 민감성은 바닷새들이 왜 바다에 버려진 플라스틱 쓰레기들을 먹는지 설명한다. 플라스틱 쓰레기가 방출하는 화학물질 냄새가 쓰레기도 먹을 것으로 둔갑시키는 일종의 후각적 부비트랩을 형성하기 때문이다.

냄새로 먹이를 찾는 바닷새들이 냄새가 진해지는 쪽을 따라서 악취가 모이는 곳으로 움직인다고 생각하기 쉽다. 그러나 해양의 공기는 그렇게 질서정연하게 흐르지 않는다. 오히려 거친 파도처럼 격하게 일렁인다. 냄새 기둥은 담배 연기와 비슷한 형태로 대양의 수면 위를 표류한다. 냄새 기둥을 만나기 위해서 바닷새들은 바람을 거슬러 지그재그로 비행하는데, 이것은 사냥개, 물고기, 그밖에 후각으로 먹잇감을 추적하는 생물들이 전형적으로 사용하는 방법이다.

특히 바다제비가 이 전략에 능하다. 이들은 먼 거리에 있는 화학물질을 감지하고 바람의 흐름과 함께 앞뒤로 추적하면서 목표물에 도달할 때까지 지속해서 공기의 냄새를 쫓는다. 바다제비 자신은 족제비 같은 냄새를 풍기는데, 이 냄새로 어미나 짝을 찾는다. 조류학자 에드워드 하우 포부시는 이 새를 "아주 괴상하고 오싹한 새"라고 불렀다. 습성이 어찌나 특이한지 "아주 옛날부터 선원들 사이에서 이 새를 폭풍과 난파의 징조로 여기는 미신이 생겼을 정도이다." 바다제비는 후각이 주된 감각 경험일 수밖에 없는 어두운 굴에서 자라기 때문에 화학 신호에 더 잘 길들여졌다. 네빗은 굴에 둥지를 트는 바다제비의 새끼들이 둥지에 있을 때부터 먹이와 냄새를 연결할 줄 안다는 것을 밝혔다. 아기 새들은 DMS와 암모니아(해양 생물들의 소변에 들어 있는 부산물)를 아주 미세한 농도—과거에 새들에 대해서 보고된 냄새 민감도보다 100만 배 더 낮은 농도—에서도 감지할 수 있다. 흰허리바다제비 새끼들은 극소량의 냄새만 풍겨도 몸 주위로 머리를 넓게 호를 그리면서 냄새가 나는 쪽으로 기침 소리를 내고 빠르게 무는 동작을 한다.

네빗이 바다를 가로지르는 DMS 기둥의 지도를 처음 본 순간 알아챈 사실이 있다. 냄새 기둥은 해양 전선이나 해산(海山), 그밖의 다른 용승(湧 昇) 지대처럼 바닷새들이 즐겨 먹는 크릴과 함께 식물성 플랑크톤이 주로 모이는 해양 지형과 중첩되었다. 바닷새들에게 바다는 우리 눈에 보이듯 이 별 특징 없는 물이 아니다. 식물성 플랑크톤이 모인다고 예측되는 해 양 지형과 물리적 과정이 반영된 냄새 기둥이 회오리치는 정교한 경관이 다. "우리는 새들이 오랜 경험을 거쳐 이 후각 지도를 만들었다고 추정합 니다." 네빗이 말한다. "이 지도가 그들을 먹이가 있을 가능성이 있는 장 소로 안내하죠."

이것은 만화경을 돌려 새로운 세상을 보게 하는 소식이다. 깃털 달린 하운드인 바닷새가 사는 새로운 세상, 그리고 지구를 우리보다 훨씬 잘 조율된 생물들만 감지할 수 있는 보이지 않는 경관으로, 또한 바다 위 공기가 보이는 미묘하고 소용돌이치는 특징들이 가득한 세상으로 보게 하는 소식이다.

마지막으로 덧붙일 것이 있다. 우리는 삼색제비가 꿀벌 무리처럼 먹이 정 보 센터 역할을 해왔다는 것을 오래 전부터 알고 있었다. 새끼를 먹이려 고 먹이를 들고 둥지를 오가는 어미 새들의 뒤를 밟아서 먹이원까지 쫓 아가는 덜 성공한 이웃들이 있다. 이제 우리는 바닷새들 역시 먹이 장소 에 대한 정보를 공유한다는 사실을 안다. 특별히 먹이가 귀한 철이거나 먹이 장소를 예측할 수 없을 때에는 연회 장소에 대한 최신 정보를 주고 받는다. 물수리들은 근처 먹이 떼에서 붙잡은 물고기를 들고 있는 다른 물수리를 찾은 다음 그 방향으로 잽싸게 날아가는 전략을 사용해서, 자 기가 직접 먹이를 찾아야 하는 수고를 던다. 바다오리는 둥지 터에서 1킬로미터쯤 떨어진 바다 위에 앉아서 먹이 찾기에 성공한 어미 새가 물고기를 물고 둥지로 가는 것을 지켜본다. 과학자들은 이 관망 지역이 정보지대의 역할을 할지도 모른다고 말한다. 경험이 없는 새들은 종잡을 수 없고 끊임없이 이동하는 먹잇감의 정보를 이곳에서 얻는다.

그러나 입이 벌어질 정도로 놀라운 사례도 있다. 페루 해안을 따라서 무리를 지어 살아가는 과나이가마우지는 순식간에 나타났다가 사라지는 먹이의 방향을 나타내기 위해서 하루 종일 스스로 물 위에 뗏목을 이루고 앉아 있다. 물고기를 낚으러 군락을 떠난 모든 가마우지들은 이 뗏목에 합류한 다음 먹이가 있는 곳으로 안내받는다.

얼마나 놀라운가. 이 새들은 먹이를 찾기 위해서 실제로 살아 있는 나침반을 만든다.

5

불타는 도구

수천 킬로미터나 되는 광활한 바다가 아니더라도 먹이를 찾는 일은 힘든 노동이고 먹잇감은 늘 순식간에 사라지거나 사방에 흩어져 있다. 그 결과 새들은 신기한 비대칭 귀와 큰 후각 망울뿐 아니라, (인류의 가장 필수적인 장비를 포함한) 도구를 사용해서 구하기 어려운 먹이를 찾고 까다로운 문제를 해결하는 놀랍도록 영리한 전략을 개발해왔다.

전 세계의 왜가리들은 사냥감에게 미끼를 던지는 법을 습득했다. 이 새는 물고기를 꾀어내기 위해서 물 위에 나뭇잎이나 죽은 곤충을 살짝 올려놓는다. 공원에 사는 뿔호반새, 해오라기, 아메리카검은댕기해오라기는 사람들이 오리나 거위에게 주려고 던진 빵 조각이 물고기를 끌어모으는 데에도 효과적이라는 것을 알았다. 그래서 빵 쪼가리를 떼어 물 위에 슬쩍 올려놓은 다음 송사리들이 먹으러 오면 길고 날카로운 부리로 잽싸게 찔러서 낚는다.

어떤 새들은 단단한 껍질에 싸인 먹이를 포장도로에 떨어뜨려서 깨뜨린다. 갈매기는 조개를, 까마귀와 큰까마귀는 견과류를 이런 방식으로 먹는다. 아마도 가장 주목할 만한 것은 수염독수리일 것이다. 이 새는 칠면조독수리처럼 죽은 고기를 먹지만 살보다는 뼈를 더 즐긴다. 작은 뼈는 통째로 삼키고, 대퇴골이나 척골처럼 큰 뼈는 들고 하늘로 올라가서 수십 미터 높이에서 절벽의 바위에 떨어뜨린 다음 그 골수를 꺼내먹는다. 수염독수리가 특별히 자주 뼈를 떨어뜨리는 장소를 사람들은 납골당이라고 불렀다. 이 크고 사랑스러운 새가 그리스의 극작가 아이스킬로스의 벗겨진 머리를 바위로 착각해서 거북을 떨어뜨리는 바람에 그를 죽음으로 몰고 갔다는 안타까운 이야기가 전해진다.

뉴사우스웨일스 주의 개울둑을 따라서 먹이를 찾는 큰집진흙새는 진흙 속 10여 센티미터 아래에 묻혀 있는 홍합을 파낸 다음 잘 열리지 않는 것들은 빈 홍합 껍데기 같은 도구를 이용해서 여는데, 빈 껍데기의 뾰족한 쪽을 아래로 놓고 열릴 때까지 반복해서 내리친다. 하와이 북서쪽에서 사는 억센넓적다리도요가 날카로운 산호 조각을 집어다가 앨버트로스의 커다란 알을 내리쳐서 구멍을 뚫은 다음 긴 부리로 내용물을 빨아먹는 것이 목격되었다. 캔버라 식물원의 관리자들 중에는 오스트레일리아동고비가 나무에서 곤충의 유충을 꺼내먹으려고 작은 나뭇가지로 구멍을 뒤지는 것을 본 사람들이 있다. 갈색머리동고비도 대왕송에서 뜯어낸 나무껍질을 사용해서 느슨한 껍질을 들어올린 다음 그 밑에서 먹이를 찾아서 집어삼킨다. 어느 예리한 관찰자들은 텍사스 남부에서 잔가지를 이용하여 마른 관목의 껍질 틈에서 곤충을 꺼내는 점박이초록어치를 본 적도 있다.

심지어 몇몇 새들은 저만의 도구를 만들기도 하는데, 동물의 세계에서는 거의 드문 행동이다. 갈라파고스 섬의 딱따구리핀치는 다양한 길이의 선인장 가시를 골라다가 변형시켜서 구멍을 뚫고 부리가 닿지 않는 곳의 곤충을 빼낸다. 이 새는 자기가 가장 좋아하는 가시를 이 나무 저 나무 가지고 다니면서 먹잇감을 잡는 데에 사용한다. 실험실에서 흰이마유황앵무는 사악할 정도로 영리하게 도구를 발명하고 사용하지만 아직까지 야생에서는 그와 같은 모습이 관찰된 적은 없다(2017년에 흰이마유황앵무의 주요 활동무대인 인도네시아 타님바르 제도에 세워진 연구소에서는 색다른 결과가 나올지도 모른다). 야생에서는 멸종한 하와이까마귀 또한 구멍 속에서 능숙하게 도구를 조작한다. 막대기로 구멍을 뒤져서 먹이를 꺼내먹고 잘 맞지 않으면 막대기를 다듬기까지 한다. 과학자들은 이 새가 야생에서도 일상적으로 도구를 사용했을 것으로 추정한다.

새들의 세계에서 가장 유명한 도구 사용자는 『새들의 천재성』에서도 다룬 적 있는 뉴칼레도니아까마귀이다. 이 까마귀는 대단히 정교하게 도구를 만들고 또 보관한다. 뉴칼레도니아까마귀는 인간을 제외하고 고리가 달린 도구를 만들어 사용하는 유일한 동물로, 끝에 갈고리가 달린 작은 나뭇가지를 가지고 나무 구멍이나 식물의 틈바구니에서 유충이나 기타 무척추동물들을 꺼내먹는다. 또한 이 새는 판다누스 나무의 잎을 가지고 갈고리가 달린 아주 정교한 도구를 만든다. 판다누스 잎의 가장자리에는 작은 돌기가 있는데 이것이 유충의 몸에 잘 달라붙어 좁은 틈에서도 유충을 쉽게 꺼내게 해준다. 이 도구를 만들려면 여러 복잡한 단계들을 거쳐야 한다. 우선 나무에 달린 잎사귀를 다양한 방식으로 자르고 찢어서 완전한 형태를 갖춘 도구로 제작한 다음 나무에서 떼어낸다. 그 말은 처음부터 도구에 관한 이미지가 머릿속에 있는 상태에서 도구를 만들기 시작한다는 뜻이다.

2018년에 뉴칼레도니아까마귀는 새가 2개 또는 그 이상의 요소들을 결합해서 도구를 만들 수 있음을 보여주었다. 이는 지금까지 인간과 유인원에게서만 볼 수 있는 능력이었다. 이 실험을 위해서 연구자들은 뉴칼레도니아 야생에서 까마귀 8마리를 포획하여 옥스퍼드 대학교의 연구소로 데리고 왔다. 그리고 까마귀들에게 한번도 본 적 없는 퍼즐 상자를 주었다. 이 상자에는 바닥을 따라서 좁고 긴 열린 틈이 있는 문이 달렸고 그 뒤에는 먹이가 담긴 작은 그릇이 있었다. 먼저 까마귀에게 긴 막대기를 주었더니, 즉시 그 막대기를 틈에 집어넣고 옆쪽 창문으로 그릇을 밀어냈다. 다음에는 먹이에 닿지 않는 짧은 막대들을 주었는데, 막대마다 굵기가 다양하고 어떤 막대는 빨대처럼 속이 비어서 다른 막대를 끼워넣을 수 있었다. 그런데 훈련이나 지도를 전혀 받지 않은 상태에서도 5분 만에 8마리 중 4마리가 막대들을 결합해서 더 긴 막대기를 만들더니 문 틈에 넣고 먹이를 꺼냈다. 특히 한 마리는 3-4개를 결합해서 하나의 긴 도구로 만들었는데, 이는 인간이 아닌 동물이 2개 이상의 요소로 복합적인 도구를 제작한 최초의 증거였다. 이것은 실로 놀라운 성취이다. 인간의 아이들도 최소한 다섯 살이 될 때까지는 이처럼 여러 개의 부품들로 구성된 도구를 만들지 못한다.

도구를 제작하는 뉴칼레도니아까마귀의 능력은 새들의 지능의 한계에 대한 기존 가정을 계속해서 거스른다. 2019년에 과학자들은 이 새가 도구를 사용해서 문제를 풀 때, 마치 체스 선수처럼 몇 수 앞을 내다보고 계획한다는 것을 보여주었다. 실험에 따르면 까마귀들은 도구를 만드는 데에 필요한 단계적 행동을 계획하면서 당장 눈앞에 있지 않은 도구의 종류와 위치까지 염두에 두었다. 머릿속에서 시행착오를 거치는 이러한 "사전 계획"은 인간이 앞을 내다보는 능력, 즉 어떤 일을 실행하기 전에 머릿속으로 계획을 세우는 능력과 같다.

새가 도구를 사용한다는 것이 왜 중요한가? 그것은 동물의 세계에서 거의 일어나지 않는 예외적인 사건이기 때문이다. 그리고 조류학자 알렉산더 스쿠치가 말했듯이, "새들의 도구 사용을 의미심장하게 만드는 것은 바로 이 희귀성이다. 새들이 문제를 해결하고 일상적인 활동을 더 잘 수행하는 방법을 찾아낸다는 증거이다."

누군가는 인간이 불을 사용하여 음식을 익혀 먹으면서 비로소 진정한 인간이 되었다고 말한다. 그로 인해서 두뇌의 처리 능력이 3배나 증가했기 때문이다. 새들도 불을 사용해서 먹이를 찾는 그런 놀라운 일을 할 수 있을까?

나는 오클라호마에서 국제자연보호협회 토지 관리자들이 현존하는 가장 큰 대초원을 보존하고자 광활한 초원에 의도적으로 불을 놓는 것을 본 적이 있다. 헬리콥터를 타고 초원의 상공을 날면서 죽은 초목이 연료가 되고 강한 북동풍이 부채질하여 대초원이 빠르게 타들어가는 모습을 보았다. 공기는 온통 열기로 소용돌이쳤다. 나도솔새, 큰개기장, 인디언그래스 같은 대초원의 장초들은 봄에 발생하는 주기적인 들불과 함께 번성한다.

멀리서 연기 기둥을 발견한 매들은 불타는 초원으로 곧장 뛰어든다. 가히 볼 만한 광경이다. 황무지말똥가리와 붉은꼬리말똥가리는 가슴이 잘 발달한 맹금류이다. 이 사나운 사냥꾼들은 불길 위를 맴돌고 하늘로 솟구친 다음 들불 위를 낮게 덮쳐 연기와 화염 속에서 뛰쳐나오는 곤충들과 땅에 사는 작은 새, 뱀, 쥐, 두더지, 들쥐들을 낚아챈다. 연구자들이 대초원에서 발생한 25건의 화재 중에 관찰한 맹금류의 수를 모두 세었더니, 총 9종의 500마리 이상이었다. 평소에 보이는 것보다 7배나 많은 수였다.

오스트레일리아, 가나, 브라질, 파나마, 온두라스, 파푸아뉴기니 등 전 세계에서 맹금류들은 불이 난 곳에서 사냥하며 큰불을 피해서 도망가는 먹잇감들을 수월하게 잡아먹는다. 심지어 이런 행동을 부르는 연소성 육식(pyric carnivory)이라는 용어도 있다. 불은 동물들을 수풀 밖으로 나오게 하는 사냥감 몰이꾼 역할을 한다. 남아프리카 사바나에서 황조롱이와 자칼말똥가리는 들불 주위를 맴돌면서 불길에 다치거나 노출되거나 죽은 작은 포유류나 파충류를 먹이로 삼는다. 철새인 미시시피솔개가 이동하는 중에 텍사스 초원의 여름 들불 위로 끓어오르는 벌레 구름 위에서 잔치를 벌이는 모습도 목격되었다.

이미 타고 있는 불을 이용하는 것과 직접 불을 내는 것은 완전히 다른 문제이다. 그런데 오스트레일리아 북부에서는 적어도 3종의 맹금류가 불을 내는 것 같다. 통칭 불매(fire hawk)라고 불리는 솔개, 갈색매, 휘파람솔개는 불이 난 수풀 근처에서 사냥한다. 그러나 목격자들은 이 새들이 차원이 다른 행위를 하는 장면을 보았다. 한창 타오르는 불 속으로 들어가 타들어가는 막대기를 집어와서는 아직 타지 않은 덤불이나 풀 위에 떨어뜨려 불을 퍼트리는 것이다. 이는 숨어 있는 먹잇감을 밖으로 나오게 하려는 전략으로 보인다.

방화—불타는 막대기를 운반해서 불을 퍼트리는 것—는 먹이를 찾기 위한 꽤나 괜찮은 전략이다. 들불은 많은 맹금류들을 끌어들인다. 경쟁은 치열하고 도망치는 먹잇감은 모두에게 돌아갈 만큼 충분하지 않다. 이때 아직 불이 나지 않은 곳에 불을 내면 그곳에 첫 번째로 도착한 혜택을 누릴 것이다. 그러나 새가 정말 이런 목적으로 불을 낸 것이라면, 그것은 인간을 다른 동물과 구분하는 또다른 선을 넘은 실로 놀라운 행동이 아닐 수 없다. 불을 퍼뜨리는 것은 오랫동안 인간을 나머지 동물들과 구분 짓는 명백한 경계선으로 여겨졌다. 지리학자이자 민족 조류학(새와 인간의 관계를 연구하는 학문) 전문가인 마크 본타는 "불은 인간을 자연과 분리하고 우리를 월등한 존재로 만드는 신화 속으로 깊이 파고든다"라고 말했다. "불은 인간만이 휘두를 수 있는 신성한 선물이다."

오스트레일리아의 매들이 불을 퍼트린다는 것을 보여주는 영상이나 사진과 같은 명확히 기록된 시각적인 증거는 아직 없지만, 노던 준주, 웨스턴오스트레일리아 주, 퀸즐랜드 북부의 토착민들에게는 널리 알려진 사실이고 오랜 전통의 원주민들의 지식으로도 확인되었다. 30년 전에 오스트레일리아 조류학자이자 변호사인 밥 고스퍼드는 노던 준주로 이사하고 어느 날, 1960년대에 출간된 『나는 오스트레일리아 원주민(*I, the Aboriginal*)』이라는 책에서 와이풀다냐 필립 로버츠의 이야기를 읽고 호기심이 생겼다.

나는 매 한 마리가 서서히 타들어가는 나뭇가지 하나를 발톱으로 집어 800미터쯤 떨어진 마른 풀에 떨어뜨리는 것을 보았다. 그러더니 그을리고 겁에 질린 설치류와 파충류들이 정신없이 탈출할 때까지 기다렸다가 자기 짝과 함께 사냥했다. 그 지역이 다 타버리자 다른 곳에 가서 똑같이 되풀이했다. 우리는 매가 지른 이 불을 자룰란(Jarulan)이라고 부른다.

와이풀다냐의 이야기는 고스퍼드를 완전히 사로잡았다. 자신도 불 속에 있는 새들을 본 적이 있기 때문이다. 화염 안팎에서 솔개와 휘파람솔개가 덮치고 돌진하고 활공하고 날개를 퍼덕이며 상승기류를 일으켜 불길을 부추겼다. 노던 준주에서 불은 특히 건기가 끝날 무렵에 거세게 일어나서 빠르게 퍼진다. 스피니펙스류, 버펠 그래스, 개솔새류가 자라는 굽이치는 언덕이나, 때로 하층부에 스피어 그래스가 촘촘히 자라는 유칼립투스 숲은 엄청난 땔감이다. "아주 크고 오래 타는 불은 솔개 수천 마리를 끌어들인다"라고 고스퍼드가 말했다. "솔개와 휘파람솔개 모두 타들어가는 화두(火頭)의 밑바닥으로 곧장 날아가서 고온의 불에 수 센티미터까지 다가간다. 이 새들이 들불의 최전선에서 먹이를 찾으러 돌아다니는 모습은 불 아래쪽에서 서둘러 빠져나오는 작은 새, 곤충, 도마뱀, 뱀들과 이들을 사냥하려는 새들의 활기찬 추적이 어우러져 도저히 눈을 뗄 수 없는 광경을 연출한다."

2010년부터 고스퍼드는 마크 본타와 협력하여 오스트레일리아에서 새들이 정말로 불을 내는지 조사했다. 본타는 세계적으로 "불을 좋아하는 (pyrophilic)" 경관—불이 자주 일어나서 이에 적응한 열대 사바나와 기타 서식처—이 방대하게 형성된 이유에 관심이 있었다. 번개만으로는 이 경관들을 설명하기에 충분하지 않다. 지리학자를 비롯한 많은 학자들은 불에 적응된 경관을 만들고 유지한 것이 인간이라는 생각을 오랫동안 옹호해왔다. 그런데 혹시 새들도 이러한 경관의 진화에 일조한 것은 아닐까?

소방관 네이선 퍼거슨과 박물학자 딕 유슨의 도움으로 고스퍼드와 본타는 새들, 특히 솔개와 갈색매가 불에 타는 나뭇가지를 가지고 불을 내는 모습을 본 사람들의 목격담을 조사하기 시작했다. 들불이 흔한 관목지대에 사는 토착민들과 비토착민 소방관 및 공원 경비원들로부터 많은 이야기들이 쏟아졌다. 고스퍼드는 최전방에서 오랫동안 들불을 겪어온 10여 명의 농장주와 소방관들로부터 새들의 행동에 관한 20건의 제보를 수집했다.

노던 준주에서 수십 년간 불과 싸워온 퍼거슨은 새들에 의해서 불이 번지는 것을 수십 번 목격했다고 말했다. 2018년 고스퍼드와 본타와의 인터뷰에서 그는 맨 처음 이 행동을 보았던 2001년을 떠올렸다. 퍼거슨은 노던 준주의 주도인 다윈 시 외곽에 있는 전파 송신소로 번지던 불을 저지하던 중이었다. 소방관들이 맞불 진화에 성공해서 해당 지역과 주변의 안전을 확보하고 불길을 잡았다고 마음을 놓던 참이었다.

"솔개들이 정말 많았어요." 퍼거슨이 말했다. "그러다가 새들이 갑자기 땅을 덮쳤는데 정신을 차리고 보니 우리 뒤쪽에서 다시 불이 시작되더군요.……불이 나기 좋은 날씨였어요." 그가 말했다. "날은 덥고 바람도 불고 습도가 낮아서 아주 건조했거든요. 그래서 불이 로켓처럼 치솟았죠."

퍼거슨은 불이 시작된 장면을 두 눈으로 직접 보았다. 한 새가 불에 타지 않은 구역 위로 불타는 커다란 나뭇가지를 떨어뜨렸다. 그러자 눈앞에서 새로운 불길이 타올랐다. 그는 믿을 수 없다는 듯이 바라보았다. "새들이 훨훨 타오르는 불 속으로 들어가 타고 있는 물체를 집어드는 일은 있을 수 없다고 생각했어요." 하지만 그후로도 퍼거슨은 건기가 끝날 무렵 극도로 건조한 날씨 때문에 화재의 위험이 심각한 시기에 새들이 불을 지르는 장면을 여러 차례 보았다.

웨스턴오스트레일리아 주의 어느 강 서쪽 제방에서 대규모 축사를 운영하는 한 관리인도 자신이 직접 목격한 들불에 관해서 진술했다. 어느 오후, 강 건너편 동쪽 제방에서 발생한 제법 큰 불이었는데, 강한 편동풍이 축사를 향해서 맞은편 쪽으로 불어오고 있었다. 그는 강을 건너오는 불씨를 찾아다니며 작은 불을 끄고 있었다. "강 건너 동쪽 제방이 불에 타고 있는데, 솔개 몇 마리가 불이 난 곳으로 급강하하더니 타들어가는 작은 막대기를 집어들고는 강을 건너 제가 있는 쪽으로 날아와 강둑을 따라서 버펠 그래스 위에 떨어뜨리기 시작했습니다." 곧 그가 있던 강의 서편에 수많은 작은 불이 일어나기 시작했고 이내 걷잡을 수 없이 세차게 타올랐다. "불길이 번지기 시작하자……(수백 마리의) 솔개들이 먹잇감을 쫓아서 아주 신나게 돌아다녔어요."

들불 속에서 먹이를 찾는 오스트레일리아의 새들이 모두 불을 낼 줄 아는 것은 아니다. 딕 유슨은 고속도로 반대편으로 불씨가 넘어가지 못하게 진화 작업을 하던 중에 휘파람솔개 25마리가 꺼져가는 불가에서 먹이를 찾는 모습을 보았다. 그중 2마리만이 연기 나는 나뭇가지를 집어들고 고속도로를 가로질러 불이 나지 않은 반대편에 떨어뜨렸다. 유슨은 그 2마리가 총 7건의 방화를 했다고 말했다. 본타는 그런 행동이 특정한 조건에서만 일어나며, "그 방법을 아는 것은 특정 개체나 집단에 제한된 것 같다"라고 말했다.

회의론자들은 불을 내는 행위가 우발적으로 일어난 것이라고 일축한다. 새들이 먹이를 낚아채는 도중에 불붙은 막대기가 우연히 딸려왔다는 것이 더 그럴듯하지 않은가?

그러나 실제 목격한 사람들은 이 말에 완강히 반대한다. 솔개는 불에 타고 있는 막대기를 일부러 골라서 불이 붙지 않은 지역—강이나 도로 또는 소방관들이 인위적으로 만들어놓은 방화선의 반대편—으로 옮겼다. "이 새들은 상황을 잘 파악하고 있습니다." 퍼거슨이 말했다. "그리고 대단히 전략적이에요. 분명 의도적인 행동입니다."

일부 습관적 반대론자들은 세계 어디에도 맹금류가 의도적으로 불을 퍼뜨린다는 내용이 정식으로 보고, 기록된 적은 없다고 지적한다. 그러나 고스퍼드는 사람들이 이 행동을 미처 눈치채지 못했을지도 모른다고 말한다. 적어도 현지 사람들에게는 사실을 물어보고 확인했어야 하지만 그렇게 하지 않았다. 어쩌면 오스트레일리아에 서식하는 매들만 이 기술을 습득했고 사회 학습을 통해서 전파했는지도 모른다.

연구에 따르면, 새들은 한 군집 안에서 먹이를 찾는 새로운 전략을 터득한 뒤에 사회망을 통하여 전파시켜 일상적인 행동으로 자리 잡게 한다. 이런 문화적 학습의 대표적인 예는 1920년대 영국제도에서 처음으로 주목을 받았다. 문제해결 능력이 뛰어나다고 알려진 박새 한 무리가 현관에 배달된 우유병의 포일 뚜껑을 벗기면 상층부의 맛 좋은 크림을 배불리 먹을 수 있다는 사실을 발견했다. 이 방법은 스웨이들링이라는 마을에 사는 박새들로부터 시작되어 주변 지역으로 급속히 확산되었고, 이내 영국 전역에서 박새들이 현관에 놓인 우유에서 크림을 훔쳐먹었다.

2014년과 2015년에 크림 시나리오를 기발하게 재현한 실험 덕분에 새들 사이에서 새로운 행동이 문화적으로 확산된다는 사실이 입증되었다. 인지생태학자인 루시 애플린은 두 무리의 야생 박새 개체군을 대상으로 각각 소수의 "시범 조교"를 길들여 두 개체군이 각기 다른 방식으로 먹이 상자의 퍼즐을 풀게 했다. 이후 야생에서의 시험을 통해서 대다수의 새들이 자기 무리의 조교에게서 배운 대로 퍼즐을 푼다는 것이 발견되었다.

아르헨티나의 발데스 반도에 서식하는 남방큰재갈매기는 오직 이 개체군에서만 널리 퍼진 혁신적인 방법으로 먹이를 찾았다. 1970년대에 갈매기들은 휴식 중인 남방참고래의 등에서 피부와 지방을 쪼아먹기 시작했다. 고래들은 끔찍했겠지만 갈매기들에게는 분명 중요한 먹이원이었을 것이다. 이후 30년에 걸친 항공 사진을 보면 갈매기들의 공격이 눈에 띄게 증가한다. 공격 흔적이 있는 고래가 2퍼센트에서 99퍼센트까지 증가했는데, 이것은 갈매기들이 이 행동을 배우고 갈매기 개체군 전체에 전파한 것임을 보여준다.

다른 개체를 보고 배우면 직접 시행착오를 거치며 학습할 때에 드는 시간과 노력을 투자하지 않고도 신뢰할 수 있는 먹이 정보를 빠르게 얻을 수 있다.

본타는 카라카라새가 플로리다, 텍사스, 니카라과에서 산불 확산에 관여했다는 오랜 이야기를 들어서 알고 있었다. 만약 이 이야기가 사실이라면, 그 역시 학습된 행동일 테지만 수 세대에 걸쳐 잊혔을 것이다. "터득한—그리고 아마도 가르쳐진—행동으로서 불을 지르는 행위는 개체군 안에서 쉽게 없어질 수 있어요." 본타의 말이다. 또한 그는 야생에서 새들이 도구를 사용하는 사례를 검증하는 데에는 아주 오랜 시간이 걸린다고 지적하면서, 불을 지르는 것처럼 드문 행동을 목격하고 이해하기 위해서는 불을 이용하는 육식성 조류 집단을 따라서 오랫동안 험한 지형을 헤매고 다녀야 한다고 말했다. "제인 구달과 다이앤 포시도 유인원 사회에 관한 혁명적인 지식을 일깨우고 과거에 알려지지 않은 행동들을 발견하기까지 아주 오랜 시간 자신들의 연구 대상과 함께 살았습니다." 본타는 이렇게 덧붙였다. "과학계에서 인정하는 도구 사용의 많은 행동 사례들은 영상에 포착되지 않았어요. 단지 자격 있는 관찰자가 기록했다가 발표한 것입니다."

조류학계와 산불생태학계의 일부 회의론자들이 생각을 바꾸고 있지만 많은 과학자들은 아직 확신하지 못하고 있다. "우리는 '오직 인간만 불을 사용할 수 있다'는 뿌리 깊은 서구식 사고방식과 맞섭니다." 본타의 말이다. "이런 편견 때문에 오스트레일리아 토착민족이 한 지역에 4만 년 이상 거주하면서 쌓아온 지식이 진지하게 받아들여지지 않고 있어요. 하지만 노던 준주, 그리고 아마도 오스트레일리아 북부의 어느 지역을 가도 현지인들은 새들이 불을 퍼뜨리는 건 사실이라고 주장할 겁니다."

고스퍼드와 본타는 현재 새들이 불을 확산시키는 행동과 환경 조건의 상관관계를 조사하고 있다. 이들은 새들에 의한 불의 확산이 화재가 드문 우기에 더 자주 일어난다고 주장한다. 그렇다면 이 새들은 최근 오스트레일리아에서 증가하는 산불의 빈도나 강도에는 큰 영향을 주지 않는다고 볼 수 있다. "만약 풀이 두꺼워 불이 잘 붙지 않고, 산불이 드물거나 규모가 작으면 새들이 직접 새로운 불을 일으키거나 기존의 불을 퍼뜨리려고 할 수 있습니다." 본타가 말한다. "심지어 요리용 불로도 가능합니다. 우리는 새들이 잉걸불을 가져다가 근처의 타지 않은 들판에 떨어뜨린다는 기록도 많이 확보했어요."

만약 이것이 사실이라면, 불의 확산은 이 맹금류들이 다음의 두 단계에 걸친 인과관계를 이해한다는 뜻으로 매우 정교한 인식체계가 발달했다는 증거가 될 수 있다. 첫째, 불이 타고 있는 막대기를 떨어뜨리면 들판에 불을 지를 수 있다. 둘째, 새로운 장소에 불이 나기 시작하면 숨어 있던 먹잇감들이 뛰쳐나올 것이다. 솔개나 매가 불을 다루어 먹잇감을 얻는 방법을 터득했다면, 이는 비인간 동물이 불을 도구로 사용한 첫 사례로 보고될 것이며, 이는 오직 인간만이 불을 전파할 수 있고, 불에 대한 유일무이한 지배가 인간을 환경의 지배자로 만들었다는 통념과 뿌리박힌 가정을 뒤엎을 것이다. 그러나 본타는 한발 더 나아가서 과정의 순서가 뒤바뀌었을 가능성까지 언급한다. "인간, 새, 불이 일종의 상리공생 관계를 맺으며 진화해왔고, 어쩌면 인간이 새를 보고서 불을 사용한다는 발상을 얻었을 수도 있어요. 오스트레일리아와 세계 여러 곳에서 토착민족들이 불의 전파에 관한 수많은 신화를 통해서 우리에게 전하는 바도 이것입니다. 최초로 불을 일으킨 자는 새라고."

나는 개인적으로 이 생각이 마음에 든다. 새들이 불타는 막대를 집어들고 인간의 고유성과 생태적 지배라는 오래된 프로메테우스적 개념을 뒤엎는 모습이 얼마나 근사한가.

6

개미 추종자들

멀리 떨어져 있는 코스타리카 우림 속 신열대구의 어느 영리한 새들이 먹이를 찾는 또다른 놀라운 도구를 찾아냈다. 불만큼 화려하지 않을지는 몰라도 성능에서는 뒤지지 않는다. 또한 불이라는 한 가지 요소의 행동이 아니라, 한 동물의 행동 전체를 완벽하게 파악하는 능력과 불의 사용 못지않은 독창성이 필요하다.

보통은 소리부터 들린다. 빗방울이 한두 방울씩 후드득후드득 떨어지는 소리, 특히 바싹 마른 낙엽에 투둑, 타닥 부딪히는 소리이다. 어떨 때는 여기에 낑낑대거나 웅웅대는 소리, 시끄럽고 떠들썩하게 찌르르 찌르르, 지지배배 지지배배, 꾸르륵 꾸르륵, 으르렁 으르렁, 쉿쉿, 찡얼찡얼, 꽥꽥거리는 소리가 온통 뒤섞인다.

그러다가 비로소 이 모든 소란의 출처가 모습을 드러낸다. 수만 마리의 군대개미가 숲속 바닥 전체에 부채꼴로 퍼져 들끓고 있다. 현장에 가까워질수록 소음이 커진다. "온갖 생물들이 도망치는 소리가 들려요. 바퀴벌레, 여치, 귀뚜라미, 전갈, 대형 곤충들이 어떻게든 빠져나가려고 날고 뛰고 달립니다." 생물학자 숀 오도넬이 말한다. "산불을 피해서 도망치는 동물들처럼요."

이 개미의 학명은 에키톤 부르켈리이(*Eciton burchellii*), 코스타리카 신열 대림의 아주 작은 사자 부대이다. 사납게 생긴 집게 턱으로 행군하는 길 에 마주치는 모든 절지동물을 남김없이 포획하는 포악한 포식자이다. 군 대개미는 야영막사라는 뜻에서 비부악(bivouac)이라고 부르는 거대한 임시 둥지에서 쏟아져나온다. 비부악은 살아 있는 개미의 몸으로 만들어진다. 개미와 개미가 팔과 다리를 연결해서 여왕과 유충들이 머무는 거대하고 들썩거리고 온도가 조절되는 성소(聖所)를 만든다.

습격 부대는 막사에서 나와 밀림의 바닥으로 구석구석 퍼져나가면서 야만적이고 무자비하게 나무 위 말벌의 둥지를 공격하고 몸집이 큰 곤충 들을 해체하고 뱀과 다른 척추동물들을 물어뜯고 쏘고 심지어 잔인하기 로 이름난 전갈까지 제압한다. 군대개미가 한 번의 습격으로 획득하는 먹잇감의 사체는 3만 구에 달한다. 전리품은 일개미들이 꼬아서 만든 줄 을 따라서 막사로 실려가 6만-12만 마리 유충의 식량이 된다.

"전체 노동력의 극히 일부만 습격에 내보냅니다. 나머지는 둥지를 온전 하게 유지해야 하니까요." 오도넬이 말한다. "그럼에도 습격은 실로 장관 입니다. 온통 개미로 엮인 폭 4.5-9미터짜리 카펫이 숲을 가로질러 1시간 에 약 15미터씩 전진하죠."

한편, 찌르륵거리고, 지저귀고, 으르렁대고, 노래하는 소리는 신열대구 의 새들이 내는 소리이다. 이 새들은 습격을 나선 개미 부대의 뒤를 쫓는 다. 전진하는 개미 물결을 따라서 곤충 떼가 쏟아진다. 곤충들은 황급히 점프하고 날아오르고 덤불 속으로 뛰어들거나 어린나무 줄기 위로 기어 오르지만, 결국 공황 상태로 파닥거리다가 새들의 잔칫상에 오르는 신선 한 식재료가 된다.

한 번에 100종이나 되는 엄청나게 다양한 새들이 개미 습격에 참석하여 일용할 양식을 얻는다. 그중에는 오롯이 개미 덕분에 먹고 살면서 전문적인 솜씨로 뒤를 쫓는 새들도 있다. 오죽하면 이 작은 곤충을 자기의 이름에까지 새겼을까. 눈알무늬개미새, 두색개미새, 점박이개미새는 갈색나무발바리, 줄무늬나무발바리와 함께 끼니의 대부분 혹은 전부를 군대개미의 출정에서 충당한다. 그러나 아무거나 닥치는 대로 먹고사는 기회종들도 습격에 자주 모습을 드러낸다. 그중에는 도요타조, 풍금조, 벌잡이새사촌과 밤색등개미새를 포함한 다양한 텃새들과, 온대림에서 친숙한 개똥지빠귀, 솔새, 비레오새류(켄터키노랑목솔새, 캐나다솔새, 스웨인슨개똥지빠귀)와 같은 철새들이 있다.

이들 중에서 개미를 잡아먹을 만큼 어리석은 새는 없다. 대신 개미에게 빌붙어 이 부대가 은신처에서 몰아낸 생물들을 덮쳐서 골라간다. 이것은 절취기생의 좋은 예이다. 절취기생은 다른 동물이 잡거나 몰아오거나 준비해놓은 먹이를 가져가는 일종의 도적질이다.

절취기생하는 다른 새들은 남이 이미 포획했거나 밑작업을 해놓은 상태에 끼어든다. 바람까마귀는 성대모사 능력을 발휘하여 미어캣이나 꼬리치레 등으로부터 먹이를 빼앗는다. 이곳 코스타리카 숲에 서식하는 붉은배솔개는 다람쥐원숭이의 뒤를 쫓아서 원숭이가 몰아온 곤충이나 작은 포유류들을 채간다. 오스트레일리아와 뉴기니의 푸른물총새는 감청색 머리에 자줏빛 광택이 도는 아주 멋진 새인데, 사냥 중인 오리너구리 위쪽에서 대기하고 있다가 이 포유류가 물을 헤집어놓으면 잽싸게 물속으로 뛰어들어 물고기, 갑각류, 개구리 등을 붙잡아와서는 나무에 패대기친 다음 머리부터 삼킨다.

그러나 약탈하는 먹잇감의 수만 놓고 보았을 때, 개미 뒤를 쫓는 새들을 이길 수는 없다. 이 새들은 여치, 바퀴벌레, 거미, 전갈 등을 포함해서 한 번의 습격에서 개미의 하루 총 먹이 섭취량의 3분의 1에 해당하는 200여 마리의 대형 곤충들을 가져간다. 개미도 새들에게 먹이를 빼앗기지 않으려고 애를 쓴다. 병정개미들은 부피가 큰 먹잇감을 눈에 띄지 않는 곳으로 끌고 가서 낙엽 밑에 숨기거나 행군 경로에 있는 은닉처에 안전하게 보관해놓는다.

새들이 군대개미의 전리품을 직접 갈취하는 일은 드물다. 그러다가 잡아먹힐 우려가 있기 때문은 아니다. 이 개미들은 아프리카 군대개미와는 다르다. 아프리카 군대개미의 강력한 집게 턱은 가장자리가 칼처럼 날카롭게 구부러져 있어서 가죽과 살덩어리도 절단한다. 오도넬에 따르면, 아프리카 군대개미는 소, 영양, 심지어 인간—술에 취했거나 잠이 들었을 때, 그리고 아기—과 같은 대형 척추동물까지 공격해서 죽이고 먹는다. "그 정도로 일개미들의 수가 많아요." 오도넬의 말이다. E. O. 윌슨은 모잠비크의 고롱고사 국립공원 안에서 살 때, 가끔씩 군대개미가 자기 집을 거쳐가게 두었다고 했다. "그냥 잠깐 밖에 나가서 시원한 음료수나 한잔하고 오면 됩니다." 윌슨이 말했다. 군대개미는 몇 시간이면 온갖 생물들이 우글거리는 집 안을 초토화하고 싹 쓸어간다. "집에 돌아가면 완벽하게 청소가 되어 있어요."

코스타리카의 신대륙 군대개미들은 아프리카 군대개미처럼 살을 발라내는 절단 턱은 없지만, 여전히 사나운 포식자로서 윌슨이 말한 것과 비슷한 "집 청소"를 한다. 숲 근처 저지대에 자리 잡은 시골집들은 군대개미들이 휩쓸고 가면서 바퀴벌레, 거미, 말벌 등 살아 있는 절지동물들을 싹쓸이해간다. 군대개미는 침을 쏘기도 하는데, 침 속의 강한 독이 새들에게는 치명적이다. 이 독에는 단백질 분해효소가 들어 있어서 개미들은 포획한 절지동물을 소화, 분해, 해체해서 수월하게 군락으로 가져갈 수 있다. "사람한테는 군대개미의 침이 잠깐 아프고 불쾌한 정도지만, 몸무게가 몇 그램에 불과한 새들에게는 치명적일 수 있어요." 오도넬의 말이다. 생태학자 조엘 샤베스-캄푸스는 눈알무늬개미새를 연구하는데, 한

번은 새그물에 엉킨 채 일개미 세 마리가 쏜 침에 맞아 죽어가는 어린 새를 보았다고 한다.

왜 새들이 굳이 그런 위험한 먹이 찾기 전략을 세울까? 일반적으로 사람들은 우림에 흔해빠진 것이 곤충이라고 생각한다. 그러나 새가 비용을 들이는 데에는 그만한 이유가 있다. 크고 육즙이 많은 여치나 바퀴벌레, 그 외에 열대림의 새들이 좋아하는 묵직한 곤충들은 잡기가 어렵다. 늘 움직일 뿐 아니라 주로 새들이 잠드는 밤에 활동하기 때문이다. 그런데 군대개미가 차리는 밥상은 진수성찬이다. 눈알무늬개미새는 한 번의 습격에 몇 시간 참석하면 약 50마리의 맛 좋은 곤충과 절지동물을 얻을 수 있다. 그러나 혼자서 밥상을 준비하려면 시간이 족히 2배는 걸릴 것이다.

개미를 따라다니는 일이 쉽다는 것은 아니다. 오히려 그 반대이다. 최근에 와서야 과학자들은 이것이 얼마나 어렵고 복잡한 일인지 알게 되었다. 학습, 기억, 정보 공유, 게다가 미래를 위한 계획까지, 정교한 정신적 기술이 필요한 작업이다.

열대 지방의 새들과 이 새들이 쫓아다니는 개미의 관계는 반세기가 넘게 알려져 있었다. 그러나 개미 추적꾼들을 연구하는 과학자들이 이 요상한 먹이 찾기의 구체적이고 중요한 요소와 함축된 내용의 일부를 밝힌 것은 최근 10여 년 동안이다. 새와 개미의 관계를 상세히 분석한 결과, 과학자들은 무리 안에서 일어나는 단순 경쟁이라는 구태의연한 발상에 도전하고, 새들이 어떻게 개미의 행동을 "읽는지" 그리고 어떤 종류의 지능이 여기에 관여하는지에 대한 새로운 결론을 제기한다. 사실 개미새는 샌드위치를 놓고 다투는 갈매기라기보다는 빠른 상황 판단으로 엘크를 추적하는 기민한 늑대 무리처럼 행동한다. 개미새들의 암기력은 파충류보다는 코끼리의 복잡한 기억력과 공통점이 더 많은 것 같다. 그리고 꿀벌과 삼색제비처럼 먹이를 찾는 다른 많은 새들의 정보 센터 역할을 할지도 모른다.

"본질적으로 이 습격은 흥미진진하고 복잡하고 **아름답습니다**"라고 오도넬은 감탄했다. **아름답다**라는 단어는 보통 무지개나 눈부시게 빛나는 깃털처럼 우리의 눈으로 볼 수 있는 것들에 대해서 하는 말이다. 그러나 오도넬이 말한 아름다움은 그런 종류가 아니다. 그는 생물들 사이에서 은밀하게 이루어지는 교환 속에서만 드러나는 유혹과, 새들이 뒤를 쫓는 곤충들의 패턴에 대한 새들의 비밀스러운 이해를 말하는 것이다.

드렉셀 대학교의 생물학자인 오도넬은 2005년부터 2016년까지 11년간 코스타리카에서 지내면서 개미와 새의 상호작용을 연구하기 위해서 70건 이상의 습격과 거기에 참가하는 새들을 관찰했다. "습격마다 성격이 다 달라요." 그가 말한다. "관찰을 거듭하면서 습격의 패턴에 대해서 어느 정도 감을 잡았다고 자부하기는 하지만, 당장 코스타리카로 내려가서 몇 주일 지켜보다 보면 아마 전에는 보지 못한 아름답고 우아한 뭔가를 또 보게 될 거예요. 그곳에서는 아직 우리가 이해하지 못하는 많은 일들이 일어나고 있습니다."

오도넬에게는 특별히 기억에 남는 한 습격이 있다. 어느 기자의 표현을 빌리면, 오도넬은 "하얀 송곳니 클럽" 일원이다. 맹독을 가진 독사에게 물렸다가 살아남은 생물학자들만 가입 자격을 얻는 클럽이다.

사건은 10년 전에 오도넬이 라 셀바 연구기지의 저지대 우림에서 학생들을 인솔하여 군대개미를 추적하고 있을 때에 일어났다. 라 셀바 연구기지는 코스타리카 동북쪽의 작은 보호구역으로 오도넬이 동료 연구자의 말을 빌려 "맹수들이 들끓는 우리"로 유명하다고 한 곳이다. 개미들은 큰 등산로 바로 옆에 있는 나무에서 야영하고 있었다. 저지대에서는 개미들이 보통은 나무 구멍에, 가끔은 나무줄기 높은 곳에 비부악을 세운다. 이번 것은 지상에서 9미터 정도 높이에 있었다. 개미들이 야영지에서 쏟아져나와 나무를 타고 숲으로 내려가고 있었다.

"군대개미와의 게임은 이 좁고 긴 열을 따라서 행군의 맨 앞까지 가는 겁니다. 그곳에서부터 개미들이 부채꼴 모양으로 커다랗게 퍼지는데 거기가 바로 새들을 볼 수 있는 곳이거든요." 오도넬과 학생들이 습격의 최전방을 찾아서 숲을 헤치고 가던 중 통과하기 어려운 지점을 만났다. "군대개미들은 사람들이 꺼리는 장소를 좋아해요. 험하고 어려운 장소만 골라서 가거든요. 이를테면 나무들이 쓰러지면서 생긴 숲 틈 같은 곳이요. 거기에는 쓰러진 나무들이 온통 뒤엉켜 있고 대개는 뱀들이 득시글거린답니다."

학생들이 통과하기에는 너무 위험했으므로 오도넬은 개미들이 반대편으로 나오는지 확인하기 위해서 혼자 숲 틈으로 들어갔다. 역시 예상대로 개미 행렬이 습격의 전선에서 넓게 대형을 펼쳤고 한 떼의 개미새들이 동참하고 있었다.

"제대로 보려고 쌍안경을 들어올리는 순간, 으악! 오, 하느님! 누가 왼쪽 발뒤꿈치에 못을 대고 커다란 망치로 내리친 것 같았어요." 두꺼운 고무장화를 재빨리 벗고 확인하니 피투성이가 된 상처가 있었다. 그러나 예상과 달리 장화 속에 전갈이나 총알개미는 없었다. "정말 죽을 듯이 아팠어요. 살면서 오만가지 것들에 쏘여봤고 꽤 아플 때도 있었지만 그건 차원이 달랐죠."

상황은 더 나빠졌다. 환각이 보이고 정신이 혼미해지면서 몸을 제대로 가눌 수 없었다. "작은 나무 하나를 붙잡고 억지로 버텼어요. 집중하려고 아무리 애를 써도 눈앞의 나무가 대여섯 개로 보였습니다. 두 겹도 아니고 여섯 겹으로 보이더라고요." 오도넬은 가까스로 기지까지 돌아왔고, 전갈이나 거미에게 물렸다고 생각해서 연고만 바르고 말았다. 그러나 12시간이 지나자 갑자기 소변에서 끈적한 검은 피가 나왔다. 이대로라면 죽을 것이 뻔했다. 결국 오도넬은 병원으로 옮겨졌다. 혈액검사 결과를 들고 온 의사는 설명할 시간도 없이 황급히 그를 병상으로 옮긴 다음 팔에 링거 주사기를 꽂고 항사독소(antivenin)를 투약하기 시작했다. "나중에 의사가 그러더군요. 이대로라면 제 피는 죽었다 깨어나도 굳지 않을 거라고요." 즉, 그의 피에 혈액응고 인자가 없다는 뜻이었다. 의사는 뇌출혈과 심각한 뇌 손상을 염려했다. 항사독소를 10병이나 맞고서야 겨우 증세가 호전되었다. 하지만 무엇에 물렸는지는 여전히 알 수 없었다. 퇴원하고 집으로 돌아오자 오도넬의 아내가 부츠를 보여달라고 했다. 그가 부츠를 집어들고 양쪽으로 짓누르자 또다른 구멍이 보였다. 숨길 수 없는 두 송곳니 자국이었다. "다행히 송곳니 하나만 관통했더라고요. 덕분에 목숨을 구했죠." 그 뱀은 아마 부시마스터라는 살모사류였을 것이다. 그러니까 오도넬이 정말로 아주 운이 좋았다는 뜻이다. 부시마스터에 물리면 치사율이 50퍼센트에 달한다.

"아마 처음에는 낙엽 속에 숨어서 쉬고 있었을 거예요. 부시마스터는 야행성 사냥꾼이라서 낮에는 조용히 지내거든요. 그런데 갑자기 군대개미들이 나타나서 몸을 뒤덮고 쏘고 물었겠죠. 이 가엾은 뱀은 아마 짜증도 나고 독이 바짝 올라 있었을 거예요. 그때 재수 없게 제가 밟은 거죠." 이후로 몇 년 동안 오도넬은 라 셀바의 그 숲 틈에 다시 들어갈 수 없었다. 여전히 그 뱀이, 아니면 그 유령이라도 나타날 것 같았기 때문이다. 그곳에 대한 그의 반응은 본능적이었다. "그 길을 다시 걸으면 사악한 존재가 느껴질 것만 같았어요. 미신이라고 할지도 모르지만 정말 그랬습니다."

그러나 그런 경험도 개미 떼와 습격에 참가하는 새들에 대한 오도넬의 열정을 꺾지는 못했다. "습격 사건은 믿기 어려울 정도로 흥미진진합니다.

그리고 우리가 상상한 것보다 훨씬 미묘하고 복잡하죠." 우선, 군대개미의 습격은 사람들이 과거에 생각한 것만큼 경쟁과 배제의 장이 아닐지도 모른다. 전통적인 관점에 따르면, 개미의 습격은 새들이 자원을 두고 격렬하게 싸우는 적의가 충만한 사건이다. 눈알무늬개미새를 비롯해서 여기에 절대적으로 의존해서 살아가는 새들은 자기들이 발견한 곳에 다른 새들이 끼어들지 못하도록 개미 군락에 대해서 혼자만 알고 있으려고 할 것이다. 1960-1970년대에 에드윈 O. 윌리스가 개미새를 주제로 쓴 책에 따르면, 눈알무늬개미새는 먹이를 덮치기에 가장 좋은 자리를 선점하고는 "큰 소리로 부리를 딱딱거리고 쏜살같이 날개를 휘저으며 공격해서" 작은 새들을 몰아낸다. "그 결과 개미새가 접근하는 순간 많은 경쟁자들이 자리를 뜬다."

오도넬의 관점은 다르다. 그는 개미 습격에 참여하는 새들이 서로 경쟁관계라기보다는 오히려 공존하고 자원을 공유하고 심지어 의도적이든 의도적이지 않든 습격에 동참하게 고무한다고 주장한다. "다른 새들이 주위에 있는 편이 나을지도 몰라요. 포식자를 감시할 눈과 귀가 더 많아지기 때문이죠. 습격이 일어나는 장소에서 먹을거리는 대개 풍성해요. 다른 새들을 허용하는 데에 따르는 손실이 이들과의 긍정적인 상호작용에서 오는 이익보다 적을지도 모르죠."

꿀물 먹이통 앞에서 루포스벌새 두 마리가 투닥거리는 장면이나, 길가에 버려진 감자튀김을 두고 싸우는 갈매기 무리, 또는 그저 무엇이든지 두고 혈전을 벌이는 한 쌍의 찌르레기를 본 적이 있는 사람이라면 새들의 세계에 치열한 경쟁이 존재한다는 사실을 잘 알 것이다. 생존을 위한 투쟁을 보는 일반적인 관점은 그것이 한정된 자원을 얻기 위한 싸움이라고 말한다. 찰스 디킨스의 책 『우리 둘 다 아는 친구(*Our Mutual Friend*)』에 나오는 등장인물 노디 보핀의 유명한 말처럼, 사람들은 "죽이지 않으면 죽는다."

그러나 새들의 세계에도 합심해서 먹이를 찾는 사례가 제법 많다. 펠리컨은 물고기 떼 주위로 10여 마리가 일렬로 또는 반원을 그리고 서서는 모두 한 동작으로 물고기를 얕은 물가로 몰아서 더 쉽게 퍼올릴 수 있게 한다. 갈매기, 제비갈매기, 부비새, 가마우지도 무리가 뒤섞여 비슷한 행동을 한다. 무리의 크기가 클수록 사냥 성공률도 높아진다. 큰까마귀 한 쌍은 복잡한 해변에서 팀을 이루어 지갑을 훔치는 소매치기 일당처럼 바닷새 군락에서 함께 사냥한다. 알을 품는 어미 새에게 큰까마귀 한 마리가 접근해서 시선을 빼앗는 사이에 다른 한 마리가 급습해서 알이나 새끼를 잡아간다. 뉴멕시코의 해리스매는 혼자서 해치우기에는 버거운 먹잇감—대체로 솜꼬리토끼나 산토끼—을 쓰러뜨리기 위해서 날개 달린 늑대가 되어 최대 6마리로 구성된 가족 집단이 함께 사냥한다. 다수로 구성된 무리가 이런 식으로 서로 행동을 조율해서 큰 먹잇감을 사냥하고 나누어 먹는 일은 지금까지 회색늑대, 침팬지, 돌고래, 사자 등 소수의 육식성 포유류에서만 볼 수 있었다.

"개미 습격 중에 새들이 자기들끼리 싸우고 내치는 모습은 본 적이 없어요." 오도넬이 말한다. 먹잇감은 모두가 먹고 남을 정도로 풍족하다. "습격의 규모가 크기 때문에 어차피 새 한 마리, 또는 한 가족이 전부 차지하지는 못합니다. 입장한 새들이 모두 양껏 배를 채울 수 있습니다."

게다가 개미를 쫓아다니는 새들은 습격 장소를 수평과 수직 층으로 나누어 일종의 "길드"를 형성한다. 종마다 각자의 생태적 틈새를 활용해 서로 다른 층에서 나름의 전략을 구사한다. 검은머리모기잡이새와 적갈색엉덩이땅뻐꾸기는 최전방에서 멀리 떨어진 후방의 바닥에서 먹이를 먹는다. 갈색나무발바리와 회색머리풍금조 같은 새들은 개미 떼보다 한참 높은 곳에 있는 나무줄기를 차지한다. 눈알무늬개미새와 두색개미새, 점박이개미새처럼 주로 나뭇가지에 앉거나 매달리는 새들은 습격 장소 바로 위쪽에 자리를 잡는다. "개미 떼를 빤히 내려다보고 있다가 괜찮은 먹잇감을 발견하면 잽싸게 덮쳐서 물고 올라옵니다. 말하자면 정밀타격 같은 것이죠." 오도넬이 말한다.

중앙 아메리카에서는 나뭇가지를 차지하는 가장 지배적인 종이 눈알무늬개미새이다. 조엘 샤베스-캄푸스는 200건 이상의 군대개미 습격을 관찰하는 동안에 이 새를 자세히 연구했다. 눈알무늬개미새는 아름답고 카리스마 넘치는 새로, 눈에 잘 띄는 비늘 무늬가 있는 깃털에서는 황금빛이 감돌고 눈 주위는 선명한 파란색이다. 이 새는 보통 습격 장소에서 먹이 찾기에 가장 좋은 지점을 선점하는데, 그 명당자리란 개미 떼 선두가 있는 땅 위로 낮게 드리워진 나뭇가지들을 말한다. 군대개미 전문가로서 몸이 개미를 뒤쫓는 일에 최적화되어 다리가 튼튼하고 두꺼우며 구부러진 발톱으로 수직의 가는 나뭇가지나 줄기를 붙잡고 기습 공격이 가능한 자리로 능숙하게 이동한다. 가지와 가지 사이를 퍼드득 날거나 껑충껑충 뛰어다니면서 5센티미터짜리 작은 도마뱀이나 바퀴벌레를 포함해서 군대개미 떼로 인해서 쏟아져 나오는 적절한 크기에 즙이 많은 것이면 무엇이든지 찾아다닌다.

마지막으로 땅에서 개미들 사이를 걸어다니는 새들이 있다. "정말 대단하죠." 오도넬이 말한다. 군대개미에게 쏘이기라도 하면 새들에게는 큰일이다. "이놈들은 쓸데없이 주변에서 얼쩡대거나 도망치지 않아요. 개미 떼 한복판으로 곧장 뛰어들죠. 하지만 개미 떼 사이로 요리조리 잘도 피해다니고 또 용케 쏘이지도 않아요." 게다가 샤베스-캄푸스가 지적한 것처럼 새의 발은 비늘로 덮여 있기 때문에 개미가 살 속에 독을 주입하기도 쉽지 않다. 앞에서 말한 그물에 걸린 채 개미에게 쏘여서 죽은 눈알무늬개미새는 개미가 깃털이 없는 얼굴 부위까지 가는 바람에 중독되었다고 오도넬은 설명한다. "자연적인 상태에서는 개미가 맨살에 도달하기 전에 깃털이나 발에서 제거할 수 있습니다." 개미에게 물리거나 쏘인 개미새들은 발을 구르거나 털면서 공격자를 쪼고 공중으로 내던진다. 에드윈 윌리스가 묘사한 것처럼 "뜨거운 석탄 위에서 왼발, 오른발, 춤을 추듯이 바쁘게 번갈아가면서" 말이다.

군대개미의 습격 장소가 새들에게 노다지를 제공하는 것은 틀림없지만, 개미 떼를 찾는 일은 여간 까다롭지 않다. 개미 군락이 숲 전체에 불규칙하게 분포하는 데다가 그늘진 하층부의 빽빽한 풀과 나무들 속에 꼭꼭 숨어 있다. 우연히 마주친다는 것은 있을 수 없는 일이고 불과 몇십 미터 떨어진 곳에서 놓치기 일쑤이다.

게다가 습격은 산발적으로 일어난다. 개미새들은 예상할 수 있는 매일매일의 습격을 기대할 수 없다. 군대개미의 양육 시기에는 유충의 발달 단계에 따라서 습격 활동의 강도도 달라진다. 개미 유충이 한창 자라는 2주일 동안에는 새끼들의 식욕을 계속해서 채워주어야 한다. 그래서 개미들은 아침에 해가 뜨자마자 7시간을 내리 집중적으로 움직인다. 이 시기는 무리가 유랑 생활을 하고 습격의 빈도도 잦다. 밤마다 나무뿌리나 판근(板根) 같은 새로운 장소로 야영지를 옮기고 아침이 되면 새로운 먹이터를 습격한다. 그러다가 유충이 번데기가 되고(번데기는 먹이를 먹지 않는다), 여왕개미가 알을 더 낳으면(알도 먹이를 먹지 않는다), 정착 상태를 유지하면서 습격의 강도와 빈도가 낮아진다. 또한 이때 개미 군락은 보통 나무의 높은 구멍 속에 비부악을 설치하고 약 3주일간 머무르면서 무작위적으로 어쩌다 한 번씩 출동하고 그나마 습격 시간도 길지 않다.

이처럼 켜졌다가 꺼지기를 반복하는 주기 때문에 새들이 개미의 습격 활동과 이동을 추적하기가 쉽지 않다. 그러나 개미새들은 500만 년에서

600만 년이나 되는 아주 오랜 세월 동안 군대개미를 따라다니면서 개미의 패턴을 완벽하게 파악했다. 군대개미가 유랑 단계에 있을 때에는 나무뿌리나 판근에 세워진 비부악을 보고서, 또는 비부악이 감추어진 정착 단계에서는 예측력을 발휘하여 판단한다. 눈알무늬개미새와 두색개미새를 포함한 20여 종의 개미새들은 시공간 속에서 개미 군락의 위치를 추적하고 주기를 예상하는 능력을 발달시켰다. 생물학자 모니카 슈워츠가 코스타리카의 저지대 산림에서 관찰한 기록들을 바탕으로 처음 제시한, 비부악 점검이라는 이 기술은 참으로 놀라운 재주가 아닐 수 없다.

이 군대개미 전문가들이 무슨 일을 하는지를 알아내기 위해서 조엘 샤베스-캄푸스는 라 셀바에서 새들에게 일일이 무선 장치를 달고 이들이 쉼터를 떠난 순간부터 10분마다 위치를 지도에 표시하면서 뒤를 쫓았다. 그리고 해가 떠서 질 때까지 "철야" 상태로 개미 둥지에서 약 6미터 떨어진 곳에 잠복했다. 700여 시간의 추적 끝에 샤베스-캄푸스는 개미새들이 하루에 여러 개미 군락을 방문하면서 각 비부악과 습격 장소를 기억하는 것은 물론이고, 개미들이 그곳에서 무엇을 하는지까지 확인하는 것을 발견했다.

밀림에 황혼이 깃든다. 하늘은 여전히 밝지만 저녁이 찾아오고 있다. 한낮의 만찬에서 실컷 배를 불린 눈알무늬개미새 한 마리가 야영지로 귀환하는 군대개미의 뒤를 쫓는다. 주변을 살피면서 위치를 조사하고 기억에 새긴다. 개미들이 야영지를 옮기는 중이면 이사 행렬을 따라서 새로운 야영지 터까지 쫓아간다. "어떻게 보면 쉼터로 돌아가기 전에 개미들의 잠자리를 확인하는 거죠." 오도넬이 말한다. "연구자들이 그러거든요."

다음 날 아침 일찍, 새들은 곧장 야영지로 날아가 근처 나뭇가지에—때로는 불과 10여 센티미터 떨어진—앉아서 야영지와 주변의 땅을 자세히 살피며 개미의 근황을 파악한다. 만약 개미들이 이미 습격에 나섰으면 뒤를 쫓아서 습격 부대의 맨 앞을 찾아가 식사한다. 활동이 없으면 다른 비부악으로 가서 습격 현황을 확인할 것이다.

말만 들으면 굉장히 간단할 것 같다. 그러나 연구자들은 야영지를 감시하는 일이 결코 만만치 않음을 알게 되었다. "개미들이 교활하거든요." 오도넬의 말이다. "개미들이 복귀했을 것으로 추정되는 야영 장소에 다음 날 아침에 가보면 없어요. 새로운 장소로 이주한지 얼마 안 되었더라도 또 옮기기도 합니다. 어떨 때는 어두워진 이후에 움직이지요." 개미들이 밤새 야반도주를 하는 바람에 다음 날 아침에 돌아온 새가 개미들을 찾지 못하면, 이 개미새는 전날의 습격 경로를 따라가면서 개미들이 새로 터를 잡은 둥지나 습격 장소를 탐색한다.

때로는 수색 중인 새들이 이 버려진 야영지로 며칠을 연이어 되돌아간다. "마치 지울 수 없는 기억의 흔적이 있는 것처럼요." 오도넬이 말한다. "한번은 아주 집요하게 뒤를 쫓는 놈을 보았어요. 군대개미에게 전적으로 의존하는 개미새였는데, 텅 빈 야영지로 계속 발길을 돌리더라고요. 가서는 개미가 있을 때 하던 행동을 하나도 빼놓지 않고 해요. 아주 가까이 가서는 안을 들여다보는 거죠. 그러고는 허망한 표정을 짓고 주저앉아요. 가끔씩 동물들을 보고 있노라면 동물들도 사람처럼 감정을 표현한다는 느낌을 받게 됩니다. '아, 대실망이다!'"

야영지를 다시 방문해서 철저하게 조사하는 것은 사실 굉장히 합리적인 행동이다. 아무도 없는 것 같은 이 장소를 계속 뒤지는 행동은, 실제로 개미들이 이사를 가버린 것이 아니라 쉽게 눈에 띄지 않는 정착 단계일 가능성 때문에 가치가 있다고 샤베스-캄푸스가 말한다. 게다가 개미들은 워낙 숨기를 잘하기 때문에 철저하게 확인할 필요가 있다. 어떨 때는 바위 밑이나 속이 빈 통나무, 살아 있는 나무의 판근에 비부악을 세우고 심지어 고지대에서는 작은 구멍을 파고 땅속으로 들어가기 때문에 전혀 볼 수가 없다. "보기 좋게 당한 적도 여러 번이에요." 오도넬이 말한다. "처음에는 비어 있는 야영터를 보고 생각하죠. '아, 갔구나.' 그러고서 좀더 자세히 들여다보면 일개미 몇 마리가 보이는 거예요. 그제서야 개미들이 떠난 게 아니라 구멍 속으로 더 깊숙이 들어가서 안 보였을 뿐임을 깨달아요. 새들도 우리처럼 착각할 수 있을 테니 새들이 좀더 세심하게 확인하는 것도 이해가 갑니다. 개미들이 진짜 떠났는지 한 번 봐서는 알 수 없으니까요." 그래서 예전 야영 장소로 돌아가는 습성은 진화적으로 적응된 행동으로 볼 수 있을 것이다. 그리고 가끔은 보람이 있을 때도 있다.

그러나 오도넬은 사람들이 머릿속에서 예전에 맛 좋은 초콜릿을 먹었던 장소를 떠올리는 것과 비슷한 행동일지도 모른다고 생각한다. "어쩌면 개미들이 머물렀던 장소에 있다는 것만으로 어떤 깊은 만족감을 느끼는지도 모릅니다. 보상의 메아리 같은 것이죠. 인지 체계에서는 드문 일이 아닙니다." 우리도 그렇다.

얼마 전 시골길을 따라서 오래 운전할 일이 있었다. 중간에 허기를 달래려고 편의점에 들렀다가 충동적으로 땅콩 초콜릿 한 봉지를 샀다. 나는 40년 전 대학을 졸업한 이후로는 초콜릿을 먹어본 적이 없다. 다시 운전대를 잡고 초콜릿을 우적우적 씹는데, 순간 대학 시절 도서관 4층에 있는 작은 칸막이실로 돌아간 것 같았다. 그곳에서 나는 커다란 초콜릿 봉지를 옆에 끼고 밤을 새고는 했다. 순간 코에서 퀴퀴한 책 냄새가 나는 것 같았다. 밝게 비치는 작은 탁상 램프가 보이고 도서관 의자의 딱딱한 촉감이 느껴졌다. 피곤함을 떨치기 위해서 땅콩 초콜릿이 절대적으로 필요했던 순간이 생생하게 떠올랐다.

음식은 단순한 물질이 아니라 과거에 그 음식을 먹었던 장소와 시간의 기억까지 불러온다. 거기에는 그럴 만한 이유가 있다. 큰 보상을 준 영양 만점의 식사는 생존에 큰 의미가 있으므로 뇌가 그 기억을 우선적으로 처리하여 특별한 장소에 보관하기 때문이다. 그 과정에는 보상에 중요하다고 알려진 화학물질인 도파민과, 인간과 새의 뇌에서 장기 기억에 중요한 영역인 해마가 관여하는 것으로 보인다.

조사 과정이 고되기는 했으나 조엘 샤베스-캄푸스는 눈알무늬개미새가 군대개미의 습격 상황뿐 아니라 다수의 개미 군락을 기억한다는 사실을 확인했다. 눈알무늬개미새는 최소한의 범위에서 개미가 어디에 있는지를 꿰고 있었다. 또한 습격을 시작했는지, 그렇다면 어느 방향을 향하는지까지 알고 있었다. 어쩌면 그 이상을 하는지도 모른다.

샤베스-캄푸스는 다른 것도 알아냈다. 눈알무늬개미새는 우림 속에서 야영지와 야영지 사이를 대개 직선 경로로 이동했다. 가본 적도 없는 곳인데 마치 알고서 가는 것처럼 말이다. 이 새는 야영지를 떠나기 전에 큰 소리로 노래를 부르는데—아마도 자신의 짝을 향해서—이것이 "출발 신호"로 작용하는 것 같다고 샤베스-캄푸스는 말한다. 그 자리에 있던 다른 눈알무늬개미새들이 이 신호를 엿듣고 동시에 출발해서 마치 예쁘게 열을 지어 동네를 산책하는 유치원생들처럼 몇 초의 간격을 두고 일렬로 우림 속을 조용히 통과해서 새로운 장소로 이동한다. 무리 중 적어도 하나는 목적지를 정확히 알고 있는 것처럼 헤매는 일 없이 다음 장소까지 곧장 간다.

실제로도 이 새들은 목적지를 알고 움직였다. 일례로, 무리의 개미새 한 마리가 유랑 상태인 새로운 개미 군락으로 직접 이동했는데, 사실 이 새는 전날 밤에 이 개미 군락을 조사하지 않았다. 대신 개미들이 밤새 새로운 장소—원래보다 100미터 떨어진 곳—로 둥지를 옮기는 동안 무리의 다른 새들이 그 과정을 살폈다. 한 야영지에서 다른 야영지까지 세 번의 이동마다 무리의 새들은 모두 곧장 이동했고 10초 이내로 동시에 새로운 야영지에 도착했다.

"새들이 개미 군락을 찾아서 무작정 헤매는 게 아니라는 뜻입니다." 샤베스-캄푸스가 말한다. "어디로 가야 할지 알고 있을 뿐만 아니라, 적어도 무리 중에 한 마리는 군락의 위치를 알고 있습니다. 위치를 아는 새를 쫓아가면 몰랐던 개미 군락을 발견하게 되는 거죠."

다시 말해서 야영지를 직접 확인한 새가 다른 새들에게 먹이원을 알려주는 전령사가 되어 정보를 공유한다는 말이다. 군대개미만 먹이로 삼는 동료—전문종(specialist)이라고 부른다—는 물론이고 먹이를 찾는 다른 새들에게까지도 정보가 전달된다. 샤베스-캄푸스가 눈알무늬개미새나 두색개미새와 같은 전문종들의 울음소리를 녹음해서 들려주었더니 잡식성 개미새들까지 몰려들었다. 이 결과는 잡식성 개미새들이 군대개미 전문종들의 울음소리를 이용해서 직접 발품을 팔지 않고도 개미 떼의 위치를 찾을 수 있음을 암시한다. 바다오리와 삼색제비처럼 개미새는 먹이 정보와 지능의 작은 로밍 센터인지도 모른다.

이것은 먹이를 찾는 시스템이 한때 사람들이 생각한 것처럼 반드시 치열한 경쟁을 기반으로 하지는 않는다는 오도넬의 발상과 잘 맞아떨어진다. "새들이 서로의 참여를 독려하는지도 모릅니다." 오도넬이 말한다. "개미 군락이 장소를 옮긴 첫날에는 전문종 개미새들만 습격 장소에 나타납니다. 하지만 다음 날이면 어느 틈에 잡식성 새들이 완전히 섞여 있어요. 게다가 전문종들은 다른 새들과 싸우지 않아요. 그렇다면 이것을 협력으로 봐야 할까요? 또는 의도적인 걸까요? 우리는 모릅니다. 그러나 적어도 일종의 공생인 건 분명합니다."

만약 개미 찾는 전문가 눈알무늬개미새가 사라져서 먹자 파티가 진행되지 않는다면 어떻게 될까? 파나마의 바로콜로라도 섬은 프린스턴 대학교의 재닌 터치턴과 동료 연구자들에게 이 질문의 답을 찾을 수 있는 천연의 연구지를 제공했다. 이 섬은 1969년의 혹독한 건기를 거치면서 눈알무늬개미새 개체군이 사라졌다. 그후 수십 년간, 눈알무늬개미새보다 작고 열세인 점박이개미새가 눈알무늬개미새의 역할을 넘겨받아 개체수를 배로 늘리고 개미 떼 활용 방식을 크게 바꾸었다. 이 새는 원래 개미에게만 의존하는 전문종이 아니라 군대개미가 자신의 영역을 지날 때에만 습격지에서 먹이를 얻는 기회주의적 습성을 가지고 있었지만, 점차 개미 떼에서 먹이의 대부분을 얻고 눈알무늬개미새가 그랬던 것처럼 다른 새들과 상호작용하게 되었다. 이는 곧 행동의 유연성을 보여주는 아주 놀라운 예가 아닐 수 없다.

오도넬은 개미를 따라다니는 새들이 정보 공유나 행동의 유연성을 넘어서 훨씬 인상적인 단계까지 진입했다고 믿는다. 바로 정신적 시간여행이다. 정신적 시간여행이란 과거로 돌아가 지난 사건에 대한 구체적인 사항들—무엇을, 언제, 어떻게—을 기억해내고, 미래의 행동을 계획하는 능력을 말한다. 이것이 사실이라면 이 개미 추격자들은 몇몇 영장류와 함께 엘리트 집단에 합류한다. 최근 이 지능 높은 동물들은 인간만이 정신적 시간여행을 할 수 있다는 발상에 반기를 들었다.

정신적 시간여행의 본질에 대해서 잠시 생각해볼 필요가 있다.

비교적 최근에 사람들이 하는 일—토양 침식을 통제하기 위해서 칡을, 딱정벌레를 통제하기 위해서 수수두꺼비를 도입하고, 기후 변화에 직면해서도 무엇을 해야 할지 한없이 망설이는 것—을 보면, 인간이라는 종도 과거의 경험을 이용해서 미래를 계획하는 일에 그다지 능숙한 것 같지는 않다. 하지만 어쨌든 대부분의 사람들이 최소한 그 능력의 일부는 가지고 있다. 그러나 인간도 이 능력을 처음부터 가지고 태어난 것은 아니다. 과거에 일어난 사건을 구체적으로 기억하고 미래의 시나리오를 예상하는 능력은 3–5세 아이들에게서 처음 나타난다.

심리학자 마이클 코벌리스와 토마스 주덴도르프는 머릿속에서 시간의 앞뒤를 오가는 능력이 약 250만 년 전 인류에서 처음 진화했다고 제시한다. 이때는 지구가 더 춥고 건조해지면서 아프리카 남부와 동부의 숲지대가 초원으로 바뀌던 시기이다. "그러면서 호미니드들이 검치호랑이, 사자, 하이에나처럼 위험한 포식자의 공격에 더 많이 노출되었을 뿐 아니라 육식동물의 일원으로서 경쟁해야 했다." 그들은 이렇게 썼다. "이 문제에 대한 해결책은 그들과 동일한 조건으로 경쟁하는 대신에" 과거의 사건을 정확히 뇌에 입력하고("누가 누구에게 무엇을 언제 어디에서 왜" 했는지에 대한 정보의 부호화) 이 학습된 정보를 이용해서 미래를 계획하는 "인지적 차원의 새로운 생태적 틈새 시장"을 개척하는 것이었다. 이러한 정신적 시간여행 능력이야말로 "마주 보는 엄지"나 언어의 재능보다 인간의 정신과 상상력에 더 큰 날개를 달아주고 호모 사피엔스를 정의하는 자질이라는 이론이다.

아주 최근까지도 과학자들은 이처럼 과거와 미래를 모두 아울러 사고하는 종은 인간밖에 없다고 생각했다. 다른 종들은 현재에 구속된 채 영원한 오늘에 머문다. 이들은 마음속에서 과거로 돌아가지 않는다. 그럴 필요가 없기 때문이다. 그러나 이러한 관점은 1990년대에 니콜라 클레이턴이 캘리포니아덤불어치를 대상으로 수행한 탁월한 실험으로 바뀌었다. 클레이턴과 동료 연구자들은 덤불어치에게 과거를 기억하고 이 정보를 이용해서 미래를 계획하는 뛰어난 능력이 있음을 보여주었다. 덤불어치는 어디에 식량을 묻었는지 기억할 뿐 아니라 구체적으로 어디에 무엇을 묻었고 언제 묻었는지를 떠올려 신선한 열매, 곤충, 지렁이처럼 썩기 쉬운 것을 먼저 먹고 견과류나 종자처럼 오래 보관할 수 있는 것은 나중을 위해서 저장했다.

화이트 여왕은 앨리스에게 "과거로만 작동하는 부실한 기억"을 말했지만, 이제 덤불어치들은 미래로도 시간을 여행하는 기억을 가지고 있음이 밝혀졌다.

덤불어치들은 남이 묻어놓은 식량을 훔친다. 클레이턴과 동료들은 다른 새가 지켜보고 있는 것을 아는 덤불어치들은 나중에 먹이를 다른 곳으로 옮긴다는 것을 발견했는데, 아마도 도둑맞지 않기 위해서일 것이다. 그러나 자신이 과거에 다른 새의 식량을 훔친 적이 있는 경우에만 이렇게 행동한다. 그래서 덤불어치는 과거에 자기가 도둑질했던 기억을 되새겨 미래에 다른 새들이 자기 것을 훔칠 수 있다는 가능성과 연결하게 하는 시간여행을 통해서 은닉 행동을 수정하고 도둑들로부터 자신의 저장고를 지킨다.

먹이를 감추어두는 다른 새들도 기억의 예술가이다. 그래야만 한다. 만약 우리가 새라면, 나중에 먹으려고 숨겨둔 식량을 회수하고 싶을 때에 최선의 전략이 무엇이겠는가? 숨겼을 가능성이 있는 장소를 모두 찾아볼 수도 있다. 마치 잔돈이 필요할 때 재킷 호주머니나 지갑을 샅샅이 뒤지는 것과 같다. 그러나 이런 무작위적인 사냥은 먹이 수요를 만족시키기에는 비효율적이다. 오래된 주머니를 무작정 뒤져서는 원하는 만큼의 현금을 확보할 수 없다. 그보다는 비상금을 숨겨둔 곳을 기억해내는 편이 훨씬 나을 것이다. 피니언어치, 검은머리박새, 캐나다산갈까마귀 등 식량을 감추는 새들은 수천 개에 달하는 은닉처를 기억하고 몇 개월 후에도 소름이 돋을 정도로 정확하게 되찾는다. 심지어 토양, 바위, 눈으로 인해서 경치가 바뀌었더라도 마찬가지이다(사실 갈까마귀들은 씨앗을 묻을 때에 땅을 판 흔적을 없애기 위해서 표면을 매끄럽게 고른다).

과학자들은 식량을 은닉하는 새들이 특정한 시각적 기억을 생성함으로써 숨긴 장소를 기억한다고 추정한다. 이는 은닉처의 다양한 시각적, 공간적 단서들, 특히 나무, 그루터기, 바위, 그리고 멀게는 산이나 산맥 등 주변에 눈에 띄는 랜드마크들과의 관계에 관한 기억이다. 그렇더라도 견과류 크기의 뇌를 가진 새가 그렇게 오래, 그렇게 많은 장소를 구체적으로 기억한다는 것은 여전히 상상하기 힘들다.

먹이를 찾아다니는 벌새의 예리한 공간 기억력도—한 치의 오차도 없이 시간을 기록하는 능력과 더불어—인상적이기는 마찬가지이다. 만약 우리가 벌새라면, 날갯짓만으로 몸을 공중에 띄울 수 있도록 필요한 에너지를 채우는 것이 평범한 재주가 아님을 알 것이다. 이 새는 꽃꿀을 먹기 위해서 하루에도 몇백 송이의 꽃을 방문해야 한다. 그렇다면 이미 단물을 빨아먹은 꽃을 다시 찾는 헛수고에 에너지를 낭비할 수 없다. 한번 꿀을 빨아먹은 꽃이 꿀을 다시 채우는 데에는 시간이 걸린다. 너무 일찍 돌아가면 아직 비어 있을 것이고 너무 늦게 가면 경쟁자에게 소중한 음료를 빼앗긴 뒤일지도 모른다. 그렇다면 수천 송이의 꽃이 피어 있는 들판에서 어떤 꽃에 언제 갔었는지를 기억해야 한다. 실로 전문가 수준의 집중력 게임이다.

벌새는 이 게임의 명실상부한 챔피언이다. 야외 연구에 따르면, 이 작은 새는 특정한 꽃의 공간적 위치는 물론이고 방문 시간, 꽃이 생산하는 꿀의 품질과 내용물(꽃마다 당도가 다르다), 꿀이 채워지는 시간까지 기억했다. 에든버러 대학교에서 수 힐리와 연구팀은 설탕물을 채운 가짜 꽃을 제작했다. 한 종류의 꽃에는 10분마다, 다른 종류의 꽃에는 20분마다 꿀물을 채웠다. 벌새들은 각각 얼마나 기다렸다가 와야 하는지를 금세 파악했다.

새들은 우리가 생각하는 것처럼 들판에서 꽃의 색깔이나 모양을 단서로 꽃을 찾아가지 않는다. 힐리의 연구팀은 가짜 꽃의 위치를 바꾸어 시험했고 새들의 기억이 꽃이 아닌 꽃의 위치에 고정되어 있다는 사실을 알아냈다. 그들은 벌새 수컷이 예전에 방문했던 장소로 날아가는 것을 보았다. 그곳에 도착하자 새는 멈추었다. 원래 있던 꽃이 없었다. "더 가까이 가서는 3차원 공간을 맴돌고 몸을 한 바퀴 돌려 현장을 스캔했다"라고 연구자들이 썼다. "그래도 꽃을 발견하지 못하자 몇 초 뒤에 이 수컷은 꿀을 찾아서 다른 곳으로 떠났는데, 자기가 찾는 꽃이 여전히 그곳에 있다는 사실을 분명 눈치채지 못한 것 같았다. 꽃은 있었다. 다만 원래 있던 곳에서 1미터 옮겨졌을 뿐."

벌새가 특정 꽃이 있는 장소를 어떻게 회상하는지는 여전히 미스터리이다. 그러나 연구자들은 이 새들이 소위 시야 일치를 통해서 꽃의 위치를 재구성한다고 추정한다. 이것은 꽃이 있는 장소에 대한 시야—랜드마크 한두 개에 관한 스냅 사진 같은 종류일 수도 있고, 빛, 색깔, 움직임의 패턴에 대한 파노라마 같은 풍경일 수도 있다—를 기억 속에 스캔하고, 나중에 이 장면을 참고해서 현재의 시야를 기억된 시각적 "스냅 사진"과 일치시키는 과정이다.

이러한 기억의 지적 훈련 기술은 먹고사는 문제에도 절대적이지만, 짝짓기 성공에도 영향을 미칠 수 있다. 꽃꿀을 언제 어디에서 얻을 수 있는지를 기억하는 능력이 적어도 한 종류의 벌새에서는 경쟁적 우위와 짝짓기 성공에 핵심 요소임이 밝혀졌다. 이 능력은 심지어 몸집이나 무기보다 더 중요했다.

코스타리카 우림에서 개미새의 흔한 이웃인 긴부리은둔벌새는 몸집이 벌새와 비슷하고 붉은목벌새의 2배인 새로, 헬리코니아꽃에서 꽃꿀을 빨아먹기 위해서 길고 구부러진 부리가 발달했다. 트리니다드의 교활한 작은은둔벌새처럼 긴부리은둔벌새 수컷은 숲의 하층부에 레크(수컷들의 공용 구애장소)를 만들어 이곳에서 8개월의 번식기 내내 하루에 8시간씩 노래하고 공연한다. 이는 오직 뛰어난 신체적 조건을 갖춘 수컷들만이 버틸 수 있는 극강의 체력 싸움이다. 지배적인 수컷들은 노래하는 횃대를 두고 싸움을 벌이는데, 때로는 날카롭고 뾰족한 부리로 서로를 공격한다.

암컷은 하루에 딱 한 번 레크를 방문한다. 그래서 수컷들은 긴 번식철 내내 레크에 머물면서 짝짓기를 준비해야 한다. 배를 채우기 위해서 자리를 비울 때에는 다른 새들이 눈독 들이는 횃대를 잃을 위험을 무릅써야 한다. 그래서 숲속에서 피어난 수천 송이의 꽃들 중에서 꽃꿀이 풍부한 꽃이 어디에 있는지 아는 것은 큰 도움이 된다. 빨리 다녀올 수 있기 때문이다. 벌새 연구가 마르셀로 아라야-살라스는 한 번의 실수는 미미하지만, 240일 동안 매일 여러 번의 실수를 저지른다면 그 비용이 누적되어 열량 섭취량에서 한참 뒤처지게 될 것이라고 말한다.

벌새의 공간 기억과 레크에서 영역을 확보하고 수비하는 능력—짝짓기 성공의 필수 요소—이 서로 연관성이 있는지를 알아보기 위해서 아라야-살라스와 동료들은 그가 레크 근처에 설치한 먹이통의 위치를 수컷들이 얼마나 잘 기억하는지 시험했다. 이 시험에서 가장 높은 점수를 기록한 새들은 레크에서 가장 좋은 횃대를 차지한 지배적인 수컷들로 드러났다. 먹이가 있는 장소에 대한 좋은 기억력은 레크에서 짝짓기 영역을 보유하고 수비하는 측면에서 다른 신체적 장점들—큰 몸집, 부리 끝의 크기, 심지어 비행력까지—보다 훨씬 중요했다.

동료 코리나 로건과 함께 코스타리카의 몬테베르데에서 군대개미의 야영지를 확인하는 개미새들을 광범위하게 관찰한 후, 숀 오도넬은 이 새들이 먹이를 숨기는 새나 벌새와 아주 비슷한 도전에 직면하고 비슷한 정신적 업적을 이룰 수 있다고 추정했다. 개미새는 다음 날 아침에 돌아올 수 있도록 비부악의 위치를 기억해야 하고(일화 기억의 무엇과 어디에 해당한다), 동시에 어떤 둥지가 유랑 상태인지를 기억해야 한다(언제). 또한 개미들이 습격을 시작하기 전에 그곳에 도달해야 한다(더 많은 언제). 개미새가 다수의 군락의 위치를 추적할 수 있고 어느 군락의 출정 가능성이 높은지를 기억할 수 있다면 분명히 더 유리할 것이다.

게다가 비부악을 확인하는 새들은 다음 날을 계획하는 듯한 행동을 보인다. 개미새가 한낮의 포식 후에 저녁에 막사를 확인하는 것은, 먹이를 먹기 위해서가 아니라 그저 정보 수집차 들른 것이다. 실질적인 보상—습격이 제공하는 풍요로움—은 전날 밤에 발견한 장소로 아침에 돌아와서 습격 현장에 참여했을 때에만 받는 것이다. 다시 말해서 막사를 확인하는 개미새는 현재의 상태(포만감)가 아니라 미래의 필요(아침 식사!)에 대비하는 것이다. 이 말은 이들이 미래의 사건을 예상한다는 암시이기도 하다. 요약하면, "내일 아침 먹을 것을 예상하면서 지금 비부악의 위치를 확인한다는 뜻이다."

식량을 은닉하는 어치와 비부악을 확인하는 개미새의 기억 능력은 시간 속에서 과거와 미래를 자유롭게 오가는 인간의 정교한 능력과 비교하면 하잘것없다. 그러나 누가 알겠는가? 지난번 개미 습격에서 먹은 유난히 맛있었던 귀뚜라미가 프루스트가 차에 적셔먹은 마들렌의 개미새 버전일지(마르셀 프루스트의 소설 『잃어버린 시간을 찾아서』에 나오는 장면/옮긴이). 어쩌면 개미새에게 판근에 박혀 있는 버려진 비부악 터나 매나 독수리에게 노출된 숲의 한 부분은 똑같이 강력한 추억의 장소일지도 모른다. 숀 오도넬에게 뱀들이 들끓는 숲 틈과 초콜릿을 먹기에 가장 좋은 추억의 장소가 위험의 메아리와 달콤한 보상의 기억을 불러오는 것처럼 말이다.

또는 어쩌면, 그냥 어쩌면, 샤베스-캄푸스의 말처럼 냄새가 중요한 역할을 할지도 모른다. 라 셀바에서 연구하던 중에 샤베스-캄푸스는 버려진 비부악 터에 며칠 동안 군대개미의 냄새가 났고 심지어 그 냄새를 쫓아서 개미 떼를 찾을 수도 있다는 사실을 알게 되었다. 바닷속 먹이의 냄새를 향해서 곧장 나아가는 바다제비처럼 개미새는 먹고사는 문제에 너무나 중요한 곤충들의 냄새 흔적에서 단서를 찾는 능력이 진화했는지도 모르는 일이다.

놀기

7

놀 줄 아는 새

마티아스 오스바트는 큰까마귀 한 쌍이 스웨덴 남부의 굽이치는 밀밭 위로 높이 솟아오르고 아래위로 날아다니던 모습을 기억한다. 갑자기 한 마리가 날개를 옆으로 접고 아래로 곤두박질쳤다. "꼭 총에 맞은 것처럼 떨어졌어요. 그러더니 땅에 충돌하기 직전에 촥! 하고 날개를 펼치더니 다시 위로 올라가더라고요." 또 한번은 큰까마귀 한 마리가 예의 점잔 빼는 걸음으로 거드름을 부리며 걷더니 난데없이 옆으로 픽 쓰러졌다. "이유도 없이 저렇게 쓰러지다니. 신경에 이상이 생긴 것이 틀림없군.' 처음 봤을 때는 그렇게 생각했어요."

그러나 중풍도 마비도 아니었다. 그냥 노는 것이었다. 오스바트는 놀기 선수가 노는 모습을 처음 본 것이다. 진지함과 지적 능력으로 잘 알려진 새가 뚜렷한 이유도 없이 저렇게 이상하고 바보 같이 행동하는 것을 보고 룬드 대학교의 인지동물학자인 오스바트는 놀라운 발상이 떠올랐다.

대부분의 사람들은 에드거 앨런 포가 "태곳적부터 음산하고 볼품없고 섬뜩하고 으스스하고 불길한 새"라고 묘사한 동물에게서 장난기를 쉽게 떠올리지 못한다. 검은색 망토와 까악까악 하는 기분 나쁜 울음소리 때문에 큰까마귀는 불길한 징조나 죽음과 더 밀접하게 연관되어 있다. 까마귓과 새들을 통칭해서 부르는 말이 "불친절한" 큰까마귀인 것만 보아도 알 수 있다. 그러나 그럴 만한 이유는 있다. 큰까마귀 사회는 갈등과 투쟁이 만연하다. 어려서는 이 새들도 함께 조화롭게 살아간다. 그러나 일단 짝을 짓고 나면 텃세가 심해지고 공격성이 격해지면서 서로 죽이기까지 한다. 까마귀는 포악한 사냥꾼으로 잘 알려져 있다. 다른 새들의 둥지를 털고 새끼 양의 눈을 쪼아대는 "검은 해적"이자, 조류학자 에드워드 하우 포부시가 묘사한 것처럼, "이것저것 가리지 않고 탐하고, 입에 넣을 수만 있으면 살았든지 죽었든지 상관없이 잡아서 죽이고, 손에 넣을 수 있는 것이라면 죽은 고기, 내장, 쓰레기, 오물, 새, 포유류, 파충류, 어류 할 것 없이 지체하지 않고 재빨리 활용한다."

내가 처음 본 큰까마귀는 아주 침울하고 냉담한 모습이었기 때문에 그렇게 뜬금없이 놀기 시작할 줄은 몰랐다. 마치 대법원 판사가 재판 중에 벌떡 일어나서 신성한 법정 한복판에서 브레이크 댄스를 추는 것만큼이나 말이다.

그러나 큰까마귀들은 잘 논다. 신나게 뛰어다니며 장난치는 여러 동물들 중에서도 큰까마귀는 유인원, 돌고래, 앵무새들과 함께 가장 장난기 많은 특별한 동물 집단에 속한다. 오스바트에 따르면, 북반구의 수렵채집인들은 일찌감치 이 사실을 알고 있었다. 까마귀가 단지 함께 놀 친구가 필요해서 인간을 만들었다는 창조 신화도 있다.

큰까마귀, 특히 어린 큰까마귀들은 놀이에 아주 많은 시간을 할애한다. 몇 가지 놀이를 소개하자면, 잔가지를 주워들고 하늘을 날다가 떨어뜨린 다음 쫓아가서 공중에서 잡는다. 한 발로 거꾸로 매달린 채 다른 발에 장난감이나 먹을 것을 들고는 부리에서 발로, 다시 부리로 계속해서 왔다 갔다 한다. 사육 상태의 큰까마귀가 등을 대고 누운 채로 고무공을 공중에 던지고 받는 장면이 관찰된 적도 있다. 조류학자 아서 클리블랜드 벤트가 집필한 책 『북아메리카 어치, 까마귀, 박새의 생활사(*Life*

Histories of North American Jays, Crows, and Titmice)』에서 한 정보원은 까마귀들이 높은 강둑에서 굴러떨어지는 돌멩이와 흘러내리는 진흙을 타고 미끄러져 내려오는 장면을 목격했다고 제보했다. 이 새들은 한 번에 계속해서 12번씩이나 미끄럼을 타면서 아주 즐겁다는 듯이 크게 깍깍거렸다. "새소리가 1.5킬로미터 너머에서부터 들렸다. 우리는 그쪽으로 노를 저어간 다음 배를 멈추고 새들이 즐겁게 노는 모습을 지켜보았다. 주변 나무에 수많은 큰까마귀들이 앉아 격려의 외침과 함께 장난을 거들거나 지쳐서 쉬는 까마귀가 있으면 순서를 바꾸어 타고는 했다."

캘리포니아 대학교 데이비스의 더크 밴 뷰런은 산타크루즈 섬에서 제트기 조종사처럼 놀라운 솜씨로 곡예 비행을 하는 큰까마귀들을 보았다. 한 새는 공중에서 왼쪽, 오른쪽으로 번갈아가며 총 19번 몸을 굴렸다. 다른 새는 소위 이멜만 반전이라는 제1차 세계대전 당시의 전투기 조종법을 구사했다. 적을 재공격하기 위해서 원래의 자리로 되돌아가는 이 항법은 아래쪽에서 조종사가 적의 전투기를 지나쳐 위로 올라간 다음 실속상태(失速狀態 : 비행 중 양력[揚力]이 급격히 떨어지는 상태/옮긴이)가 되기 직전에 동체를 "한쪽으로 기울여" 360도 회전하는 방식이다. 밴 뷰런은 이 새가 "등쪽으로 몸을 굴린 뒤 큰 곡선을 그리며 반 바퀴 이동한 다음, 반대 방향으로 수직 활강하면서 마무리했다"라고 썼다. 어느 저돌적인 큰까마귀는 올림픽 피겨스케이트 선수의 금메달 동작을 선보인다. 반 바퀴 구르기 여섯 번, 한 바퀴 구르기 두 번, 두 바퀴 구르기 두 번.

지구에서 가장 놀기 좋아하는 동물인 큰까마귀는 미스터리 그 자체이다. 사실 놀이는 어떤 동물이든 이상한 행동이라고 오스바트는 말한다. "놀지 말아야 할 이유가 너무 많으니까요." 일단 성장을 비롯해서 더 적절한 용도에 쓰일 수 있는 에너지를 낭비하게 된다. 또한 본질적으로 놀이는 위험한 행위이다. "야생에서 모두가 놀고 있다면 그건 누구도 잠재적인 위협에 주의를 기울이지 않는다는 뜻입니다. 놀이에 열중한 새는 (대체로 멀지 않은 곳에 있는) 포식자의 눈에 특히 잘 들어옵니다." 이 행동은 좋게 말해서 사치스럽고 엄밀히 말하면 위험천만하다. "야생에서 새들이 논다는 것은 아주 중요한 의미가 있는 행동이 분명합니다." 오스바트가 말한다. "그렇지 않으면 왜 새들이 이런 식으로 자신을 위험에 빠뜨리겠습니까? 바깥세상에는 수리, 올빼미, 심지어 늑대들이 도사리고 있어요. 잠깐만 한눈을 팔아도 생을 마감할 수 있다는 뜻이죠."

그렇다면 큰까마귀들은 왜 놀까? 장난을 치는 것이 무슨 도움이 되는 것일까? 이 새들은 똑똑해서 노는 것일까, 아니면 놀아서 똑똑해진 것일까?

오스바트는 위의 질문들을 포함한 다양한 주제를 스웨덴 남부에 있는 자신의 연구 농장과 조류장에서 탐구했다. 그곳에서 오스바트는 10년 동안 큰까마귀의 인지능력을 연구했다. 그가 자기 새들을 소개해주겠다고 했을 때에 나는 선뜻 응했다. 어느 봄날, 오스바트가 룬드로 나를 데리러 왔다. 룬드는 바이킹 시대에 세워진 도시로 룬드 대학교가 있는 곳이다. 룬드의 정원은 '뤼스크 블로셰르나(Rysk blåstjärna)', 직역하면 "러시아의 푸른 별"이라는 꽃이 만발해서 온통 푸른색이다. 아침 공기는 따뜻하지만 자갈이 깔린 좁은 거리에서 불어오는 바람은 제법 세다. 스웨덴의 이 지역에서 전형적으로 부는 이 바람은 시골에 사는 큰까마귀들의 공중 놀이를 지원해준다. 도시의 골바람에 고전하는 것은 떼까마귀들이다. 큰 소리로 까악까악 울거나 부리에 잔가지를 물고 다니는 모습이 여기저기 눈에 띈다. 대학교 캠퍼스 주위의 나무 꼭대기에는 떼까마귀의 커다란 둥지들로 꽃이 피었다.

오스바트는 떼까마귀들과도 실험을 시도한 적이 있다. "이 새들은 영리해요. 하지만 다 자라면 데리고 일하기가 어려워요." 그가 말한다. "사람하고 교류하지 않거든요. 안면이 있어도요." 그러나 이 새들이 어쩌다가 대학가에 끌렸는지는 그도 영문을 알 수 없다고 한다. "룬드, 옥스퍼드, 케임브리지에서 이 까마귀들을 찾아볼 수 있어요. 어찌 된 일인지 웁살라에도 살지요. 웁살라는 스웨덴의 또다른 아주 크고 오래된 대학 도시인데, 떼까마귀의 일반적인 분포 영역에서 벗어나 훨씬 북쪽에 있어서 보통은 보기 어렵거든요. 떼까마귀가 사실은 굉장히 학구적인 새가 아닐까 하는 저만의 가설이 있습니다."

"하지만 같이 일하기는 어렵다면서요." 내가 말했다.

"네, 원래 학자들이 다 그렇잖아요." 오스바트가 말했다.

반면에 큰까마귀와 과학하기는 매우 쉽다. "그렇게 호기심이 많고 열심일 수가 없죠." 오스바트가 말한다. "재미있어 보이는 과제가 있으면 와서 해보려고 줄을 서요. 정말 재미있는 새들이에요. 같이 있으면 웃음이 절로 나와요." 또한 큰까마귀는 셰익스피어의 희곡에 나오는 등장인물들만큼이나 복잡하고 모순투성이다. 대단히 지능이 높으면서도 장난을 칠 때만큼은 우스꽝스럽기 짝이 없다. 엄격하고 경직된 계급 사회를 이루고 갈등과 싸움을 통해서 서열이 유지되지만—이 새는 파벌을 형성해서 서로 치고받고 싸운다—적어도 어른이 되기 전에는 함께 장난치면서 자란다. 물체를 만지작거리면서 노는 것을 좋아하지만 동시에 물체를 몹시 두려워하기도 한다. 적어도 처음 보았을 때는 그렇다.

"조류장에 의자 하나를 가져다 놓았다고 합시다." 오스바트가 말한다. "이 새들은 2주일 동안이나 앉아서 지켜만 봐요. 그러다 어느 날 갑자기 의자로 갑니다. 그리고 5분 만에 완전히 해체해버려요. 이 새들이 무엇 때문에 겁을 먹었는지 종잡을 수 없을 때가 있어요. '이 새로운 실험 도구를 들고 들어가면 분명 놀라 자빠지겠지?' 하고 들어가는 날에는 아무 일도 없습니다. 그러다 어느 날 조류장에 들어서는 순간 완전히 난리가 나요. 하지만 무엇 때문에 그러는지 도대체 알 수가 없죠. 그러다가 문득 깨달아요. '아, 내가 장갑을 새 걸로 바꿔 꼈구나.' 이런 태도는 포유류와는 매우 다릅니다. 그리고 대개는 이해하기 어려워요." 몇 년 전에 큰까마귀 전문가인 베른트 하인리히는 "왜 큰까마귀들은 제 먹이를 두려워하는가?"라는 논문을 발표했다. 이 논문에서 하인리히는 만약 우리가 큰까마귀처럼 죽은 동물을 먹고 산다면, 그 동물이 진짜 죽었는지를 확인해야 하므로 다가가기 전에 철저하게 조사할 것이라고 추측했다. 큰까마귀들이 새롭고 낯선 것 앞에서 유독 심하게 드러내는 두려움, 이른바 네오포비아(neophobia, 새것 혐오증) 때문에 이 새의 장난기가 더욱 특별해 보인다.

우리는 룬드에서 동쪽으로 약 30킬로미터 떨어진 브룬슬뢰브로 향했다. 브룬슬뢰브는 스웨덴의 스코네 주에 있는 시골 마을로 언덕진 너른 들판에 오래된 농장들이 띄엄띄엄 보였다. 오스바트는 룬드에서 태어났고 그곳에서 대학교를 다녔다. 현재 그와 그의 아내 헬레나는 150년 된 농가에서 아주 많은 동물들과 함께 살고 있다. 그중에는 현존하는 조류 중에서 가장 원시적인 고악류(古顎類, Palaeognathae)에 속하는 레아와 도요타조도 있다.

우리가 도착했을 때, 집 옆에 붙어 있는 바깥 우리에서 레아 삼총사가 모래 위를 여기저기 찌르고 긁으면서 신나게 놀고 있었다. 이 모래는 레아가 원래 서식하는 남아메리카 팜파스 초원을 비슷하게 재현하려고 오스바트가 깔아놓은 것이다. 타조와 에뮤의 먼 친척인 레아는 현지의 과라니어로 "큰 거미"라는 뜻의 '난두 구아주(ñandú guazu)'라고 알려졌다.

내가 방문할 즈음, 부엌은 세 마리 뿔도요타조의 집이 되었다. 카리스마 넘치는 이 새는 아르헨티나 남부 출신으로 고악류 중에서 유일하게 날 수 있다. 하지만 툭 튀어나온 눈과, 조류계에서 가장 반짝이고 눈에 띄는 반들반들한 라임그린색 알로 더 잘 알려졌다. 오스바트는 도요타조와 함께 고악류의 인지 메커니즘—억제, 작업 기억, 학습, 대상 영속성—을 실험하고 싶었지만, 이 까다로운 새는 훈련하기에 너무 겁이 많았다. "가까이 가기만 해도 새파랗게 질려 사방으로 달아나요. 오죽하면 먹이를 주는 그릇까지 무서워한다니까요." 도요타조의 입장을 변호하자면, 우선 오스바트의 집에는 메인쿤 고양이가 같이 산다. 이 고양이는 부엌 탁자에 앉아서 도요타조를 매의 눈으로 감시한다. 그리고 님로드라는 이름의 시각 수렵견도 있다. 님로드는 자기가 고양이라고 생각하고 근처 탁자에 서 있다. 뛰어난 사냥개인 님로드는 시속 65킬로미터의 속도로 사슴의 뒤를 쫓지만, 주위에 있는 새들은 개의치 않는다. 새를 괴롭히기는커녕 큰까마귀 새끼의 얼굴을 혀로 핥아주기까지 한다. 한번은 오스바트에게 새끼 비둘기 한 쌍을 데려온 적도 있다. "입을 열었는데 그 안에 비둘기 새끼들이 있더라고요. 한군데도 다친 곳은 없었어요. 너무 어려서 깃털도 나지 않은 상태였죠." 그러나 쿤 고양이는 킬러이다. 그래서 도요타조들이 과민한 것도 당연하다(오스바트는 이 새들이 대형 야외 조류장에서도 잘 놀라기는 마찬가지라고 주장했지만 말이다).

오스바트는 유인원 연구로 인지동물학자로서 경력을 쌓기 시작했고, 2008년에 비인간 동물이 앞일을 계획할 수 있다는 강력한 증거를 발표하면서 명성을 얻었다. 이 엄청난 논문 다음으로 오스바트는 스웨덴 동물원의 산티노라는 침팬지 수컷에 대한 재미있는 논문을 발표했다. 산티노는 돌멩이나 그밖에 던질 수 있는 물체를 모아서는 전략적으로 숨겨놓았다가 기분이 좋지 않은 날이면 자기를 빤히 쳐다보는 방문객들에게 거칠게 던지고는 했다.

오스바트가 까마귀로 관심을 돌린 데에는 유인원이 인간과 너무 비슷해서 "지루한" 감이 있던 탓도 있었다. "과학자로서 이런 말을 하면 안 되겠지만, 가끔은 큰까마귀들이 사람보다 더 영리해 보일 때가 있어요. 적어도 어떤 영역에서는요."

이 새들의 지능에 관해서 최근에 밝혀진 사실 중에는 이런 것도 있다. 2019년 연구에서 오스바트와 박사과정 학생인 카타르쉬나 보브로지크는 까마귀가 쭉 늘어놓은 물건들 중에서 이전에 한 번 슬쩍 보여준 물건을 고르는 데에 걸린 시간이 인간의 절반밖에 되지 않는다는 것을 보여주었다. 이 연구는 시각 입력에 대한 큰까마귀의 인지적 처리 속도가 인간보다 빠르다는 사실을 제시한다. 큰까마귀의 시각 기관은 포유류보다 단위 시간당 더 많은 정보를 수집한다. 이처럼 빠른 인지 능력은 복잡한 도전을 처리하는 속도에도 영향을 미칠 것이다. "큰까마귀들은 많은 과제에서 유인원을 능가해요. 정말 놀랍죠. 이 친구들은 공룡이니까요." 오스바트가 말한다. "이 새들과의 교류는 다른 새들과는 차원이 달라요. 굉장히 특별하죠. 떼까마귀나 갈까마귀에 비하면 큰까마귀들은 꼭 강아지 같다니까요."

까마귀류와 유인원은 3억2,000만 년 전에 진화의 나무에서 갈라졌다. 그러나 인지 능력의 복잡도에서는 놀라울 정도로 비슷하다. 오스바트는 여기에 매력적인 질문을 던진다. 이 능력은 새와 영장류에서 독립적으로 진화한 것일까? 아니면 수억 년 전, 이 둘의 공통조상이 이미 가지고 있던 능력을 키워나간 것일까? 오스바트가 레아와 도요타조를 기르는 이유는 조류 계통의 오래된 진화의 역사를 악어와 비교하기 위해서이다(그는 농장에서 1시간 거리에 있는 시설에서 악어를 키운다). 오스바트는 악어를 대단히 지능이 높은 파충류로 보고 있다. "호기심과 탐험심이 강하고 사교성도 있어요." 그가 말한다. "잘 아는 사람한테는 말이죠. 상대에게 저리 가라고 말하고 싶고 또 상대가 발을 빨리 빼지 않으면 얼마든지 세게 물

수 있을 텐데도 대신에 부츠를 부드럽게 잘근잘근 깨물고 말아요." 악어는 동물 신경계의 진화를 이해하는 데에 중요한 위치에 있다. 현생 조류와 가장 가까운 친척이면서 조류, 포유류와 조상을 공유하기 때문이다. "저는 진화적인 관점으로 접근해서 인지와 놀이의 복잡성을 둘 다 이해하고 싶습니다.

오스바트는 이 진화의 렌즈를 통해서 영장류와 떼까마귀 그리고 다른 까마귓과 새들을 연구해왔다. 그러나 무엇보다 그의 열정은 큰까마귀에 있다. 2008년에 오스바트와 아내 헬레나는 넓은 조류장을 지었다. 조류장 안에는 통창으로 된 관찰실을 따로 설치해서 오스바트가 큰까마귀들을 관찰하고 또 새들도 그를 관찰할 수 있게 했다. 그런 다음 갓 부화한 큰까마귀 새끼들을 그곳에서 길렀다. 조류장이 완성될 때까지 몇 주일 동안 오스바트 부부는 큰까마귀 새끼 12마리를 침실에서 데리고 있었다. "새끼들은 아침 5시면 배가 고파서 일어났어요. 그러면 우리는 밥을 주었죠. 그렇게 유대감을 쌓았어요." 이제 이 까마귀들은 오스바트 부부를 전적으로 신뢰하고 그들의 팔이나 어깨에도 스스럼없이 와서 앉는다. 오스바트의 대학원생들은 처음에 까마귀들의 신뢰를 얻기 위한 신참 의례를 통과해야 한다. "까마귀들이 종종 학생들을 시험하곤 하죠." 그가 말했다. "한번은 새들이 새로 들어온 박사후과정 연구원의 머리를 피가 날 정도로 세게 쪼았어요. 하지만 일단 안면을 트고 나면 아주 기꺼이 함께 일합니다."

현재 조류장은 6마리의 "음침하고 볼품없는" 새가 전용으로 사용한다. 두 쌍의 부부 시든과 주노, 리카르드와 넌이 있고, 토스타와 엠블라라는 암컷 두 마리가 있다. "이름들이 조금 웃기죠." 오스바트가 말했다. "우두머리 수컷은 시든이에요. 스웨덴 말로 '비단'이라는 뜻이죠. 하지만 비단 같은 구석은 하나도 없는 놈이랍니다. 그냥 처음 데려올 때 다리에 작은 명주실을 묶어놓아서 그렇게 부르게 되었어요." 그렇다면 넌(None, 없음)은? "처음 실험 프로토콜을 짜면서 새끼 새들한테 이름을 붙이는데, 이 친구만 식별 고리가 없었거든요. 그래서 아무 생각 없이 '없음'이라고 썼는데 그게 이름이 되었죠." 부지 내에는 7번째 큰까마귀가 있다. 하지만 이 암컷은 오스바트가 데려온 새가 아닌 집 근처에 사는 야생 큰까마귀이다. "자기가 실험 대상이 아닌 야생 까마귀인 줄은 당연히 모르죠. 마음 내키는 대로 막 돌아다녀요." 오스바트가 말한다. "실험 중에 조류장의 문을 열어놓으면 제멋대로 들어와서 실험에 참여하고 또 끝나면 알아서 나가요. 연구비 신청서의 동물 윤리란에 어떻게 설명해야 할지 모르겠어요. 야생종이지만 온전히 자의로 실험에 참여하니까요."

오스바트의 연구 결과 중에는 이 까마귀들을 유인원과 덤불어치처럼 과거의 경험을 이용해서 미래를 계획하는 극소수의 동물 집단에 포함시킬 만한 놀라운 사례들이 있다. 오스바트와 대학원생 칸 카바다이는 큰까마귀 5마리에게 특별한 도구(특정한 무게와 모양을 가진 돌)를 사용해서 아주 맛있는 간식이 들어 있는 퍼즐 상자를 여는 법을 가르쳤다. 큰까마귀는 본래 도구를 사용하는 동물이 아닌데도 이 새들은 워낙 습득이 빨라서 한 번만 알려주면 금방 기술을 배운다. "다른 종들이 도구를 사용하는 모습을 보면 됩니다. 딱 한 번만요!" 오스바트가 감탄했다. 이제 실험자가 퍼즐 상자를 가져가 눈앞에서 치운 다음, 큰까마귀들에게 여러 가지 물건들을 보여주고 선택하게 했다. 그중 딱 하나만 퍼즐 상자를 열 수 있는 도구였다. 새들은 간식이 든 퍼즐 상자가 나중에 다시 나타날 경우에 사용할 수 있는 물체를 골랐다. 새들은 최대 17시간까지 기다릴 수 있었고, 퍼즐 상자 속 간식보다는 맛이 없지만 그 자리에서 먹을 수 있는 간식이라는 눈앞의 유혹에도 불구하고 당장의 질 낮은 간식을 덥석 물지 않았다. 대신 퍼즐 상자를 열 특별한 도구를 선택했고, 나중에 더 맛있는 간식을 먹기 위해서 가지고 있었다.

이어서 실험자들은 그 도구를 토큰이나 병뚜껑처럼 훨씬 더 나은 보상을 주는 도구와 교환하는 법도 가르쳤다. 양질의 간식을 먹으려면 물물교환을 해야만 하는 시험에서 큰까마귀들은 유인원은 물론이고 인간의 어린아이들보다도 뛰어났다.

두 실험에서 큰까마귀는 유인원과 동등한 수준의 자기 통제, 추론, 미래를 위한 유연한 계획 능력을 보여주었다.

이 새들은 너무 영리해서 가끔은 실험자보다 한 수 앞서기도 한다. 오스바트는 앞에서 말한 실험에서 주위에 널린 나무껍질 조각을 이용하여 전혀 다른 방법으로 퍼즐 상자를 열어버린 한 암컷 때문에 애를 먹었다. 이 새는 실험에서 제외되고 구경만 해야 했다.

까마귀 조류장 바닥에는 장난감—막대기, 뼈, 공, 부츠, 건초 뭉치, 목욕용 욕조 등—이 널려 있고 횃대가 설치되어 있다. 횃대에는 고정된 것과 흔들리는 것, 두 종류가 있어서 새들이 평균대나 공중그네처럼 사용한다. 종종 큰까마귀들은 나뭇가지를 발로 붙잡고 거꾸로 매달린 채 날개를 활짝 펼치고 있다가 처음에는 한쪽 발, 다음에는 나머지 발까지 차례로 놓고 떨어진다. "제가 아는 한 이 게임의 목적은 마지막 순간까지 날갯짓을 하지 않는 겁니다." 오스바트가 말한다. "거꾸로 매달린 상태로 한쪽 발에 물체를 쥐고 있다가 떨어뜨린 다음 자신도 떨어지면서 물체를 잡으려고 애씁니다. 물론 절대 성공할 리가 없죠. 그런데도 처음부터 다시 시작해요." 주위에 앉아서 보고 있던 다른 큰까마귀들도 갑자기 그 놀이에 합류한다.

놀이는 어떤 동물에서든 정체를 밝히기가 쉽지 않은 행동이다. 우리는 놀이를 생각할 때, 고양이 새끼들이 실뭉치와 맞붙어 씨름한다든지, 송아지가 신이 나서 껑충껑충 뛰어다니고, 강아지들이 곰 인형을 패대기치는 것처럼 아이들이 장난칠 때와 비슷한 행동을 찾으려는 경향이 있다. 그러나 인간과 거리가 먼 종들의 놀이는 알아보기가 힘들다. "적어도 큰까마귀는 놀이의 구분이 확실합니다. 얘들은 우리처럼 놀거든요." 오스바트가 말한다. "그러나 어떤 종들은 우리가 이해할 수 없는 방식으로 놀기 때문에 놓치기가 쉬워요. 행동을 보면 이 동물이 놀고 있는지 아닌지 쉽게 알 수 있을 거라고 생각하지만 극단적인 형태가 아닌 이상, 놀이를 정의하기란 굉장히 어렵거든요."

사실 놀이는 놀이에 '없는' 것으로 더 잘 정의된다. 놀이에는 목적이 없고, 진화적 적응으로 볼 만한 뚜렷한 기능도 없고, 생존이나 번식의 기회를 향상하는 측면도 없다. 적어도 겉으로 보기에는 말이다.

몇 년 전, 테네시 대학교 녹스빌의 진화심리학자 고든 버가트는 놀이를 보다 긍정적으로 정의하는 과제를 맡아 어떤 종에서든 놀이를 인지할 수 있는 5개 범주를 제시했다. 우선, 놀이는 전적으로 기능이 없는 행동이다. 비록 다른 맥락에서는 유용한 행동을 닮았더라도 말이다. 예를 들면 강아지가 장난감을 패대기치는 행동은 늑대가 먹잇감을 쓰러뜨리는 행동을 모방하지만, 그렇다고 강아지가 그 장난감을 먹는 것은 아니므로 그것은 놀이이다(물론 늘 그런 것은 아니다. 핏불-래브라도 잡종인 우리 집 개는 먹기도 한다). 또 놀이는 과장되고 부자연스럽고 반복적이고—산타크루즈 섬에서 서식하는 까마귀들의 과도한 비행 동작처럼—그리고 종종 부적절하다. 놀이는 저절로 시작되고 자발적이고 의도적이고 즐겁고 보상이 있다. 놀이는 동물이 배가 부르고 건강하고 스트레스를 받지 않을 때에만 시작된다. 고로 요약하면 "놀이란 반복적이고 겉으로 보기에 기능이 없어 보이는 행동이며……동물이 편안하고 흥분하지 않고 스트레스 단계가 낮을 때에 시작된다"라고 버가트는 말한다. 다시 말해서, 놀이란 곧 옷의 주름 장식과 같은 행동이다. 그러나 결코 하찮지 않다.

이런 식의 간결한 묘사로는 놀이의 세세한 면까지 모두를 아우를 수 없다는 것을 버가트도 인정한다. 그러나 적어도 과거에 무시되었거나 묵살당했거나 진지하게 받아들여지지 않았던 동물의 행동과 상황을 식별하는 데에는 도움이 된다.

박물학자들은 동물들이 놀이를 한다는 사실을 수십 년, 아마도 수백 년 전부터 알고 있었지만 포유류, 그것도 인간, 말, 침팬지, 고양이, 개, 수달, 돌고래 정도에 한정된 것으로 보았다. 아마도 새 또는 다른 야생 비포유류 생물이 재미와 즐거움을 추구하고 사치스럽게 생존 본능의 욕구를 넘어서는 활동에 매진한다는 생각을 받아들이기 힘들었던 것 같다. 그러나 최근 몇 년간, 버가트를 비롯한 사람들은 동물 세계의 기대하지 않은 장소에서 놀이를 발견했다. 문어는 레고 블록을 가지고 놀고 물총을 쏘아서 공을 던진다. 악어는 밧줄 달린 공을 후려친다. 워싱턴 DC의 국립동물원에서 왕도마뱀은 공 뺏기 놀이를 한다. 코모도왕도마뱀은 사육사와 줄다리기를 하고, 사육사의 주머니에서 수첩을 뽑아서 마치 개가 신발을 물고 돌아다니는 것처럼, 입에 물고 느릿느릿 행진한다고 알려졌다. 독화살개구리는 서로 거칠게 뒹굴며 논다. 심지어 물고기도 수면 위로 뛰어오르거나 공을 치고, 코에 잔가지를 올려놓고 균형을 잡으며 논다고 알려졌다. 버가트는 사육 중인 자라가 농구공을 가지고 코로 밀고 때리고 울타리 안에서 공을 쫓아 사방을 돌아다니는 것을 보았다.

그렇다면 새는 어떨까?

온갖 종류의 새들이 물체를 던진다. 무지개벌잡이새, 솔새, 펠리컨은 조약돌을 던지고, 신열대구가마우지와 아메리카검은댕기해오라기는 막대기, 나뭇잎, 꼬투리 열매, 물고기를 공중에 던져올린다. 많은 새들이 일종의 놀이기구 타기를 즐기는 것 같다. 아델리펭귄은 작은 얼음 위에 올라타서는 마치 해달이 물 미끄럼을 타듯이 파도를 탄다. 오색앵무는 나뭇가지에서 그네를 탄다. 애나스벌새가 호스에서 나오는 물줄기를 타고 내려왔다가 몇 번이고 다시 꼭대기에 올라가는 장면이 목격되었다. 얼룩무늬쿠라웡은 나뭇가지로 줄다리기를 하고, 또 골목대장 놀이를 한다. 골목대장 놀이는 큰 횃대를 차지한 새를 다른 새들이 내려오게 하는 놀이이다. 승자가 횃대를 차지하지만 또다른 새가 와서 옆으로 밀어낸다. 앤드루 스키어치는 큰진흙집새가 바닥에 등을 대고 일렬로 나란히 누워 다리를 공중에 올린 다음 발로 나뭇가지를 앞뒤로 전달하는 것을 보았다. 그는 이 행동을 특정 집단에서만 여러 번 목격했고 다른 집단에서는 보지 못했다. 그래서 스키어치는 이 놀이가 사회적으로 학습되었다고 생각한다. 앨런 본드와 주디 다이아몬드가 쓴 멋진 책 『앵무새처럼 생각하기(*Thinking Like a Parrot*)』에는 카카가 "서로의 등에 점프해서 올라타고, 공중에서 몸을 돌리며 발을 흔들고, 날개를 퍼덕이며 서로의 배 위에 올라갔다 내려왔다 한다"라는 설명이 있다.

그렇다면 앵무새는 어떨까? 나뭇가지에 거꾸로 매달린 채로 얼마든지 재미있게 먹을 수 있는데 왜 똑바로 앉아서 저 꽃을 먹겠는가?

갈매기들은 조개나 다른 물체를 공중에서 떨어뜨린 다음 급히 쫓아 내려가 공중에서 낚아챈다. 이 행동은 바람이 세게 불 때에 더 자주 관찰되는데, 갈매기들이 어려운 과제에 도전하는 것을 즐긴다고 해석된다. 코스타리카의 파란눈썹벌잡이새사촌은 먹이 위에서 뛰고 논다. 식사를 마친 지 얼마 되지 않았을 때였다. "누가 봐도 무관심한 태도로 먹이 옆을 그냥 지나쳤다가 갑자기 몸을 휙 돌려 덮친다"라고 코스타리카 국립대학교의 연구원 수전 M. 스미스가 썼다. 또는 "목을 돌려서 어깨 너머로 자기 꼬리를 보고는 뱅글뱅글 돌면서 붙잡으려고 한다. 보통 4-5바퀴쯤 돌고 나서야 멈춘다." 스미스는 이 새가 한쪽으로 4바퀴를 돌고 멈추더니 갑자기 반대 방향으로 덮치는 것을 보았다. "나는 5마리가 9번씩 꼬리잡기하는 것을 보았다. 자기 꼬리를 만지는 데에 성공하는 장면은 한 번도 보지 못했다"라고 썼다.

이것은 전형적으로 "과장되고 부자연스럽고 반복적인" 행동이다.

아라비아꼬리치레, 특히 어린 새들은 다양한 놀이를 한다. 레슬링, 닭싸움(상대의 머리에 올라가서 균형을 잃게 만드는 놀이), 줄다리기, 그리고 골목대장 놀이를 하면서 하루에 몇 시간씩도 논다.

새들은 논다. 모든 종이 일부 극단적인 종처럼 복잡하게 또는 그렇게 자주 놀지 않을지는 모르지만, "만약 돈을 걸어야 한다면, 새들 대부분이 논다는 데에 걸겠습니다"라고 오스바트는 말한다. 새 중에서 진화적으로 가장 "원시적"이라고 알려진 "레아와 에뮤조차 누구도 부인할 수 없는 놀이를 하는 모습을 봤거든요." 놀기 좋아하는 성향이 발달하지 않은 새들도 가끔은 까분다. 나는 조 후토가 플로리다의 숲지대에서 그가 아주 잘 알게 된 야생 칠면조들이 자기네들끼리 까불면서 노는 장면을 적은 이야기에 푹 빠졌다. 후토는 이렇게 썼다. "어린 야생 칠면조들은 아주 진지하고 경계심이 많아서 놀이라고 생각되는 행동은 일절 하지 않는다. 그러나 몸집이 커지고 성숙해질 무렵이면 자신에게 일말의 자유를 허락하여 놀이처럼 보이는 활기 넘치는 행동을 한다. 뜬금없이 날갯짓하며 점프를 하고, 또는 상상 속 적수가 눈앞에 있기라도 한 것처럼 몸을 요리조리 피한다."

과학자들은 놀이를 크게 세 가지 유형으로 나누는데, 큰까마귀들은 이 세 가지 유형을 모두 즐긴다. 우선, 오직 몸만 사용해서 노는 '운동 놀이(locomotor play)'가 있다. 달리고 점프하고 발로 차고 뱅글뱅글 도는 행동이 모두 여기에 해당된다. 펭귄에서 벌새까지 전체 27목의 조류 중에서 절반 가까이가 이런 유형의 놀이를 한다. 다음으로, '사물 놀이(object play)'

는 "부적절한" 사물을 가지고 반복적으로 조작하는 행동으로 정의한다. 나뭇잎, 나뭇가지, 돌멩이 등의 물체를 집어서 던지거나 떨어뜨리고 뜯고 그 위에 올라가 위아래로 뛰는 행동이 대표적이다. 갈매기류, 맹금류, 올빼미류에서 딱따구리류, 참새류, 앵무류까지 6목의 새들이 사물 놀이를 한다. 마지막으로 가장 드물고 또 가장 정교한 형태인 '사회적 놀이(social play)'는 주로 이 마지막 3목의 새들에게서 나타난다. 사회적 놀이는 레슬링, 술래잡기, 가짜 결투 등 안전한 공간에서 다른 새와 함께하는 놀이를 말한다. 이런 종류의 몸놀이를 "놀이"로 만드는 것은 이 행동이 몇 가지 규칙을 준수하기 때문이다. 정직하게 승부하기, 아프게 하지 않기, 무엇보다도 가장 기본적인 사회 기술인 '돌아가면서 하기'이다. 때로 동물들은 여러 종류의 놀이를 조합해서 혼합 패턴으로 노는데, 연구원 세르히오 펠리스는 이것을 "슈퍼 플레이"라고 부른다. 오스바트는 큰까마귀가 거꾸로 매달린 상태로 작은 물체를 조작하면서 슈퍼 플레이하는 장면을 보았다.

이렇게 보면 놀이가 새들에게 꽤나 흔한 것 같지만, 사실 1만여 종의 조류 중에 보고된 것은 약 1퍼센트에 불과하다. 하지만 오스바트는 애초에 놀이 습성이 제대로 연구된 종이 그 정도밖에 없다고 생각한다.

복잡한 놀이에는 세 가지 전제조건이 있는데, 큰까마귀는 세 가지를 모두 충족한다. 복잡한 놀이 행동은 첫째, 몸집에 비해서 뇌의 크기가 크고(큰까마귀는 새들 중에서 상대적인 뇌 크기가 가장 크다), 둘째, 유년기가 길어서 어린 새들이 부모와 오랜 시간을 함께하고(큰까마귀는 최소한 5개월 정도 가족과 함께 보낸다), 셋째, 가용한 식량원을 최대한 이용하는 습성을 가진(큰까마귀는 수준 높은 잡식가이다) 새들에게서 나타난다. 사회적 놀이를 하는 새들 대부분이 복잡한 사회 체계를 형성한다. 오리들은 때로 다 같이 어울려 놀면서 집단으로 빈둥거린다. 그러나 진정한 사회적 놀이는 큰까마귀나 오스트레일리아까치처럼 동맹관계가 유동적이고 계속해서 변하는 복잡한 사회에서 살고 있는 새들 사이에서 가장 많이 일어난다.

오스바트의 조류장 옆에 딸린 관찰실로 들어서자, 큰까마귀들은 나를 경계심 어린 눈초리로 쳐다보았다. 조류장 안까지는 들어갈 수 없었는데 들어가면 새들이 나를 공격할 것이 뻔했기 때문이다. 번식기라서 시든과 주노, 리카르드와 넌 커플은 각각 새끼들로 채워진 둥지를 보살피고 있었다. 큰까마귀는 새끼의 사나운 보호자이자 대단히 효율적인 사냥 기술을 보유한 능력 있는 부양자이다. 오스바트의 말에 따르면, 한번은 그의 손에 앉아 있던 한 수컷이 "공중으로 날아가서 아래를 내려다보고 들쥐 한 마리를 발견했어요. 순식간에 내려가 덮쳐서 죽였어요. 그러고는 배를 갈라서 내장을 제거하고 살점을 싹둑싹둑 잘게 자르더니 아직 따뜻할 때 새끼에게 먹이더군요."

우리는 시든이 커다란 말고기 덩어리를 욕조 옆으로 옮긴 다음 검은 고무장화를 질질 끌고 와서 고기를 덮는 장면을 멀찍이서 지켜보았다. 그 위에 지푸라기를 덮어놓으니 고기는 감쪽같이 모습을 감추었다. 적어도 우리 눈에는 보이지 않았다. 시든의 짝인 주노가 주저하지 않고 둥지에서 내려오더니 방금 시든이 숨겨놓은 보물을 약탈하여 새끼들에게로 가져다주었다.

이렇게 고기를 감추는 것은 단순한 숨바꼭질 놀이처럼 보일지도 모르지만 사실은 먹이를 저장하는 행동이다. 큰까마귀는 은닉의 달인들이다. 그러나 이들도 처음부터 잘하는 것은 아니다. 새끼 새들이 시행착오를 거쳐 은닉처를 물색하는 법을 배운다는 연구 결과가 있다. 학습 곡선은 가파르게 올라간다. 한번은 오스바트의 이웃이 큰까마귀가 말의 갈기에 숨겨놓은 고기 조각을 발견한 적이 있다. 연구원 라울 슈윙거는 한 오스트리아 조류관에서 큰까마귀 연구를 도왔는데, 큰까마귀가 말의 갈기보다 훨씬 난감한 장소에 먹이를 숨기는 것을 몸소 겪었다. "조류장 청소를 하다 보면 허리를 숙이면서 바지가 내려가 엉덩이 골이 보일 때가 있죠. 그런데 갑자기 누군가 고기 조각을 그 사이로 쑤셔넣은 거예요. 뒤에서는 어린 큰까마귀가 깡충깡충 뛰고 있었어요. '이것 봐요, 나도 숨길 줄 안다니까요!'라고 자랑하는 것 같았다니까요."

연구 결과에 따르면, 어른 큰까마귀는 먹이를 숨기는 동안 언제 다른 까마귀들이 자기를 훔쳐보는지 알고 있으며, 소중한 먹이를 도둑맞지 않도록 다양한 전략을 구사한다. 경쟁자가 떠날 때까지 숨기는 일을 미루거나 경쟁자가 근처에 있으면 이미 작업을 마친 은닉처에서 멀리 떨어져 있고, 장애물을 사용해서 시각적 가림막을 치거나 다른 새들이 볼 수 없는 은닉 장소—나무나 바위 뒤, 그리고 조류장의 경우에는 욕조나 나뭇가지 더미, 또는 오래된 부츠—를 찾는다. 빈 대학교의 토마스 부그니아와 동료들이 수행한 한 창의적인 실험에서는 큰까마귀들이 옆방에 있는 다른 큰까마귀 소리에 반응하여 자기가 감추어둔 물건이 발각되지 않게 지킨다는 것을 발견했다. 그러나 두 방 사이의 구멍이 열려 있을 때에만 그런 행동을 보였고 닫혀 있을 때에는 그렇게 하지 않았다. 이것은 큰까마귀들이 단순한 "행동을 읽는 자" 이상이고, 다른 새들의 시각에서 그들이 무엇을 볼 수 있고 볼 수 없는지를 염두에 둔다는 뜻이다. 일부 과학자들은 이것을 마음 이론이라는 고차원적 인지 능력의 결정적인 구성요소라고 생각한다.

큰까마귀 새끼 한 마리는 하루에 약 700그램의 고기를 먹는다. "작년 4월에 이 두 개의 둥지에 있는 새들을 먹이려고 말 한 마리를 통째로 잡았어요." 오스바트가 말한다. "하지만 7월 말에 이미 동이 났죠. 그렇다면 이 새들이 야생에서 얼마나 많은 일을 해야 할지 상상해보세요. 새끼들이 어릴 때는 수컷 혼자서 제 짝과, 새끼들 전부, 그리고 자신까지 다 먹여 살려야 해요." 이것은 왜 지금 오스바트 조류장의 큰까마귀 부모들이 별로 놀고 싶은 생각이 들지 않는지를 잘 설명한다.

그러나 몇 주일 전만 해도 6마리 새들이 모두 눈 속에서 놀았다. "이 친구들은 눈을 정말 좋아해요." 오스바트가 말한다. "눈에서 할 수 있는 모든 놀이를 합니다. 언덕에서 미끄러져 내려오고 도로 위로 올라가서 또다시 미끄럼을 타고 내려와요. 가끔은 두 발에 막대기를 붙들고 등으로 내려와요. 새들한테 눈 뭉치를 던지면 모두 줄을 쭉 서서는 최대한 높이 뛰어오르면서 잡으려고 해요. 어떨 때는 한 까마귀가 다른 까마귀에게 걸어가서 다리를 붙잡고 홱 잡아당겨요. 그러면 다른 놈도 그렇게 하죠. 그러고는 둘 다 중심을 잃고 눈 위에 퍽! 하고 넘어져요. 서로의 다리를 붙잡은 채로요. 어떨 때는 다른 쪽 발에 뭔가를 들고 있을 때도 있어요. 완전히 정신들이 나간 것 같다니까요."

큰까마귀들은 목욕도 매우 즐긴다. 몸을 깨끗하게 하기 위해서도, 몸을 따뜻하게 또는 시원하게 하기 위해서도 아니다. 그저 물속에서 첨벙거리고 노는 것이 좋아서이다. 베른트 하인리히는 새들이 몸이 더러워져서, 또는 체온을 변화시킬 필요가 있어서 목욕을 하는지 보기 위해서 일련의 실험을 계획했다. 하인리히는 새들의 몸에 꿀과 소똥을 뿌려 더럽혔지만 목욕하는 비율에는 차이가 없었다. 영하 40도의 얼음장 같은 날씨든, 32도나 되는 한여름의 찜통더위든 마찬가지였다. "기온은 변수가 못 됩니다." 하인리히가 말한다. 큰까마귀들은 단순히 재미를 위해서, 자기가 목욕하고 싶은 기분이 들 때에 목욕을 한다.

"스웨덴의 추운 겨울을 보낸 후의 첫 번째 목욕은 특별히 볼 만합니다." 오스바트가 말한다. 큰까마귀들은 그가 물을 채워넣은 조류장 주위의 욕조와 웅덩이에 모인다. 가장자리에 서서 까악까악거리다가 첨벙거리며 들어가서는 물속으로 몇 번이고 잠수한다.

큰까마귀는 온갖 종류의 게임을 발명하는 능력으로도 유명하다. "다른 큰까마귀 시설에 가면 새들이 각자 다른 놀이들을 하고 있어요. 자기가 직접 고안한 놀이죠." 오스바트가 말한다. "새로운 놀이를 알려주면 규칙을 금방 배워요." 철새의 몸에 생체시계가 있다는 사실을 밝힌 저명한 동물학자 에베르하르트 귀너는 1960년대에 까마귀류—큰까마귀, 송장까마귀, 떼까마귀—의 놀이 행동으로 관심을 돌렸다. 그는 큰까마귀들이 자기만의 놀이를 고안하고, 다른 까마귀들이 그 놀이를 모방해서 발명자가 사라진 후에도 몇 년 동안 그 놀이가 이어지면서 놀이 문화가 형성되는 과정에 주목했다.

큰까마귀에게 항아리나 빈 화분을 주면 머리를 그 안에 넣고 자신의 목소리를 듣는다. "우리가 아이들에게서 보는 감각 놀이의 일종입니다. 자기 목소리를 바꾸어주는 물체에 대고 이야기하는 게 얼마나 재미있겠어요." 큰까마귀 새끼들은 건물 모퉁이에 앉아서 까르륵거리는 소리를 낸다. 한번은 오스바트가 키우던 수컷 큰까마귀 한 마리가 어려서 날개를 다친 적이 있었다. 날개에 무리를 주지 않기 위해서 한동안 새를 근처의 작은 조류장에 두었는데 마침 바로 옆에 말을 기르는 농장이 있었다. 농장 둘레로 전기 철조망이 쳐져 있었는데 틱 소리가 나면 말들이 뒤로 물러났다. 이 수컷 큰까마귀는 오로지 말들을 약 올리려고 틱 소리를 흉내 냈다. "아마 깨달았겠죠. '이거 대단한데! 이렇게 하니까 엄청난 덩치들이 움직이잖아!'" 오스바트의 말이다. "이후 그 소리는 이 수컷이 자신을 과시하는 트레이드마크가 되었죠. 더 커 보이려고 몸집을 부풀리면서 '틱' 소리를 내곤 했어요."

어떤 새들은 물체를 반복해서 떨어뜨리고 거기에서 나는 소리를 듣는다. 오스트레일리아 뉴사우스웨일스 주에서 서식하는 갈라앵무가 전원주택의 금속 지붕에 돌멩이를 떨어뜨리는 것이 목격되었다. 점박이정원사새 수컷은 바우어에 쌓아놓은 껍데기를 집은 다음 그 위에서 두세 번 정도 떨어뜨리는데 그저 쨍그랑거리는 소리를 듣기 위해서이다. 밀리센트 피켄은 『조류의 놀이(*Avian Play*)』에서 어린 정원솔새에 관해서 언급했다. "한 정원솔새가 우연히 돌멩이를 유리에 떨어뜨렸는데 맑게 울리는 소리가 났다. 다른 새들이 큰 관심을 보였고 너도나도 접시에 돌을 떨어뜨렸다."

이런 종류의 소리 또는 음향 놀이는 앞선 세 가지 놀이 범주에는 들어가지 않는다. 아마도 네 번째 놀이 범주로 보아야 할 것이다. 일부 과학자들은 서브송(subsong)—어린 명금류가 내는 부드럽고 무작위적이고 어른의 음성에 가깝기는 하지만 아직은 여물지 않은 노래—이 음성 놀이의한 형태라고 제안한다. 위스콘신 대학교의 로렌 라이터스와 다른 과학자들은 번식철이 아닐 때에 시도하는 노래 연습, 또는 어떤 식으로든 목적이 없는 노래하기는 새에게 내적인 보상을 주며, 쾌락을 느낄 때와 동일한 오피오이드(opioid) 경로가 관여한다고 밝혔다. 만약에 그것이 사실이라면, 다시 말해서 번식과 관련되지 않은 노래가 4,500여 종의 명금류들을 위한 놀이의 형태라면, 새들 가운데 고작 1퍼센트만이 놀이를 한다는추정은 사실에서 크게 벗어난 것이다.

야생 큰까마귀가 조류장 주변에 모습을 드러낸 첫해에 오스바트는 이 새가 거의 비슷한 나이대의 붉은솔개와 노는 것을 보았다. 두 새는 함께 어울려 서로 나란히 앉아서 공중 놀이를 하고는 했다. 때로는 붉은솔개가또 때로는 큰까마귀가 먼저 장난을 걸었다.

종이 다른 동물끼리 함께 노는 일이 아주 드문 것은 아니지만 신기하기는 마찬가지이다. 유튜브에는 수많은 흥미로운 동영상들이 가득하다. 개와 조랑말이 법석을 떨며 놀고, 새끼 고양이가 새끼 사슴과 몸싸움을 벌이고, 까치가 강아지와 까불며 뛰놀고, 셰퍼드가 금강앵무와 서로 코와 부리를 비비고, 치와와가 병아리를 부둥켜안고, 캥거루가 마치 "아이고, 우리 착한 강아지, 넌 진짜 착한 개야!"라고 말하는 듯이 개를 열정적으로 쓰다듬는다. 그리고 아마도 가장 깜짝 놀랄 만한 것은 원숭이올빼미가 고양이와 신나게 뛰노는 모습과 시베리아허스키가 북극곰과 난장판을 벌이며 놀다가 서로 껴안기까지 하는 장면일 것이다.

"동물들은 다른 동물이 놀고 있는지를 금방 알아챕니다." 오스바트가 말한다. 심지어 종이 다르더라도 말이다. 우리는 인간, 유인원, 개, 고양이, 새에게서 그것을 볼 수 있다. "모든, 또는 적어도 대부분의 척추동물이 이해하는 공통된 신호나 특징적인 행동이 있는 것이 틀림없습니다." 어떤 동물들은 지금 놀이 중이라는 명확한 신호가 있는데, 예를 들면 개의 기지개 자세가 그렇다. 앞다리를 앞으로 쭉 뻗고 엉덩이를 높이 치켜들고 꼬리는 위로 올려 흔드는 자세를 말한다. 침팬지의 놀이 얼굴은 찡그림과 미소의 중간쯤 된다. 개코원숭이가 몸을 숙여서 자기 다리 사이를 보는 방식도 일종의 놀이 신호이다. 그밖에도 과하게 통통 튀면서 걷는다든지 과장된 몸동작을 보이는 것처럼 다양한 신호가 있다.

오스바트는 동물원에서 갈색곰과 장난을 친 적이 있었는데, 곰 우리의 한쪽 끝으로 달려간 다음 코를 유리창에 대었다가 다시 반대쪽으로 내달리는 것이었다. "바로 무슨 놀이인지 알아차리더라고요." 그가 말한다. "침팬지도 마찬가지예요. 놀고 있다는 걸 굉장히 빨리 파악하죠." 인터넷에 올라온 한 동영상에는 수중 동물원의 펭귄들이 수족관 안에서 앞뒤로 몸을 움직이며 인간 방문객들의 코에 부리를 맞대는 놀이 장면이 담겨 있다. 새들은 일반적으로 머리를 갸우뚱하고 등을 대고 누워서 구르거나 놀이 친구 쪽으로 옆걸음을 치고 아니면 무작정 뛰어다닌다.

오스바트는 큰까마귀들이 어려서부터, 심지어 제대로 날지도 못하는 새끼 때부터 놀기 시작한다는 것을 알게 되었다. "부화한 지 약 40일 되었을 때부터 볼 수 있었어요. 몸이 커져서 둥지 가장자리 밖으로 머리가 나오기 시작했거든요. 그런데 새끼들은 정말 정신없이 놀고 있었어요. 둥지 재료를 잡아당기거나 물고 쪼면서, 또 혼자서도 놀고 같이도 놀고요." 어린 새들은 둥지에서 보내는 시간의 3분의 1을 놀이에 쓰는데, 이는 잠자는 시간에 버금가는 수준이고 비행 훈련을 받는 데에 드는 시간보다는 3배나 더 많다. "어린 새들이 하는 일은 그게 다예요." 오스바트가 말한다. "놀고 먹는 거요." 둥지 속 새끼들 사이에서 놀이 분위기는 전염되는 것 같다. 한 새가 놀기 시작하면 다른 새도 동참한다.

이후에 오스바트는 이러한 놀이 전염이 소위 단순한 행동적 동기화, 즉 새들이 똑같은 행동을 함께하려는 것은 아니라고 말한다. 한 까마귀가 사물 놀이를 하느라고 정신없을 때, 다른 까마귀는 운동 놀이를 할 수도 있고, 또다른 놈은 사회적 놀이를 할 수도 있다. "전염되는 건 노는 분위기예요." 오스바트가 말한다. 긍정적인 감정의 전염은 침팬지나 들쥐 등 다른 종에서도 발견된다. 과학자들은 최근에 큰까마귀에서 부정적인 감정도 전염된다는 것을 밝혔다. 큰까마귀는 동료가 과제와 씨름하느라고 간식을 거부하거나 맛없는 음식 앞에서 실망하는 것을 보면 자기가 먹을 음식에 대한 흥미도 잃는다(단, 음식 자체에 대해서는 아니다). 이런 종류의 감정 전염은 그것이 긍정적이든 부정적이든 공감의 바탕이 된다.

비록 나는 시든과 주노의 둥지 안을 직접 볼 수는 없었지만, 거기에 있는 새끼들도 둥지 바닥에서 지푸라기들을 끄집어내고 비좁은 공간에서 함께 폴짝거리며 열심히 놀고 있었을 것이다. 음울하다는 고정관념에도 불구하고 큰까마귀는 파닥거리며 개구쟁이처럼 익살스럽게 행동한다. 우리가 이야기를 나누는 동안에도, 심지어 번식철인 지금도 수컷 리카르드는 쇠사슬에 매달린 통나무에서 앞뒤로 왔다 갔다 걸음질을 했다.

오스바트는 어떻게 큰까마귀가 동물의 세계에서 독특한 놀이꾼들이 모인 배타적 클럽에 합류하게 되었는지 궁금해한다. 복잡하고 혁신적인 놀이 행동을 하는 것으로 알려진 생물은 유인원, 돌고래, 앵무새, 까마귀 등이 유일하다. 이런 종류의 놀이는 동물의 진화계통수에서 산발적으로 나타나고 또 서로 혈연관계가 없는 가지에서 시작되었다. 동물계의 30개 문(門) 중에서 오직 3개의 문만이 놀 줄 아는 종을 포함하는 것 같다. 그리고 그 3개 내에서도 모든 분류군에 장난기가 있는 것은 아니다. 조류의 진화계통수에서도 앵무새와 까마귀라는 양대 최고의 놀이꾼은 9,200만 년 전에 갈라져서 서로 멀찍이 떨어져 있다.

놀이, 특히 복잡한 놀이가 동물들 사이에서 불규칙하게 나타난다는 것은 그것이 여러 차례 독립적으로 진화했고 그럴 만한 중요한 이유가 있음을 암시한다. 그러나 그 목적은 여전히 수수께끼이고 아주 까다로운 문제라고 오스바트는 말한다. "우리는 새들이 왜 노는지 아직도 모릅니다."

전통적인 관점에 따르면, 놀이에도 한 가지 기능이 있다. 사냥이나 싸움처럼 어른이 되었을 때에 필수적인 삶의 기술을 갈고 닦는 과정이라는 것이다. "처음에 사람들이 생각할 수 있는 건, '아, 연습하는 거네'였어요." 오스바트가 말한다. 그 생각은 1898년에 『동물의 놀이』(*The Play of Animals*)를 출간한 카를 그로스에게로 거슬러올라간다. "어린 동물들의 놀이는 커서 필요한 과제에 스스로를 준비시키기 위한 과정이다"라고 그로스가 썼다. "놀이는 일의 자식이 아니다. 일이 놀이의 자식이다." 놀이는 고된 인생의 훈련장이다.

어릴 적의 놀이와 커서의 경험이 연관이 있음을 보여주는 실험 증거들이 많지는 않지만 납득할 만한 일이다. 오스바트는 어린 큰까마귀들이 눈에 띄는 거의 모든 새로운 물체를 가지고 노는 것을 관찰했다. 잔가지,

돌멩이, 먹을 수 없는 열매, 병뚜껑, 조개껍데기, 유리. 이런 종류의 초기 놀이는 어린 새들이 위험한 물건과 안전한 물건을 구분하게 가르친다. 또한 물건을 만지고 다루면서 이런 물건들을 숨기는 기술을 습득한다. 어떻게 하면 보물을 가장 잘 숨길 수 있을지, 또 어떻게 하면 시각적 가림막을 활용해서 좀도둑의 눈을 피하고 노력의 결과물을 잘 감출지 연습한다. 토마스 부그니아와 동료들은 "멍청한" 숨기기라고도 알려진, 작은 돌멩이나 잔가지, 색깔 있는 플라스틱 물체 등 먹을 수 없는 물체를 숨기는 놀이가 큰까마귀들에게 귀중한 식량을 잃는 위험이 없이 다른 큰까마귀들의 좀도둑 기술을 평가하는 기회를 주며, 이 정보는 나중에 진짜 음식을 숨길 때에 사용할 수 있다고 말한다.

그것은 또한 어떻게 어린 시절의 복잡한 사회적 놀이가 나중에 더 자연스러운 사회적 관계로 이어져서 사회적 유대관계를 이끌고, 위계질서를 확립하고 어떻게 다른 새들과 긍정적으로 소통하게 하는지를 보여준다.

잠수하고 급강하하는 등의 운동 놀이 역시 포식자를 피하는 방법을 배우는 데에 유용할 수 있다. 그러나 큰까마귀의 공중 돌기나 하늘에서 돌을 떨어뜨리는 행동이 이런 맥락에서 유용하다고 주장하는 것은 분명한 확대해석이다. "이 새들은 공중에서 매우 민첩해서 수리들이 감히 건드리지 못해요." 오스바트가 말한다. "큰까마귀들의 운동 놀이는 종종 자신의 능력에 도전하고, 오로지 게임을 더 어렵게 만들기 위해서 난이도를 높입니다. 스스로 불리한 조건에 처하는 것인데 그건 우리가 많은 동물들에게서 관찰하는 소위 영리한 행동입니다." 예를 들면, 이 새들은 물체를 한 발로 붙잡고 굉장히 서툴게 끌고 간 다음 길고 가는 나뭇가지의 끝까지 들고 가서는 중심을 유지하려고 애쓴다. "전형적인 큰까마귀 놀이예요." 오스바트가 말한다. "평소라면 절대 하지 않을 일을 하는 거죠. 어떤 생물학적 맥락에서 보더라도 도저히 납득이 안 되는 행동들이에요."

고든 버가트는 돌고래의 거품 불기나 침팬지의 피루엣(pirouette : 한 발로 서서 팽이처럼 도는 동작/옮긴이) 같은 장난스러운 동작, 또는 원숭이나 유인 원들이 눈을 감고 달리는 행동 등은 원래 특별한 기능이 있는 연습이나 훈련에서 기원했지만 진화를 거치며 우회로로 빠져나가 "밑바탕에 있던 기능적 시스템과는 결별했다"라는 의견을 제시했다. 오스바트는 어떤 종류의 놀이는 기술 훈련 중에 부산물로 진화했다가 다른 기능을 수행하기 시작했을지도 모른다고 인정한다. "그리고 그 기능은 동물마다 다를 겁니다." 또는 아예 다른 길로 갔는지도 모른다. 예를 들면, 오래전 까마 귓과 새들의 초기 조상이 장난으로 시작한 탐구적 행동이 은닉이라는 혁신을 가져왔을지도 모르는 일이다.

놀이는 예상치 못한 것에 대한 훈련일 수도 있다. 반세기 전에 에베르 하르트 귀너는 놀이가 큰까마귀들이 보다 유연하게 행동하도록 자극하여 어려운 환경에 처했을 때에 좀더 "즉각적으로 반응할 수 있는 다양한" 행동 레퍼토리를 발달시킨다는 의견을 제시했다. 이 발상은 최근에 마크 베코프와 동료들에 의해서 되살아났다. 이들은 "놀이는 갑작스러운 충격……그리고 스트레스를 주는 상황에서 회복할 수 있는 동작의 다양성과 능력을 증가시키는 기능을 한다. 동물이 놀이를 하면서 예상치 못한 상황을 적극적으로 찾거나 만들고, 자신에게 불리한 자세나 상황에 기꺼이 뛰어드는 이유가 여기에 있다"라고 주장했다. 놀이는 동물이 안전한 환경에서 다양한 가능성을 탐구하게 한다.

놀이는 또한 스트레스를 줄여준다. 어린 동물들에게서 스트레스 호르몬인 코르티코스테론(corticosterone)의 수치는 놀이 시간이 길수록 낮았다. 스트레스를 받지 않는 동물일수록 놀 가능성이 크지만, 반대로 놀이가 미래에 정신적 압박을 받는 상황에서 스트레스를 완화시켜줄 가능성도 있다. 예를 들면 싸우기 놀이에는 진짜 싸움의 요소가 포함되어 있고, 새의 뇌에서 도피-투쟁 반응(스트레스 반응)과 동일한 신경물질 경로를 활성화시킨다. 싸우기 놀이는 안전한 환경에서 가벼운 스트레스를 자극함으로써 스트레스에 대한 민감도를 조정하여 이 다음에 새가 진짜로 스트레스를 받는 문제에 직면했을 때에 타격을 덜 받게 하고 더 빨리 회복하게 한다.

놀이가 무엇에 좋은지 알아내는 한 가지 방법은 새에게서 놀이를 빼앗아보는 것이라고 오스바트는 말한다. "하지만 실행하기는 어려운 일이에요. 새를 신체적으로 구속하는 건 비윤리적일 뿐만 아니라 그 자체로 극도의 스트레스를 유발해 교란 인자로 작용할 테니까요."

놀이를 빼앗긴 실험용 쥐는 뇌가 정상적으로 발달하지 않는다. 과학자들이 새끼 쥐를 아이들의 놀이 충동을 억제하는 어른 쥐와 함께 두었더니 놀지만 못할 뿐 다른 모든 종류의 사회 관계─접촉하기, 냄새 맡기 등─가 정상이었음에도 불구하고 전전두엽 피질(前前頭皮質, prefrontal cortex)이 제대로 발달하지 못했다. 그렇다면 놀이의 필수적인 목적이 한 가지 더 있는 셈이다. 바로 건강한 뇌의 발달이다.

오스바트는 이와 관련한 "매우 불안정한 가설"에 대해서 말해주었다. "가설이라고 할 것까지도 없고 그냥 혼자 해본 생각에 불과해요." 그러나 굉장히 흥미로운 발상이다. 어쩌면 놀이에는, 특히 어른 큰까마귀의 놀이에는 뇌를 재생하는 기능이 있을지도 모른다는 것이다. 우리는 겨울에 음식을 저장하는 새들에게서 새로운 뉴런이 생성되는 신경 발생(neurogenesis)이 일어난다는 점을 알고 있다. 특히 뇌에서 학습, 기억, 기분 조절에 관여하는 해마에서 그런 일이 생긴다(인간의 해마에서도 평생 새로운 뉴런이 자란다는 증거가 있다). "어쩌면 또다른 미스터리인 잠과 같을지도 몰라요." 오스바트가 혼잣말을 했다. "기억을 재생하고 강화하는 데에는 잠이 필요하니까요."

물론 까마귀가 노는 진짜 이유에 가장 근접한 설명이 있다고 오스바트는 말한다. 노는 것은 그 자체로 마냥 즐겁고 재미있다는 것이다. "과학자들이 이런 말을 해서는 안 되겠지만, 사실 우리끼리는 뒤에서 이 동물들이 그저 놀이를 즐기고 있다고 말합니다. 재미가 놀이의 가장 강력한 보상 그 자체인 것이죠." 까마귀, 큰까마귀, 갈까마귀의 사물 놀이에 관한 최근 연구에서 오스바트와 옥스퍼드 대학교 및 막스플랑크 조류학 연구소의 여러 동료들이 큰까마귀에게 먹이와 놀이 중에 한 가지를 고르게 했을 때에 대부분이 후자를 선택했다. "사물 놀이가 너무 중요해 먹을 걸 앞에 두고도 '노!'라고 말할 수 있는 거예요." 오스바트의 말이다.

연구 결과에 따르면, 새들은 포유류와 똑같은 방식으로 재미를 경험하는 잠재력을 가졌다. "새들에게 재미를 느낄 능력이 있는가?"라는 제목의 에세이에서 인지과학자이자 까마귀 전문가인 네이선 에머리와 니콜라 클레이턴은 이 질문에 대한 답이 "그렇다"라고 조심스럽게 주장한다. 대부분의 동물들에게 놀이는 뇌의 보상 체계에서 활성화되는 도파민과 쾌락의 감각에 필수적인 내생성(內生性) 오피오이드를 방출하게 하는 강력한 촉발제인 듯하다. 비록 비슷한 과정이 새에게서도 일어나는지는 알지 못하지만, 도파민과 오피오이드가 재미와 보상에 대한 동일한 신경적 토대를 이룬다는 것은 확실하다. "도파민은 새에서 보상 체계에 필수적인 역할을 하는 것으로 보인다. 그리고 인간과 유사한 뇌의 구역에서 발견된다"라고 에머리와 클레이턴은 썼다. "이는 도파민이 새에서도 마찬가지로 보상을 유도하는 자극을 찾는 것을 통제한다는 것을 시사한다." 우리는 또한 새들의 사회적 놀이와 목적 없는 노래가 뇌에서 쾌락과 보상의 감각을 관장하는 구역에 넘쳐나는 내생성 오피오이드의 활성과 밀접하게 결합되어 있다는 점을 알고 있다.

오스바트는 보상 체계가 동물이 하는 모든 일의 핵심이라고 말한다.

그것이 우리가 먹고 섹스하는 이유이며 우리 중에 누구는 새를 관찰하고 누구는 새를 공부하는 이유이다. "많은 사람들이 특별한 목적 없이 어떤 일을 합니다." 오스바트의 말이다. "과학, 문화 활동, 책 쓰기 등이 모두 자기가 좋아서 하는 거예요. 모두 인간의 탐험적인 행동 또는 노는 행동과 연관이 아주 많은 활동이죠. 새를 공부하거나 달을 탐사하는 것, 현실적으로 적용할 수 없는 분야를 연구하는 것은 사실 모두 쓸데없는 일입니다. 기초 지식을 얻는 것뿐이에요. 우리는 그것에 흥미를 느끼고 거기에서 많은 것을 배우죠. 하지만 솔직히 말하면, 그냥 노는 거예요."

8

산속의 어릿광대들

메설리 연구소의 케아앵무 조류장에 들어가면 시끌벅적한 가족 모임에 도착한 가장 인기 있는 이모가 된 기분이 들 것이다. 버글대는 아이들처럼 새들이 달려나와서 반갑게 맞아준다. 뒤뚱거리는 걸음으로 순식간에 몰려와서는 호주머니를 잡아당기며 꽥꽥대는 폼이 꼭 "뭐 사왔어? 우리 주려고 뭐 가져왔어?"라고 묻는 것 같다.

전 세계에 케아앵무 연구소는 두 곳이 있다. 하나는 오클랜드 대학교 연구원인 알렉스 테일러가 최근에 뉴질랜드에 세운 것이고, 다른 하나는 뉴질랜드에서 지구를 반 바퀴 돌아서 오스트리아 니더외스터라이히 주의 초록 언덕이 굽이치는 시골에 자리한 메설리 연구소로 내가 지금 방문한 곳이다. 이 시설은 인지생물학자 루트비히 후버가 30년 전에 설립했는데, 빈에 있는 두 대학교의 협력기관이고 현재는 바트 푀슬라우 마을 바깥의 하이틀호프 연구기지에 있다. 이곳에는 빈 대학교의 토머스 부그니아가 이끄는 큰까마귀 조류 실험장과, 빈 수의과대학교의 라울 슈윙거가 이끄는 케아앵무 조류 실험장이 있다. 슈윙거는 관리를 맡은 아멜리아 바인과 함께 케아앵무 연구실을 운영한다. 바인은 내게 조류장을 안내해주고 케아앵무들의 오후 식사시간을 보여주었다. 4월, 큰까마귀와 마찬가지로 케아앵무들에게도 번식기의 절정이다. 하지만 바인은 조류장으로 들어가서 이 새들을 만나도 괜찮다고 말했다. 단, "조류장 안으로 들어가기 전에 소지품은 전부 바깥에 두고 가세요. 전화, 시계, 귀고리, 모두 다요."

이제야 이유를 알겠다. 케아앵무들이 호기심 충만한 앵무 걸음으로 한 마리씩 나에게 다가와서는 청바지, 셔츠, 양말, 신발 할 것 없이 죄다 끌어당기며 엄청난 호기심으로 새로운 아이템들을 조사했다. 또 걸음마쟁이가 처음 보는 것들을 검지로 쿡쿡 찔러보듯이, 길고 구부러진 부리로 여기저기 찌르며 내 몸을 샅샅이 조사했다. 딸아이가 어려서 나의 머리카락이나 귀고리를 움켜쥔 채 잡아당기고, 꼭 쥔 고사리손을 풀면서 즐겁게 비명을 지르던 모습과 조금도 다르지 않았다. 갑자기 새들이 내 운동화 위에 내려앉아서 운동화 끈을 가지고 바쁘게 움직이더니 결국 양쪽을 모두 풀어놓았다. 그것도 모자라서 끈의 실밥까지 풀고 있었다. 웃고 있는 바인의 몸은 케아앵무로 뒤덮여 있었다. 어깨에 두 마리, 머리에 한 마리. 특히 머리에 앉은 놈은 플라스틱 머리핀을 진작에 간단히 제거하고 마치 전생에 이발사였던 것처럼 그녀의 머리카락을 또각또각 끊어내고 있었다. 바인의 발치에서는 케아앵무들이 작게 무리 지어 신발을 물어뜯었다. 바인은 어깨에 있는 새를 쫓아내면서 말했다. "안 돼! 이건 내가 좋아하는 셔츠란 말이야."

바인은 케아들이 하도 쪼아대는 바람에 성한 셔츠가 없다고 했다. 이 새들이 가장 좋아하는 일 중의 하나가 구멍을 뚫고 넓히는 일이다. 또 케아앵무는 손가락이나 귓불, 아킬레스건을 부리로 물고 그다지 부드럽지 않게 꽉 누르는 것을 좋아한다. "다른 앵무새였다면, 지금쯤 손가락이 하나도 남아나지 않았을 거예요." 그러나 케아앵무의 부리는 다른 앵무들처럼 견과류를 부수거나 씨를 발라내는 용도보다는 식물—백합, 데이지, 포아풀류—을 뿌리째 캐내거나 바위와 통나무를 들추고, 또는 휴지통, 태양광 패널, 자동차, 텐트, 신발끈 등 눈앞에 보이는 모든 것을 탐색하기 좋게 갈고리처럼 생겼다.

케아앵무는 몸집이 크고 아주 팔팔한 앵무로 몸이 전체적으로 선명한 올리브그린 색이고 날개 안쪽은 타오르는 붉은 주황색이다. 새들 중에서도 유별나게 장난이 심해서 뉴질랜드 남알프스의 자생지에서는 "산속의 어릿광대"라고 불린다. 케아앵무는 큰 뇌와 고도로 발달한 지능, 그리고 장난기와 파괴적인 성격으로도 유명하다.

하이틀호프 연구소의 케아앵무, 큰까마귀 조류 실험장은 이 두 새의 인지 능력과 놀이를 심도 있게 연구하고자 마련된 환경이다. 연구소 근처에만 가도 이미 언덕은 소리—음악이라고 말하기는 조금 그렇고 행복한 비명과 함성의 불협화음이라고나 할까—로 활기가 넘친다. 케아앵무 조류장에는 28마리의 새가 있는데 절반은 어른 새, 나머지 절반은 새끼 새이고 모두 몇 년 전에 유럽을 강타한 웨스트나일 바이러스에서 살아남은 새들의 후손이다. 슈윙거와 동료들은 모든 새들에게 일일이 이름을 지어주었다. 플룸, 파푸, 팬케이크, 코코, 프로윈, 픽, 존, 릴리, 윌리, 그리고 공인된 천재인 커밋이 있다. 2008년에 연구소에 합류한 이후 슈윙거는 케아앵무의 상징인 지능, 대담무쌍함, 호기심, 장난기, 평범하지 않은 사회적 행동을 연구해왔다. 모두 이 앵무를 조류계에서 독보적인 존재로 만드는 특징이다.

"저는 늘 말해요. 케아는 이상한 새들 중에서도 가장 이상한 새라고요." 슈윙거가 말한다. "일반적으로 앵무들은 조금 특이한 면이 있어요. 하지만 케아는 차원이 달라요. 진화, 자연사, 행동까지 모든 면에서요." 케아는 앵무 중에서도 산악지대의 겨울을 경험하는 유일한 고산앵무이다. 케아는 카카, 카카포와 함께 5,500만 년에서 8,000만 년 전쯤에 사랑앵무, 코카투 같은 다른 앵무새에서 갈라져나와 오래된 계통수의 가지 위에 별개의 과를 형성했다. 신기하게도 케아앵무의 특징 중에는 매를 닮

은 것들이 있다. 나는 모습은 앵무보다 맹금류와 비슷하고, 앵무새 치고
는 발성기관인 명관이 다소 원시적이어서 매에 더 가깝다. 발성은 복잡하
지만 코카투나 아프리카의 회색앵무처럼 인간의 말을 흉내 내지는 못한
다. 그러나 어찌나 잘 까불고 사람 같은지 이 새들이 말을 할 수 있다면,
뭐라고 떠들어댈지 무척이나 궁금하다.

큰까마귀와 케아앵무는 세상에서 가장 장난기가 많은 새이다. 그러나
둘의 행동은 달라도 너무 다르다. "원래 이 연구소는 큰까마귀와 케아앵
무의 차이점을 연구하기 위해서 세워졌습니다." 슈윙거가 말한다. "새들
가운데 가장 똑똑하다는 두 집단인 까마귓과와 앵무과에 속하고 몸집도
꽤 비슷하죠. 둘 다 크고 복잡한 사회 집단을 이루고, 또 먹이 습성이 유
연하고 잡식성이며 문제해결에도 능하니까요."

그러나 둘이 닮은 것은 거기까지이다. 먼저, 케아앵무는 상대적으로 새
들끼리 조화롭게 어울려 사는 반면, 큰까마귀는 대단히 텃세가 심하고
싸움으로 지위가 결정되는 엄격한 계급 사회를 이룬다. 새로운 것에 대
한 태도에서도 근본적인 차이가 있다. 앞에서 보았듯이, 큰까마귀는 새
로운 것 앞에서 몹시 조심스럽고 겁이 많다. 반면 케아앵무는 개미가 설
탕에 꼬이듯이 새로운 것에 끌린다. 이들의 호기심은 한이 없고 게다가
겁도 없다. 낯선 물체가 있으면 큰까마귀는 몇 주일 동안 바라만 보다가
겨우 접촉하기 시작하지만, 케아는 어떤 물건이라도 보는 순간 조사에
들어간다. "음, 이게 뭐지? 이걸로 뭘 할 수 있을까?"

"케아가 새로운 것에 이렇게 끌린다는 게 어떤 면에서는 조금 신기해
요." 알렉스 테일러의 말이다. "이 새들은 아고산대 숲과 고산지대에 살
죠. 그런데 그 지역에는 케아가 좋아할 만한 새로운 것이 별로 없거든요.
새것에 대한 갈증이 진화했다는 사실이 정말 신기할 지경이에요. 하지만
이런 성향은 이 새들의 놀이 수준과 아주 아름답게 연결되어 있어요."

슈윙거의 동료이자 부그니아 실험실에서 큰까마귀를 연구하는 요르흐 마선은 처음에 케아와 큰까마귀를 네오필리아(neophilia)와 네오포비아(neophobia)로 구분하는 것에 동의하지 않았다. 그래서 그는 직접 시험해 보았다. 하루는 일부러 큰까마귀 조류장을 찾아가 새들 옆에 앉았다. 이 새들은 그가 직접 키웠거나 가깝게 일했던 사이여서 마선을 잘 알고 있었다. 새들은 기대에 부풀어 마선이 무엇을 하는지 보려고 다가왔다. 이때 그가 자전거 조명을 당겨 스위치를 올리자 새들은 삽시간에 사방으로 도망쳤다. 이번에 마선은 케아 조류장으로 갔다. 케아들은 그가 조류장 근처에서 지나다니는 것을 늘상 보았으므로 그에게 익숙했고, 그래서 그가 옆에 와서 앉아도 크게 신경 쓰지 않았다. 그가 조명을 켜기 전까지는 말이다. 조명을 켜자마자 정신없이 달려든 케아들로 인해서 마선은 혼돈에 빠졌다.

이런 명백한 차이는 하이틀호프의 두 실험실에서 학생들을 훈련하는 방식에도 영향을 미친다. 슈윙거에 따르면, 큰까마귀를 연구하는 학생들은 어떤 식으로든 새들이 자신과의 소통을 허락할 때까지 2-3주일 정도 조류장 밖에 머물며 큰까마귀들에게 적응할 시간을 준다. "케아는 반대예요." 슈윙거가 말한다. "처음부터 학생들을 들여보내죠. 관리인들이 청소할 때 같이 돕게 해서 일상의 환경에서 학생들을 알아가게 해요. 처음부터 바로 실험에 들어가면 학생들 자체가 케아에게는 너무 새롭고 흥미로운 대상이라 주어진 과제를 무시하고 처음 만나는 사람과 놀고 싶어 하거든요." 슈윙거의 말이다.

"큰까마귀는 케아만큼이나 대담하지만, 자기들이 잘 아는 사물이나 사람들에 한해서만 그렇습니다. 하지만 케아는 새것이면 무엇이든지 쫓아가요. 큰까마귀는 자기가 아는 것에 끌리고 케아는 자기가 모르는 것, 새로운 것, 신기한 것에 끌립니다. 이런 성향의 차이가 행동에도 엄청난 차이를 불러옵니다. 그래서 이들을 대상으로 실험을 계획하고 행동을 해석할 때는 아주 신중해야 합니다. 만약 제가 매사에 조심하는 사람이라면 제 뇌의 일부는 늘 경계 상태에 있겠죠. 하지만 케아는 그렇지 않습니다."

어쩌다가 깊은 산속에 사는 새에게서 새로운 것에 대한 갈망과 항상 놀고 싶은 욕망이 진화했을까? 케아앵무 역시 다른 새들과 똑같은 이유로 노는 것일까?

슈윙거가 조류장에 합류하는 순간, 가족 모임의 가장 인기 많은 삼촌은 그라는 것을 바로 알 수 있었다. 새들이 슈윙거의 주위에 몰려들어 길고 크고 높은 음으로 키이이—이이—아아—아아 하는 괴성을 질러댔다. 이 울음소리가 바로 이 새에게 케아(kea)라는 마오리족의 이름을 주었다. 이 소리는 케아앵무가 서로 인사할 때에 사용하는 "인사 신호"이다.

이 새들이 목소리를 낸다고 말하는 것은 아주 완곡한 표현이다. 케아앵무는 확실히 요란하고 쉬지 않고 떠들며 야옹거리고 끼익거리고 지저귀고 재잘댄다. 사람이 조류장 안에 있든 밖에 있든 가리지 않는다. 슈윙거와 바인의 인터뷰 녹음본을 들어보았더니, 케아들의 소리가 너무 커서 사람의 말소리는 겨우 알아들을 수 있었다.

슈윙거는 뉴질랜드 남알프스의 자생 서식지에서 4년 이상 조사한 시간을 포함해서 이 새들을 10여 년 동안 연구했다. "뉴질랜드의 산이 어떤 초록색인지 알고 싶으시다면," 슈윙거가 운동화의 고무를 비틀고 있는 새 한 마리를 가리키며 말했다. "바로 이 색이에요. 쌍안경으로 멀리 있는 케아를 보면 숲으로 날아가서 덤불 위에 내려앉는 것까지는 눈으로 쫓을 수 있어요. 하지만 그러고 나서는 그냥 시야에서 **사라집니다.** 믿을 수 없을 정도로 숲과 잘 섞이죠."

케아의 위장술은 뛰어나다. 다만 케아에게는 포식자로부터 자기를 보호하려는 의지가 없는 것 같다. 오히려 그 반대이다. 이들의 행동은 밝은 화살을 그 큰 초록색 몸에 겨누어도 전혀 경계심을 가지지 않도록 설계된 것 같다. 이런 정도의 대담한 행동이 가능한 것은 케아가 자생하는 서식지에 천적이 거의 없기 때문이다. 그 지역에는 늪지개구리매와 뉴질랜드매, 두 종의 대형 맹금류가 산다. 슈윙거에 따르면, "둘 다 똑같이 세계에서 가장 공격적인 맹금류예요." 그러나 두 새가 케아앵무를 죽이는 장면은 목격된 적이 없다. "사실 뉴질랜드매는 케아앵무 무게의 절반밖에 나가지 않아요." 슈윙거가 지적했다. "그리고 엄밀히 말해 괴롭히는 쪽은 케아죠. 놀이 신호를 보내면서 매들을 덮치거든요. '같이 **재미있게** 놀아보자!'라고 말하는 것 같아요."

과거에는 상황이 전혀 달랐다. 날개를 편 길이가 2.5미터나 된다고 기록된 거대한 에일리스개구리매와 지금까지 기술된 수리류 중에서 가장 크고 무겁다고 알려진 하스트수리가 이 섬을 지배했다. 둘 다 지금은 멸종했지만 한때는 위험한 포식자였고, 아마 케아의 몸색깔이 눈에 잘 띄지 않게 진화한 것도 그 때문일 것이다.

슈윙거는 텐트에서 자던 중에 야생 케아를 처음 만났다고 했다. 1킬로그램 남짓한 1인용 초소형 텐트였다. "말도 안 되게 작은 텐트였어요. 제 한 몸 겨우 들어갈 정도에다가 얼굴과 텐트 천장의 간격도 3센티미터도 되지 않았죠." 슈윙거가 회상했다. 환기를 위해서 텐트 지퍼를 조금 내리고 잤는데, 동이 트기도 전에 머리 위에서 나는 소리에 깜짝 놀라 잠에서 깬 순간, 지퍼를 열어놓은 틈으로 머리를 들이민 케아의 호기심 어린 눈과 정통으로 마주쳤다. "누가 더 까무러칠 뻔했는지는 잘 모르겠어요."

그것이 연애의 시작이었다. 슈윙거는 야생 케아를 대상으로 맨 처음 박사 논문을 쓴 사람이다. 2년 동안 그는 케아앵무의 소리를 녹음한 다음,

귀청을 찢는 듯한 "안녕!" 하는 인사 신호에서부터 부드러운 휘파람까지 7개의 범주로 나누었다. 인사 신호는 바람이 부는 날에도, 또 먼 거리까지도 잘 전달된다. 반면 휘파람 소리는 들릴락 말락 조용하지만 듣는 이에게는 마법 같은 효과를 준다(슈윙거는 그것을 "데이트 요청 신호"라고 불렀다). 메설리 연구소에 있는 케아앵무 중에는 슈윙거에게 이 휘파람 신호를 보내는 새도 있지만, 야생에서는 극히 드물다. 그가 녹음한 거의 2만 5,000개에 달하는 울음소리 중에서 이 휘파람은 24건에 불과했다. 슈윙거는 이 신호가 새들 사이의 대단히 사적인 소통에 쓰이고, "당신과 가까이 있고 싶어요"라는 뜻이라고 생각한다. 그가 휘파람 신호를 찍은 영상을 보면 수컷 한 마리가 벤치에 앉아 있다. 암컷이 내려와서 수컷에게 다가가 날개를 다듬어주려고 하지만 수컷이 쫓아낸다. 암컷이 다시 돌아오더니 나직이 휘파람을 분다. 그러자 금세 수컷이 머리를 낮추고는 암컷이 와서 깃을 다듬게 둔다. "조류장에는 꽤나 난폭하고 세게 무는 새들이 있어요." 슈윙거가 말한다. "그런데 다른 새가 와서 휘파람을 불면 아주 얌전해지죠." 슈윙거는 이런 소리가 실제로 새들의 내적 감정 상태를 밖으로 표현한 것이라고 추측한다.

하루는 슈윙거가 야생에 있는 자신의 야외 연구지인 관광용 전망대에서 녹음을 하고 있는데, 케아 한 마리가 그의 펜을 훔쳐갔다. 새를 뒤쫓은 그는 덤불 아래에서 이 작은 좀도둑이 관광객들로부터 슬쩍한 수집품들을 발견했다. 고무젖꼭지 2개, 안경 4벌, 자동차 안테나와 고무 절연관, 그리고 그의 펜까지. 그 장소에서 운 나쁜 어느 스코틀랜드 관광객은 돈다발을 잃어버렸다. 자동차 계기판 위에 올려둔 것을 케아가 낚아채갔다고 한다. 재미있는 사실은 이 도난 사건이 뉴질랜드에서 지폐를 썩지 않는 플라스틱 재질로 바꾼 후에 일어났다는 것이다. 슈윙거가 말했다. "찢어지지도 않을 테니 그 산속 어딘가에 1,200뉴질랜드달러가 세계에서 제일가는 도둑 케아의 둥지 안을 감싸고 있겠죠."

이 새들은 악동 기질이 다분한 악명 높은 기물 파손자들이다. 뉴질랜드 남알프스의 야영장에서 케아는 주차된 차량 밑을 파고들어 엔진 호스를 훔치거나 캠핑카 꼭대기에 구멍을 내는 것으로 유명하다. 야외 연구 중에 슈윙거는 차를 빌린 적이 있었다. "모든 항목이 보장되는 보험을 들어야 한다는 것쯤은 당연히 알고 있었죠." 그가 내게 말했다. "차를 반납했을 때 렌트 회사에서 얼마나 욕했을지는 생각하고 싶지도 않아요. 차가 완전히 너덜너덜해졌거든요." 그가 사진을 보여주며 말했다. "이건 차에서 나온 안테나예요. 케아앵무가 이걸 돌려서 떼어내는 데 딱 3분이 걸리더라고요. 벗겨낸 것도, 뜯어낸 것도 아니고 **돌려서** 풀었어요."

큰까마귀나 아프리카의 회색앵무처럼 케아의 뇌는 몸집에 비해서 크고 뉴런이 **빽빽**하게 들어차 있다. "케아앵무가 하는 행동의 거의 모든 측면에서 지능이 보여요." 슈윙거가 말한다. 오스트리아의 케아 조류 실험장에는 작은 오두막이 딸려 있는데, 안에 터치스크린 컴퓨터가 설치되어 있어서 연구자들이 케아의 인지 능력—이를테면 유추에 의한 추론이 필요한 과제를 수행하는 능력—을 조사할 수 있다. 새가 화면의 오른쪽 답을 누르면 보상을 받는다. "터치스크린을 너무 좋아해서 오두막 밖으로 줄을 서 있어요." 바인이 말한다. 바인은 석사학위 과제로 케아의 사진 속 물체 인식을 연구했다. 이 연구는 케아가 터치스크린의 사진에서 배운 것을 실제 사물에, 또는 그 반대로 적용할 수 있는지 알아보는 것이었다. 그녀는 케아에게 한 사진은 보상을 주는 긍정적인 것이고, 다른 사진은 보상을 주지 않는 부정적인 것임을 가르쳤다. "케아들은 사진에서 배운 걸 정말 금세 실제 사물에 적용했어요." 바인이 말한다. "두 번 만에 100점을 받았으니까요."

케아는 또한 서로에게서 배우는 데에도 매우 능숙하다. "튜브 제거" 과제로 이것을 시험할 수 있다. 짧은 튜브의 안쪽 벽에 보상(케아가 가장 좋아하는 버터)을 바르고 이 튜브를 긴 수직 막대기에 끼워서 바닥까지 끌어내린다. 간식을 먹으려면 막대기 위쪽 끝까지 다시 튜브를 끌어올려야 하는데, 그러려면 부리로 튜브를 누르면서 막대를 타고 올라가야 한다. 케아는 이런 장치를 한번도 본 적이 없지만 몇 번 만에 성공했다. 그러나 다른 케아가 성공하는 장면을 먼저 본 케아는 그 전략을 그대로 흉내 내어 첫 시도에 과제를 마쳤다.

커밋은 메설리 연구소 케아 무리의 대표 마법사이다. 커밋에게 문제를 주면 몇 초 만에, 대개는 아주 떠들썩한 케아식 스타일로 풀어낸다. 주변 새들은 커밋이 하는 행동을 보고 따라 한다. 얼마 전에 한 연구팀이 커밋을 비롯한 여러 케아들에게 퍼즐을 주었다. 투명한 플렉시 유리 상자 안에 보상이 들어 있는데, 작은 단 위에 올려진 상태여서 상자 구멍으로 막대기를 집어넣고 움직여 음식을 단에서 밀어내야만 얻을 수 있었다. 부리가 구부러진 모양인 케아에게는 쉽지 않은 과제였다. 그들은 뉴칼레도니아까마귀가 하듯이 도구를 앞으로 물어 머리와 일직선이 되도록 붙잡을 수 없기 때문에 도구의 끝부분을 조정하는 능력이 떨어진다. 커밋은 기발한 방식으로 문제를 해결했다. 그는 막대를 옆으로 물고는 한 발로 붙잡아서 적당한 위치가 될 때까지 부리로 길이를 맞추었다. 그런 다음 막대를 구멍 안에 넣고 보상이 나올 때까지 휘저었다.

"커밋은 대단히 집요하고 쉽게 좌절하지 않아요." 바인이 말한다. "만약 커밋도 해내지 못하는 과제가 있다면 그건 아마 실험 자체에 문제가 있기 때문일 거예요."

케아는 똑똑하고 끈질기고 아주아주 집중력이 뛰어나다. 연구용으로 마련된 한 작은 조류장에서 대학원생 티르자 반비헨이 케아가 먹이를 얻기 위한 작업을 좋아하는지 시험하고 있다. 연구에 따르면, 대부분의 동물은 먹이 찾기 도전을 선호한다. 예를 들면 고양이는 먹이 퍼즐—사냥 본능을 자극하고 신체 활동을 부추기는—을 아주 좋아하는데, 이 활동이 심지어 스트레스를 줄여주는 것으로 나타났다. 케아앵무도 마찬가지이다. 이 앵무는 먹이 찾기 기술과 연관된 작은 퍼즐들을 매우 좋아한다. 우리가 보고 있건 말건 상관없다. 과제에 어찌나 몰입하는지, 위를 올려다볼 생각도 하지 않는다.

케아는 한 번 푼 문제나 사용법을 익힌 도구는 잊어버리지 않는다. 슈윙거가 몇 년 전에 케아의 인지 기술과 협력 능력을 시험하면서 사용했던 나무상자를 꺼내어 보여주었다. 이 상자에는 다리가 달려 있고 바닥에는 쟁반이 있는데 적절히 조작하면 아래로 떨어진다. 이 실험에서 슈윙거는 쟁반에 크림치즈를 바른 앵무새 먹이를 올려놓았다. 쟁반에는 4개의 끈이 달려 있고 끈은 상자 옆에 뚫린 구멍을 통과해 나온다. 쟁반을 떨어뜨려 간식을 먹으려면 케아 네 마리가 끈 네 개를 동시에 잡아당겨야 하며 그뿐 아니라 쟁반이 떨어질 때까지 함께 계속해서 당기고 있어야 한다. 한 번에 한 마리씩 잡아당기면 끈이 그냥 밖으로 빠져나온다. 네 마리가 함께 잡아당기더라도 그중 하나가 너무 빨리 놓으면 쟁반은 손이 닿지 않는 곳으로 도로 들어간다.

결과는 인상적이었다. 커밋의 주도하에 새들은 고작 몇 번의 연습 끝에 끈을 다 함께, 그리고 계속해서 잡아당기는 법을 터득했다. 모두가 맛있게 간식을 먹었다.

몇 년 후에 내셔널 지오그래픽 협회에서 촬영팀이 방문해서 케아가 합심하여 나무상자와 끈 퍼즐을 푸는 장면을 찍고 싶다고 했다. "별로 기대하지 않았어요." 슈윙거가 회상했다. 이미 한참 지난 일이었기 때문이다. 하지만 어쨌든 슈윙거는 최정예 선수들을 골라서 촬영팀이 카메라를 설치하는 동안 대기실에 두었다.

"그때가 번식기여서 약간 긴장감이 있었죠. 대기실에서 새들이 서로 쫓아다니고 있었어요." 슈윙거가 말했다. "상황이 별로 좋지 않다고 생각했어요. 그런데 대기실의 문을 열고 새들을 들여보낸 순간, 이놈들이 일사불란하게 움직이더니 부리와 꼬리 사이의 거리가 몸길이도 채 되지 않게 알아서 줄을 서더라고요. 그런 다음 넷이 함께 사진사들을 지나고, 조명을 지나고, 다 지나치고는 곧장 상자 쪽으로 걸어가더니 각자 자리를 잡고 끈을 잡아당겼어요."

"우리는 이 실험을 여러 번 했고 그래서 촬영팀은 원하는 사진을 다 찍을 수 있었어요. 한번은 사진사가 상자 가까이 누워서 사진을 찍었는데, 케아 중 한 마리에게 머리를 너무 가까이 댄 나머지 끈이 나오는 입구를 막았어요. 그랬더니 이놈이 사진사의 머리를 발로 쓰윽 밀어 옆으로 치우고는 아무 일도 없었다는 듯 끈을 잡고 잡아당기더라고요."

"전혀 힘들이지 않고 방법을 기억해냈어요." 슈윙거가 말했다. "그리고 완벽하게 집중했죠."

이제 슈윙거가 조류장 바닥에 상자를 설치하니 케아들이 여기저기서 달려와서 대소동이 벌어진다. 어리고 경험이 미숙한 새들은 한꺼번에 끈을 두 개씩 움켜잡고 엉망으로 만든다. 다 자란 새들은 어린 새들이 놀게 내버려둔다. 앵무새 아수라장이다.

뉴질랜드의 피오르드랜드 국립공원에 사는 케아는 섬을 괴롭히는 침입성 포유류인 담비를 잡으려고 놓아둔 덫을 작동하는 법을 알아냈다. 케아로 인한 피해를 막기 위해서 일부러 단단한 나무상자 안에 덫을 두었는데도 케아는 적당한 크기의 나무막대를 찾아서 이용하거나 뚜껑의 나사를 풀어 덫을 작동시켰다. 새들의 노력은 달걀이나 그밖의 미끼로 보상을 받을 때도 있고 그저 큰 소리만 날 때도 있었다. 케아들은 심지어 밑으로 함정을 파서 덫을 떨어뜨리기까지 했다.

그런 대담함과 호기심 때문에 새들은 곤경에 빠지기도 한다. "너무 똑똑한 게 탈이죠." 슈윙거가 말한다. "몇 달 전에 한 남자가 사유지에서 케아 7마리를 쏴서 죽였어요. 녀석들이 지붕에서 위성 수신 안테나를 '제거했다는' 이유였어요."

큰까마귀처럼 케아의 먹이 습성도 기회적이고 또 먹이를 "채취한다." 이것은 놀 줄 아는 새들에게 흔한 또다른 특징이다. 그러나 최근까지도 야생에서 케아가 먹이를 찾는 행동은 대개 수수께끼였다. 1950년대와 1960년대에 공원관리자인 J. R. 잭슨은 최초로 야외에서 케아를 연구하면서 영역, 먹이, 개체군에 관한 풍부한 자료와 관찰 내용을 수집했다. "잭슨은 정말 헌신적이었어요." 슈윙거의 말이다. "케아가 자주 모이는 아서스 패스 근처의 쓰레기장에 잠복할 정도로요. 포댓자루 안에 들어가서 몸을 숨기고 가장자리 틈으로 밖을 살폈죠. 사람들이 와서 자루를 발로 걸어차도 꼼짝하지 않았다는군요." 잭슨은 케아가 땅 위의 통나무, 바위, 절벽 밑의 굴이나 구멍에 둥지를 튼다는 것을 발견했다. 대개 그곳에는 둥지 입구로 이어지는 닳고 닳은 길이 있었다. 잭슨의 이름이 실린 논문은 대여섯 편 정도 되지만, 그가 산에서 실종되기 전에 미처 논문으로 출판하지 못한 관찰 노트가 엄청나다는 이야기가 있다.

네브래스카 대학교의 앨런 본드와 주디 다이아몬드는 1980년대부터 아서스 패스에서 케아를 연구해왔고 이 "역설의 새"에 관한 매혹적인 책을 썼다. 두 사람은 다른 새와 비교해서 케아앵무에서 사물 놀이와 사회적 놀이의 비중이 이례적으로 높다는 점을 처음으로 언급하고 이 새의 번식과 먹이 습성을 탐구했다.

케아앵무는 방대한 풍요의 뿔 안에서 먹이원을 찾는, 아마 누구보다도 다양하게 먹는 새일 것이다. 이 새는 온갖 잡다한 것들을 먹는데, 먹이원이 희박한 고산 환경에서는 그럴 수밖에 없기 때문이다. 그래서 "인간에 비견할 폭넓은 관심"을 보이는 "진정한 잡식성" 동물이 되었다고 본드와 다이아몬드는 말한다. 케아앵무는 타고난 식물학자로서 엄청나게 다양한 식물 종들을 먹고 살며, 앞에서 언급했듯이 식물에서 독성이 있는 부분은 도려내고 먹을 수 있는 부분만 남기는 법을 알아냈다. 케아앵무는 죽은 동물의 고기도 먹는다. 그리고 기회만 된다면 양의 볼기를 포함해서 살아 있는 동물의 살점도 마다하지 않는다.

"믿고 싶지는 않지만," 슈윙거가 말한다. "진짜 그러는 걸 어쩌겠습니까." 그 때문에 케아앵무는 목축업자들의 원성을 샀다. 케아앵무가 콩팥의 맛을 좋아해서 양의 엉덩잇살부터 씹어나간다는 소문이 돌지만 슈윙거는 믿지 않는다. "그냥 무방비 상태인 곳을 겨냥하는 것뿐이에요." 슈윙거가 말한다. "현재도 뉴질랜드에서는 양들의 긴 꼬리를 잘라냅니다. 어릴 때 묶어두면 어느 순간 떨어져나가요." (그 바람에 어딘가 낯설고 소름 끼치는 장면이 연출된다고 그가 말했다. 양 꼬리들이 여기저기 널려 있는 들판. "처음 보면 이렇게들 말하죠. '와, 이렇게 큰 애벌레들은 처음 봐!' 그러다가 깨달아요.……' '오, 잠깐만, 이건…….'")

"양의 긴 꼬리에도 원래는 기능이 있다는 게 문제예요. 손이 닿지 않는 엉덩이 쪽에서 접근하는 것들을 쫓아내는 기능이요." 슈윙거가 말한다. "케아는 양들이 쉽게 닿을 수 없는 지점, 그리고 실제로 갈비뼈와 엉덩이 사이의 부드럽고 연한 살로 파고들 수 있는 지점을 겨냥하는 거라고 생각해요."

1890-1971년에 정부는 케아 사체에 현상금을 걸었다. 1908년에 케아앵무에 관한 책을 쓴 조지 매리너에 따르면, 이 새를 죽이는 방법은 독이 든 미끼에서부터 케아 사살용 전문 총에 이르기까지 다양했다. 매리너는 케아를 "살아 있는 가장 호기심 많은 새"이자 "가장 생기 있고 흥미로운 동행자"라고 묘사해놓고도, 이내 "새벽에 동이 틀 때부터 마지막 햇살이

희미해질 때까지 내내" 죽였다고 자랑했다. 1986년에 뉴질랜드 야생동물 보호법에 의해서 보호동물로 지정될 때까지 15만 마리 이상의 케아가 도살되었다.

"케아의 뛰어난 사회학습 능력이 실제로 양 목축업자들에게 도움이 될 수 있습니다." 슈윙거가 말한다. 당신의 양을 공격하는 케아를 처리하는 가장 좋은 방법은? "양의 살을 처음으로 먹기 시작한 젊은 수컷을 무리에서 제거해서 그 지식을 다른 새들에게 전파하지 못하게 하는 겁니다." 그가 조언한다. "만약 그 젊은 수컷을, 그런 행동은 거의 항상 젊은 수컷들이 처음 시도하죠. 우리는 그 새들을 '혁신가'라고 부릅니다. 그 수컷을 무리에서 격리시킨다면 양과 새 모두 다시 평화롭게 살 수 있습니다. 다른 젊은 수컷이 와서 다시 혁신을 감행할 때까지요."

만약 지능과 혁신적인 먹이 찾기가 놀이하는 동물의 핵심적인 특성이라면, 유년기가 연장된 것도 마찬가지이다. 무려 4-8년이라는 아주 긴 "어린 시절"을 가지는 케아도 여기에 해당한다. "앵무 치고도 믿을 수 없이 긴 시간이에요." 슈윙거가 말한다. 케아는 다른 앵무와 달리 그렇게 오래 살지 못한다. 아마존앵무는 보통 80-90년을 살고, 큰유황앵무는 평균수명이 65년이지만 사육 상태에서 잘 보살피면 120년까지도 산다. "케아는 최대 40년까지밖에 살지 못해요." 슈윙거가 말한다. "그래서 유년기가 4년이라고 하더라도 최대 기대수명의 10퍼센트에 해당하죠. 다른 생물들에 비하면 엄청난 시간입니다."

큐 사인이라도 받은 듯이, 스키퍼라는 이름의 작년에 태어난 어린 케아 한 마리가 깃털을 한껏 부풀리고 안짱다리 걸음으로 허세를 부리며 자신만만하고도 사랑스럽게 쭈뼛쭈뼛 다가온다. 딱 보면 어린 새인 것을 바로 알 수 있다. 부리 주위가 노랗고 눈 주변에 노란 고리가 있고 정수리에도 노란 기가 있기 때문이다. 마치 제가 이곳의 주인인 양 으스대며 걸어간다.

그리고 실제로도 이들이 이곳의 실세이다.

이 새들의 또다른 멋진 점이 여기에 있다고 슈윙거는 말한다. 오랜 유년기 동안 어린 새들은 케아 사회의 위계구조에서 특혜를 받는 위치를 차지한다. 갓 날기 시작한 새들도 마찬가지이다. 점심—새장 주위의 작은 단상에 늘어놓은 씨앗, 열매, 채소들—이 차려지면 어른 새들이 와서 평화롭게 식사를 시작한다. 이때 이제 막 날기 시작한 어린 새가 와서 땅을 여기저기 쑤시다가 위쪽에 더 좋은 식사를 발견하고는 파닥거리며 단상으로 올라간다. 그런 다음 어른 새가 먹고 있는 먹이를 부리에서 빼앗아먹는다. 하지만 아무 일도 일어나지 않는다. 나는 이런 장면을 여러 어른 새, 어린 새들에게서 세 번, 네 번, 다섯 번이나 보았다. 먹이를 빼앗아간 어린 새에게 싸움을 거는 어른은 하나도 없었다. 어린 새들은 언제나 자기가 하고 싶은 대로 했다.

가끔씩 슈윙거와 바인은 새끼 케아를 직접 키워서 무리에 들여보내야 할 때가 있다. "다른 앵무 종들에서는 사람이 키운 새를 섣불리 무리에 넣었다가는 십중팔구 죽임을 당해요. 내 무리, 남의 무리의 차별이 존재하기 때문이죠." 슈윙거가 말한다. "따로 새장 안에 넣은 채로 몇 개월에 걸쳐서 서서히 무리에 길들이는 식으로 소개해야 합니다." 그러나 케아의 경우는 반대이다. "어른 케아들이 있는 곳으로 어린 새를 들여보내자마자 수컷들은 이 생면부지의 어린 새에게 누가 먹이를 줄 것인지를 두고 다투다시피 합니다. 갓 날기 시작한 새가 무리에 들어온 첫날이면 먹다가 지쳐서 결국에는 어른들을 쫓아내려고 날개를 치기 시작하죠. 더는 한 입도 먹을 수 없으니까요."

이것을 큰까마귀 사회의 엄격한 서열과 비교해보자. 한 식견 있는 탐조가가 캘리포니아 어느 숲속에 있는 친구네 집 뒷마당에 앉아서 본 광경을 이야기했다. 그 집 뒤편의 커다란 나무에 큰까마귀 둥지가 하나 있는데, 탐조가의 친구는 막대기에 죽은 쥐를 올려놓고 큰까마귀들이 와서 가져가도록 길들였다.

하루는 작은 까마귀가 날아오더니 쥐를 가져가서 냉큼 자기 모이주머니에 넣었다. 이 까마귀가 쥐를 삼키려는 순간 몸집이 큰 까마귀—아마도 둥지를 짓는 암컷이었을 텐데—가 미친 듯이 괴성을 지르면서 내려오더니 어린 까마귀가 먹은 생쥐를 뱉어내게 하고는 둥지로 가져갔다. 작은 까마귀는 뒷마당 가장자리에 고개를 푹 숙이고 앉아 있었다. 암컷이 또다시 소리를 질러대며 내려오더니 날개로 작은 까마귀의 양쪽 머리를 여러 번 때렸다. 까마귀 집단이 먹이를 먹는 위계질서를 보여주는 사건이었다. 어린 까마귀는 죽은 쥐를 자기 혼자 날름 먹을 것이 아니라 둥지로 가져가서 어린 새끼들과 나누어 먹었어야 했다. 그는 대가를 치렀다.

"케아한테는 '애들 먼저'라는 생각이 기본적으로 깔려 있어요." 슈윙거가 말한다. "사육 상태의 개체군에서는 물론이고, 야생에서도 본 적이 있어요. 어린 새와 이제 막 날기 시작한 새들은 누구한테든 가서 먹이를 빼앗아도 됩니다."

그러나 일단 어린 케아가 사춘기에 접어들면 모든 것이 달라진다. 성적으로 성숙해지면서 작고 노란 정수리와 눈 고리가 사라지고 깃털이 진해지면 특별대우는 끝나고 사회의 사다리 맨 밑바닥으로 떨어진다. "한동안 자신감을 잃고 풀이 죽어 지내요." 바인이 말한다. 그러나 예외적으로 긴 유년기와 집단의 구조에서 어린 새가 차지하는 특권적 위치 덕분에 이들한테는 놀기만 해도 되는 충분한 시간이 제공된다.

쉬지 않고 장난을 치는 것은 어린 새들만이 아니다. 어른 새들도 똑같이 용감무쌍하고 장난기가 넘친다. "우리는 늙어서 놀지 않는 것이 아니라 놀지 않기 때문에 늙는 것이다"라는 조지 버나드 쇼의 격언을 마음 깊이 새긴 것 같다. 조류장 어디에서나 케아는 몸으로 하는 격한 장난에 빠져 있다. 이들은 서로 부리를 얽어 비틀고 있는데, 한 놈은 등을 대고 누워 있고 다른 놈은 마치 새끼 고양이처럼 그 배 위에 올라탄 채 구르고 씨름한다. 또 상대에게 슬그머니 다가가거나, 부리나 발로 상대방을 움켜잡고 슈윙거가 "쿵후" 발차기라고 부른 동작으로 서로를 툭툭 친다. 다 자란 어른인 프로윈은 잎사귀를 가지고 공중에 던지고 잡으면서 논다. 케아는 새로운 것도 좋아하지만 주위에 흔히 있는 것들을 이리저리 던지면서 놀기도 한다.

뉴질랜드의 산맥에서 슈윙거는 이처럼 새들이 노는 모습을 수없이 보았다. 새들은 몸싸움을 하고 물건을 던지며 놀았다. "사람들은 일반적으로 케아가 주로 땅에서 논다고 생각합니다." 그가 말한다. "본드와 다이아몬드가 연구 현장으로 저지대 쓰레기장을 선택한 것도 그 때문이었죠. 이 새들은 사람과 음식이 있는 곳으로 내려와서 놀거든요." 연구자들은 케아가 뼈나 천 조각을 양쪽에서 잡아당기고 돌멩이나 병뚜껑, 호두를 공중으로 던지는 것을 보았고, 갓 날기 시작한 새들이 모여 긴 수술용 거즈를 가지고 "주변을 걸어다니며 깡충대고 점프하고 발을 밀면서" 1시간 동안 노는 것을 보았다.

그러나 슈윙거가 지적한 것처럼, 쓰레기장은 대개 주변 지역과의 공기 교환이 최소인 골짜기 지대에 있기 때문에 냄새가 거의 퍼지지 않는다. 다시 말해서 그곳에는 바람이 거의 없다는 뜻이다.

슈윙거가 고산지대의 자연 서식처에서 야생 케아를 기록하고 관찰할 때는 추격하기, 발로 차기, 비행 곡예 등 공중에서의 놀이가 이들 사이에서 가장 인기 있었다. 당시 슈윙거의 연구 현장은 아서스 패스 국립공원의 데스 코너 전망대였는데 케아들이 그곳에서 즐겨 놀았다. 이 전망대는 200미터 아래로 떨어지는 깊이와 바다까지 닿는 시야를 허락하는 거대한 크레바스 덕분에 데스 코너라는 이름을 얻었다. 주차장 바로 옆에는 거대한 송전탑이 있는데, 케아들은 이곳에 즐겨 앉았다. 그곳은 먹이를 찾기에 좋은 장소이고 또한 간식을 주는 관광객들에게도 인기가 많다. 그러나 슈윙거에 따르면, 이곳의 가장 중요한 특징은 "큰 절벽과 거대한 계곡이 만들어내는 상승기류예요. 덕분에 케아는 이곳에서 에너지를 최소로 사용하면서도 아주 빠르고 멀리 날 수 있습니다." 새들은 날면서 다른 새의 등에 내려앉기도 하고, 서로를 거칠게 쫓으며 제멋대로 날거나 공중제비를 돌고 가끔은 순간적으로 거꾸로 날기도 하고 나란히 소용돌이를 그리거나 공중곡예를 하다가 결국 처음 시작한 장소로 내려온다.

한편 케아는 상승기류를 타면서 정지된 상태로 공중에 맴도는데 그러려면 매초마다 계속해서 날개를 미세하게 기울여야 한다. "제자리에 오래 머물기 놀이예요." 슈윙거가 말한다. "놀이가 아니라 주변 경관을 조사하려고 공중에서 맴도는 거라고 주장할 수도 있어요. 마치 매처럼요. 하지만 케아는 땅에서 고작 1.5미터 높이까지밖에 올라가지 못해요. 시야의 측면에서는 아무것도 얻지 못한 채 안정적인 수평 자세를 유지하기 위해 엄청난 에너지를 소모하고 있는 셈이죠. 다른 새들이 바람에 넘어가는 걸 보기 전에는 이 자세에 얼마나 많은 힘이 드는지 가늠하지 못합니다. 그러다가 공중을 맴돌던 새가 합류하기로 결정하죠. 하지만 날개의 자세가 아주 조금만 달라져도 펑! 하고 사라집니다."

진실로 슈윙거를 사로잡은 것은 이 새들이 노는 동안에만 내는 특별한 소리이다. 이 소리는 사랑스럽고 웃기고 끼익끼익 하는 재잘거림이다. 시각적 놀이 신호는 동물들에게서 흔하게 나타난다. 영장류의 놀이 얼굴,

개나 오스트레일리아 꼬리치레들의 기지개 자세 등이 그것이다. 그러나 놀이를 할 때에 내는 소리는 훨씬 드물어서 들쥐나 다람쥐원숭이, 침팬지, 솜털머리타마린에서나 관찰된다. 박사과정 연구 중에 슈윙거는 야생에서 케아의 울음소리를 탐구하기 위해서 어느 춥고 음울한 겨울날에 데스 코너 전망대에다가 스피커와 카메라를 설치했다. 그는 일부러 연구에 최악인 계절을 골라서 제정신인 새들이라면 절대 놀고 싶지 않을 우울하고 춥고 이슬비가 부슬부슬 내리는 날씨에 밖을 나섰다. 슈윙거는 스피커를 틀고는 케아들이 재잘대며 노는 소리(warble call), 두 종류의 다른 케아 울음소리, 그 지역에 흔한 뉴질랜드울새의 울음소리, 그리고 단순한 표준음, 이렇게 5가지 종류의 소리를 각각 5분씩 들려주었다.

결과를 담은 짧은 영상은 폭소 그 자체였다. 어른 케아앵무 두 마리가 돌담 위에서 안개 낀 이슬비를 맞으며 돌아다니고 있었다. 그러다가 어디에선가 노는 소리가 들려오자 둘이 서로를 쳐다보더니 갑자기 꽥꽥거리며 놀기 시작했다. 우스꽝스럽기 짝이 없는 모습으로 서로를 쫓아다니고 이리저리 날개를 퍼덕이고 돌멩이를 집어다가 아무 데나 던지면서 녹음이 재생되는 5분 동안 아주 열심히 놀았다.

"노는 소리가 들리면 놀이가 급격히 증가해요." 슈윙거가 말했다. "500퍼센트까지요." 남녀노소를 불문하고 놀이에 뛰어든다. 암수 사이의 놀이를 포함해서 성숙한 어른 새들 사이에서 아주 격렬하고 긴 한바탕 놀이판이 벌어진다. 성별이 다른 어른들이 함께 노는 것은 동물의 세계에서는 매우 드물다. 그리고 설사 논다고 해도 평범한 구애 행동의 일부이거나 사냥 전에 사회적 유대를 강화하기 위한 행동일 뿐이다. 그러나 케아 사이에서 놀이는 먹을 것에 관한 것도, 섹스에 관한 것도 아닌 그저 순수한 놀이이다.

케아는 소리가 어디에서 나는지 굳이 찾으려고 하지 않았다. 그렇다면

이 소리는 "와서 나랑 같이 놀자!"라는 초대장이 아니라는 뜻이다. "자, 쉬는 시간이다!"에 더 가깝다. 녹음된 노는 소리가 멈추자, 이들의 놀이도 끝났다.

"동료들의 노는 소리가 놀이에 대한 새들의 내재된 동기를 증폭시켰어요." 슈윙거가 설명한다. 그것은 큰까마귀 새끼들에게 영향을 미친 것과 동일한 감정 전염이며, 가까운 친구들 사이에 전염되는 웃음과 비슷하다. 그렇다고 이 재잘거림을 새들의 "웃음"으로 보는 것은 아니라고 슈윙거가 재빨리 덧붙인다. 하지만 적어도 웃음과 매우 유사한 것으로 보고 있다. 왜냐하면 노는 소리와 인간의 웃음, 특히 어린아이들에게서의 웃음은 비슷한 효과를 가지고 있기 때문이다. 웃음은 타인의 긍정적인 반응을 부추기는 긍정적인 행동이다. 다른 사람의 웃음소리를 들으면 기분이 좋아지고 사물에서 지각되는 유머를 촉진시킨다. 살면서 한번도 케아앵무의 소리를 들어본 적이 없는 사람들에게도 케아의 노는 소리를 들려주면 웃으면서 이렇게 말할 것이다. "오, 행복한 거 같은 소리야!" 케아에게 들려주면 이내 물건을 던지면서 서로 쫓아다니고 주위에 다른 새들이 없다면 혼자서라도 놀기 시작할 것이다.

어째서 케아는 그토록 전염성이 강한 노는 소리를 내게 되었을까? 앵무들이 다른 앵무를 같이 놀자고 꾀어내는 것이 무슨 쓸모가 있을까?

현재 슈윙거는 이 질문의 답, 그리고 어떻게 맨 처음 케아가 이렇게 장난을 좋아하게 되었는지를 밝히는 데에 연구의 초점을 맞추고 있다. 슈윙거는 이것이 케아의 사회구조와 그 유토피아적 특성과 관련이 있다고 생각한다. 케아는 다른 고도로 사회화된 동물들에게서 나타나는 일반적인 서열 행동을 보이지 않는다. 대부분 사회적인 조류 집단에서는 무리 내 지위가 싸움으로 결정된다. 케아의 집단에는 그런 종류의 서열이 없다고 슈윙거는 말한다. 케아는 군림하기 위해서 싸우지 않는다. "뉴질랜드에서 4년간 야외 조사를 하면서도 어른 케아들이 싸우는 것을 본 적이 없습니다." 그가 말한다. "단 한번도요." 싸움처럼 보이는 것을 딱 한번 본 적이 있었는데, 그것은 어느 죽은 동물을 앞에 두고 같은 구멍을 파먹고 싶어하는 두 어린 새의 실랑이였다.

야생 케아 집단은 진정한 위계질서는 없을지도 모르지만 유동적이나마 사회조직을 갖추고 있다. "케아들이 자주 출몰하는 숲속의 핫스팟에 가면 30마리 정도의 케아가 아주 유동적인 집단 속에 섞여 있습니다." 슈윙거가 말한다. "케아 2마리가 도착하고, 그다음에 6마리가 도착하고, 그다음에는 3마리가 날아가고, 5마리가 들어오고, 다시 4마리가 날아갑니다. 정말로 잘 섞여요." 고도로 사회화된 다른 종에서는 이런 식으로 개체들이 섞이면 긴장과 싸움이 빈번해진다.

다른 종들에서도 어느 정도의 순환은 일어난다고 슈윙거는 말한다. "하지만 이렇게 풍부하고 또 이렇게 빠른 속도로는 아니죠. 큰까마귀의 경우에도 새로운 새들이 유입되고 또 일부는 떠나기도 하지만, 몇 주일에 걸쳐서 진행됩니다. 케아의 경우는 몇 시간 만에 집단의 절반이 바뀌기도 해요. 만약 케아 무리에 진정한 서열이 있다면, 항상 싸우기만 해야 할 겁니다."

슈윙거의 주장에 따르면 대신에 케아는 논다. 신나서 뛰어다니고 광대 짓을 하고 레슬링하고 야단법석을 떠는 것을 계층 다툼의 대용물로 삼는다. 다 함께 놂으로써 집단 내에서 싸움에 기반한 계층의 필요를 없애는 관용을 형성한다. 즉 케아는 놀이를 사회적 촉진제로 사용한다는 뜻이다. 이런 면에서 케아의 놀이는 사람들 사이에서 약 올리기와 많이 비슷하다. 약 올리기는 한계와 관용을 시험하는 방법의 하나이다. 아멜리아 바인이 지적했듯이, 케아에게는 상대를 짜증 나게 하는 일이 무엇인지를 파악하는 본능적인 감이 있는 것 같다. 학생들이 조류장을 청소하는 대걸레에서 실을 뽑고 셔츠에 구멍을 내고 신발끈을 풀어놓는다. 상대를 약 올리는 능력을 통해서 케아는 핵심적인 사회성을 드러내는지도 모른다. 인간과 영장류에서 놀리기와 광대짓하기는 타인의 마음을 인식하는 것에서 시작된다. 심리학자 대니얼 스턴은 "상대의 마음'에 무엇이 있는지를 정확히 추측하지 않고서는 타인을 놀릴 수 없다"라고 썼다. 짓궂게 약을 올리는 것은 상대가 어떻게 느끼는지를 알기 때문에 재미있는 것이다. 다시 말해서 사회적 놀이에는 예리한 사회적 지능이 필요하다.

또한 놀이 자체도 사회적 지능에 기여한다. 놀이 연구가 세르히오 펠리스가 보여준 것처럼 놀이는 사회적 뇌를 바꾼다. 남과 함께 노는 것은 전전두피질에서 뉴런 사이의 연결을 변형하는데, 이것은 어떤 동물에서건 사교 능력의 발달을 조정한다. 어려서 놀이를 빼앗긴 새들은 어른이 되어서도 놀지 않고, 사회적 집단에 적응하는 데에 어려움을 겪는다. 메설리에는 작은 조류장에서 홀로 사는 케아앵무가 있다. 이 새는 동물원에서 격리되어 길러진 탓에 놀이를 경험해본 적이 없다. 지금 이 암컷은 놀줄 모르고, 다른 케아와 함께 지내는 데에 어려움이 있다. 물론 새 한 마리만 보고 가설을 세울 수는 없다. 이 새가 어린 시절에 놀이를 박탈당한 것과 현재의 사회적 불안정 사이에 인과관계가 있다는 증거는 없다. 그리고 현재 상태를 달리 설명할 수 있는 가설은 많다. 그러나 놀이 가설은 충분히 흥미롭다.

만약 케아의 놀이 행동이 관용을 허락하고 실제로 집단 안에서 관용과 포용을 증가시키는 사회적 촉진(social facilitation) 역할을 한다면, "소리를 들은 모든 새들의 감정과 포용력과 장난기에 직접적인 영향을 미치는" 노는 소리가 "사회적 촉진 효과를 기하급수적으로 증가시킬 것"이라고 슈윙거는 생각한다.

그렇다면 어떤 면에서 케아는 "웃어라, 그럼 세상이 너와 함께 웃을 것이다……"라는 말을 제대로 이해한 것 같다.

지구를 반 바퀴 돌아서 뉴질랜드의 크라이스트처치에 있는 윌로뱅크 야생동물 보호구역에서 알렉스 테일러와 시메나 넬슨은 케아의 노는 소리가 실제로 인간의 웃음과 유사한지, 또 이 소리 안에 더 깊은 긍정적인 감정이 있는지를 탐구하고 있다.

윌로뱅크는 교육적 목적과 교배-방생 프로그램을 위해서 멸종위기에 처한 토종 개체군 유지에 초점을 맞춘 야생동물 보호구역이다. 이곳에서 테일러와 넬슨은 13마리의 케아를 대상으로 노는 소리를 탐구하는 일련의 실험을 진행 중이다. 노는 소리는 인간의 웃음처럼 기능하는가? 케아앵무가 느끼는 방식, 그리고 케아앵무의 행복에 유사한 영향을 미치는가? 갈등을 진정시키고 스트레스를 줄이는가?

넬슨은 2010년부터 케아를 조사해온 토종 키위인(뉴질랜드인)이다. 한편 테일러는 상대적으로 케아에 대해서는 신참이다. 그는 세계에서 가장 지능이 높은 새로 알려진 뉴칼레도니아까마귀와 여러 해 동안 작업했다. 이 까마귀는 아주 총명하고 특히 도구 사용에서는 최강자라고 테일러는 말한다. 그러나 새로운 것에 대한 포용력이 매우 낮고 생전 노는 법이 없다. "장난기에서는 두 새가 너무 다르죠. 케아는 스펙트럼의 완전히 반대쪽에 있으니까요." 그러나 테일러는 케아앵무의 노는 소리와 행동을 뉴칼레도니아까마귀의 도구 사용과 같은 방식으로 본다. 즉 새의 마음을 탐구하는 수단으로 말이다.

케아에 대한 테일러의 첫인상도 다른 사람들과 크게 다르지 않았다. "갑자기 어깨에 오르고 운동화 끈을 훔치고 귀를 물고 가방끈을 끌어당기고 카메라나 펜을 가져가려는 동물과 아주 진하게 사귀게 되는 거죠.

새로운 것에 대해서 이렇게 큰 애정을 가지고 관계를 맺는 다른 동물은 생각할 수 없어요. 원숭이나 유인원 정도일까요? 하지만 분명 새 중에는 없어요."

월로뱅크는 마법의 장소라고 테일러는 말한다. "저는 학생들이 새들을 얼마나 잘 다루는지 보려고 그곳에 보냅니다. 들어간 지 5분 만에 친해져서 케아 예닐곱 마리에 둘러싸여 있어요. 어린 학생들을 면접하기에 이보다 더 좋은 방법이 있을까요?" 그곳에서 가장 사랑받는 연구 대상은 카티라는 이름의 케아앵무이다. 산에서 덫에 걸려 윗부리가 제거된 상태로 발견되어 슈윙거와 바인이 구조해왔다. "야생에서라면 살아남지 못했을 겁니다." 슈윙거가 말한다. "그래서 우리가 월로뱅크에 전화해 물었죠. '아주 건강한 작은 케아 한 마리가 있는데, 잡아올까요?' '물론이죠, 라울, 어서 가서 데려오세요'라고 답하더군요" 나중에서야 카티가 수컷이라는 사실을 알고 브루스라는 이름을 다시 지어주었지만 모두 여전히 카티라고 부른다. 이제 카티는 월로뱅크의 스타이다. 케아들의 완벽한 홍보대사이자 과학 연구의 열성적 참가자이다. "카티와 함께 일하다 보면 놀랄 때가 한두 번이 아니에요." 테일러가 말한다. "실험 과제에 정말 관심이 많아요. 진짜 대담하죠."

테일러는 이 별나고 카리스마 있는 종을 진화의 매력적인 수수께끼로 본다. "새들의 감정은 인간과 얼마나 비슷할까요?" 그가 묻는다. "케아는 극단적인 사례예요. 하지만 우리가 새들이 어떻게 생각하고 느끼는지를 이해할 수 있다면 다른 종들에 대해서도 비슷한 질문을 시작할 수 있을 것입니다."

과학자들은 웃음이 영장류의 선조들 사이에서 장난으로 싸우거나 간지럼을 태울 때에 나는 헐떡이는 숨소리와 격한 호흡에서 진화했으며, 우리

사이에는 아무 문제도 없고 지금은 서로 어울려 놀고 탐험하는 시간임을 알리는 신호로 사용되었다고 짐작한다. 웃음은 적어도 1,000만~1,600만 년 전 인간과 영장류의 공통조상이 살았던 시기에 기원했다고 추정되지만, 아마도 훨씬 더 오래 전으로 거슬러갈 것이다. 웃음을 담당하는 신경 회로는 초기 포유류 조상 시대로까지 거슬러가는 아주 오래된 뇌에 자리를 잡았다.

1990년대에 신경과학자 자크 판크셉은 워싱턴 주립대학교에 있는 자신의 실험실에서 실험용 쥐가 노는 모습을 보면서 요란하고 익살스러운 행동에 초음파 발성으로 알려진 기괴한 찍찍 소리와 끼익 소리가 동반된다는 것에 주목했다. 판크셉은 쥐들이 놀이를 하는 동안에 내는 이 소리가 원시 형태의 웃음일지도 모른다고 생각했다. 판크셉과 동료들은 쥐의 발성과 연관된 신경회로를 조사한 끝에 이것이 낙천적 사고, 기쁨, 열의를 느낄 때에 활성화되는 원시 포유류의 뇌에 있는 보상 경로와 상응한다는 것을 알아냈다. 새도 동일한 경로를 가진다. 판크셉이 쓴 것처럼, "놀이와 웃음의 초기 형태는 인간이 '하하하' 하는 웃음소리를 내고 농담을 시작하기 훨씬 전부터 다른 동물들에 존재했다."

인간의 웃음은 단순히 웃기는 것에 대한 반응 이상의 의미가 있다. 웃음은 사회적인 긴장을 해소하고 유대감을 쌓는 기본적인 의사소통 도구이자 사회의 건축 재료이다. 또한 분위기와 행복감을 키운다. "웃을 때는 행복하고 낙천적이 되잖아요." 테일러가 말한다. "더 친절하게 행동하고 시비도 덜 걸고 스트레스도 덜 받고 훨씬 더 건강해지죠." 야심 찬 일련의 실험에서 테일러와 넬슨은 케아가 재잘대고 노는 소리에서 인간의 웃음이 가지는 숨길 수 없는 "특징"을 찾고 있다. 케아는 노는 소리를 낼 때에 행복한가? 또는 적어도 더 낙관적이 되는가? 이 소리가 사회적 유대감을 증진하고 갈등을 완화하는가? 스트레스를 줄이고 건강에 이로운 점을 주는가? 환경에 영향을 받는가? 이것들은 모두 노는 소리와 인간의 웃음 사이의 유의미한 유사성의 지표이다.

두 사람은 우선 웃음이 인간에게 하듯이, 새들의 노는 소리가 마음 상태를 보다 낙관적으로 바꾸는지를 알아내는 실험을 계획하고 있다.

이것이 인간의 경험을 동물의 행동에 투사하는 의인화처럼 보일지도 모르지만, 동물에게서 낙천성을 확인하는 실험은 이미 잘 설계되어 있다. 그 실험의 케아 버전은 다음과 같다. 새들에게 큰 상자에는 항상 먹이가 들어 있고 작은 상자에는 아무것도 들어 있지 않다고 가르친다. 그런 다음 중간 크기의 상자를 보여준다. "긍정적인 동물이라면 '아직 절반이나 남았네'의 관점을 취할 것입니다." 테일러가 말한다. "그래서 중간 크기의 상자도 큰 상자와 같을 것이라고 짐작하고 먹이를 먹으러 달려가죠." 실험 전에 케아에게 노는 소리를 들려주면 어떻게 될까? 중간 크기의 상자에 더 빨리 갈까?

또한 테일러와 넬슨은 케아앵무들 사이에 가벼운 마찰의 상황을 만든 다음, 녹음된 노는 소리를 들려주고 새들 사이의 긴장이 완화되는지 확인하는 실험을 고안 중이다. 또한 케아의 노는 소리와 기분이 환경의 영향을 받는지를 조사하고 있다.

우리는 일조시간이 짧을 때에 계절적 정서 장애를 경험하는 사람이 있다는 것을 안다. 또한 햇빛이 인간의 기분을 북돋아준다는 것도 안다. 테일러와 넬슨은 케아의 긍정적 정서와 놀고 싶은 충동이 이처럼 자연환경으로부터 영향을 받는지 궁금해한다. 넬슨은 스키광으로 많은 시간을 밖에서 보낸다. 야외에서 케아앵무를 연구하면서 넬슨은 눈이 그치고 날씨가 맑아지면 새들도 인간과 비슷하게 행동한다는 것을 알아챘다. 비가 오는 우중충한 날보다 더 많이 지저귀며 논다.

그렇다면 다음과 같은 질문을 던질 수 있다. "케아앵무는 날씨와 환경이 좋을 때 더 많이 재잘대며 노는가?" 연구팀은 야외에서 해답을 찾고 있다. 이들은 박사과정 학생 한 명을 산으로 보내어 밝고 맑은 날일 때와 음울한 날일 때를 비교해서 케아들이 얼마나 재잘대며 노는지를 관찰하고 기록하게 했다. 그리고 실험실에서는 겨울철에 케아앵무에게 더 밝은 조명을 비추어 이것이 노는 소리, 놀이, 낙관적 태도를 촉진하는지 확인한다.

이것은 케아의 안녕과 행복에 아주 잘 부합한다고 테일러는 말한다. 그와 넬슨은 한 단계 더 나아가서 케아의 재잘대는 노는 소리가 웃음이 인간에게 주는 것과 동일한 생리적 효과를 가져오는지, 예를 들면 스트레스 호르몬인 코르티솔의 수치를 낮추고 치유를 증진하는지를 연구할 계획이다. 이는 실용적으로도 적용이 가능한 연구이다.

인간 아이들처럼 케아도 납 중독에 걸려 고통받는다. 아이들이 벗겨진 페인트 조각의 맛에 끌리는 것처럼 케아는 오래된 주택이나 등산로 산장의 등에서 납에 끌린다고 테일러는 말했다. 그러나 특히 새끼 새들에게 납은 대단히 유독해서 소화계와 면역계의 기능을 정지시킨다. 이 문제는 광범위하게 퍼져 있고, 뉴질랜드의 동물 재활 센터에는 납에 중독된 십수 마리의 케아앵무가 항생제와 항염증제로 치료를 받고 있다. 테일러와 넬슨은 노는 소리를 들려주는 것이 새들의 회복에 도움이 될지 궁금해한다.

"인간의 웃음과 케아의 노는 소리 사이에 기능적인 측면에서, 그러니까 노는 소리가 표현되었을 때 케아가 어떻게 느끼는지에서 중첩되는 부분이 발견된다면 정말 놀라운 일이겠죠." 테일러가 말한다. "케아의 노는 소리가 새들을 더 낙천적이고 사교적으로 느끼게 만들고, 날씨의 영향을 받고, 실제로 스트레스를 줄이고 건강을 증진한다는 것을 보여줄 수만 있다면, 감정의 진화에 관한 매우 흥미로운 질문들이 제기되리라고 봅니다. 또 바라건대 우리 분야에서 전반적으로 새들의 감정에 대해서 더 많

이 집중하게 될 겁니다. 또한 케아에 대한 대중의 시각을 파괴적인 유해
동물에서 정서적이고 똑똑한 앵무, 기쁨을 느끼고 웃을 줄 아는 앵무로
바꿀 수만 있다면 보전에도 도움이 될지 모릅니다."

야생에 남아 있는 케아앵무의 수는 불과 3,000-7,000마리로 추정되므로,
현재 케아앵무는 멸종위기종으로 분류된다. 케아의 놀이에 대한 넬슨과
테일러의 연구는 적어도 이 새가 직면한 한 가지 위협을 다룰 것을 약속
한다.

얼마 전에 뉴질랜드 교통국 직원들은 공사 중인 도로에서 사용된 원추
형 교통 표지판이 원래 작업자들이 배치한 곳에서 멀리 떨어진 호머 터널
입구 주변에 아무렇게나 널려 있는 것을 보고 당황했다. 카메라에는 젊
은 케아 수컷 여러 마리가 표지판을 이리저리 밀고 다니면서 자리를 옮기
다가 터널 밖 고속도로 한가운데에 두고 가는 장면이 고스란히 찍혔다.

새들이 그저 조금 재미있게 놀았다고 볼 수도 있지만, 이들의 광기에
어떤 속사정이 있는지도 모른다고 테일러는 말한다. 차들이 표지판을 피
하려고 속도를 줄이면 케아는 금세 차창으로 날아가서 먹을 것과 장난
감이 있는지를 조사하고 뒤진다. 케아와 자동차 사이의 이런 종류의 상
호작용은 새와 정지한 차량이 있는 곳이면 사우스아일랜드 어디에서나
일어난다. "문제는 케아가 도로에서 어슬렁대다가 크게 다치거나 죽을
수도 있다는 겁니다." 테일러가 말한다. "그리고 사람과의 교류는 절대
바람직하지 않아요."

2018년에 테일러와 넬슨은 상황을 파악하기 위해서 밀퍼드 사운드 바
로 외곽에 있는 호머 터널로 갔다. "마음을 얼마나 졸였는지 모릅니다."
테일러가 회상했다. "터널을 통과하기 위해서 대기 중인 차량이 한 줄로
늘어서 멈춰 있었어요. 케아들은 길 한복판에서 돌아다니면서 음식을 찾

고 있었죠. 자동차 지붕 위에 올라가서 아래로 비집고 들어가거나, 창문 안으로 들어가려고 기를 쓰더라고요. 터널에서 바퀴 18개짜리 세미 트레일러들이 천둥소리를 내면서 나올 때만 마지못해 물러났어요."

테일러는 또한 한 여성과 어느 집요한 케아앵무의 불안한 접촉 장면도 보았다. "케아가 어떤 여성의 자동차 위에 올라갔어요. 여성이 사진을 찍으려고 창문을 내렸지만 그 상태로는 위쪽을 찍을 수 없었는지 차 밖으로 나오더라고요." 테일러가 회상했다. "이때 케아가 지붕에서 내려와서 열린 차 문 위에서 돌아다녔어요. 이 새는 정말로 차 안으로 들어가고 싶었던 모양인데, 그 안에 음식이 있다는 걸 알았기 때문이죠. 그 여자는 아무 생각 없이 차로 들어가며 차문을 쾅 닫았는데, 몇 센티미터만 가까웠어도 케아의 머리가 부딪힐 뻔했어요. 새는 아랑곳하지 않고 이번에는 열린 창문 쪽으로 갔어요. 그러니까 이번에는 여자가 당황해서는 새를 막 때렸죠. 정말 끔찍한 상황이었어요." 테일러가 말했다. "우리가 원하지 않는 게 바로 이런 부정적인 교류예요."

"이런 일은 늘 일어납니다." 넬슨이 말한다. "그것은 케아의 잘못이 아니에요. 사람들이 도움이 되지 않는 행동을 한 결과입니다."

과거에 뉴질랜드 자연보호부는 산림 프로젝트에 문제를 일으키는 탐구심 많은 케아앵무에게 사다리를 제공해서 이 새들의 주의를 돌리고 위험한 고가의 장비 근처에는 오지 않도록 문제를 해결했다. 넬슨은 여기에서 한 가지 좋은 생각을 떠올렸다. 길 옆에 케아 놀이터를 지어 케아앵무가 차보다 놀이터에 더 끌리게 만드는 것이다. 놀이터에는 그네, 정글짐, 사다리, 퍼즐, 부양 장치 등 다양한 장난감을 두고 새들의 관심을 유지하기 위해서 주기적으로 재배열하고 새롭게 한다. "케아가 놀이터에 끌려서 오면 이 새들을 보고 사진을 찍고 싶어하는 관광객들도 모여들겠죠." 테일러가 말한다. 그러면 케아가 먹을 것보다 놀이에 더 흥미를 느끼게 도울 수 있다. "감자 칩보다 새로운 장난감이 더 중요한 종이 있다면 그건 바로 케아니까요."

"케아가 가지고 놀고 싶어할 놀잇감을 찾아내는 게 관건이에요." 테일러가 말한다. "또한 이 놀잇감의 다양성과 참신함을 유지할 방법을 찾아야 하죠." 이를 위해서 뉴질랜드 케아앵무 놀이터 프로젝트라는 시민과학 벤처를 설립할 계획을 세우고 있다고 테일러가 말한다. "학생들을 비롯해 누구든 케아가 좋아할 거라고 생각되는 놀잇감을 설계해 우리에게 보낼 수 있어요. 그러면 우리는 그대로 제작해서 케아의 반응을 볼 수 있죠."

정말 흥미로운 종간 상호주의가 아닐 수 없다. 사람들은 케아앵무가 가지고 놀기에 적합한 놀잇감을 찾기 위해서 장난감을 가지고 놀고, 반대로 케아앵무는 놀면서 사람들에게 즐거움을 제공하니까 말이다.

짝짓기

9

섹스

나는 언제나 청둥오리 수컷의 세련된 외모가 아주 마음에 들었다. 광택 있는 무지갯빛 초록색 머리에는 목둘레에 가느다란 흰색 띠를 둘렀고, 둘째날개깃의 보라색 무늬에는 위아래로 주름진 하얀 띠가 있다. 그러나 짝이 없는 청둥오리 수컷들은 극악무도한 성행위로 악명이 높다. 수오리 무리는 원하지 않는 암오리에게 교미를 강요하고 심지어 심한 폭력을 가해서 그 과정에서 암컷이 죽는 일까지 있다. 아메리카원앙도 수십 마리의 수컷이 한 마리 암컷에게 교미를 시도하는 잔인한 습성이 잘 알려졌다.

이런 사례를 코뿔바다오리의 부리 비벼대기와 비교해보자. 이 새들은 섹스를 기대하면서 서로 부드럽게 부리를 문지른다. 동부요정굴뚝새 수컷의 달콤한 꽃잎 연출은 또 어떤가. 피셔모란앵무의 애정 표현 역시 달달하기 그지없다. 이 탄자니아 자생의 작은 앵무 커플은 대놓고 애정을 과시한다. 암수가 서로의 몸에 파고들어 부드럽게 깃털을 다듬고, 부리를 잘근잘근 씹으며 새들 버전의 키스를 한다. 스트레스를 받은 다음에는 유대를 확인하기 위해서 서로에게 먹이를 먹인다. 수컷이 힘있게 몸을 앞뒤로 왔다 갔다 움직이고, 머리를 위아래로 까딱까딱 하고 지저귀면서 암컷에게 다가가서 음식의 일부를 역류시켜 입안에 넣어준다. 짝이 죽거나 사라지면 남은 새는 몹시 슬퍼한다. 이 점은 저 무자비한 청둥오리 커플도 마찬가지이다. 암수가 부부의 연을 맺으면 한 철을 함께 머무는데 머리를 까딱대고 끄덕거리고 흔드는 교미 전 구애 행위로 유대를 공고히 한다.

상상을 초월하는 다양성 때문에 새들의 성생활을 완전히 이해하기는 어렵다.

얼핏 보면 새들의 생식기관은 모두 똑같아 보인다. 암수 모두 총배설강(總排泄腔, cloaca)이라는 개구부가 있는데, 짝짓기철이 되면 부풀어올라서 몸 밖으로 돌출된다. 교미 시에 부푼 총배설강을 맞대고 잠시 비비면 수컷의 정자가 암컷의 총배설강으로 이동한 후에 생식관을 타고 올라가서 알을 수정한다(새들의 총배설강은 대소변을 배출하는 덜 섹시한 기능도 있다).

새들은 대부분 음경이 없지만 예외는 있다. 오리, 거위, 백조류 중의 일부는 인간의 음경처럼 생겨서 암컷의 몸속으로 들어가는 기관이 있다. 이 물새들은 파충류 선조에서 발견되는 남근을 유지한 약 3퍼센트에 해당한다. 짐승 같은 수컷 청둥오리를 포함한 일부 오리류에서는 반시계 방향의 코르크 따개처럼 생긴 뱀 모양의 인상적인 남근이 자기 몸길이만큼 자라는데, 암컷의 생식관을 따라서 정자를 최대한 깊숙이 전달하여 수정의 기회를 높인다. 음경의 길이는 종에 따라서 암오리에게 교미를 강요하는 정도와 상관관계가 있다고 생물학자 퍼트리샤 브레넌은 말한다.

이것은 성적 군비경쟁이 진화한 결과이다. 최근까지는 수오리의 음경에 관심이 집중되었지만, 브레넌이 발견한 것처럼 이 해부학 이야기는 극단적인 성적 폭력의 상황에서도 실제로는 암컷이 주도한다는 것을 보여준다. 브레넌은 암컷의 생식기도 화려하고 복잡하게 진화했다는 것을 알게 되었다. 암컷의 생식관 역시 나선 형태이며, 놀랍게도 수컷의 음경과 반대 방향인 시계 방향으로 감아돌아갈 뿐만 아니라 중간에 최대 3개까지 가지가 갈라진다. 그래서 일부는 텅 빈 주머니로 연결되기 때문에 수컷의 정자가 난자까지 이동하기가 쉽지 않다. "어느 수컷의 정자로 난자를 수정할지는 암컷이 결정합니다." 브레넌이 말한다. "청둥오리 암컷의 교미 중 35퍼센트가 원치 않는 수컷의 강요로 이루어지지만, 결국 이들이 실제로 암컷이 낳은 새끼의 아비가 되는 경우는 3-5퍼센트에 그칩니다." 수컷이 억지로 교미를 시도하면 암컷은 생식관을 꽉 조여서 수컷의 긴 남근이 아예 들어오지 못하게 막거나 막다른 통로로 유도하여 정자가 난자를 수정하지 못하게 만든다. 하지만 암컷이 스스로 원하는 짝과 교미할 때에는 생식관의 벽을 이완해서 정자가 수월하게 통과하도록 만든다. 그뿐 아니라 암컷은 교미 직후에 총배설강으로 마음에 들지 않은 정자를 배설할 수도 있다.

교미의 행위 자체로만 보면 많은 새들이 "총배설강 키스"를 통해서 몇 초 만에 효과적으로 정자를 전달하고 순식간에 교미를 끝낸다. 주목할 만한 예외로는 붉은부리버팔로베짜는새와 물개개비가 있는데, 이들은 암수가 30분 이상 붙어 있다. 수컷 개개비가 "암컷의 등에 찰싹 붙어 한 쌍의 생쥐처럼 풀숲을 깡충깡충 뛰어다닌다"라고 영국의 조류학자 팀 버크헤드가 썼다. 마다가스카르와 근방의 코모로 제도에서 자생하는 검은앵무는 일종의 기록 보유자인데, 암수 한 쌍이 수컷은 꼬리를 암컷의 꼬리 밑으로 말아올리고 암컷은 날개를 수컷의 몸 위로 펼친 채 서로의 총배설강을 걸어 잠그고 꼬박 104분 동안 교미하는 장면이 목격되었다.

일부 새들은 단 한 번의 교미로 빠르게 수정까지 달성하지만, 참매의 경우 둥지 하나를 채우기 위해서 한 커플이 무려 600번을 교미한다. 왜 그렇게 많이 해야 할까? 사냥하러 다니느라고 오랜 시간 짝과 떨어져 있어야 하는 맹금류라면 그 사이에 암컷이 다른 수컷과 관계를 맺지 못하게 막기가 힘들다. 대신에 이렇게 여러 번 교미를 하면 암컷의 몸에 들어 있는 다른 수컷의 정자를 희석할 가능성이 크다.

새들 대부분은 공개적인 장소, 즉 둥지나 땅바닥, 나뭇가지 등에서 교미한다. 소등쪼기처럼 다른 동물—아프리카물소와 같은—의 등 위에서 짝짓기하는 새도 있다. 평생 하늘 높이 날면서 먹고 자는 새들도 교미는 둥지에서 하지만, 간혹 비행 중에 수컷이 암컷 위나 뒤에서 하는 경우도 있다고 알려졌다. 갈매기들은 해변에서 한다.

반면에 아라비아꼬리치레는 최선을 다해서 성행위를 숨긴다. 마치 인간처럼 무리의 다른 새들이 보지 못하는 곳에서 교미를 한다.

교미행위를 감추는 것은 인간의 문화에서 일관된 현상이다. 예를 들면, 베네수엘라의 야노마미 부족은 마을 사람들의 시선이 닿지 않는 곳에서 남녀가 밀회한다. 멜라네시아 말레쿨라 섬의 결혼한 부부들은 밖에서 만나고서 서로 다른 길로 집에 돌아온다. 브라질의 메히나쿠 부족의 커플들은 비밀스러운 장소에서만 성관계를 한다. 성을 사적인 영역으로 생각하는 것은 인간의 보편적인 특징이고, 감정의 진화와 인지 발달에 큰 영향을 미쳤을 것으로 생각된다.

동물학자 이츠하크 벤 모하는 아라비아꼬리치레 또한 은밀한 순간을 감추느라고 꽤나 고생한다는 사실을 밝혔다. 침팬지나 개코원숭이는 물론이고 바위종다리 같은 소수의 새들도 때로 교미행위를 감추지만, 대개는 열등한 수컷이 무리의 알파 수컷에게 들켜서 괴롭힘을 당하지 않기 위해서이다. 그러나 아라비아꼬리치레는 무리 내에서 가장 힘이 센 수컷들도 사회 집단의 나머지 새들에게 교미 장면을 숨긴다. 벤 모하에 따르면, 우리가 아는 한 아라비아꼬리치레는 인간을 제외하고 개체가 사회 집단의 다른 일원으로부터 자신의 성적 교류를 감추는 유일한 종이다.

아라비아꼬리치레는 아라비아 반도의 척박한 사막 환경에서 살면서 유대가 강한 장기적인 협력 집단을 이루고 번식한다. 우두머리 한 쌍이 조력자들의 도움을 받아서 새끼를 먹이고 영역을 지키고 잠재적 포식자를 물리치며 어린 새들을 양육한다. 우두머리 부부는 무리 내의 다른 새들이 교미 장면을 보지 못하게 숨길 뿐만 아니라 고도의 인지 기술을 사용하여 감춘다. 교미를 원하는 쪽이 먼저 무리에서 슬쩍 빠져나와서 자기 짝에게만 보이는 장소로 향한다. 부리로 막대기나 알껍데기 등 주변의 아무 물건이나 집어서 이리저리 흔든 다음 머리를 살짝 끄덕이며 만나자는 신호를 보내는데, 아주 세심하게 주의를 기울이며 다른 꼬리치레들이 보지 않는 틈을 타서 몰래 뜻을 전달한다. 어느 영상에서 한 암컷이 관목 꼭대기에 앉아 있고 무리의 나머지는 나무 한편에서 먹이를 찾고 있었다. 수컷이 다른 새들이 없는 나무 반대편으로 가더니 암컷에게 신호를 보냈다. 이 행동은 꼬리치레가 자신의 시야를 다른 새의 시야와 구분할 수 있다는 것을 암시하는데, 이는 조망 수용(眺望受容, perspective taking)이라고 알려진 진보된 인지 기능이다.

벤 모하에 따르면, 이 행동에는 다른 새를 오도하거나 속이려는 신호와 표현을 사용하는 전략적 속임수가 들어 있다. 앞에서 암수 꼬리치레가 신호를 보내기 위해서 선택한 작은 잔가지나 잎은 둥지 짓기처럼 다른 목적으로도 얼마든지 사용할 수 있는 물체인데, 합방을 원한다는 본뜻을 감추기 위한 방식이다. 다른 꼬리치레가 오면 신호를 보내던 새는 물체를 떨어뜨리고 천연덕스럽게 딴짓을 한다. "다른 새들로서는 짝짓기 신호를 보낸 것인지, 둥지 재료를 찾는 중인지 알 길이 없죠." 벤 모하가 설명한다.

신호가 잘 전달되어 서로 눈이 맞으면 암수는 아무도 보지 않을 때에 슬그머니 무리를 떠나서 덤불이나 나무 뒤로 가서 교미한다. 그리고는 이내 "무슨 일이 있었냐는 듯이" 무대로 통통 튀어온다고 벤 모하가 설명한다.

"꼬리치레들이 섹스했다는 사실을 감추려는 건 아니라고 봅니다. 행위 자체를 들키지 않으려는 것뿐이죠." 이 점 역시 인간과 비슷하다. "인간의 결혼식을 생각해보세요." 벤 모하가 말한다. "신랑과 신부는 식장에 많은 손님을 초대합니다. 식이 끝나면 두 사람이 초야를 치른다는 사실을 다들 알아요. 하지만 실제로 합방 장면을 보는 사람은 없죠."

왜 이 새들은 번거로움을 무릅쓰고 교미행위를 감추려는 것일까?

"우리도 모릅니다." 벤 모하가 말한다. "새들이나 사람이나 마찬가지예요. 우리는 왜 사람이 사회적으로 합법적인 섹스(즉, 사회 규범에 어긋나지 않기 때문에 타인으로부터 간섭을 받을 일이 없는 섹스)조차 감추려고 하는지 아직 확실히 알지 못합니다. 다른 종들의 행동과 비교할 수 있게 되면 그것이 진화한 이유를 밝힐 수 있을지도 모르죠." 벤 모하가 말한다. "저는 인간이 합법적 섹스를 숨기는 이유가 꼬리치레들의 이유와 다르지 않다고 생각해요." 그러나 이 점은 아직 더 연구가 필요하다. "우리가 찾아낸 증거에 따르면 꼬리치레는 포식을 피하고 하급자들로부터 방해를 받지 않기 위해서, 또는 자신이 우세하다는 신호를 보내기 위해서 교미를 숨기는 게 아닙니다. 그보다는 자신들의 조력자, 즉 새끼의 양육에 크게 일조하는 새들을 '약 올리지' 않으려고 그러는 것 같아요." 즉 짝지을 기회가 없는 조력자들의 협력을 약속받고 사회적 긴장을 예방하며 꼬리치레 사회 집단의 결속을 유지하는 방법인 것이다.

그렇다면 꼬리치레들이 교미 장면을 보이지 않으려는 행위는 케아앵무의 노는 소리, 홍엽조의 얼굴 신호처럼 새들이 평화를 유지하고 협력을 지속하기 위해서 사회적 관계의 균형을 유지하고 협상하는 능력이 있음을 보여주는 또 하나의 사례일지도 모른다. 그리고 그 목적은 인간에서와 크게 다르지 않다.

새들의 성을 보는 우리의 관점은 지난 몇 년간 근본적으로 바뀌었다. 드문 일탈의 행동으로 보았던 것들이 사실은 새들의 세계에서 만연해 있었음을 이제는 이해하게 되었다.

아델리펭귄은 이 점에서 특히 언급할 만하다. 이 펭귄의 성적 습성은 조지 머리 레빅에 의해서 처음 보고되었다. 1910년 영국의 남극 원정대에 의사로 동행한 레빅은 12주일 동안 빅토리아랜드의 대형 아델리펭귄 군락 네 곳을 관찰하면서 보냈다. 레빅은 펭귄에 대한 다수의 과학적인 이야기들을 출간했는데, 그중에는 호기심 많은 펭귄들에 대한 구식이지만 매력적인 개요서인 『남극의 펭귄(Antarctic Penguins)』이라는 제목의 작은 삽화집이 포함된다. "배는 반질반질하고 어깨가 검은 아델리펭귄은 정장을 차려입은 지적이고 완전무결한 작은 남성 같은 인상을 준다. 눈 위를 걸어오는 자세에는 동작마다 호기심이 가득하고 자신감이 넘친다. 사람이 1-2미터 앞에 서서 말없이 쳐다보고 있으면 펭귄은 머리를 앞으로 내밀며 이쪽저쪽으로 바르르 떨면서 움직이고 오른쪽, 왼쪽 눈을 번갈아가면서 탐색한다."

레빅은 수컷들이 번식지에 먼저 도착해서 영역을 확보하고 돌을 모아서 둥지를 짓다가 암컷들이 도착하면 광란에 빠진다고 적었다. 머리를 뒤로 젖히고 부리를 하늘로 향해서 거친 떨림음과 함께 꽥꽥 소리를 내지르는데, 레빅은 이것을 "대답 없는 하늘을 향해서 후두음을 내뿜으며 '만족의 찬가(Chant de Satisfaction)'를 부른다"라고 표현했다. 그런 다음 암컷을 향한 수컷의 서곡이 시작된다. "먼저 대개 돌을 들어 그녀 앞에 놓는다. ……그리고 발을 옮겨 가장 예쁜 모습으로 그녀 곁으로 조금씩 다가가서 우아하게 고개를 숙이고 부드러운 후두음으로 그녀를 편안하게 만든 다음 사랑을 나눈다. 이렇게 둘 다 '황홀한' 듯 얼굴을 마주 보면서 양쪽으로 고개를 흔들고 나면 서로 간에 완벽한 이해가 싹트고 엄숙한 결합이 이루어진다. 이 장면의 우아함은 말로 표현하기 어렵다."

그러나 레빅이 직접 목격한 "패륜적인" 성적 행위들은 전혀 우아하지 않았다. 레빅은 큰 충격을 받은 나머지, 관찰 내용 중에 사람들에게 불쾌감을 줄 것 같은 부분은 그리스어로 적었는데 이는 시대를 반영하는 행동이다. 이렇게 수정되었음에도 불구하고 아델리펭귄의 충격적인 교미행위에 대한 4쪽짜리 보고서는 1915년 공식 탐험 보고서에 싣기에는 부적합한 것으로 판단되어 영국의 트링에 있는 자연사 박물관에 처박혀 있다가 2012년 더글러스 러셀과 동료들에 의해서 우연히 발견되었다. 비록 레빅의 관점은 구식이고 객관성을 포기한 부분이 있었지만, 러셀은 그의 관찰이 정확하고 타당하며 출판의 가치가 있다고 보았다.

레빅은 특히 짝이 없는 수컷들의 행동에 경악을 금치 못했다. 그가 "불량배나 다름없는 숫놈들"이라고 부른 이 수컷들은 "주체할 수 없는 욕정을 지녔다." 레빅은 자기들끼리, 다친 암컷과도, 새끼와도, 죽은 펭귄과도, 심지어 땅에다 대고도 혼자 교미하는 수컷들에 대해서 참을 수 없는 분노를 느끼며 글을 썼다.

나는 오늘 또 한번 기함할 만한 패륜 행위를 보았다. 하반신을 심하게 다친 암컷이 배를 대고 고통스럽게 기어가고 있었다. 이 펭귄을 차라리 죽이는 편이 나을지 고민하고 있는데 멀리서 이 암컷을 본 한 수컷이 다가갔다. 잠깐 살펴보더니 수컷은 암컷을 강간했는데 암컷은 저항할 수조차 없었다.

오후에는 정말 특별한 장면을 보았다. 한 펭귄이 자기와 같은 종의 목이 하얀 죽은 새에 대고 남색을 하고 있었다.……이 펭귄들에게는 저지르지 못할 범죄가 없는 것 같다.

레빅은 펭귄의 행동에 대한 배경지식이 전혀 없었다. 사실 많은 새들이 동종의 죽은 개체와 성적 관계를 맺는다. 에위니아제비갈매기, 제비, 갈색제비, 스타크종다리에서 이런 행위가 보고되었는데, 이는 인간의 시간(屍姦)과는 완전히 다르며 동물의 행동에 대한 현대적인 지식으로 설명될 수 있다.

어느 정도는 말이다.

심지어 이 행동을 지칭하는 용어도 있다. 생물학자 로버트 디커먼은 시간증을 **다비안 행동**(Davian behavior)이라는 용어로 표현했다. 디커먼은 죽은 땅다람쥐의 등이 아래로 굽은 "척추전만(脊椎前灣, lordosis)" 자세가 성적으로 흥분 상태인 수컷에게 교미의 충동을 불러올 수 있다고 추측했다. 실제로 생물학자 데이비드 에인리는 냉동 상태의 죽은 암컷 펭귄으로 실험했을 때, 나이 든 아델리펭귄 수컷들이 암컷의 시체를 보고 거부할 수 없는 매력을 느꼈다고 기록했다.

그러나 야생 미국까마귀와 죽은 새의 관계에 대한 최근 연구는 이런 부적절한 시도가 교미 자세로 인해서 자극을 받았다는 생각에 도전한다. 상황은 그다지 간단하지 않다. 캘리 스위프트와 존 마즐러프는 까마귀들이 번식기에 전혀 성적이지 않은 자세로 서 있는 실물 크기의 까마귀와도, 또한 날개를 몸에 바싹 붙이고 "죽은" 자세로 땅에 누워 있는 까마귀와도 교미를 시도하는 것을 보여주었다. 특히 후자의 경우는 상대를 향한 많은 호통과 꾸지람이 동반되었다. 과학자들은 어쩌면 단순한 교미 자세가 성적 흥분을 유발하는 것은 아닐지도 모른다고 말한다. 죽은 자세는 새들의 경계심을 자극하는데, 실제 경계심을 느낀 후에 성적 행동이 뒤따르는 경우가 드물지 않기 때문이다. 이처럼 경계 반응 이후의 교미는 금화조, 붉은아메리카딱새, 뒷부리장다리물떼새에서도 나타난다. 스위프트와 마즐러프는 여기에 호르몬이 관여한다고 주장한다. "번식과 관련해서 내분비계에 일어난 변화가 서로 상충된 정보를 처리하는 새들의 능력을 일부 감소시키는지도 모른다."

이유가 어떻든지 간에, 많은 문헌들이 여전히 받아들이기 힘든 다비안 사례들로 가득 차 있다. 그중 최초로 기록된 청둥오리의 동성 시간 행위의 사례가 아주 유명하다.

1995년, 로테르담 자연사 박물관의 관장인 케이스 몰리커르는 어느 날 박물관 신축 건물의 유리창에 무엇인가가 쿵 하고 부딪히는 소리를 들었다. 유리가 거울처럼 비치기 때문에 예전부터 지빠귀, 비둘기, 멧도요들이 수시로 충돌하고는 했다. 모엘리커르에 따르면, "창문에 '쿵', 또는 날카롭게 '탁' 하는 소리가 들리면 이것은 곧 조류 담당 부서에 일거리가 생겼다는 뜻이었다." 확인하려고 밖을 내다보니 죽은 청둥오리 수컷 한 마리가 모래에 누워 있었는데, 다른 수컷이 이 상황을 꽤나 정력적으로 즐기고 있었다. "나는 조금 놀라서 창문 뒤에 숨어서 이 장면을 지켜보았다." 수컷의 쾌락은 꼬박 75분이나 지속되었고 시간증에 걸린 이 청둥오리는 "아주 마지못해 자신의 '짝'을 떠났다"라고 모엘리커르가 보고했다. "나는 죽은 오리를 거두어 박물관을 나왔다. 청둥오리 수컷은 여전히 그 자리에 남아서 '라엡-라엡' 하는 울음소리를 냈는데, 이 희생자를 찾고 있는 것이 분명했다(그 무렵에 죽은 새는 이미 냉동실에 있었다)."

모엘리커르는 이 청둥오리 수컷 둘이서 원래는 다른 새들과 소규모로 무리를 지어 공중에서 암오리 한 마리를 뒤쫓아 강제로 겁탈하려는 "강간 비행을 시도하는" 중이었다는 가설을 세웠다. 그러다가 수컷 하나가 유리창에 부딪혀 죽었고, "다른 하나가 쫓아갔으나 죽은 동료를 보고도 아무런 교훈을 얻지 못했다. 아니, 하나도 느끼는 바가 없었다"라고 모엘리커르는 「가디언(The Guardian)」에 이야기했다.

모엘리커르의 연구는 몇몇 집단을 성나게 했을지도 모르지만, 수컷 대 수컷의 성교 때문은 아니었다. 당시 레빅은 동성 간의 성행위를 어떻게 해석할지, 또는 그것이 아델리펭귄의 고유한 습성인지 아닌지도 알지 못했다. 이제 우리는 동물 세계에서 동성애가 흔하다는 것을 안다. 과학자들은 보노보원숭이, 양, 돌고래, 가터뱀, 구피 물고기, 거저리 등 다양한 종들에서 동성 간의 교미를 보아왔다. 또한 재기러기, 푸케코, 황로, 목도리도요, 그리고 은갈매기, 캘리포니아갈매기, 고리부리갈매기를 포함한 갈매기류 등 130여 종의 조류에서도 보고되었다. 서부갈매기의 야생 개체군에서는 최대 15퍼센트의 암컷이 장기적인 동성 커플이 되어 구애의식을 치르고 짝을 맞추어 춤추고 먹이를 선물하는 예식을 하고 함께 둥지를 짓는다. 하와이에서 레이산앨버트로스 군락을 연구한 과학자들은 전체 커플의 3분의 1이 암컷 동성 커플로, 서로 구애하고 교미하고 털을 고르고 함께 알을 품고 육아를 한다고 보고했다.

과거 10년 내지 20년 전에 사육 상태의 펭귄들이 동성끼리 교미행위를 하고 새끼를 함께 기르는 일이 국제적인 관심사가 된 적이 있었다. 1990년대 말에 맨해튼 센트럴파크 동물원의 턱끈펭귄 수컷들, 로이와 실로는 같은 우리에 있던 암컷들을 무시하고 서로를 짝으로 선택해서 성적 행동을 보이고 목을 뒤얽고 서로 노래하고 교미하고, 결국에는 함께 둥지를 지은 다음 알처럼 생긴 둥근 돌까지 품었다. 사육사가 이 커플에게 수정된 알을 주었더니 정성껏 품어 암컷 새끼—탱고라는 이름이 붙었다—를 부화시켰다. 둘은 탱고가 둥지를 떠날 때까지 따뜻하게 해주고 먹이를 먹이며 잘 키웠다.

몇 년 뒤에는 브레머하펜 동물원의 훔볼트펭귄 동성 수컷 커플, 제트와 필풍크트가 주목을 받았다. 영국 켄트 윙엄 야생동물원의 점브스와 커밋은 2012년에 함께 지내기 시작해서 2년 뒤, 짝으로부터 버림받은 암컷의 알을 받아다가 돌보기 시작했다. 점브스와 커밋은 함께 대단히 성공적으로 새끼를 길렀고 동물원 소유주로부터 "이 공원 최고의 펭귄 부모"로 인정을 받았다.

과학자들은 때때로 동성 간의 교미행위가 명백한 "역설"—자손을 생산하기 위한 과정이라는 원래의 목적을 거스르기 때문에—임을 논하고 이 행동이 생물학적으로 동물에게 어떤 이익을 주는지 분석하려고 애쓴다.

예를 들면, 일부 새들에게는 동성 관계가 어린 수컷들에게 나중에 이성 파트너에게 써먹을 수 있도록 구애 기술을 다듬는 연습의 기회가 될 수 있다. 캘리포니아 대학교 어바인의 과학자들이 사랑앵무 수컷을 연구하면서 처음에는 그렇게 가설을 세웠다. 이 새의 수컷들은 완전히 성숙하기 전에 정기적으로 수컷들끼리 성적 행위를 한다. 만약 이 수컷들이 암컷과의 "진짜" 구애를 위한 연습을 하는 것이라면, 리허설에 시간을 많이 들인 수컷일수록 나중에 암컷과의 짝짓기에 더 성공한다고 예상할 수 있다. 그러나 연구 결과는 반대로 드러났다. 연구팀은 "착한 남자는 늘 꼴찌"라는 제목의 논문에서 동성 교미를 많이 한 수컷일수록 암컷 짝을 찾을 운이 더 없었다고 보고했다. 대신 수컷들은 이런 동성 상호작용—힘차게 머리를 까딱거리고 부리를 문지르는 등의 활기찬 동작—을 통해서 자신의 신체 상태를 측정하고 다른 수컷과 정력을 비교하는 것처럼 보였다. 또한 사랑앵무는 안전을 위해서 무리 안에서 먹이를 찾고 특정 개체를 추종하는 것을 선호한다. 이 가설에 따르면 동성 간의 상호작용은 사회성이 높은 이 새들이 지도자를 고르는 데에 도움을 준다.

도토리딱따구리의 경우, 새들이 저녁에 보금자리로 돌아가기 전에 수컷과 수컷, 암컷과 암컷이 서로에게 올라타는 행동을 하는데, 이것은 병코돌고래의 수컷 연합에서처럼 사회적 접착제 역할을 하거나 보노보원숭이에서처럼 긴장 상황을 완화할 수도 있다.

레이산앨버트로스의 경우, 새끼를 기를 때에는 부모가 반드시 서로 협조해야 하는데, 번식기에 수컷이 부족하면 암컷은 자기들끼리 짝을 짓는다. 긴꼬리제비갈매기와 캘리포니아갈매기도 마찬가지이다. 암새 커플은 혼자인 암컷보다 새끼를 더 잘 기른다.

동성의 펭귄 부모는 동성 관계의 본질과 정치성에 대한 좌우 논쟁의 뜨거운 감자가 되었다. 그러나 진화생물학자 말린 저크는 이런 다양한 파트너 관계가 우리에게 진실로 보여주는 것은 새들의 세계에서 성이 가지는 의미라고 말한다. 저크는 이렇게 썼다. "야생에서 동물이 살아가는 모습에 익숙하지 않은 사람들은 섹스가 오로지 번식이라는 사업을 위해서 사무적으로 일어난다고 가정한다." 사실 새들의 성은 이보다 훨씬 복잡하고 더 많은 것을 성취한다. 이런 관점에서 새들의 성, 동성애, 이성애에는 융통성과 다양한 "목적"이 있을 것이다. 조류의 여러 다른 본성이 그러하듯이 말이다. 그리고 어쩌면 이런 동반관계가 존재하는 데에는 생각보다 간단한 이유가 있을지도 모른다. 사랑하기 때문에 사랑하는 것이라는 이유가 말이다.

10

목숨을 건 구애

분명 새들의 성에는 교미라는 본능적인 욕망 이상의 일들이 일어나고 있다. 그러나 이 역시 가장 경이로운 행위의 서곡에 불과하다. 인간의 장미와 초콜릿도 새들의 야성적이고 호화롭고 생동감 넘치는 구애에는 감히 명함도 내밀 수 없다.

나는 이 장을 밸런타인 데이에 쓰고 있는데, 두루미의 노래와 춤보다 더 로맨틱한 사랑 고백은 생각나지 않는다. 나는 두루미를 일본 홋카이도에서 한 번 본 적이 있는데. 크고 우아하게 생긴 새들이 날개를 들어올리고 등을 구부린 채 부리를 하늘로 향하고 등골이 오싹해지는 원시적인 떼창을 부르고 있었다. 두루미들은 소리를 내면서 공중으로 함께 뛰어올랐고 사실상 결혼 서약이나 다름없는 구애 의식 속에 커다란 날개를 펼쳤다. "나는 사랑했고 지금도 사랑하고 앞으로도 사랑할 것입니다."

겨울굴뚝새는 숲 바닥의 부엽토 사이를 생쥐처럼 엉큼하게 기어다니는 갈색의 작은 새로 오직 노래로만 짝에게 구애한다. 하지만 그 노래라니! 굽이치는 선율 속에 세상에서 가장 달콤한 곡조가 잔물결처럼 복잡하게 이어진다. 수탉의 울음소리보다 10배나 큰 목소리로 금방이라도 폐가 터질 듯이 부르는 이 노래를 박물학자 아서 클리블랜드 벤트는 "가장 거친 기쁨과 가장 부드러운 슬픔을 동시에 표현하며" 놀라움과 황홀함, 풍성함과 신속함이 연이어 관통하면서 "귀청이 떨어지고도 남을" 소리라고 말했다.

혼인 전에 보여주는 영웅적인 신체적 위업에서 검은사막딱새 수컷을 능가하는 새는 없다. 북아프리카 서부와 이베리아 반도의 절벽이나 경사진 바위에 번식하는 무게 45그램짜리 새는 동굴과 절벽의 둥지 구멍에서 기다리는 암컷에게 평균 1.8킬로그램의 돌을 가져다준다. 그것은 체중이 68킬로그램인 사람이 4,535킬로그램의 돌을 나르는 것과 같다. 수컷 한 마리가 30분 만에 80개나 되는 돌을 부리에 물어 운반한다. 이렇게 고생을 자처하는 것은 둥지의 터를 다지기 위한 이유도 있지만, 동시에 짝에게 자신이 가진 힘과 부모로서의 잠재적 자질을 과시하여 깊은 인상을 주기 위함이다.

겨울굴뚝새나 야자잎검은유황앵무 같은 새들은 단독으로 구애 공연을 한다. 야자잎검은유황앵무는 짝에게 랏-아-탓 하는 리듬으로 구애하는 기이한 앵무이다. 이 새는 보기 드문 드럼 연주 실력 때문에 조류계의 링고 스타(Ringo Starr)로 불린다. 이 새는 실제로 조류계의 록스타에 걸맞은 깃털을 가졌다. 몸은 고스족(goth : 세상의 종말, 죽음, 악을 노래하는 록 음악가/옮긴이) 같은 잿빛이고, 뺨은 맨살이 드러나 불타는 듯하며 관모는 생기가 넘친다.

로버트 하인손은 이 유황앵무의 독보적인 음악 재능을 오스트레일리아 북부 케이프 요크 반도에서 뉴기니앵무를 야외에서 조사하던 중에 처음 접했다. 하인손은 '연구하기 어려운 조류 연구단체'의 창립자로 "심각한 멸종위기에 처해 있고 찾기 어렵고 험한 지형에서만 발견되고 이곳저곳으로 돌아다니는" 소수의 새를 집중적으로 연구한다. 야자잎검은유황앵무는 이 조건에 딱 맞는 연구 대상으로 요크 반도 끝자락의 우림에서 서식하는 진정한 뉴기니 토종이고, 극도로 수줍음이 많고 은밀하며 찾기 힘들고 연구하기 어렵다.

"하루는 우림 가장자리에서 뭔가를 두드리는 소리가 들렸어요. 뭔가 했죠." 하인손이 회상했다. "그래서 슬며시 가봤어요. 그랬더니 볼이 붉고 관모가 크게 곧추선 아름다운 야자잎검은유황앵무 한 마리가 있었어요. 발에 막대기를 들고 나무를 두드리고 있더군요. 그렇게 30분을 계속했어요. 믿을 수 없이 멋졌죠. 얼마 후 근처에 암컷이 있다는 사실을 알게 되었습니다. 내내 수컷을 지켜보고 있던 거예요."

수컷은 연주 도구를 만드는 것으로 공연을 시작한다. 갈고리 모양의 커다란 부리로 나무에서 상당한 크기의 가지를 잘라낸 다음 잎을 뜯어내고 연필 크기로 다듬는데, 그 모습 자체도 경이롭다. 종류에 상관없이 동물이 도구를 만드는 것은 자연 세계에서 극히 드문 일이고 그나마도 먹이를 찾을 때만으로 한정되기 때문이다. "우리가 아는 한, 이 새는 인간을 제외하고 공연이나 음악적 목적으로 도구를 만드는 유일한 종입니다." 하인손이 말한다. 이 군더더기 없이 제작된 북채를 왼발에 들고 유황앵무는 자기가 앉아 있는 횃대나 속이 빈 나무의 줄기를 친다. 일단 리듬을 타기 시작하면 고음의 부엉이 휘파람을 섞고, 관모의 깃털을 들어올리며 고개를 까딱거리거나 흔들면서 돌리고, 또 충혈되어 선명하게 붉어진 맨살의 볼을 내보인다.

하인손과 동료 크리스티나 즈데넥은 야외에서 7년 동안 총 130회의 연주를 녹음해서 이 드럼 연주의 특징과 기능을 분석하고 있다. 녹음은 대부분 즈데넥이 했는데, 약 100시간을 녹음해야 한 번의 연주를 들을 수 있었다. 그러나 노력한 보람이 있었다. 연구팀은 유황앵무가 록밴드의 박자 설정기처럼 규칙적인 리듬과 박자를 만들어낸다는 것을 발견했다. 또한 모든 새들이 같은 리듬으로 두드리는 것도 아니다. 수컷마다 고유의 특징적인 가락과 악기 스타일이 있었다. "어떤 수컷은 빠른 리듬을, 어떤 수컷은 좀더 느린 리듬을 좋아합니다." 하인손이 말한다. "그리고 공연을 시작할 때 조금은 과장된 동작을 보이는 수컷들도 있어요." 이들은 언제나 자기만의 특징적인 박자로 연주하고 개체마다 패턴이 확연히 다르기 때문에 소리만 듣고도 어떤 수컷인지 서로 잘 알 것이다.

게다가 드럼 연주를 하는 행위 자체는 학습과 문화를 통해서 전파된 것으로 보인다. "뉴기니와 인도네시아에도 같은 종이 살고 있지만, 케이프 요크 반도에 서식하는 놈들만 드럼 연주를 합니다. 아마 어느 영리한 수컷이 우연히 드럼 연주가 암컷을 기쁘게 한다는 사실을 알게 되었고, 다른 수컷들이 빠르게 그걸 배운 것 같아요. 그렇게 개체군 전체로 퍼졌을 겁니다."

야생에서 발견된 이런 박자 맞추기는 음악적 리듬이 다양한 종들 사이에서 심미적 호소력을 가지고 있으며, 뇌가 오랫동안 공유해온 한 가지 측면을 반영한다는 찰스 다윈의 주장을 뒷받침한다. 그는 『인간의 유래 (The Descent of Man)』에서 이렇게 썼다. "음악적 가락과 리듬을 인식하는 것은 설사 즐거움을 주지는 않더라도 모든 동물에게 공통된 기능이고, 신경계가 공유하는 생리적 특성에 의존한다."

우리가 아는 한, 유황앵무의 세계에 수컷 드럼 클럽은 없다. 암컷 야자잎검은유황앵무의 환심을 사기 위한 공연은 언제나 단독으로 진행된다. 그러나 어떤 수컷 새들은 단체로 모여 상품을 선보이고 집단으로 뽐내고 노래를 부르며 예비 짝에게 멋진 깃털을 과시한다. 이런 단체 공연은 보통 레크에서 진행된다. 혼자 튀기 위한 치열한 경쟁은 없다. 사실 새들이 이렇게 공동으로 구애하는 방식은 세상에서 가장 유별난 짝짓기 공연과도 일부 관련이 있다.

레크는 종에 따라서 많은 수컷들이 모이는 작고 북적대는 공간이기도 하고 또는 좀더 흩어져서 "폭발하는" 널찍한 전시 공간이기도 하다. 큰꺅도요 수컷은 러시아와 폴란드의 강 계곡에 자리한 작고 비좁은 전시 공간에서 매해 봄이면 함께 모여 구애한다. 조밀한 집단 안에서 새들은 날개를 펼치고 흰 꽁지깃을 번쩍거린다. 늪에서 올라오는 공기 방울처럼 꾸르륵꾸르륵 하는 휘파람이 마치 복화술사가 내는 소리처럼 어두운 시골 여기저기에서 울려퍼지며 암컷들을 끌어들인다. 어떤 새들은 밤새 공연하느라고 체중의 7퍼센트까지 잃는다. 암컷은 축제장을 돌아다니며 공연을 심사한다. 암새는 유전자 말고는 수컷을 고르는 모험에서 달리 얻는 것이 없다. 물질적 혜택이나 보호도 받지 못한다. 수컷은 같이 있어주지도 않으며 양육에도 전혀 도움이 되지 않는다. 오직 수정에 필요한 정자만 제공할 뿐이다. 짝짓기가 끝나면 암컷들은 홀연히 떠나서 둥지를 짓고 혼자 새끼를 키운다.

고작 몸길이의 몇 배 정도의 간격을 둔 비좁은 곳에서 떼로 전시하는 것이 수컷 입장에서는 현명하지 못한 행동일 수도 있다. 이런 곳에서는 경쟁이 치열하고 괴롭힘을 당할 위험도 있기 때문이다. 그럼에도 수컷들이 이 핫스팟에 끌리는 것은 일단 암새들이 많이 드나들고, 또 성공한 수컷들이 선호하는 장소여서 그들의 암컷을 가로챌 기회를 노려볼 수도 있기 때문이다. 또는 수컷들이 모여 있어야 암컷이 찾아오기 쉬워서일 수도 있다. 아니면 그저 다 같이 있으면 더 안전하기 때문일지도 모른다.

구애 의식의 역사는 공룡 시절로 거슬러올라간다. 콜로라도 서부에서 작업하던 과학자들이 최근에 아크로칸토사우루스(*Acrocanthosaurus*)라는 거대한 포식 공룡들이 모여서 구애한 증거를 찾았다. 아크로칸토사우루스는 몸길이 11.5미터에 등이 굽고 깃털과 볏이 있는 네발짐승으로, 백악기 초기에 북아메리카 서부의 습지에서 살았다. 연구팀은 구애 장소로 추정되는 곳에서 50여 개의 거대한 긁힌 자국을 발견했는데, 이 대형 짐승

이 새처럼 춤을 추어 짝에게 사랑을 고백했음을 암시한다. 긁힌 자국은 지름이 1.8미터 정도로 불규칙적으로 모여 있는데, 이것은 타조, 코뿔바다오리, 카카포의 흔적과 닮았다. 물론 이것은 어디까지나 정황 증거에 불과하다. 그러나 이렇게 덩치 큰 짐승들이 조류의 전희를 공룡 버전으로 실행하는 모습을 상상하면 재미있다.

새들의 공동 구애가 다 비슷한 것은 아니다. 일부 새들의 구애 현장은 경쟁과 갈등이 난무한다. 북아메리카에서 가장 화려한 새인 산쑥들꿩의 수컷들은 구애 도중에 서부 영화의 총잡이처럼 거칠고 때로는 사악하기까지 한 난투극을 벌인다. 이 수컷들은 밝고 하얀 가슴 깃털을 한껏 세우고 목 부분의 노란 공기주머니를 부풀리고는 권투선수처럼 상대와 마주 보고 돌면서 휙휙 하는 희한한 소리를 낸다. 암새는 수컷들 사이를 돌아다니지만, 결국 최고의 쇼를 펼치는 수컷이 무대 중앙의 최고의 자리에 올라서면 팝스타라도 등장한 것처럼 앞다투어 몰려든다.

"산쑥들꿩은 서로 옆에서 자신을 과시하고 날개로 서로를 밀치고 쓰러뜨리는 데에 많은 시간을 보냅니다." 플로리다 주립대학교의 생물학과 부교수 에밀리 듀발이 말한다. 집단 구애를 하는 많은 종들이 이런 식의 거칠고 사나운 경쟁에 뛰어들어 경쟁자와 격렬하게 싸운다. 그러나 사회적 스펙트럼의 반대쪽에는 대단히 특이한 행동을 보이는 수컷들도 있다. 이 새들은 협업한다.

창꼬리매너킨을 예로 들어보자. 이 새는 중남미에서 흩어져 있는 레크에서 번식한다. 듀발은 창꼬리매너킨이 "이상하고 놀랍고 색다르고 복잡한 형태로 협동해요"라고 말한다. 창꼬리매너킨은 암컷을 유혹하기 위해서 알파 수컷과 베타 수컷이 완벽하게 짜인 남성 듀엣곡을 부르고 11가지 안무로 구성된 2인조 공연을 한다. 춤 동작에는 날개로 타닥 소리를 내는 느린 "나비 비행"과 횃대에서 빠르게 회전한 다음 피피 소리와 함께

착륙하는 "피피 비행"에서부터 상대방 등 짚고 뛰기, 수직으로 튀어오르기, 앞뒤로 깡충 뛰기까지 다양하다. "보통 집단 구애를 하는 새들을 보면 치열한 경쟁을 예상하게 되죠." 듀발이 말한다. "그러나 이 새들에게서는 수컷들이 길게는 6년이나 유지되는 협력적 파트너가 되어 합심하는 모습을 볼 수 있습니다."

그러나 중요한 사실은 따로 있다. 애써 꾀어낸 암컷과 짝짓기를 하는 것은 언제나 둘 중에서 더 힘이 센 알파 수컷뿐이라는 점이다. 그렇다면 남은 수컷은 왜 자신의 짝짓기 기회를 버리고 다른 수컷이 짝을 구하도록 돕는 것일까? 이 바람잡이에게 돌아오는 것은 무엇일까?

듀발은 답을 알아내고 있다. 그녀는 1999년부터 파나마의 보카 브라바 섬에서 이 새를 연구하고 있다. 듀발의 연구 현장에는 약 30쌍의 창꼬리매너킨이 서식하는데, 각각 500-4,500제곱미터에 달하는 상당한 규모의 공연장을 관리하며 각자 심사숙고하여 골라놓은 전시용 횃대까지 보유하고 있다. 팀들 간에는 서로의 소리는 들을 수 있어도 볼 수는 없다. 듀발은 이곳에 여러 대의 카메라를 설치하고 암컷이 방문했을 때에 수컷 창꼬리매너킨의 구애 행동을 촬영했다.

나는 동물행동 전문가 연례회의에서 듀발을 만났다. 햇살이 비치는 벤치에서 그녀가 내게 파나마의 자기 집 뒷마당에서 찍은 새들의 영상을 보여주었다. "마침 운 좋게 가장 잘나가는 수컷이 우리 집 뒷마당에 있더라고요." 듀발이 말했다.

번식철 깃털로 단장한 수컷은 우아하다. 등은 밝은 푸른색이고 정수리와 볏은 선명한 붉은색이다. 카메라는 낮고 구부러진 가지에서 이 새들을 찍었지만, 공연은 좀더 위쪽에서 시작되었다. 처음에 수컷들은 키가 큰 나무에 나란히 앉아서 박자를 정확히 맞춘 울음소리로 팀워크를 과시했다. 두 새의 소리 간격은 고작 1초의 10분의 1에 불과해서 마치 한 마리가 노래하는 것처럼, 그러나 훨씬 풍부한 스테레오 사운드로 들린다. 암컷 한 마리가 등장하자 수컷들은 합을 잘 맞춘 휘파람과 울음소리, 그리고 느린 나비 비행으로 암컷을 관람용 횃대 쪽으로 유인하기 시작했다. 암새가 다가올 때면 둘은 마치 점프하는 콩처럼 교대로 올라왔다 내려갔다 하면서 수직으로 도약했다. 드디어 암컷이 횃대로 올라와서 자리를 잡자 수컷 둘이 서로 등을 짚고 뛰어넘으며 암컷의 시선에서 불과 몇 센티미터 거리에서 맴돌았다. 다행히 암새가 앞뒤로 빠르게 깡충 뛰면서 관심을 보였다. "그러면 보통 베타 수컷은 박수도 받지 못한 채 퇴장합니다." 듀발이 말한다. "그리고 알파 수컷이 남아서 관람용 횃대 주변 몇 미터 반경에서 느린 비행으로 단독 공연을 시작해요. 갑자기 높은 가지로 솟구쳐올라가 한 번 '피피' 소리를 낸 다음 암새를 향해서 하강 곡선을 그리며 빠르게 다가갑니다. 그러다가 날개에 급제동을 걸어 마지막 순간에 다시 위로 날아올랐다가 날개로 '쏙' 소리를 내면서 암새 위로 파닥거리고 내려옵니다. 여기가 하이라이트죠." 수컷은 이 날아올랐다가 덮치는 동작을 10번쯤 연속한다. 동작 사이사이에 수컷은 힘겨운 느린 비행으로 암새 주위를 낮게 나는데, 이때 암새는 수컷의 날개가 내는 타닥 소리에 맞추어서 앞뒤로 뛰는 것처럼 보인다.

공연은 45분 가까이 지속된다. "이쯤 되면 지칠 만도 하죠." 듀발이 말한다. "어떤 수컷들은 입을 크게 벌리고 숨을 헐떡거립니다." 그러나 알파 수컷은 신체적으로 절정 상태에 있다. 호들갑스럽게 횃대에 부딪혔다가 튕겨나오며 마지막으로 암컷에게 고개 숙여 인사를 한다. 이제 암컷이 날개를 차분히 내리고 꼬리를 살짝 들어올리면 수컷은 공중으로 뛰어올라서 방향을 돌린 다음 암컷의 등 위에 내려앉아 날개를 들어 뻣뻣이 고정시킨 채 교미한다. "교미 직전에 수컷이 마지막으로 횃대에서 튕겨나오는 장면을 자세히 보기까지 꼬박 3년이 걸렸어요." 듀발이 말했다. "프로젝트를 시작하고 첫 몇 년은 카메라가 없었어요. 하지만 이제는 이렇게 맨 앞줄에 앉아 공연을 보네요." 암컷은 교미 후에도 단장을 하느라고 몇 분을 더 머물다가 이윽고 가볍게 날아서 홀로 키울 새끼를 위한 둥지를 마무리 지으러 떠난다.

"단순히 수새 두 마리가 암새에게 보여주는 공연이라기보다는 세 마리 새의 발레 무대에 더 가까워요." 듀발이 말한다. "대개는 수컷 둘이 순조 롭게 실수 없이 일을 진행하지만, 갈등이 전혀 없는 것은 아니에요. 협력 관계라고는 하지만, 모두 같은 처지에 있는 건 아니니까요."

듀발이 보여준 한 영상에서는 유난히 암컷이 열정적으로 보인다. 수컷 둘이 아직 한창 앞부분을 공연하고 있는데, 이 암새는 벌써부터 앞뒤로 뛰어다닌다. 그러더니 날개를 내리고 엉뚱하게 베타 수컷에게 교미를 청 한다. 베타 수컷은 얼씨구나 하고 달려든다. 하지만 알파 수컷이 가만히 보고 있을 리가 없다. 한창 교미 중인 베타 수컷을 덮치더니 횃대에서 밀 어내고 쫓아낸다. 그러고는 즉시 돌아와서 공연을 재개하는데, 2인조 댄 스 대신 그 이후에 이어질 정상적인 솔로 공연을 시작한다. 그것을 보던 암컷이 배변을 하는데, 아마도 베타 수컷에게 받은 정자를 총배설강으로 제거하는 것으로 보인다. 알파 수컷이 돌아와서 절을 하고 교미한다.

나는 듀발에게 암컷의 배변 시점에 관해서 물었다. "출입구가 하나밖에 없어서 모두 총배설강을 통해서 들어오고 나가죠. 그래서 쓸 생각이 없 는 정자를 처리하는 간단한 방법은 배변을 하는 겁니다. 교미가 흡족하 게 끝나면 암컷은 몸을 길게 뻗고 꼬리 끝을 밀어넣는데, 제가 보기에는 몸에 들어온 정자를 잘 보관하려고 갈무리하는 것 같아요. 그런 다음 앉 아서 매무새를 다듬죠. 하지만 시원찮다 싶으면 꼬리를 접어넣는 대신에 배설해버리고 떠납니다."

합방의 순간에 바람잡이는 어디에서도 보이지 않는다. 얻을 것이 없는

데 계속해서 성의를 다해 노래하고 춤을 추는 이유가 무엇일까?

그렇다고 베타 수컷이 가까운 친척을 도와서 유전적으로 이익을 보는 것도 아니다. 듀발은 알파와 베타 수컷이 근연관계가 아님을 확인했다. 알파 수컷에게 협조하는 것은 나중에 자신이 알파 수컷이 될 가능성을 높인다. 하지만 그렇다고 해서 알파 수컷이 죽었을 때, 곧바로 세력권을 물려받거나 줄을 대고 자기 차례를 기다리는 상황은 아니다. 듀발은 알파 수컷을 인위적으로 제거했을 때에 그 자리를 항상 베타 수컷이 차지하는 것은 아님을 확인했다. 수수께끼는 아직 풀리는 중이다. "수컷들은 17년 넘게 살기 때문에 단기적인 눈앞의 이익만 보고 행동하는 게 아니라 놀라울 정도로 긴 시간을 염두에 두고 제 살길을 모색합니다." 듀발이 말한다. "이런 연구가 매력적인 건 한 야생 조류의 인생사를 요람에서 무덤까지 접근한다는 것이죠. 덕분에 어떤 행동이 장기적으로 어떻게 결실을 보는지 이해할 수 있으니까요."

극락조 또한 집단 구애의 세계에서 눈에 띄는 새이다. 극락조는 뉴기니와 오스트레일리아 북동부에 40종 정도가 서식하는데, 목 뒤의 망토, 1.8미터짜리 꼬리, 온갖 형태로 융합된 깃털, 그물이 쳐진 라켓이 붙어 있는 전선 같은 깃털 등 매우 다양한 장식 깃털을 가지고 있다. 이 기이한 깃털들은 복잡하고 괴이하기까지 한 구애 공연에 사용된다. 이 새에 대해서는 코넬 대학교 조류연구소의 에드 숄스가 야외에서 오랜 시간의 연구를 통해서 그 구애 행위를 낱낱이 해부하기 전까지는 잘 알려지지 않았다. 숄스의 말에 따르면, 어떤 수컷들은 구애 도중에 평범한 새의 모습에서 색색의 꽃이나 검은색 원처럼 전혀 새 같아 보이지 않는 독특한 형체로 변신한다. 그중에서도 가장 충격적인 것은 어깨걸이극락조이다. 이 새는 장식용 망토를 부채꼴로 펼쳐서 상체를 완전히 감싸며 타원형의 새까만 목도리 깃을 만드는데, 이때 푸른 깃털이 꼭 눈과 입처럼 보여서 거대하고 둥근 스마일 얼굴—단, 웃는 표정이 아니라서 조금 오싹한—만 남기고 새의 머리는 완전히 사라진다. 주홍극락조는 거꾸로 매달리면 긴 전선 같은 두 개의 꼬리가 양쪽으로 휘어져 내려오며 완전한 하트 모양을 그린다.

캐롤라극락조는 공들인 "발레리나"의 춤 공연을 선보인다. 이 새들은 뉴기니 산악지대 내부의 울창한 숲에서 산다. 이 새의 복잡한 구애 공연은 숄스와 사진사 겸 동료 조류학자인 팀 래먼이 파푸아뉴기니에서 처음 발견하면서 알려졌다. 어치 정도 크기의 수컷은 몸이 검은색이고 눈 뒤쪽으로 길게 뻗은 전선 같은 머리 깃, 턱의 수염, 그리고 인상적인 망토를 세트로 장착했다. 이 새는 숲속에 작은 무도장을 짓는데 중앙에 적어도 하나의 횃대가 가로지르고 암컷들이 거기에 앉아서 공연을 관람한다. 수컷은 지저분한 것들을 치운 다음, 마치 댄스 플로어처럼 착생 균류로 매트를 깐다. 캐롤라극락조의 현란한 발동작은 수평의 횃대 중심에서 출발하여 머리를 앞뒤로 기울이며 무도장의 한쪽 끝까지 경중경중 뛰어갔다가 다시 반대편으로 돌아온다. 그런 다음 좌우로 몸을 흔드는데, 몸을 격렬하게 떨며 날개를 펴고 퍼덕거리다가 꽉 닫는다. 래먼이 이 동작을 셔터 속도를 낮추고 플래시를 사용해서 찍은 결과, 수컷이 머리를 완벽하게 8자 모양으로 흔드는 것이 밝혀졌다. 공연의 상징인 발레 파트에서 수컷은 옆구리 깃을 마치 발레복처럼 몸 주위로 펼치고는 23가지의 다양한 춤 동작을 포함하여 절하기, 걷기, 멈추기, 흔들기의 4단계로 이루어진 복잡한 춤을 공연한다.

왜 새들은 그렇게 유별나고 화려한 짝짓기 공연을 할까?

다윈은 이 질문을 매우 중요하게 생각해서 두 번째로 유명한 자신의 책에서 상당 부분을 이 주제에 할애했다. 『인간의 유래』에서 그는 많은 수컷들의 공들인 구애나 자기 과시가 성 선택(sexual selection)이라는 진화 방식의 결과라고 주장했다. 암컷은 특정 형질을 가진 수컷을 다른 수컷보다 더 선호한다. 선택된 수컷은 더 많은 자손을 낳게 되고 그러면서 그 형질을 물려주어서 다음 세대에 전달되고 개체군 전체에 퍼진다. 오늘날 우리가 보는 이런 기이한 공연들은 아주아주 오래 전에 암컷의 선택이 만든 메아리이다.

암컷의 짝 선택에 의한 성 선택은 방울새와 우산새의 요상하게 매달린 육수(肉垂 : 칠면조나 닭 따위의 목 부분에 늘어져 있는 붉은 피부), 일부 극락조의 폭포처럼 풍성하게 흘러내리는 깃털, 공작의 지나치게 화려한 꼬리깃 등 다윈이 소유자의 생존에 어떤 기여도 하지 못하고 양립할 수 없는 불가해한 장식품이라고 생각한 외형적 특징들을 설명해준다. 그는 아사 그레이에게 보낸 편지에서 "진짜 넌덜머리가 난다!"라고 썼다. 성 선택은 먹이를 찾거나 포식자를 피하는 생존 과제에서 실제로 방해가 되는 사치스러운 형질의 진화를 유도하여 자연 선택에 역행할 수 있다. 이런 식으로 수컷은 부담스럽지만 섹시하다는 이유로 개체군 안에서 지속되는 정교한 형질과 과시를 갖추게 되는 것이다.

다윈은 자연의 다양하고 활기 넘치는 성적 과시의 원동력이 암컷의 편애라고 주장했다. "인간이 밴텀 닭들에게 자신의 미적 기준에 따라서 짧은 시간 안에 아름다움과 우아함을 새길 수 있다면, 암새들이 수천 세대의 선택을 거치며 자신의 미적 기준에 따라서 가장 듣기 좋게 노래하는 아름다운 수컷을 선택함으로써 눈에 띄는 결과물을 만들어낼 수 있다는 것을 의심할 이유는 없다고 본다."

다윈의 논문은 우아했지만 그에 대한 반응은 냉담했다. 동시대 사람들은 단지 "미에 대한 암컷의 취향"이 자연의 그토록 많은 장관을 설명할 수 있다는 생각에 깊은 회의를 드러냈고, 동물, 특히 암컷이 이 섬세한 차이를 구분할 만큼 정교한 미적 감각을 가진다는 사실을 완전히 불신했다. 앨프리드 러셀 월리스는 수컷의 장신품과 자기 과시가 "몸을 상하지 않고도 이런 불필요한 일에 자신을 쏟아부을 수 있는 잉여의 힘과 활력, 성장력"에서 발생한다고 주장했다. 구애 행동은 수컷끼리의 경쟁에 의해서 제어되고, 생기 있는 자기 과시의 일차적인 목표는 다른 수컷과의 경쟁이나 갈등에서 우위에 서는 것이라는 뜻이다.

화려한 꼬리로 부채질하는 공작이나 위험천만한 자세로 거꾸로 매달린 극락조가 암컷에게 자신의 화려함을 자랑하기 위해서가 아니라 다른 수컷을 위협하기 위해서 진화했다는 생각이 오늘날에는 어처구니없이 들릴 것이다. 그러나 『인간의 유래』가 출간된 후에도 몇십 년 동안은 월리스의 관점이 우세했다. 1898년에 철학자이자 심리학자인 카를 그로스는 "암컷은 선택이라는 것을 하지 않는다"라고 썼다. "암컷은 상의 수여자가 아니라 사냥되는 동물이다."

이제 우리는 사실 암컷이 사냥꾼이고 짝짓기의 결정권자이며 암컷의 선택으로 인해서 수컷의 성적 과시가 진화되었다는 사실을 알고 있다. 그러나 우리는 여전히 그 방법을 알아내기 위해서 노력 중이다. 암컷이 찾는 것은 무엇일까? 어떻게 이들은 최고의 쇼와 실패작을 구분할까?

이것들은 대답하기 쉬운 질문이 아니다. 중요한 것은 새의 관점이지 인간의 관점이 아니기 때문이다. 또 새의 관점을 찾는 연구는 대체로 까다롭다. 예를 들면, 성적 과시에 사용되는 깃털이나 그밖의 신체적 특징이 우리의 눈에는 단조로워 보일지도 모르지만, 추가로 자외선을 섞으면 전혀 다른 이야기가 된다. 1990년대 말에 고전적인 연구에서, 생물학자들이 푸른박새 수컷의 깃털에 자외선을 흡수하는 자외선 차단제를 발랐더니 암컷에게 발산하는 매력도에 영향을 미쳤다. 이와 비슷하게 과학자들은 최근에 흰수염바다오리의 뿔(짝 선택을 준비하는 동안에 자라는 돌출 부위)이 사람의 눈에는 무색으로 보이지만, 자외선 아래에서는 밝게 빛나서 암컷의 눈에는 도드라진 성적 신호로 보인다는 것을 발견했다.

우리 인간은 제한된 오감을 지녔을 뿐 아니라 시간의 지각에서도 제약을 받는다. 새들의 세계에서는 모든 일이 빠르게 일어나는데, 때로는 너무 빨라서 우리 눈에는 보이지 않을 정도이다. 코넬 대학교 조류연구소의 마이크 웹스터는 생물학자 레이니 데이가 가이아나의 숲속에서 실시간으로 찍은 검은매너킨의 구애 장면으로 이 점을 확인시켜주었다. 이 영상에서 수컷 매너킨은 그저 위아래로 깡충깡충 뛰는 것처럼 보인다. 이 영상 다음으로 웹스터는 초당 프레임이 수백 개인 초고속 카메라로 촬영한 영상을 보여주었는데, 보자마자 나는 입을 다물 수 없었다. 청중들 사이에서도 여기저기에서 탄성이 들렸다. 그 짧은 뜀뛰기 사이에 수컷은 360도로 완전히 한 바퀴를 돌았는데, 이것은 암컷의 눈에는 보이고 우리 눈에는 보이지 않는 초고속 공중제비였다.

초고속 영상의 경이로움에는 아프리카에 자생하는 명금류인 청휘조의 충격적인 묘기도 한몫했다. 암수 모두 몸을 까딱거리고 노래하면서 빠른 발동작을 보여주는데, 홋카이도 대학교의 오타 나오가 초당 300프레임으로 촬영했더니 새들은 노래에 완벽하게 박자를 맞추어 탭댄스를 추고 있었다.

암컷들은 구애하는 수컷을 보면서 실제로 무엇을 경험하는가? 그리고 어떤 기준으로 짝을 고르는가? 이것은 메리 캐스웰 스토더드를 사로잡은 질문들이다. 그녀는 넓적꼬리벌새의 특별한 짝짓기 공연을 연구한다.

넓적꼬리벌새 수컷이 암컷 앞에서 구애 행위를 할 때, 구체적으로 어떤 동작과 과정을 수행하는지 말해보겠다. 초당 40회의 빠른 날갯짓으로 작은 폭죽처럼 수직으로 솟구쳐 공중 30미터 높이에 있는 마법의 지점에 도달한다. 그곳에 멈추어서 몇 초간 맴돌다가 갑자기 폭발적인 날갯짓으로 파워 다이빙을 감행하여 목표물을 향해서 아래로 아래로 목숨을 건 속도로 곤두박질친다. 여기에서 목표물이란 U자형 다이빙 궤도의 맨 아래 지점에 앉아 있는 암새를 말한다. 전속력으로 하강해서 암새가 있는 높이에 도달하는 순간 온 힘을 다해 급정지한 다음, 빛을 최대로 포착할 수 있는 각도로 목깃을 기울여 암새를 눈부시게 한다. 그런 다음 다시 몸을 돌려 위로 위로 초록색 날개를 빠르게 움직여서 마법의 높이에 도달할 때까지 올라간다. 그리고 다시 하강한다. 작은 몸이 허락할 때까지 반복해서, 때로는 시간당 수십 번의 다이빙을 한다.

"세상에서 가장 멋지고 이상한 구애예요." 스토더드가 말한다. 이 동작들을 하나하나 뜯어보면 더욱 놀라운데, 그것이 바로 스토더드와 동료 베네딕트 호건이 콜로라도 주 고딕의 로키마운틴 생물학 연구소에 있는 넓적꼬리벌새 연구지에서 하는 일이다. 이 생물학 연구소는 세계에서 가장 크고 오래된 야외 생물학 연구지로, 19세기 콜로라도 은광 시절 이후 유령도시가 된 지역에 세워졌으며 고도 1,600미터에 있다. 약 300마리의 넓적꼬리벌새들이 중앙 아메리카에서 겨울을 보내고 이곳으로 번식하러 온다. 사실 우리가 넓적꼬리벌새에 대해서 아는 것들 대부분이 이곳에서 연구되었다. 우리는 푸른매발톱꽃, 루피너스, 블루벨, 스칼렛 길리아가 만발한 고산지대 초원의 연구지 오두막 밖에서 벌새들을 관찰했다.

스토더드는 자연 세계에서 진화가 색과 패턴, 구조의 다양성을 형성하는 과정을 연구한다. 이곳 로키마운틴 생물학 연구소에서는 그녀와 동료 호건, 해럴드 아이스터, 데이비드 이노우에가 벌새들이 어떻게 야생에서 색을 이용해서 꽃을 찾고 짝에게 구애하는지 탐구 중이다. 현재 연구팀은 미세한 색 차이를 구분하는 넓적꼬리벌새의 능력을 조사 중이다.

특수 설계된 꿀물 먹이통 두 개가 삼각대 위에 놓여 있고 그 앞에는 자체 제작한 LED 장치가 각각 두 가지 색을 비춘다. 둘 중에 하나의 색만 꿀물과 연관되어 있으므로 새들은 현명하게 선택해야 한다. 초록색과 자외선 초록색 같은 색깔은 인간의 눈으로는 전혀 구분할 수 없지만, 새들은 빨리, 대개 하루면 두 가지를 구별할 줄 알게 된다. "인간의 눈이 보는 것과는 다른, 새들의 시각적 세상을 보면 꼭 마술 같아요." 아이스터가 말한다.

벌새는 눈에 들어오기 전에 날카로운 금속성 소리가 먼저 들린다. 크기는 나의 엄지보다도 작지만 대담함, 지성, 곡예, 순수한 아름다움의 결정체로 잘 알려졌다. 처음 아메리카 대륙에 도착한 스페인 사람들은 이 새를 보고 '호야스 볼라도라스(joyas voladoras)', 즉 "날아다니는 보석"이라고 묘사했다. 쾅! 벌새 한 마리가 커다란 벌처럼 내 얼굴로 날아오더니 내가 꽃이라도 되는 양, 화산처럼 찬란한 장미색-자홍색 목장식을 번쩍거리며 잠시 맴돈다. 그러다가 휙! 사라진다.

넓적꼬리벌새는 놀라운 다이빙 공연으로 유명한 벌새족에 속한다. 성적으로 개방적이어서 보통 수컷은 한 번의 번식철에 여러 마리와 짝짓기를 한다. 공연의 결말은 인간의 눈에는 거의 목격되지 않는다. 암수는 부부의 연을 맺지 않고 그저 한 번의 교미 이후 암컷 혼자 거미줄과 가느다란 것들을 몸 주위로 꼬아서 컵 모양의 작은 둥지를 만들고는 혼자서 관리하고 혼자서 새끼를 키운다.

과학자들은 이 벌새가 야성적인 다이빙을 감행하고, 화려한 목장식을 번쩍거리고, 특별한 소리를 내며 구애한다는 것을 오랫동안 알고 있었다. 현재 캘리포니아 대학교 리버사이드의 생물학자인 크리스토퍼 클라크는 이들이 내는 소리가 입에서 나오는 발성이 아니라, 날개나 꼬리의 변형된 깃털로 공기가 통과하면서 진동할 때에 나는 일종의 기계음이라는 것을 밝혔다. 새들은 정상적으로 비행할 때에도 이런 소리를 일부 내지만, 꼬리에서 나는 특별한 소리는 오직 이 구애 다이빙을 위해서 남겨둔다.

과학자들이 몰랐던 것은 어떻게 이 요소들이 함께 어우러지는지, 또 암컷이 다이빙 궤도의 밑바닥에 앉아서 무엇을 보는지였다. 스토더드는 벌새의 공연을 이해하고 어떻게 구성되었는지를 파악하려면 반드시 알아야 할 정보라고 말한다. 암새의 관점을 이해해야 한다는 말이다. "그러나 이 공연은 대단히 역동적일 뿐 아니라 동작, 소리, 색이라는 세 차원에서 구현되기 때문에 연구하기가 어려워요." 그녀가 말한다. "복잡한 신호들이 함께 생성되는 방식과 암컷에 의해서 지각되는 방식을 정량화할 적절한 도구를 찾아야 했죠."

먼저, 스토더드와 호건은 연구지 오두막 근처에 설치된 고프로 카메라를 사용해서 다이빙 공연 48회분을 촬영했다. 그리고 이미지 추적 소프트웨어로 각 다이빙의 궤적과 속도를 알아냈다. 그런 다음, 음향 분석을 통해서 소리와 다이빙 궤적을 맞추어 수컷이 꽁지깃으로 응응대는 소리—스토더드는 그 소리를 작은 녜, 녜라고 묘사했다—를 내는 정확한 순간을 측정하고 그 소리가 암새 옆을 지나는 순간에 어떻게 들릴지 추정했다.

다음으로 수컷의 번쩍이는 목장식이 암컷에게 어떻게 보일지를 알아내는 일은 더 까다로웠다. 보는 각도에 따라서 색깔이 달라지는 이 목장식은 깃털 자체의 구조색(structural color)이기 때문에 암컷이 보는 각도나 조명에 따라서 자홍색에서 검은색까지 극적으로 변한다. 애나스벌새 수컷은 이 사실을 이용해서 암컷 관중 앞에서 이 붉은 목장식이 번쩍거리도록 해를 향해서 뛰어드는 현란함의 극치를 보여준다. 과거에 한 관찰자는 "작은 잉걸불 하나가 하늘에서 내려오는데, 가까워질수록 밝고 커지더니 마침내 목표물 옆을 지날 때에 펑 하고 터졌다"라고 묘사했다.

다이빙 공연 중에 넓은꼬리벌새 암컷의 눈에 이 목장식의 색이 어떻게 변화하는지를 알아보기 위해서 스토더드와 호건은 오래된 정보 저장고로 눈을 돌렸다. 바로 뉴욕의 미국 자연사 박물관의 벌새 표본 수집품이다. "3D 프린터로 회전하는 특별한 무대를 지었어요." 호건이 말했다. "그런 다음 자외선 카메라로 여러 각도에서 표본을 촬영해서 벌새의 4색 원뿔세포 시각을 확보했습니다." 자외선을 볼 수 있는 새들에게 이 색이 어떻게 보이는지를 추정하기 위해서 스토더드의 테트라컬러스페이스 프로그램을 포함한 소프트웨어 도구들을 사용했다. 그리고 이 사진들을 U자 형태의 다이빙 궤도상에서 수컷의 위치와 결합하여 목장식을 보는 암컷의 시야를 추정했다.

동작, 소리, 목장식의 번쩍임을 하나로 합치자 비로소 이 다이빙 공연의 화려한 기술이 밝혀졌다. 수컷이 부리를 아래로 하고 떨어지면, 속도는 점점 빨라지다가 U자 곡선의 바닥에서 암컷에게 가장 가까울 때에 최대가 된다. 이와 유사한 애나스벌새의 다이빙을 연구하는 크리스토퍼 클라크에 따르면, 공연 중인 벌새의 평균 최대속도는 초당 몸길이의 385배 정도 되는데, 매가 먹이를 추격할 때에 강하하는 속도의 2배, 제비가 높은 곳에서 다이빙하는 속도의 2배, 그리고 상대적으로 계산하면, 재연소 장치가 있는 전투기의 최고속도(초당 몸길이의 150배)나, 대기권에 재진입하는 우주선(초당 몸길이의 207배)보다 빠르다. 새가 U자 곡선의 맨 아래에서 충돌 직전에 몸을 끌어올릴 때에는 중력의 10배에 달하는 중력가속도를 경험한다. 그 정도면 인간 전투기 조종사는 일시적으로 실명하거나 의식을 잃는다. 그러나 벌새는 아니다. U자 곡선의 바닥까지 전속력으로 하강해서는 꼬리로 윙윙 소리를 내기 시작한다. 암컷에게는 이 윙윙 소리가 수컷이 가까워질 때는 점차 위로 올라가는 소리로, 멀어질 때는 점차 낮아지는 소리로 들린다. 이것을 도플러 효과(Doppler effect)라고 하는데, 이를 통해서 옆을 지나는 자동차의 경적 소리가 변하는 정도를 듣고 차가 빨리 달리는지 천천히 달리는지를 알 수 있다. 이 소리가 암컷에게 수컷의 속도에 대한 정보를 준다. 수컷이 암컷의 시야에 들어온 순간, 수컷의 목장식은 생생하고 섹시한 자홍색으로 번쩍이다가 암컷의 옆을 지나치면 불과 120밀리초 만에 바로 선명한 빨강에서 진한 녹색, 그리고 검은색에 가깝게 변한다.

다시 말해서 수컷은 다이빙 궤도의 바닥에서 암컷과 가장 가까이 있을 때에 모든 것을 한번에 보여주기 위해서 온 힘을 기울인다. "수컷은 속도의 절정, 꽁지깃이 내는 소리, 선명한 목장식의 극적인 번쩍임이라는 세 가지 핵심 요소의 합을 맞춰 자신이 암컷 옆으로 가장 가까이 지나갈 때 동시에 일어나도록 조율합니다." 스토더드가 말한다. "암새를 기쁘게 하려고 눈앞에서 모든 감각 신호를 한 방에 터뜨리는 것이죠."

여느 훌륭한 과학이 그렇듯이, 스토더드와 호건의 연구 결과는 답보다 더 많은 질문들을 제기한다.

실제로 이 구애 공연의 어떤 요소가 암컷에게 가장 중요할까? 속도? 웅웅대는 소리? 빛나는 목장식 아니면 빨강에서 검정으로의 재빠른 변화? 그리고 암컷의 뇌에서 어떤 부분이 수컷 다이버들 간의 미묘한 차이를 측정할까?

"우리도 아직 몰라요." 스토더드가 말한다. "하지만 단순히 수컷이 얼마나 빨리 달리느냐를 보는 건 아니겠죠." 그녀가 혼잣말을 한다. "그리고 이 멋진 기계음이나 화려한 색깔도 아닐 거예요. 아마 이 세 가지 기교가 한 치의 오차도 없이 합을 맞추는 게 가장 중요할 거예요." 그러나 연구원들이 보기에는 여러 수컷들의 공연들 간에 동시성의 수준에서 차이가 별로 느껴지지 않는다. 타이밍의 측면에서 모두 꽤나 정확하기 때문이다. "만약 우리 눈에 모든 공연이 다 비슷해 보인다면, 우리가 놓치는 그 미세한 차이는 도대체 무엇일까요?" 스토더드는 수컷 바로 아래쪽에 앉아 있는 암컷의 눈앞에 이 쇼를 정확하게 대령하는 능력일 것이라고 생각한다.

결국 핵심은 새의 시각이 중요하다는 사실이다. 더 정확히 말하면, 수컷의 공연을 평가하고 짝으로서의 가치가 있는지를 판단하는 암컷의 시각 말이다. 그렇게 함으로써 암컷은 이 종족 전체의 기막힌 구애 행동, 추파를 던지는 이 말도 안 되는 희한한 의식을 빚어내고 있다.

암컷의 경험과 선호도를 이해하게 된다면, 애초에 이런 복잡하고 기이한 구애가 어떻게 진화했는지도 알 수 있을지 모른다.

스토더드는 여기에 몇 가지 이론이 있다고 말한다. 첫째, 암컷은 공연의 다양한 측면을 통해서 짝으로서 수컷의 자질에 관한 정보를 얻는다. "더 빠르고 밝게 빛나고 합을 잘 맞추는 수컷이 유전적으로도 더 건강한 수컷일 가능성이 있어요." 스토더드가 말한다. 이것은 수 세기 동안 동물의 신호에 대한 지배적인 관점이었다. 이것이 많은 과학자들에게는 새들의 사치스러운 형질과 과시 행위에 대한 가장 설득력 있는 설명이다. 즉 최고의 쇼를 보여주는 수컷이 최고의 유전자를 가졌다는 것이다.

심지어 수컷들의 아주 단순한 자기 과시도 암컷들에게 수컷의 자질에 관한 정보를 제공한다. 예를 들면, 아델리펭귄 암컷은 수컷이 꺽꺽 내지르는 노래를 듣고 수컷이 얼마나 살이 쪘는지, 그래서 얼마나 좋은 아버지가 될 것인지를 알 수 있다. 남극에서 성공적으로 가정을 꾸리려면 펭귄 부모 양쪽의 헌신적인 노력이 필요하다. 암수가 번갈아가며 알을 품고 하나가 먹이를 찾으러 간 사이에 나머지가 새끼를 돌본다. 레빅이 언급한 것처럼, 이 새는 수컷이 먼저 번식지에 도착해서 영역을 확보하고 둥지를 짓는다. 나중에 번식지에 도착한 암컷은 수컷이 끼니를 거른 상태로 얼마나 오래 알을 품을 수 있을지를 알고 싶어한다. 그래서 수컷은 머리를 뒤로 젖히고 거칠게 떨리는 소리를 당나귀처럼 꽥꽥 질러댄다. 최근에 과학자들은 수컷의 성대 주위의 지방이 울음소리의 높낮이와 지속성에 영향을 미친다는 사실을 발견했다. 암컷은 이 소리를 열심히 듣고 더 살찐 수컷을 선택한다.

겨울굴뚝새 수컷이 부르는 복잡한 선율을 들은 암컷은 이 노래에서 수컷의 두뇌와 발달 상태를 포함해서 정력과 건강에 대한 믿을 만한 정보를 얻을지도 모른다. 건강이 좋지 못하거나 스트레스를 많이 받고 자란—병에 걸렸거나 잘 먹지 못했거나 동기간의 경쟁이 심했던—명금류 수컷은 노래를 부르는 신경계가 제대로 발달하지 못해서 노래를 매력적으로 부를 수 없다. 암컷은 수컷이 부르는 노래의 음향적 특징에서 나타나는 미묘한 변이를 포착해서 짝을 고른다. 그것은 수컷의 정력과 타고난 건강에 대한 신뢰할 만한 신호이다.

한편 황금목도리매너킨의 곡예 공연에서는 무엇이 드러나는지 생각해보자. 수컷은 구애할 때에 날개로 타닥거리는 소리를 내는데, 초고속 근육 수축에 의존하여 양쪽 날개를 등 위로 들어올려 박수를 치듯이 빠르게 쳐서 소리를 낸다. 수컷은 초당 100번 이상 날개를 위로 꺾는다. 게다가 횃대에서 횃대로 뛰어오르면서 소리를 내고, 마지막에 일종의 절반 공중회전 동작으로 땅에 내려오며 쇼를 마무리하는데, 착지 자세가 올림픽 체조 선수 뺨칠 정도로 완벽하다. 브라운 대학교의 매슈 퍽스재거는 암컷이 1초의 몇 분의 1이라도 더 빠른 수컷과 짝짓기를 한다는 것을 발견했다. 놀랍게도 암컷은 그 미세한 차이를 감지한다.

뛰어오르기, 다이빙, 날개 박수, 춤과 노래의 동시 공연 등의 신체적 과시는 이런 고난이도의 행위를 계속해서 수행할 수 있는 정력을 보여준다. 정력은 가장할 수 없다. 정력은 수컷의 상태를 나타내는 가장 "정직한" 신호이므로 까다로운 암컷들은 가장 힘이 넘치는 공연을 하는 수컷을 고른다. 넓적꼬리벌새 수컷의 다이빙 속도와 목장식을 드러내는 방식을 보고 암컷은 수컷의 신체적 기량을 판단한다. "암컷은 수컷의 목장식이 얼마나 붉은지뿐 아니라, 얼마나 빨리 붉은색에서 검은색으로 변하는지에도 관심이 있을지 몰라요." 스토더드가 말했다. "이 색 변화는 다이빙의 기하학적 측면과 속도를 어느 정도 반영하는데, 그것은 수컷의 정력과도 연관이 있을 수 있어요."

그렇다면 정성을 다한 공연을 보고 암컷은 수컷의 건강과 자질, 즉 "좋은 유전자(good gene)"에 대한 정보를 얻는다는 말이다.

그러나 스토더드에 따르면, "좋은 유전자" 가설은 여러 가설들 가운데 하나일 뿐이다. 예를 들면 "신호 효율(signal efficiency)" 가설도 있다. "밝은 횃불(bright beacon)" 가설이라고도 부르는데, 이 주장에 따르면 수컷들이 보내는 복잡한 신호는 한 수컷에 대한 개인정보를 알려줄 뿐 아니라 "여기 결혼할 준비가 된 남자가 있어요!" 하고 효과적으로 전달하기 때문에 진화했다고 말한다. 신호를 더 많이 만들고, 더 밝고 번쩍거릴수록 이성의 눈에 띌 것이다. 일부 과학자들은 특정 새의 암컷들이 단지 더 찾기 쉽다는 이유만으로 더 크고 더 선명하고 더 시끄러운 "비범한 자극"에 끌린다고 주장한다. 수컷을 빨리 포착하는 암컷이 포식자에게 먹힐 가능성도 적고, 먹이나 둥지 터를 찾는 데에 드는 시간과 에너지를 절약할 수 있기 때문이다.

소리, 시각, 동작 중 최소 두 가지 이상의 요소를 동원하여 조화롭게 선보이는 것은 다양한 감각기관으로 입력되는 감각을 암컷이 하나의 일관성 있는 전체로 통합하는 과정을 용이하게 할지도 모른다. 이는 상대의 말을 이해하려면 입술의 움직임과 목소리가 일치해야 하는 것과 다르지 않다.

게다가 수컷이 보내는 신호가 복잡할수록 암컷의 주의를 끌 가능성이 더 크다. 만약 단순한 신호를 계속해서 반복한다면, 암컷은 그 신호에 익숙해져 관심이 줄어들지도 모른다. 일반적으로 새들은 매의 울음소리나 포식자의 발밑에서 부러지는 나뭇가지의 산발적이고 예상치 못한 소리와 비교했을 때, 지속적으로 들리는 소리에는 관심을 덜 기울인다.

스토더드는 시각적, 청각적 요소를 모두 갖추고 있다는 것은 돌발상황에 대비한 예비책이 있다는 뜻이라고 덧붙인다. "사방이 시끄러워 소리가 들리지 않는 날에도 번쩍이는 목장식이 제 할 일을 하겠죠. 구름이 태양을 가려 흐린 날에는 목장식이 크게 눈에 띄지 않겠지만, 꼬리가 만들어내는 윙윙 소리는 여전히 암컷의 귀에 들릴 겁니다. 이런 신호들이 합쳐져 암컷의 주의를 끌어요. 설사 수컷들 중에서 누가 더 밝고 빠른지를 비교하는 것으로는 충분한 정보를 얻지 못한다고 해도 말이죠."

"좋은 유전자" 가설과 "밝은 횃불" 가설은 둘 다 화려한 구애 행위가 유용성 때문에, 즉 구애하는 수컷의 자질을 나타내거나 관심을 끌기 때문에 진화했다고 본다는 측면에서 공통점이 있다.

그러나 스토더드는 여기에 보다 논란의 여지가 있지만 더 흥미로운 다른 관점을 추가한다. 벌새의 현란한 다이빙은 좀더 변덕스러운 이유로 진화했을지도 모른다는 것이다. "단지 아름답다는 이유 때문에요!" 스토더드가 외친다. "암새들이 그것을 좋아한다면, 미적인 만족감을 주는 것에 대한 선택압(選擇壓, selection pressure)을 만들기에 충분하죠."

어쩌면, 랠프 월도 에머슨의 말처럼 아름다움은 그 자체로 존재의 이유인지도 모른다.

복잡한 구애 과정이 진화한 이유가 수컷에 대한 객관적인 정보를 주기 때문이 아니라 결정권자인 암컷을 주관적으로 기쁘게 하기 때문에, 즉 순전히 미적인 이유로 진화했다는 개념은 다윈으로 거슬러올라가는 오래된 것이고, 한 세기 전에 유전학자 로널드 피셔에 의해서 발전되었다. 피셔는 여러 세대에 걸쳐 극단적인 형질과 그것을 좋아하는 욕구가 함께 진화하면서 "폭주 선택(runaway selection)"으로 이어졌을지도 모른다고 말했다. 최근에 텍사스 대학교 오스틴의 진화생물학자 마이클 라이언과 예일 대학교의 조류학자 리처드 프럼이 이 발상을 되살렸다. 프럼은 저서 『아름다움의 진화(*The Evolution of Beauty*)』에서 다윈의 가설을 재조명하고 "세상에는 별의별 아름다움이 다 있다"라는 주장으로 이를 쇄신했다. 암컷이 다이빙 곡예, 현란한 깃털, 형광색 부리, 윙윙대는 꽁지깃 등 수컷의 특정 형질이나 능력에 대해서 그것이 내포하는 정보와는 상관없이 막연한 애정을 키운다는 말이다. 그리고 그 자손은 그들이 아름답고 섹시하다고 생각하는 형질은 물론이고 그것에 대한 호감도까지 물려받는다. 그래서 이 형질들은 폭주 선택을 통해서 개체군 내에서 퍼져나간다.

다시 말해서 넓적꼬리벌새는 유전적 자질을 과시하기 위해서가 아니라 암컷들이 그것을 보는 것을 좋아하기 때문에 다이빙을 하고 번쩍거리고 윙윙댄다는 것이다.

"벤과 내가 넓적꼬리벌새의 다이빙 공연에 대해서 릭과 의논했더니, 릭은 완벽한 동시성과 다감각적 특징을 혼합한 이 놀라운 다이빙이 단지 암컷들이 그것을 아름답고 섹시하다고 생각하기 때문에 진화했다고 믿고 있었어요." 스토더드가 말했다.

"이 가설들 중 어느 것이 사실이냐고요? 우리도 몰라요. 셋을 전부 합친 것인지도 모르죠." 스토더드가 말했다.

이 가설들을 하나로 묶을 방법을 진화생물학자 말린 저크가 제안했다. 공작의 꼬리든 고난이도의 다이빙 공연이든 자연에서 관찰되는 정교한 형질들을 보고 "도대체 어떻게 된 거지?" 하고 물을 때, 실제로 우리는 여러 가지 질문들을 던지는 것이라고 저크는 말한다. 어떻게 그 형질이 거기에서 나타나게 되었을까? 왜 다른 것이 아닌 하필 그 형질일까? 어떻게 그 형질은 개체군에서 유지되었을까? 번쩍거리는 장식 형질도 처음에는 암컷의 감각적 편견 때문에 매력적으로 보였지만 나중에는 폭주 선택을 통해서 좀더 보편적이 되었을지도 모른다. 저크는 어쩌면 번쩍거리는 형질이 기생충 저항성이라는 대단히 중요한 건강 유전자와 연계되어—적이 가장 좋아하는 생각이다—수컷의 훌륭한 자질을 나타내는 것일 수도 있다. 그것은 밝은 횃불 가설과 좋은 유전자 이론의 결합과도 같은 것이다.

새들의 휘황찬란한 구애 공연이 진화한 진짜 이유가 무엇이든 거기에는 한 가지 공통점이 있다. 고도의 지적 능력이 필요하다는 점이다. 겨울굴뚝새의 긴 노래 선곡, 벌새의 완벽하게 조율된 다이빙 공연, 창꼬리매너킨의 2인조 노래와 곡예는 모두 뇌의 조정을 받는 운동 능력이 요구되는 행동들이다. 복잡한 구애 행동은 새들의 지능을 보여주는 또 하나의 사례일까? 까다로운 암컷이어서 똑똑한 짝을 고르는 것일까?

이 질문들의 답은 구애 공연의 극치를 보여주는 새들에게서 찾을 수 있다. 정원사새 수컷은 건축, 장식, 춤, 노래가 모두 포함된, 전 종을 통틀어 가장 정교하고 복잡한 장관을 보여줄 뿐 아니라 암컷이 이 화려한 쇼를 느끼는 방식까지 조작한다.

11

두뇌 게임

9월의 어느 아침, 나는 오스트레일리아의 작은 마을 바라딘에서 어느 집 현관 계단에 앉아 불과 10미터쯤 떨어진 곳에서 점박이정원사새 수컷이 자기 바우어에서 암컷에게 구애를 하는 모습을 보고 있었다. 바우어는 누군가의 뒤뜰에 있는 수풀 아래에 잘 감추어져 있었다. 다행히 새들은 나를 개의치 않았다. 처음 보았을 때 점박이정원사새는 별로 눈에 띄는 점이 없었다. 찌르레기사촌 정도의 작은 몸집에 색깔은 칙칙한 갈색이고 배에는 연한 크림색 줄무늬가 있고 정수리는 연보랏빛이 도는데 깃을 펼치지 않으면 잘 보이지 않는다. 그러나 이 새의 화려한 구애는 깃털에 부족한 생기를 채우고도 남는다.

나는 이 새의 성대모사와 모창 퍼레이드를 듣고 싶어서 안달이 난 오스트레일리아 야생동물 소리녹음 단체의 회원 몇 명과 함께 있었다. 그러나 오늘 아침의 쇼는 대체로 조용한 가운데 시작되었다.

조용하지만 여전히 장관이다. 정원사새는 매너킨, 극락조, 산쑥들꿩, 벌새들처럼 수컷들이 넓은 영역에 걸쳐 드문드문 퍼져 있는 레크에서 구애하는 새이다. 수컷은 암컷을 유인하기 위해서 바우어를 짓는다. 바우어는 나뭇가지를 엮어 틀을 만들고 갖가지 장식들로 꾸며놓은 화려한 구조물이다. 바우어는 둥지가 아니다. 이곳에서는 새끼를 키우지 않는다.

그보다 바우어는 짝을 유혹하는 무대로서 수컷 정원사새는 그곳을 방문하는 암새를 위해서 바우어를 배경 삼아 노래하고 춤춘다. 19종의 정원사새 중에서 15종이 바우어를 짓는데, 선호하는 구조와 장식이 모두제각각이고 나름의 특징이 있다. 맥그레거정원사새는 나뭇가지로 높이가 1.8미터나 되는 5월제 첨탑을 세운 다음 둘레에 원형으로 이끼나 곤충, 견과류, 열매를 쌓는다. 새틴정원사새 수컷은 주로 파란색 물체를 모으고, 말린 남양삼나무 바늘잎을 씹어 거기에서 나오는 갈색 풀을 바우어 안쪽 벽에 발라서 내부를 색칠한다. 이보다 호화롭게 장식된 구조물을 만드는 것은 인간과 몇몇 다른 동물뿐이다. 재러드 다이아몬드가 뉴기니에서 보겔콥정원사새가 나뭇가지를 모아서 어린아이만 한 크기로 아름답게 엮어 수백 송이 꽃과 딸기, 그밖의 천연 장식품들로 화려하게 장식한 집을 발견했을 때, 이 진화생물학자는 정원사새를 "가장 흥미로운 측면에서 인간을 닮은 새"라고 불렀다.

점박이정원사새는 이 극단적인 집단 내에서도 최극단에 가깝기로 유명하다. 이 새는 양의 뼈나 에뮤의 알껍데기를 비롯해서 주위에서 눈에 띄는 것은 무엇이나 주워다가 감춘다. 조류학자 알렉 치점은 뉴사우스웨일스에서 발견한 한 바우어에서 1,300개가 넘는 동물의 뼈를 찾았다. 그는 "이 새가 그 많은 뼈를 일일이 하나씩 물고 먼 거리를 옮겨오게 한 힘이 무엇일지 한번 상상해보라"라고 썼다. 또 한번은 다른 정원사새의 바우어 안과 근처에서 찾은 고둥 껍데기가 2,500개나 되는 것을 보고 깜짝 놀랐다. "껍데기의 크기가 새의 부리보다 조금 컸다." 그럼에도 불구하고 상당한 거리를 날아서 운반했다.

오늘 이 수컷의 바우어는 점박이정원사새의 전형적인 바우어였다. 더 유명한 사촌인 새틴정원사새가 나뭇가지를 촘촘히 엮어서 바우어를 만드는 것과 달리 얇은 지푸라기 같은 풀로 바깥이 보이는 벽을 양쪽에 세운 다음, 이 벽으로 둘러싸인 훌륭한 복도를 만들어 수컷이 구애하는 동안에 암컷이 안전하게 머물게 한다. 공연장은 수십 개의 초록색 유리 조각, 나사, 통조림 캔 뚜껑, 깨진 장신구 조각, 지푸라기, 돌, 갖가지 나무 꼬투리, 붉은 리본, 플라스틱, 전선 등으로 반짝거린다. 물체들은 색깔별로 초록색과 흰색의 작은 더미로 분류된다. 암컷이 서 있을 우묵한 자리에는 햇살에 반짝이는 투명한 유리구슬들이 멋지게 수집되어 자리를 잡고 있다.

암컷이 나타나자 수컷이 왼쪽으로 들어가서 바우어의 이쪽 끝에서 저쪽 끝을 콩콩거리며 오가고 햇빛 속을 들어왔다 나갔다 하고 심지어 가끔은 자기가 만든 벽을 향해서 위태롭게 돌진하며 부산스럽게 움직였다. 부리에 빨간 리본을 물더니 그대로 껑충대며 뛰어다니다가 위쪽에 매달린 나뭇가지를 향해서 바우어 바깥으로 높이 내던졌다. 그리고 이 극적인 효과와 함께 작은 분홍색 관모를 펼친 다음, 숫양처럼 머리를 낮추고 날개를 뒤로 확 젖히더니 머리에서 꼬리까지 크게 흔들었다. 그러다가 갑자기—주위 사람들의 숨죽은 환호와 함께—소리 모드로 전환하여 웅웅거리고, 거칠게 긁고, 쉿쉿거리고, 찌르륵찌르륵 하고, 스크라- 하는 소리를 내고, 팅팅거리고, 까악까악대고, 가르륵거리고, 쨱쨱거리기 시작했고 그러면서도 내내 춤을 멈추지 않았다. 어떤 소리는 귀에 거슬리는 금속성이어서 조화롭지 않았고, 또 어떤 소리는 선율이 가득한 휘파람 같았다. 금조처럼 점박이정원사새 역시 성대모사의 달인으로 휘파람솔개의 울부짖는 소리를 비롯하여 수많은 새들의 소리는 물론이고 토끼 소리, 고양이 소리, 개 짖는 소리, 나뭇가지 부딪히는 소리, 심지어 천둥소리까지 흉내 낸다.

한편 암컷은 공연장 주위를 뛰어다니면서도 수컷과의 거리를 유지했고 자신과 장래의 신랑감 사이에 반드시 바우어의 벽 하나를 둔 채 안전한 관람석에서 고운 풀 사이로 수컷을 훔쳐보았다. 정원사새 수컷은 레크에서 공연한다. 레크에서 구애하는 다른 종들처럼 암컷 정원사새는 수컷으로부터 정자만 받을 뿐 둥지 짓기나 육아에는 전혀 도움을 받지 못한다. 암새는 수컷의 바우어와 쇼를 보고 짝으로서의 적합도를 심사한다. 바우어를 잘 지은 수컷 점박이정원사새가 엉성하게 지은 수컷보다 더 많은 짝을 얻는다. 그래서 수컷들은 암컷이 바우어를 보는 방식에 영향을 주기 위해서 바우어와 쇼를 세심하게 설계하고 제작한다. 힘겹게 오랜 시간을 들여 다양한 정원사새들의 구애를 관찰하고 촬영하고 녹음한 과학자들은 이 새가 암컷의 경험을 조작하는 데에 얼마나 판단이 빠르고 전략적인지를 밝혔다.

정원사새를 30년 넘게 연구한 제럴드 보르자와 일리노이 대학교 어배너-샴페인의 진화생물학자 제이슨 키지에 따르면, 수컷 점박이정원사새는 여러 가지 색깔과 크기의 장식들을 전략적으로 배치하여 암컷이 바우어에 접근해서 들어올 때, 연속적으로 눈에 들어오는 특별한 장면을 연출한다. 수컷들은 주로 빛이 약한 나무 그늘에 바우어를 짓기 때문에 암컷의 시선을 끌고 바우어의 존재를 알리는 표시등이 있는 것이 도움이 된다. 그래서 수컷은 바우어 둘레에 뼈다귀처럼 크고 눈에 잘 보이는 장식품을 두어 암컷을 끌어들이는 장거리 신호체로 사용한다. 반면에 수컷이 조경한 작은 정원에는 부피가 큰 장식품 대신에 납작한 돌이나 나뭇가지를 깔아서 좁고 깨끗한 길을 만드는데, 여기에서 수컷이 노래와 춤을 선보일 것이다. 길옆에는 뼈를 쌓아올려 자신의 선명한 분홍 관모가 도드라져 보이는 하얀 배경을 만든다. "일부러 그 길 위에 척추뼈나 다른 큰 장식품을 가져다 놓으면 수컷들이 어느 틈에 와서 치워버린다"라고 과학자들이 말했다. 암컷이 수컷의 작은 지푸라기 바우어에 발을 들이면 수컷의 가장 값진 소유물, 즉 암컷을 자극하기 위해서 바우어의 중앙 우묵한 곳에 조심스럽게 모아둔 반짝이는 보석과 마주하게 된다.

수컷은 암컷이 바우어로 들어오는 길을 직접 수시로 오간다고 과학자들은 말한다. "그렇게 해서 암컷이 보는 것과 똑같은 각도에서 바우어를 살피고 각 지점마다 암컷의 취향에 맞추어 설치하고 다듬는다." 일단 암컷이 바우어의 중심부까지 오면, 벽 사이의 좁은 공간 때문에 암컷이 서 있는 자세나 수컷의 공연을 보는 각도 등이 고정된다. 보르자는 시간이 지나면서 점박이정원사새 수컷은 암컷이 자신의 바우어 안에서 좀더 편안하고 위험을 덜 느끼게끔 바우어를 변형했을지도 모른다고 주장한다. "강렬하고 공격적인 수컷의 공연은 전반적인 수컷의 정력, 그리고 결과적으로는 유전자의 품질에 대한 정보를 제공하므로 암컷에게 유혹적입니다." 그러나 한편으로 이 공연은 암컷에게 위협적일 수 있다. 따라서 바우어의 얇은 벽은 일종의 필터로 기능해서 "암컷이 공격적이고 활기 넘치는 수컷의 공연을 안전한 위치에서 볼 수 있게 합니다."

오스트레일리아 북서부에 사는 큰정원사새는 자기가 만든 아름다운 장식을 보는 암컷의 시각을 조작하기 위해서 더 큰 노력을 기울인다. 이 새들은 길이가 90센티미터에 달하는 바우어를 짓는데, 양쪽으로 평행하고 조밀하게 얇은 나뭇가지들로 울타리를 치고 바우어의 양 끝을 공연장으로 연결한다. 수컷은 이 공연장에 주의를 기울여서 물체들을 배치해 자갈, 뼈, 표백된 조개껍데기처럼 색이 연한 물체를 때로는 수백 개씩 모아서 초록색 막대기나 붉은 열매처럼 화려한 색깔의 물체가 도드라져 보이는 깨끗한 배경을 만든다. 로라 켈리와 존 엔들러는 새들이 이 옅은 색 물건들을 크기에 따라서 신중하게 배열한다는 것을 알아냈다. 그 자체는 그렇게 놀랄 일은 아니다. 나팔갯지네처럼 하찮은 동물도 작은 원추형 집을 지을 때에 모래 알갱이들을 선별해서 작은 것일수록 좁은 끝으로 가고 크고 무거운 것일수록 반대쪽 넓은 곳으로 가도록 정렬한다. 그러나 정원사새는 갯지네보다 한 수 위이다. 큰정원사새 수컷은 물체들을 기발하게 배열해서 일종의 강제된 착시 효과를 만드는데, 이는 암컷이 바우어에 들어올 때, 수컷과 장식품들이 더 커 보이게 하는 효과를 준다고 생각된다. 정원사새는 패턴을 만들 때에 인간이 모자이크를 배열할 때와 동일한 방식으로 공연장의 중심인 가운데에서 시작해서 양쪽 밖으로 작업해나간다. 과학자들이 의도적으로 가장 작은 물체를 앞쪽에 가져다 놓고 가장 큰 물체를 뒤쪽에 두어 착시를 깨뜨리자, 정원사새는 금세 원래 상태로 복구했다. 즉, 수컷에게는 다 계획이 있는 것이다. 착시가 훌륭할수록 수컷이 교미할 확률도 높아진다.

이것이 끝이 아니다. 공연을 할 때, 큰정원사새 수컷은 진입로 입구의 가장자리에 서서 일단 암컷에게 머리만 내보인 다음, 바우어의 장식품 하나를 뽑아 암컷 앞에서 보여주고 공연장을 가로질러 힘껏 내던진다. 뼈와 돌로 이루어진 모노톤의 회색-흰색 배경에 장식품의 색깔이 도드라져 보인다. 평균적으로 수컷은 공연당 5개의 물체를 선보이고, 그때마다 강렬한 자홍색의 관모를 번갈아가면서 보여준다. 여기가 진짜 놀라운 부분이다. 수컷은 특별한 기술을 사용해서 이 쇼에서 색의 효과를 극대화한다. 이 새는 바우어의 내부를 붉은 막대기로 지어 바우어 안이 불그스레하게 보이도록 만드는데, 이것이 실제로 암컷의 시각에 변화를 준다. 이 안에서 붉은빛에 1분 이상 노출되면 암컷의 눈에서 색소 적응이 일어나서 수컷이 보여주는 색깔 물체에 대한 지각이 달라진다. 그 결과, 암컷은 색을 훨씬 강하게, 특히 수컷의 관모가 나타내는 자홍색을 더욱 강렬하게 느낀다. 또한 수컷은 바우어의 구조를 활용하여 암컷의 눈에서 물체를 숨긴 다음 갑자기 꺼내 보여 암컷의 시선을 끈다. 수컷이 구애 공연 사이사이에 다양한 색깔의 물체와 변화를 많이 보여줄수록 암컷이 바우어에 머무는 시간이 길어진다. 여러 가지 색깔이 눈앞에서 쉴 새 없이 번쩍거리면 암새의 시선을 붙잡을 수밖에 없다. 게다가 수컷은 자신의 분홍색 관모와 비교해서 색상 대비가 높은 초록색 열매를 갈색 나뭇가지처럼 색상 대비가 낮은 물체와 번갈아가며 보여주어 전시의 참신함과 놀라움을 효과적으로 극대화한다. 금조 수컷이 암컷의 욕망을 포착하고 붙잡기 위해서 다양한 모창 레퍼토리를 추가하는 것처럼 말이다.

나는 이 점박이정원사새 수컷의 공연에 흠뻑 빠졌다. 보아하니 암컷도 그런 것 같았다. 이 암새는 15분쯤 머물렀다.

나는 이 수컷이 꽤나 노련한 선수였다고 생각한다. 정원사새의 세계에서는 경험이 중요하다. 이들은 훌륭한 공연을 하기 위해서 인생의 상당 부분을 바친다. 어린 수컷들은 긴 청소년기를 거치며 여러 바우어들을 정기적으로 방문하고 어른들의 야외극을 구경하면서 연장자로부터 바우어 제작과 공연의 섬세한 부분들을 배우는 것 같다. 여기에는 머리가 필요하다. 어린 수컷들은 승리한 선배들의 전시 요소들을 배우고 기억해야 한다. 어떤 참신한 장식이나 모방이 암컷을 매혹하고 자극하는지, 그리고 무엇이 그녀의 흥미를 잃게 하는지를 말이다. 예를 들면, 경험 있는 수컷들은 고강도의 화려한 노래와 춤을 선보이면서도 암컷의 감수성을 고려해서 강한 요소와 부드러운 요소를 적절히 섞어가며 위압감을 완화하는 쪽으로 공연을 조율한다. 어린 수컷 정원사새들은 이런 기술을 배우고 익힌다.

이런 방식으로 바우어 설계와 공연 방식은 새들의 사투리나 인간의 예술과 관습처럼 사실상 문화적으로 전파된다. 엑서터 대학교의 조아 매든과 동료들은 이 사실을 입증하는 좋은 증거를 확보했다. 이들은 한 지역 안에서 서식하는 동일한 종의 정원사새라도 개체군별로 바우어의 설계와 장식이 구분된다는 것을 발견했다. 오스트레일리아 퀸즐랜드 주의 한 공원에서 매든은 특정한 지역 내에 있는 모든 바우어들의 장식이 비슷하다는 사실을 발견했는데, 이는 단지 주위에서 쉽게 구할 수 있는 장식품을 가져다 썼기 때문이 아니었다. 이 지역의 정원사새들은 모두 홍합껍데기, 하얀 석영, 에뮤 알껍데기, 붉고 검은 플라스틱, 파란 유리 등에 똑같이 구할 수 있었다. 그러나 북쪽 구역에 있는 새들은 하얀 석영을 선호했고, 동남쪽 구역에 있는 새들은 붉고 검은 플라스틱과 금속 장식을 좋아했으며, 서쪽 구역의 새들은 파란색이나 보라색 유리를 즐겨 사용했다.

한 수컷 바우어와 이 수컷의 특별한 노래와 춤 공연에는 고유한 특색이 담겨 있으므로, 연장자의 어깨너머로 배운 젊은 수컷은 전통을 이어나갔을 것이다.

결국에는 짝짓기로 이어지는 공연의 비율은— 심지어 숙련된 어른 새조차— 매우 낮다. 보르자가 관찰한 1,284건의 점박이정원사새 구애 중에 교미로까지 이어진 것은 53건에 불과했다. 암컷은 아주 까다롭다. 여러 바우어들을 방문해서 설계와 전시 공연의 표본을 반복적으로 검토한 후에 짝을 고른다.

암새를 끌어당기는 것은 무엇일까? 암컷은 공연의 활기와 감수성, 바우어의 건축 사양—사용된 풀의 양, 벽의 무늬, 대칭성, 수직성 등—그리고 더 중요하게는 뼈와 유리 장식의 개수 등을 모두 심사해서 머릿속에서 자신이 방문했던 다른 수컷과 비교한다. 암컷은 장식의 품질과 개수의 차이를 파악하고 바우어 사이를 이동할 때마다 이 차이를 되새긴다.

보르자는 암새가 단순히 장식품의 개수를 세거나 춤과 노래의 건설적 기량과 기능을 따지는 것은 아닐지도 모른다고 말한다. 암새는 이 모든 특징을 아우르고 가능하게 하는 무엇인가를 보고 짝을 선택하는 것일 수 있다. 뼈와 유리 자체는 암컷에게 수컷의 개별 자질을 드러내는 대신에 전반적인 전술적 전략을 보여주며, 암컷은 그것을 수컷의 지적 능력으로 인식할지도 모른다고 보르자는 말한다. 이와 마찬가지로 암컷 큰장원사새는 인위 원근법(forced perspective) 착시는 물론이고 적절한 물체를 찾아서 바우어까지 옮겨오는 재주를 수컷의 지능, 그리고 경험에서 터득하는 능력치로 보아서, 최종적으로 이 형질들을 기준으로 짝으로서의 가치를 판단할 것이다.

다윈은 영리한 개체가 짝으로 선호되기 때문에 짝의 선택은 장식이나 노래 못지않게 인지 능력의 진화에 기여할지도 모른다고 생각했다. "똑똑한" 짝은 암컷에게 직간접적인 이익을 줄 수 있다. 직접적인 이익은 다양한 환경 조건에서 먹이를 더 잘 찾아낸다거나 더 좋은 피난처를 제공해서 생존 확률과 자손의 수를 늘리는 것이다. 반면 건강, 수명, 생식의 성공에 기여하는 훌륭한 인지 능력을 가진 자손을 낳는 것은 간접적인 이익이다.

그러나 새들이 정말 인지 능력을 보고 짝을 고르는지를 증명하기는 쉽지 않다. 정원사새의 경우 연구자들은 암컷이 지능과 연관된 이차 행동—수컷의 화려한 바우어, 노래와 춤—을 바탕으로 인지적으로 우월한 짝을 선호한다고 유추할 수 있다. 그러나 이것은 상관관계일 뿐이다. 까다로운 암컷이 잠재적 짝의 인지수행 능력을 직접 관찰하는 것은 아니기 때문이다.

하지만 적어도 어떤 암컷들은 실제로 영리한 짝을 선호한다. 이 사실을 보다 직접적으로 증명한 천재적인 연구가 있다. 2019년에 중국 과학원 동물연구소의 첸지아니와 동료들은 사람들이 반려새로 흔히 기르는 사랑앵무로 실험을 했다(사랑앵무의 'budgerigar'라는 영어 일반명은 오스트레일리아 토착어로 'betcherrygah'에서 왔는데, 'betcherry'는 '좋다'라는 뜻이고, 'gah'는 '앵무'라는 뜻의 'parakeet'에서 왔다).

나도 어려서 사랑앵무 한 마리를 키운 적이 있는데, 그레그레라는 이름의 용감한 작은 수컷이었다. 그레그레는 매일 아침 자신의 문제해결 실력을 보여주었다. 나는 그레그레가 내 시리얼을 훔쳐먹지 못하게 하려고 그릇 주위에 시리얼 상자로 미로를 만들고는 했는데, 한번도 성공하지 못했다.

다른 대부분의 앵무들처럼 사랑앵무는 영리하다. 어쩌면 필요에 의해서 영리해졌다고도 말할 수 있겠다. 사랑앵무는 오스트레일리아의 건조한 오지에 서식하는데, 그곳은 곤충이나 씨앗 같은 먹이원을 예측하거나 찾아내기가 힘들다. 그런 곳에서 살아남으려면 새들은 먹이 문제를 해결하는 인지 능력을 갖추거나 적어도 그런 능력이 있는 짝을 만나야 한다. 정원사새와 달리 사랑앵무 암컷은 알을 품고 새끼를 기르는 동안에 짝에게 먹이를 의지하기 때문에 재주가 뛰어난 짝을 찾는 것이 크게 유리하다.

이 실험에서 연구자들은 암컷 사랑앵무에게 수컷 두 마리와 교제하게 하면서 누구에게 더 호감을 보이는지 확인했다. 그런 다음, 암새가 "덜 좋아하는" 수컷에게 일주일 동안 특별한 훈련을 시켰다. 씨앗이 가득 들어 있는 반투명 용기를 여는 법을 알려준 것이다. 그런 다음 암컷 앞에서 두 수컷에게 이 먹이 상자를 주고 이들이 문제를 해결하는 모습을 보여주었다. (과거에 암컷으로부터 냉대받았으나) 훈련받은 수컷은 능숙하게 상자를 열었고, (과거에 암컷이 좋아했으나) 훈련받지 않은 수컷은 어찌할 줄 모르고 쩔쩔맸다. 암컷 역시 같은 상자를 열어보려고 시도한 적이 있었으므로 이 과제가 어렵다는 것을 알았다. 관찰의 시간이 끝나고 심판의 순간이 찾아왔다. 암컷에게 다시 한번 두 수컷 중 하나를 고르게 했더니 놀랍게도 실험한 모든 암컷들이 마음을 바꾸어 처음에는 퇴짜를 놓았지만 능숙한 문제해결사임을 보여준 수컷을 선택했다.

이것은 "똑똑한 남자가 섹시하다"라는 개념의 분명한 예인 것 같다. 상자를 여는 수컷의 능력을 지적인 힘이 아닌 신체적인 힘으로 해석했다는 설명도 가능하지만, 먹이를 찾는 과제에서 보여준 영리한 모습이 사랑앵무 암컷들에게 호소력을 발휘했고, 그 결과 이러한 기술의 근간이 되는 인지 능력이 진화했다는 해석은 충분히 일리가 있다.

만약 수컷이 인상적인 지적 능력을 활용해서 자기 과시를 하고 먹이 찾기 문제를 해결한다면, 수컷의 이런 노력을 보고 판단할 줄 안다는 측면에서 암컷 역시 수컷과 동등하다. 결국 그의 쇼를 만드는 것은 그녀이기 때문이다.

마이클 라이언은 편애와 선택에 관해서 이렇게 상기시킨다. "뇌는 행동이 있는 곳에 있다." 암새가 화려한 깃털을 보고 짝을 고르든, 정교한 노래와 춤 또는 곡예 실력과 정신적 민첩성을 보고 고르든, 모든 판단은 암새의 머릿속에 있다. 암새의 뇌에서는 수새의 자질을 쉽게 평가하고 여러 후보들 사이에서 차이를 구분하는 강력한 능력이 진화했다. 이 능력의 섬세함을 따져보자. 암컷 넓적꼬리벌새는 인간의 눈에는 전혀 차이가 없어 보이는 수컷들의 복잡하고 여러 요소들이 결합된 다이빙을 분석한다. 암컷 황금목도리매너킨은 수컷의 곡예 공연에서 찰나의 시간차를 구분한다. 암컷 점박이정원사새는 수많은 수컷의 건축, 장식, 공연을 평가하고, 비교한 내용을 머릿속에 담고 있다.

우리는 수컷 정원사새의 독창성에 경이로움을 느끼는 만큼이나 남편감을 심사하는 암컷의 능력에 똑같이 놀라워해야 한다. 암새들의 지각이 얼마나 예민하고 미적 감각이 세련되고 변별 능력이 뛰어나기에 수새들이 암새들의 호감을 얻기 위해서 그토록 극의 행동과 미학과 지능을 발전시키게 되었는지를 말이다.

이렇게 어렵게 짝을 결정하고 나면 그것으로 끝일까? 새들은 자기 짝에게 의리를 지킬까?

천만의 말씀이다.

과거에는 성적인 일부일처가 새들의 지배적인 짝짓기 방식으로 간주되었지만, 이제는 그것이 대체로 신화였음이 밝혀졌다. 이 구닥다리 발상은 1960년대에 영국의 진화생물학자 데이비드 랙이 당시 새들의 짝짓기 방식에 관해서 알려진 정보를 모아서 전체의 90퍼센트 이상이 일부일처라는 결론을 내리면서 시작되었다. 그러나 20년 후에 DNA 지문 분석을 통해서 새들 대부분, 심지어 사회적으로 일부일처인 새들조차도 상당수가 "바람을 피운다"는 것이 드러나면서 학계가 발칵 뒤집혔다. 한 쌍의 새 부부가 일군 둥지에는 애써 새끼를 먹이고 보호하는 수컷이 아닌 다른 수컷의 새끼들이 섞여 있었다.

이 발견은 새들의 짝짓기 체계의 복잡성과 다양성을 드러내고 조류 커플 중에 진정한 일부일처 관계가 극소수임을 보임으로써 새들이 헌신적이고 영원한 커플이라는 낭만적인 생각을 잠재웠다. 진정한 일부일처제를 따르는 소수의 새들 중에는 흑고니, 검은대머리수리, 금강앵무, 흰머리수리, 레이산앨버트로스, 미국흰두루미, 캘리포니아콘도르, 코뿔바다오리 등이 있다. 스펙트럼의 반대편에는 혼외정사의 챔피언들인 오스트레일리아까치와 요정굴뚝새가 있다. 요정굴뚝새의 경우 사회적 짝짓기 방식과 성적인 짝짓기 방식이 다르다는 점에서 대단히 흥미롭다. 이 새는 사회적으로는 평생 짝을 짓고 사는 일부일처제를 따르지만, 연구에 따르면 한 둥지에 있는 새끼들 중 3분의 2가 외도를 통해서 얻은 자식으로 서로 아버지가 다르다. 이는 새들 중에서도 가장 높은 수치이다.

처음에는 이 모든 불륜의 주체가 수컷이라고 여겨졌다. 짝 몰래 하는 다른 암컷들과의 "짝외 교미"를 통해서 자신의 정자와 유전자를 멀리 퍼트리려고 한다고 말이다. 희생자인 암컷은 다른 암컷들과 자신의 사회적 배우자의 사랑을 공유하는 수모를 겪고, 심지어 영국 생물학자 팀 버크헤드의 말처럼 "불륜을 강요당하는" 고통을 겪는다고들 생각했다.

1990년대에 들어서 과학자들이 요정굴뚝새에서 두건솔새까지 암새들을 무선 추적한 결과, 암새들이 짝이 아닌 수컷에게 상당히 적극적으로 들이댄다는 것을 발견하면서 이런 관점은 바뀌었다.

진화생물학자 앤드루 콕번은 1987년부터 오스트레일리아 국립식물원에서 요정굴뚝새를 연구하고 있다. 콕번은 쥐를 닮은 유대류인 안테키누스를 시작으로 동물들의 독특한 짝짓기 방식을 오랫동안 연구해왔다. 안테키누스는 신기한 일회성 번식 행동을 보이는데, 교미가 끝나면 수컷은 곧바로 죽는다. 그러나 이 기이한 포유류를 수년간 연구한 후에 콕번은, "거머리가 들끓는 우림을 헤매는 것도 [그의] 대학원생이 크루아상이 널려 있는 캔버라 식물원에서 동부요정굴뚝새의 복잡한 성생활을 해부하는 것만큼은 재미있지 않다"는 것을 깨달았다고 말했다.

지난 10여 년 동안 콕번과 동료들은 암컷 요정굴뚝새가 빵집이 열리기도 전에 바람기 있는 수컷들을 찾아서 막장 드라마를 찍고 있음을 발견했다. 산란하기 며칠 전, 채 동이 트지 않은 어두운 시간에 암컷은 자기 사회적 무리의 보금자리를 떠나서 오래 전에 점 찍어둔 수컷이 있는 구역으로 향한다. 이 수컷들은 번식기가 되기 몇 달 전부터 자기 영역을 떠나서 7구역이나 떨어진 곳에 사는 암컷들에게 모습을 보인다. 종종 이 새들은 환심을 사기 위해서 아름다운 노래와 사랑스러운 꽃을 선물해서 존재감을 한껏 드러낸다. 근처에서 암컷 한 마리를 발견한 수컷은 부리에 노랗게 말린 꽃잎 하나를 물고 다가간다. 이때 꼬리를 낮추고, 노란 꽃

잎과의 대비를 극대화하기 위해서 몸을 한쪽에서 다른 쪽으로 비틀면서 선명한 파랗고 검은 깃털을 드러내 보인다. 그렇다면 이 꽃은 사회적 짝을 찾으려는 것이 아니라 쉽게 섹스를 즐길 수 있는 다른 누군가의 배우자를 찾는 것이다. 때가 되면 수컷은 교미 상대를 찾아서 돌아다니는 암컷들에게 자신이 있는 곳을 알리고 새벽 합창 시간에 목청 높여 노래함으로써 자신이 한가하다고 광고한다. 일찍 일어나는 새가 추파를 받는 법이다.

어떤 수컷과 암컷이 교미 상대를 찾아서 헤매고 다니는지의 여부는 이 새들이 새끼를 기르는 방식과 많은 관련이 있다. 새들의 세계에서 복잡한 짝짓기 체계는 이들의 대단히 다양한 양육 방식을 반영한다.

양육하기

12

방목 육아

팀 로의 전화를 받았을 때, 나는 도시에서 6킬로미터 정도 떨어진 인두루 필리에 있는 그의 집으로 가려고 퀸즐랜드의 브리즈번 역에서 막 기차에 오르려는 참이었다. 로는 목소리를 낮추고 속삭이다시피 말했다. "지금 와 있어요." 나는 대답했다. "잘됐군요. 최대한 빨리 갈게요." 기차는 12 분 만에 도착했지만 로와 내가 서로 엇갈리는 바람에 그의 집에 도착했을 때에는 이미 그것은 사라진 뒤였다. 로는 그것이 곧 다시 나타날 것이라고 했고, 우리는 창고 서까래에 사는 주머니쥐를 관찰하면서 기다렸다. 주머니쥐는 리본 끈처럼 긴 꼬리를 늘어뜨리고 있었다. 인두루필리는 한때 무성한 우림이었고, 식재된 우림 수종이나 많은 동물들과 함께 여러 유칼립투스 종들이 남아 있다. 한 유칼립투스에는 주머니쥐와 코알라가 긁은 자국이 선명했다. 로의 집에는 다양한 야생동물들이 방문했다. 한번은 그가 잠결에 무슨 소리를 들었는데 아침에 일어나보니 비단뱀 한 마리가 얼굴에서 고작 30센티미터 떨어진 침실용 탁자 위에 있었다. 그가 밤에 들은 소리는 뱀이 침대로 가면서 탁자의 시계와 물건들을 쓰러뜨리는 소리였다.

내가 이곳에 온 목적인 새는 이 집의 뒤뜰에 있었다.

잔디라고 부를 것도 없는 볼품 없는 작은 뒤뜰이었다. 하지만 그 모퉁이에는 세상에서 가장 이상한 새가 낙엽과 흙을 쌓아서 만든 거대한 흙무덤이 있었다. 기이한 육아 방식과 범상치 않은 행동을 가능하게 하는 신비로운 재주로 유명한 숲칠면조이다.

로는 오스트레일리아에서 가장 유명한 박물학자 중의 한 명이지만 이 새가 그 사실을 알고서 이 집을 고른 것은 아니다. 이곳 사람들은 누구나 알듯이 숲칠면조는 어디에나 있고 또 개체수가 증가하는 추세이다. 젊은 수컷들이 브리즈번과 시드니의 숲이 우거진 교외에서 새로운 둥지터를 찾아다니고 있다.

"이 흙무덤은 아주 형편없죠. 아마 경험 없는 젊은 수컷이 지었을 겁니다." 로가 말했다. "보시다시피 흙이 너무 많고 식물이 별로 없거든요." 그가 무덤을 발로 몇 번 차서 흙더미를 쓰러뜨렸다. 이렇게 하면 무덤 주인이 돌아온다면서.

아니나 다를까, 인접한 이웃집 마당에서 바스락거리는 소리를 들은 우리는 현관에 몸을 숨기고 새가 돌아오는 것을 지켜보았다.

숲칠면조는 미국의 들칠면조만큼 크다. 머리와 목에는 특이한 부속물이 달렸고 얼굴은 밝은 주홍색이다. 마치 도로 중앙선 도색 작업 중에 마르지 않은 페인트가 튄 것처럼 선명한 노란색 육수를 제외하면 전체적으로 색이 은은하다. 수컷은 구애 공연을 할 때면 이 육수를 사용해서 굵게 울리는 소리로 울부짖는다. 비슷한 이름과 외모에도 불구하고 미국의 들칠면조와는 전혀 가까운 사이가 아니다. 숲칠면조는 무덤샛과에 속한 22종의 새들 중에서 몸집이 가장 크다. 무덤샛과는 영어로 '발이 크다'라는 뜻의 메가포드(megapode)라고 불리는데, 땅을 팔 때에 사용하는 발의 크기 때문에 붙은 이름이다.

숲칠면조는 대체로 조용한 편이다. 물론 로가 발로 찬 흙무덤 주변으로 흙을 긁어모으며 부드럽게 꼬꼬, 끙끙거리기는 했지만 말이다. 일하는 모양새를 보니 구멍을 메우는 것이 아니라 **헤쳐내는** 것 같고 다시 쌓는 것이 아니라 무너뜨리는 것 같다. 그러나 두 달 전에 이 새는 누구보다 열심히 무덤을 지었다고 한다. 로의 넓은 마당을 돌아다니며 풀과 식물, 낙엽을 부지런히 긁어모아다가 쌓아올렸다. "꽤나 체계적으로 일하더라고요." 로가 말했다. "뒤뜰을 구역별로 나누어 한쪽을 싹 쓸어모은 다음에 다시 옆으로 이동해서 모조리 무덤으로 가져갔어요. 그 모습이 신기하기도 하면서 한편으로는 끔찍했는데, 잔디를 죄다 뜯어놓고 땅 여기저기에 구멍을 뚫기 때문이죠."

브리즈번 외곽에서 살고 있는 조류 연구원인 윌 피니는 수컷 숲칠면조와의 비슷한 마찰을 이야기했다. 하루는 그가 텃밭에 파슬리, 바질, 로즈메리, 토마토, 피망, 패션프루트까지 정성껏 씨를 뿌렸다. 그런데 그날 밤 누군가 마당을 긁는 소리가 들렸다. "사람들이 진작에 저한테 경고했었거든요. 하지만 전 말했죠. '괜찮아요. 괜찮을 거예요. 작년에도 아무 짓 안 했는데 올해도 잘 넘어가겠죠.'" 그리고 아침에 나가보니 텃밭은 온데간데없이 사라지고 숲칠면조가 만든 흙무덤만 남아 있었다. "500달러어치의 텃밭이 망가졌어요." 피니가 말했다. "그때 이후로 이 새와 피비린내나는 전쟁을 치르고 있습니다. 전 열심히 그 무덤에서 흙을 퍼다가 텃밭에 뿌려주었죠. 아주 훌륭한 비료니까요. 하지만 어느 틈엔가 도로 가져갑니다."

숲칠면조 수컷은 거의 3개월 동안 흙무덤을 짓는데, 2톤에서 4톤 분량의 낙엽과 흙을 긁어모아서 높이 90–120센티미터, 지름 6.5미터에 달하는 자동차 한 대 크기의 거대한 원뿔 구조물을 만든다. 수컷이 이렇게 애쓰는 이유는 오직 한 가지이다. 바로 알을 품어줄 배양기를 만들기 위해서이다.

모든 새들은 육아의 측면에서 한 가지 공통된 특징이 있다. 몸 밖에서 알을 품는다는 것이다. 알은 "완벽한 포장"으로 묘사되어왔다. 튼튼하고 자급자족하고 한 가지 특별한 일을 하는 능력을 갖추었다. 바로 그 안에서 발달하는 새끼 새에게 영양을 주고 보호하는 일이다. 그러나 공통점은 거기에서 끝이다.

알 그 자체는 알약처럼 생긴 0.2그램짜리 벌새의 알에서 길이 15센티미터, 무게 1.4킬로그램의 타조알(알을 깨뜨리려면 위에서 54킬로그램의 무게로 눌러야 한다)까지 크기가 매우 다양하다. 모양도 천차만별이기는 마찬가지이다. 대형 무덤새인 말레오무덤새의 타원형 알에서부터 완벽한 구체에 가까운 솔부엉이 알, 그리고 바다오리와 섭금류(涉禽類 : 물가에서 먹이를 찾아다니는 도요목의 새들/옮긴이)의 눈물방울 모양의 알까지 다양하다. 최근까지는 알의 다양한 모양과 그 기능에 관해서 알려진 바가 없었다. 과학자들은 알 모양이 둥지의 종류(둥지의 크기와 형태, 컵 모양인지 돔 모양인지 아니면 모래를 파헤쳐 만든 것인지) 또는 둥지의 위치(나뭇가지인지 굴 속인지 절벽 가장자리인지[예를 들면 절벽에 둥지를 짓는 새들은 잘 구르지 않는 원뿔형의 알을 낳는다]), 또는 둥지 속 알의 개수, 그리고 알이 여러 개일 경우 어미가 효율적으로 품을 수 있도록 모아지는 방식 등과 관련이 있을 것이라고 생각했다.

2017년에 메리 캐스웰 스토더드와 동료들이 에그엑스트랙터(Eggx-Tractor)라는 컴퓨터 프로그램을 개발하여 1,400종의 총 5만 개의 알을 분석하면서 상황은 달라졌다. 이들은 각 종에 대해서 성체의 체질량, 한 둥지에서 낳는 알의 개수, 먹이 습성, 둥지의 위치에 관한 데이터를 수집했다.* 1,400종을 비교 분석한 결과, 둥지의 위치는 알의 모양과는 상관이

---

* 한 가지 언급하고 싶은 것이 있다. 스토더드의 연구는 19세기 후반에서 20세기 중반

없는 것으로 나타났다. 둥지의 크기나 알의 개수도 알의 모양에 영향을 미치지 않았다. 대신에 다른 세 가지 요인이 알의 모양과 강한 상관관계를 나타냈다. 어른 새의 몸무게, 종의 진화적 역사, 그리고 신기하게도 날개 폭과 날개 길이의 비율이었다. 마지막 것은 새의 비행 능력을 나타낸다. 왜 알의 모양이 비행 습성과 관련이 있을까? 연구팀은 동력 비행에 대한 적응과 관련이 있을 것으로 추정하고 새의 비행이 기본적인 몸의 형태에 영향을 주었다는 가설을 세웠다. 그것은 새의 골격과 근육이 얼마나 공기역학적이고 유선형으로 설계되어야 하는지를 결정하고, 이는 곧 산란관과 알의 형태에도 영향을 주었을 것이다. 미국흰두루미, 섭금류, 바다오리처럼 비행을 많이 하는 새들은 몸이 유선형이며, 길쭉한 비대칭의 알을 낳는 경향이 있다. 반면에 두루미사촌이나 올빼미처럼 많이 날지 않는 새들은 대칭이고 구체에 가까운 알을 낳았다. 올빼미 중에서도 잘 날아다니는 종들은 좀더 타원형의 알을 낳았다. "그렇다고 비행 능력이 모든 새들의 알의 모양을 예측할 수 있는 유일한 척도는 아니에요"라고 스토더드는 말한다. "특정 분류군, 예를 들어 섭금류를 보면 그 안에서는 다른 요인들이 훨씬 훌륭한 예측 변수임을 알 수 있습니다. 전 세계적으로 척추동물 중에 위장하는 종들은 대개 갈색이나 초록색이지만 그 법칙이 북극에 사는 척추동물들에게는 적용되지 않는 것처럼 말이죠. 이 생물들은 눈과 얼음에 어울리는 흰색이니까요." 이것은 새들이 지나친 일반화에 저항하는 또다른 예이다.

까지 수집가들이 집요하게 모아온 알 수집품 덕분에 가능했다. 이들은 숨어 있는 둥지를 뒤져 알을 찾아내고, 알의 양쪽 끝에 구멍을 뚫은 다음 입을 대고 불어 내용물을 밖으로 빼내는 방식으로 엄청난 양을 박물관에 기증했다. 덕분에 스토더드의 분석 결과와 같은 놀라운 사실이 밝혀졌지만, 지나치게 열정적인 수집으로 많은 종이 위협을 받았다. 오늘날 알 수집은 불법이다.

이처럼 다양한 형태의 알을 품는 둥지 역시 모래나 자갈을 대충 파헤쳐 만드는 북극제비갈매기의 둥지에서부터, 바다오리의 어두운 굴, 검은머리베짜는새나 아프리카가면베짜는새들이 푸른 풀로 공들여 짓는 속이 빈 구체(최근에 밝혀진 바로는 아티스트마다 구별되는 "시그니처 무늬"가 있다고 한다)에 이르기까지 둥지는 그것을 짓는 새들만큼이나 다양하다. 떼베짜는새들의 공동 둥지는 작은 아파트처럼 생긴 같은 방들로 이루어졌고 참새만한 새들의 알 500여 개를 수용하는데, 여름에는 시원하고 겨울에는 따뜻하며 되새류, 박새류, 모란앵무, 오색조류, 피그미팔콘과 같은 다른 종들의 둥지까지 포함하는 경우가 있다. 떼베짜는새의 둥지는 일광욕하는 치타의 무게도 견딘다. 기록상의 가장 작은 둥지는 꿀벌벌새의 둥지로 지름이 2.5센티미터도 되지 않는다. 가장 큰 둥지는 플로리다 주 세인트피터스버그에 흰머리수리가 지은 것으로 너비 3미터, 깊이 6미터에 무게는 3톤에 달한다.

최근에 과학자들은 우리에게 익숙한 컵 모양의 둥지가 아마도 전체 새 종의 60퍼센트 이상에서 발견되는 덮개 있는 형태에서 진화했음을 알아냈다. 돔형의 둥지는 명금류가 속한 참새목 새들을 위한 원시적인 형태였다. 위쪽이 개방된 둥지는 적어도 네 차례 진화한 것으로 보인다. 개방형 둥지는 포식자와 날씨 변화에 취약하지만 짓기는 더 간단하다. 그리고 둥지 안에 있는 새들이 더 잘 보이기 때문에 탁란하는 새들을 발견하고 내쫓기가 쉽다.

논병아리는 나뭇가지와 수생식물로 물에 뜨는 단을 만들어 둥지가 물 위를 미끄러져 다닌다. 코뿔새는 나무 구멍에서 새끼를 키우는데 수컷이 암컷과 새끼를 구멍에 가두고 진흙, 새똥, 나뭇가지 등으로 입구를 막은 다음 작은 구멍을 뚫고는 생쥐, 개구리, 열매 등을 가져다 넣어준다. 재투성이칼새, 흰턱칼새, 흰목도리칼새 등 브라질의 여러 칼새들은 불가능해 보이는 장소에 둥지를 짓는다. 브라질의 과학자 레나타 비앙칼라나는 둥근 낫 모양의 날개와 고공 춤 비행이 특징인 잘 알려지지 않은 이 새들을 연구한 끝에 이들이 폭포 뒤에 자리한 수직 절벽의 축축한 구멍이나 갈라진 바위틈처럼 포식자가 접근하기 어렵고 물이 뚝뚝 떨어지고 물보라가 멈추지 않는 곳에 둥지를 짓는다는 것을 알아냈다. 보르네오섬 칼리만탄의 전원지대를 운전해가다 보면, 작은 창문이 있는 3층짜리 콘크리트 구조물이 보이는데 지역의 웬만한 집보다 큰 건물이다. 이것은 흰집칼새들을 키우는 조류관이다. 흰집칼새는 자기 침을 굳혀서 컵 모양의 둥지로 엮는데, 지름이 3센티미터쯤 되는 이 작은 흰색 둥지는 세계에서 가장 비싼 요리 중의 하나인 새 둥지 수프에 쓰인다. 이 콘크리트 건물은 흰집칼새가 일반적으로 둥지를 짓는 거대한 바위 동굴과 비슷하게 생겼는데, 사람들은 그 안에서 새들이 지어놓은 둥지를 "수확한다."

나는 스페인의 어느 새 축제에서 놀라운 둥지 재료들을 모아놓은 전시회를 구경한 적이 있다. 큰볏산적딱새를 비롯한 일부 새들은 뱀의 허물로 둥지를 만든다. 참새는 개털과 담배꽁초를 사용하는데, 담배의 니코틴 성분이 기생충을 쫓아낼지도 모른다. 붉은가슴동고비는 둥지 가장자리에 침엽수에서 채취한 독성이 있는 역청을 발라서 침입자를 가두거나 죽인다. 꽃새류의 밝은 몸색에 작고 활동적인 새들은 칠리고추새라는 별명처럼 잎과 풀의 섬유질을 거미줄과 함께 엮어서 지갑처럼 생긴 아름다운 둥지를 만들고는 잎이 달린 나뭇가지에 고추처럼 매달아놓는다. 등붉은아궁이새는 남아메리카에서 서식하는 커다란 화덕딱새류인데, 진흙, 지푸라기, 배설물들을 나뭇가지 위에 차곡차곡 잘 쌓는다. 뜨거운 태양이 진흙을 구우면 점토로 된 오븐처럼 중간에 구멍이 뚫린 딱딱한 구체의 구조물이 된다. 몬테주마오로펜돌라라는 새는 덩굴과 바나나 섬유로 길이가 1.8미터나 되는 둥지를 나뭇가지에 걸어놓는다. 스윈호오목눈이 역시 거미줄, 쐐기풀, 풀, 동물의 털 등으로 서양 배 모양의 둥지를 정성껏 짓는다. 모양은 돔 형태이고 입구가 두 개인데 하나는 가짜 입구로 작은 가짜 방으로 이어지고 진짜 입구는 끈적한 거미줄로 밀봉된 덮개로 덮여 있다.

"둥지를 짓는 새들의 행동이 놀라운 것은 말할 것도 없죠." 수 힐리가 말한다. 그러나 "이 행동이 단지 몇 개의 유전자가 작용한 결과이며 어디까지나 본능에 불과하고 고작 몇 개의 규칙에 의해서 지배된다는 구태의연한 생각들이야말로 진짜 놀라워요."

스코틀랜드의 세인트앤드루스 대학교 동물학과 교수인 힐리는 새들이 둥지를 짓는 것은 결코 단순한 일이 아니며, 정교한 인지 능력이 필요하고 도구를 만드는 행위에 더 가깝다고 주장해왔다. 결국 둥지 짓기는 나뭇가지, 진흙, 이끼, 풀, 깃털, 뱀 허물, 거미줄 등 수많은 물체들을 가지고 새로운 구조물을 창조하는 과정이다. 그러려면 장소에 대한 정보를 파악해서 그에 맞게 결정을 내리고, 새끼를 위험에서 보호하고 포식자로부터 지키기 위해서 적절한 재료를 고를 줄 알아야 한다. 그리고 종종 수컷과 암컷 새 사이의 조정과 협력을 필요로 한다. 예를 들면, 스윈호오목눈이는 암수가 짝을 지어 2주일 동안 함께 둥지를 짓는데, 둘 중 하나는 둥지의 바깥 구조를 작업하고 다른 하나는 내부를 작업한다(이때가 암수가 유일하게 2주일간의 정사를 즐기며 함께 지속해서 보내는 시간이다). 힐리는 또한 새들이 둥지를 지을 때에 운동 학습, 사회적 행동, 그리고 보상과 관련된 경로를 포함해서 많은 신경회로가 활성화된다는 뇌 연구 결과를 언급했다.

힐리는 이 분야의 전문가이다. "우리가 쌓은 지식에는 여전히 큰 구멍이 있어요." 힐리가 말한다. "전체 종의 75퍼센트에 대해서만 둥지가 기재

되었어요. 그리고 둥지 건축가—둥지를 암컷이 짓는지, 수컷이 짓는지, 아니면 둘이 같이 짓는지—에 대한 정보는 전체 종의 20퍼센트에서밖에 알려지지 않았습니다."

힐리는 어떻게 새가 둥지를 짓는지, 또 둥지를 짓는 방법을 어떻게 알고 있는지 궁금하다. "새들이 기후 조건에 따라서 융통성 있게, 또 그때그때 주변에서 구할 수 있는 재료로 둥지를 짓는다는 증거가 점점 늘고 있어요." 그녀가 말한다. "게다가 과거의 경험을 되살려 결정을 내린다는 증거도 있지요." 다시 말해서 둥지를 짓는 행위가 미리 뇌에 배선되어 있거나 완전히 고정된 것이 아니라는 말이다. 최소한 어떤 경우에는 학습될 수 있다.

동물의 특정 행동이 순전히 본능적인 것인지 아니면 학습된 요소가 있는지를 판별하는 고전적인 방법은 소위 박탈 실험이다. 어렸을 때에 특정 경험을 박탈한 채로 키운 다음, 나중에 해당 경험이 필요한 상황이 주어졌을 때, 무리 없이 해내는지를 보는 것이다. 힐리가 연구한 바에 따르면 사람의 손에 길러진 아메리카붉은가슴울새와 붉은가슴밀화부리는 둥지를 제대로 짓지 못했는데, 이 결과는 처음 둥지를 짓는 새들에게 야생에서의 경험이 중요하다는 사실을 암시한다. 둥지를 정교하게 짓는 새들은 시간이 지나면서 학습을 통해서 더 나은 둥지를 짓는다는 증거도 있다. 풀을 재료로 삼아 부리로 고리를 만들고 꼬고 맞물리고 묶고 매듭을 만들어 단단히 고정시켜서 집을 짓는 베짜는새들의 복잡한 기술은 연습을 거듭할수록 함께 개선된다. 게다가 검은머리베짜는새나 아프리카가면베짜는새들이 둥지를 엮을 때에 개체별로 고유하게 나타나는 "시그니처" 기술은 이 새들이 시간이 지나면서 자기만의 고유한 양식을 개발한다는 뜻이다. 개체별 패턴이 명확히 구분되고 일관적이어서 과학자들은 96개의 둥지들 중에서 80퍼센트의 정확도로 해당 둥지를 지은 개체를 식별할 수 있었다.

힐리는 또한 많은 새들이 경험에 따라서 둥지의 위치를 바꾼다고 말했다. 번식에 성공한 장소에 다음 둥지도 짓는다. 성공하지 못했으면 다음 번식기에는 새로운 장소로 이동한다. 이것은 쇠부리딱따구리, 갈색트래셔에서부터 주황가슴태양새와 눈알무늬개미새에 이르기까지 확인된 사실이다. 최근의 한 연구는 주변에 둥지를 약탈하는 어치가 있는 암컷 벌새는 어치의 천적인 매의 둥지 근처나 아래에 둥지를 지었다. 매가 있을 때면 어치는 공격을 피하기 위해서 더 높은 곳에서 먹이를 찾기 때문에 벌새의 둥지 주위로 원뿔 형태의 "포식자 없는" 공간이 형성되면서 벌새가 평화롭게 새끼를 키울 수 있다. 또 어떤 새들은 다른 새들의 경험에 주목해서 둥지를 짓는 데에 필요한 결정을 내린다. 세가락갈매기나 피리물떼새는 번식에 한 번 실패하면 번식하는 다른 이웃의 성공 여부를 참고해서 다음 둥지를 짓는다.

새들은 포식자나 날씨의 위협을 받을 때면 둥지 짓는 방법을 조절한다. 가시 돋친 아까시나무 안에 둥지를 짓는 아프리카찌르레기는 그 지역에서 가장 공격적인 개미 종이 보호하는 나무를 선택하는 경향이 있다. 생태학자 더스틴 루벤스타인은 아마 개미가 포식자들로부터 둥지를 지켜주기 때문일 것이라고 말한다. 입구가 커서 포식자를 끌어들이기 쉬운 상자 안에 둥지를 짓는 집굴뚝새는 입구와 컵 모양인 둥지 사이에 나무막대기로 높은 벽을 세워 포식자의 침입을 막는다. 힐리의 학생인 소피 에드워즈는 금화조가 기온에 따라서 둥지의 형태를 달리한다는 것을 알아냈다. 섭씨 18도에서 둥지를 짓는 새들은 둥지에 재료를 추가로 덧붙여 섭씨 30도에서 지은 둥지보다 20퍼센트 더 무겁게 만든다. 이것은 희망적인 소식이다. 새들이 주변 온도에 반응해서 융통성 있게 둥지를 짓는다는 뜻이기 때문이다. 이런 유연성은 새들이 현재의 기후 변화에 적응하는 데에 도움이 된다.

피리물떼새의 둥지는 북극제비갈매기처럼 모래를 파서 만들 뿐 별 다를 것이 없지만, 어미가 새끼를 보호하는 방법만큼은 매우 특별하다. 고양이가 몰래 둥지에 접근하면 어미 새는 마치 날개가 부러진 것처럼 반만 펼친 채로 옆으로 질질 끌며 걷는다. 나는 운좋게 이 장면을 직접 본 적이 있는데 정말로 새가 불구이거나 다친 줄만 알았다. 그러나 이것은 치밀한 계략이다. 피리물떼새 어미는 자신이 쉬운 목표물이라는 착각을 일으켜 고양이의 관심을 끌고 둥지에서 멀리 유인하여 새끼들이 안전한 곳으로 도망치게 한다.

둥지를 보다 적극적으로 보호하는 새들도 있다. 거위나 백조들이 쉿쉿하고 날개를 퍼덕이면서 침입자에게 달려들거나 갈매기들이 둥지 가까이 다가간 사람을 쪼거나 그 위에 배설했다는 이야기는 흔히 들을 수 있다. 하지만 번식철의 오스트레일리아만큼 무서운 곳도 없다. 등교하는 아이들, 우체부, 자전거를 타거나 개와 산책하는 사람들, 환경미화원, 순수하게 공원에 산책하러 나온 사람들까지 모두 새끼를 보호하기 위해서 극도로 사나워지는 이 새들을 두려워하며 살고 있다. 바로 오스트레일리아까치이다.

새끼와 함께 있는 이 까치의 영역권에 들어설 때에는 각별히 주의를 기울여야 한다. 대부분의 오스트레일리아 사람들은 이 교훈을 힘들게 배웠다. 브리즈번의 그리피스 대학교에서 "까치 사나이"로 유명한 행동생태학 교수인 대릴 존스는 85퍼센트나 되는 사람들이 살면서 한 번쯤 이 새의 공격을 받은 적이 있다고 말했다. 이 새는 까치라는 이름에도 불구하고 까마귓과에 속한 유럽의 까치들과는 친척 관계가 아니고 쿠라윙, 백정새 등이 속한 오스트레일리아 고유의 숲제빗과에 속한다. 이들 중에서는 오스트레일리아까지만 사람을 습격한다.

브리즈번에서만 매년 800-1,200건의 공격이 보고된다. 보고된 것만 그 정도이다. 나는 2017년 8월 말부터 9월 초까지 그곳에 있었는데, 막 번식철이 시작된 시기였다. 그곳에서 나는 소름 끼치는 이야기를 들었다. 이 새들은 보통 뒤쪽에서 습격을 하는데 강력한 부리로 머리와 목과 얼굴을 때리거나 할퀸다. 가벼운 자상이나 긁힌 상처는 아주 흔하다. 그러나 때로는 팔다리가 부러지고 눈을 다치는 등 심각한 부상을 입는 경우도 있다. "매해 수천 명의 부상자들이 생겨요." 존스가 말한다. "자전거를 타다가도 끔찍한 사고를 당합니다. 실명하는 사람들도 있어요. 진짜 심각한 문제입니다."

까치의 공격 상황을 추적하는 소셜 웹사이트인 맥파이 얼럿(Magpie Alert)은 사람들의 신고를 받아서 통계를 낸다. 내가 그곳에 있던 해에 맥파이 얼럿은 총 3,652건의 공격과 591건의 상해를 기록했다. 이 사이트의 게시판에는 다음과 같은 경험담이 올라온다. 내가 이 글을 쓴 날 "MQ"라는 아이디를 가진 사람이 올린 글이다. "작년에 피가 날 정도로 저를 공격했던 까치였어요. 오늘은 제 딸을 세 번이나 공격해서 아이가 출혈이 심하고 겁에 질렸어요."

기습자는 거의 항상 수컷이다. 그리고 존스에 따르면, 약 10퍼센트에 해당하는 특정 수컷들이 이렇게 과격하게 행동한다. "비율이 10퍼센트보다 높으면 오스트레일리아에 어떻게 사람이 살겠어요." 수컷들의 공격 행동은 새끼들이 둥지에 머무는 약 6주일 정도만 지속되고 그런 다음 갑자기 중단된다.

왜 새들이 인간을 그렇게 위협적으로 생각하는지는 명확하지 않다. "고양이, 개, 뱀이라면 이해할 수 있어요. 하지만 제가 아는 한 공격당한 사람들 대부분이 나무에 올라간 적도 까치 새끼를 먹은 적도 없거든요. 그래서 정말 큰 의문입니다. 제 생각에는 까치들이 너무 지나치게 예민한 것 같아요."

오스트레일리아까치들은 습격에서 상당히 세분화되어 있다. 이들 중 약 50퍼센트가 보행자 까치이다. 보행자만 덮친다는 말이다. 자전거 까치는 자전거를 타고 가는 사람만 공격한다. 또 우체부만 전문으로 때리는 까치들도 있다. 작은 오토바이를 타고 우체통에서 우체통으로 쌩하니 달리는 우체부들 말이다. 존스의 연구에 따르면, 자전거 타는 사람을 공격하는 까치는 자전거를 타고 있으면 누구나 공격하고, 우체부를 공격하는 까치는 어떤 우체부라도 공격한다.

"우리는 자전거 까치와 우체부 까치가 일반화되었다고 생각해요." 존스가 말한다. 그는 속도와 상관이 있다고 믿는다. "자전거를 타고 달리고 있으면 막 쫓아오다가도 자전거를 멈추고 내려서 걸어가면 마치 이렇게 말하듯이 주위를 두리번거려요. '내가 방금 쫓던 그 빠른 놈이 어디로 갔지?'"

그러나 보행자 까치는 특정 인물만 공격한다. "이 점이 우리가 발견한 중요한 사실입니다." 존스가 말한다. "이 새들은 개체를 인식합니다. 작은 세력권 안에 살면서 그곳을 떠나지 않아요. 그래서 그 주변에 사는 사람들을 다 알죠. 아이들이 자라는 것을 보고 또 기억합니다. 이 새들은 정말 똑똑하거든요. 사람들을 보고 행동을 해석합니다." 까치들은 평균 20년을 사는 동안 최대 약 30명의 얼굴을 장기간 기억한다고 한다. "그래서 한번이라도 까치를 화나게 한 적이 있다면 계속해서 공격을 받게 될 겁니다."

그렇다고 해도 여전히 오스트레일리아 사람들은 가장 좋아하는 새로 까치를 꼽고, 이 새들의 새벽 합창을 사랑하고, 또 누구에게 묻느냐에 따라서 이 합창소리를 "콰들 아들 우들" 또는 "와들 기글 가글"이라고 묘사한다. 물론 둘 다 이 새들의 경이로운 음악성을 제대로 담지는 못했지만 말이다. 오스트레일리아까치는 길들일 수 있고 종종 반려동물로 키우기도 한다. 존스는 지미라는 이름의 까치가 그와 어린 시절을 함께한 멋진 반려동물이었다고 했다. 펭귄이라는 이름의 까치는 시드니에서 한 가족을 절망에서 이끌어낸 일로 유명해졌다. "모든 사람들이 이 새를 사랑해요." 존스가 말한다. "전국의 스포츠팀 이름 절반이 맥파이(Magpie, 까치)일 걸요."

한편 캐나다 밴쿠버 사람들은 오스트레일리아까치와 비슷한 방식으로 둥지를 지키는 까마귀들에게 덜 호의적이다. 그곳에서 번식철인 4월에서 7월 사이에 일어나는 공격 방식은 한 마리가 급강하 폭격으로 피를 보게 하는 것에서부터, 무리를 지어 몇 블럭이나 사람들을 뒤쫓는 까마귀 갱단까지 다양하다. 이 새들도 인간의 얼굴을 알아보는 데에 전문가이고, 둥지에 위협이 된다고 인식된 사람들에게 원한을 품는다. 짐 올리리는 캐나다 버전의 맥파이 얼럿인 크로우트랙스(CrowTrax)를 개발했는데, 매년 번식철이 되면 도시 전역에서 일어나는 1,500여 건의 까마귀 공격 사건을 지도에 표시한다. 올리리에 따르면, 까마귀의 공격이 유독 불쾌하게 느껴지는 이유는 예상치 못한 습격에 놀라게 되기 때문이다. "마음의 준비가 된 상태에서 개들이 으르렁대는 것을 볼 때와는 달라요." 그가 「밴쿠버 쿠리어(Vancouver Courier)」의 기자에게 말했다. "까마귀는 보통 뒤에서 공격하거든요. 정말 기분이 나쁘죠."

존스는 까치나 까마귀가 습격하는 이유가 단지 둥지를 보호하기 위해서라고 말한다. "덮치는 건 하나의 신호예요. 저리 가라는 신호. 그렇다면 가장 간단한 해결책은 무엇일까요? 그곳을 피하는 거예요. 그리로 가지 않으면 괜찮을 겁니다."

맹렬한 보호에서 완벽한 방치까지 조류 세계에서 육아 전략의 스펙트럼은 상상을 초월한다. 어떤 새들은 지열로 알을 품거나 다른 종에게 모든 것을 맡긴 채 육아의 의무를 저버린다. 또 부모가 모두 육아에 참여하는 경우, 암컷만 양육하는 경우, 수컷만 양육하는 경우, 또 여러 새들이 모여서 함께 새끼를 키우는 협동 육아를 하는 경우 등 다양한 방식이 있다. 그밖에도 이상하고 특별한 사례들은 많다.

암수가 짝을 지어 함께 새끼를 돌보는 경우가 가장 흔한 방식으로 전체 종의 80퍼센트 이상이다. 그리고 몇 해 전에 앤드루 콕번은 새들의 육아 방식의 비율을 추정했는데, 그 결과 암컷 혼자 키우는 경우(약 8퍼센트에 달하는 770종)와 협동 번식(9퍼센트에 달하는 850종)이 과거의 추정치보다 4배나 더 많은 것으로 드러나 과학자들이 생각했던 것보다 이 두 방식이 훨씬 보편적임을 알게 되었다. 오스트레일리아에서는 5종 중 1종이 협동 번식을 할 정도로 비율이 높다. 과거의 낮은 추정치는 유럽 박물학자들로 인해서 가려져온 눈가리개의 또다른 예이다. 또한 오스트레일리아의 광대하고 독특한 생물군을 연구한 과학자들의 수가 적었다는 사실을 반증하기도 한다. 최근의 DNA 연구에 기반하여 많은 새들의 조상들 사이에서 협동 번식이 보편적인 형태였다고 주장하는 과학자들도 있다. 돔 형태의 둥지나 암컷의 노래처럼 말이다.

어미가 혼자 새끼를 키우는 방식은 풍성한 열대나무의 과일과 과즙을 먹고 사는 새들에게서 가장 흔하다. 이들 종에서 수컷의 육아는 가치가 높지 않기 때문에 "암컷은 수컷으로부터 양질의 세력권이나 육아 제공과 같은 직접적인 혜택을 얻기보다는 좋은 유전자만을 찾아서 수컷들 사이에서 자유롭게 선택합니다"라고 콕번이 말했다. 이런 새들 중에 많은 수컷이 벌새, 매너킨, 정원사새, 금조처럼 레크에 모여서 함께 구애한다. 암컷은 무리 속에서 짝을 고르고 교미한 다음 홀연히 떠나서 홀로 새끼를 키운다.

아비가 혼자서 새끼를 기르는 90종 중에서는 공통된 패턴을 찾기가 더 어렵다. 에뮤와 화식조 수컷은 알을 품는다. 특히 화식조는 50일 동안 둥지를 떠나지 않고 알을 품으며 심지어 일어나지도 않는다. 볏자카나는 위험이 닥치면 날개 밑으로 새끼들을 모은 다음 끌어안아서 새끼들 다리만 대롱대롱 보이는 채로 안전한 곳까지 데려간다.

이상하고 특별한 몇몇 사례들을 살펴보겠다. 스윈호오목눈이는 여럿이 함께 눈물방울처럼 생긴 둥지를 짓는데, 아주 희한한 방식으로 새끼를 키우는 것 같다. 알을 낳는 단계에서 수컷과 암컷 둘 중의 하나가 짝에게 새끼를 전적으로 맡긴 채 가버리는 것이다. 부모 모두가 둘 다 부모로서의 책무를 거부하고 둥지를 떠나버리는 사례는 더욱 충격적이다.

그리고 악명 높은 뉴기니앵무가 있다. 이 새는 어미가 아들을 죽인다.

크리스마스 트리를 연상시키는 근사한 깃털 때문에 뉴기니앵무는 반려동물로 인기가 좋다. 그러나 1997년에 로버트 하인손이 조사를 시작할 때까지 야생에서 이 새를 연구한 사람은 없었다. 이 새는 하인손이 연구한 뉴기니 섬과 케이프 요크 반도 끝자락에 있는 오지의 우림 상층부 30미터 높이에 있는 나무 구멍에 둥지를 짓고 산다. 비행을 썩 잘하는 편이 아니어서 하인손은 이 새가 날아서 오스트레일리아까지 가지는 못했을 것이라고 추정한다. 게다가 뉴기니 섬과 케이프 요크 사이에는 112킬로미터의 해협이 있다. 그래서 아마 1만 년 전에 해수면이 낮아서 육지가 연결되었을 때, 오스트레일리아로 건너갔다고 본다.

하인손은 색깔도 특이하고 행동도 이상한 이 뉴기니앵무의 두 가지 미스터리를 풀기 위해서 대단히 고되고 위험한 야외 연구 작업을 8년째 이어오고 있다.

그가 처음으로 발견한 둥지는 "밀수업자들의 무화과"라는 오래된 웅장한 무화과나무였는데, 밀수업자들이 나무줄기에 박아놓은 녹슨 금속 못이 아직까지도 남아 있었다. 그 못을 밟고 나무에 올라가 둥지에서 앵무새 새끼를 꺼내어 내다팔았다고 한다. 하인손의 초기 발견에 따르면, 암컷은 절대로 구멍 속 둥지를 떠나는 일이 없다. 심지어 새끼들이 다 커서 독립한 후에도 말이다. 뉴기니앵무들이 둥지로 사용할 질 좋은 나무 구멍을 찾기는 쉽지 않다. 질 좋은 나무 구멍이란 덩치 큰 앵무새 가족을 모두 수용할 정도로 크고 (비단뱀이나 다른 포식자들로부터 잘 보호할 수 있도록) 주변 나무들보다 높이 솟은 우림 수종의 꼭대기 가까이에 있고 햇빛이 잘 비치는 나무 구멍을 말한다. 따라서 암컷은 최대 11개월까지 한시도 떠나지 않고 구멍 안에 머물면서 도둑들로부터 둥지를 지킨다. "나무 둥지 구멍은 귀해요. 많은 구멍이 비가 오면 수시로 물이 차기 때문에 새끼를 기르는 데에 적합하지 않죠." 하인손이 말한다. "폭우가 쏟아질 때면 꽤 큰 새끼 새들도 익사하는 경우가 있어요. 그래서 암컷들은 좋은 구멍을 만나면 떠나지 않고 틀어박혀 있는 전략을 진화시켰고 구멍을 지키기 위해서는 죽음을 불사하고 싸우기도 합니다."

암컷이 둥지를 떠나지 않고도 살 수 있으려면 수컷이 와서 먹이를 주는 것이 유일한 해결책이다. 한 번에 3마리, 4마리, 5마리, 7마리의 수컷이 암컷에게 먹이를 가져다준다. 열매를 찾아서 숲을 샅샅이 뒤져 먹이를 물고 돌아와서는 부리를 암컷 부리에 끼우고 과육과 씨앗을 역류해서 먹인다. 하인손이 암컷 한 마리를 돌보는 여러 수컷들의 DNA를 조사했더니 그들끼리는 서로 친척이 아니었고 꼭 암컷이 낳은 새끼의 아비도 아니었다. "수컷은 좋은 나무 구멍을 가진 암컷에게 접근하기 위해서 열심히 경쟁해야 합니다." 하인손이 말한다. "그리고 결국은 암컷을 공유하게 되지요. 암컷은 수컷들이 모두 자기가 아비라고 생각하게끔 많은 수컷들과 짝짓기를 합니다. 그래야 둥지에 가만히 앉아서 수컷들이 밖에서 구해오는 먹이를 먹으며 가장 중요한 자원을 보호할 수 있으니까요."

한편 수컷 역시 최대 5마리의 암컷을 찾아가 교미를 시도한다.

"여타 앵무들과는 전혀 다른 짝짓기 방식이죠." 하인손이 말한다. 다른 앵무들과 달리 사회적 일부일처제를 따르지도 않고 공동 육아의 의무도 없다. 모두 둥지 구멍이 부족한 탓이다.

둥지 구멍의 희소성은 뉴기니앵무의 독특한 암수 색깔의 원천이기도 하다. 이들처럼 구멍 속에 둥지를 짓는 새들은 대부분 암수 깃털의 색이 비슷하다. 어차피 암컷이 구멍 속에 숨어 있기 때문에 굳이 환경과 어우러질 필요가 없으므로 밝은 색깔이나 화려한 깃털에 대한 성 선택이 암수에게 같은 방향으로 작용한다. 그러나 뉴기니앵무의 경우 암컷과 수컷의 역할이 완전히 분리되었다. 하나는 순수하게 방어만 하고 다른 하나는 전적으로 먹이를 찾아야 한다. 그래서 서로 전혀 다른 선택압이 작용한다. 이것이 뉴기니앵무가 일반적인 새들의 색깔 규칙을 어기는 이유이다. "완전히 뒤바뀐 암수 색깔은 뒤바뀐 암수의 역할 때문이 아니라 희귀한 둥지 구멍에 대한 치열한 경쟁과 관련이 있습니다." 하인손이 말한다. "모두 결핍에 관한 거예요."

암컷은 멀리서도 무성한 나뭇잎 사이에서 보일 수 있도록 선명한 주홍색 깃털이 진화했다. 이는 다른 암컷에게 "이 구멍은 주인이 있다!"라고 말하는 화려한 간판 역할도 한다. 반면에 수컷은 등에 우림의 초록색을 띤 깃털이 진화했는데, 자신과 짝을 위해서 먹이를 찾는 동안 공중 포식자의 눈에 띄지 않도록 하기 위한 위장색이다.

하인손은 또한 수컷의 깃털에 자외선 색깔이 더해졌다는 것을 발견했는데, 이는 구애 과정에서 중요한 요소라고 한다. "평소에는 평범한 초록색 깃털로 숲속에서 자신을 위장합니다. 그러나 밝은 햇살 아래에 들어서는 순간, 이를테면 구멍 둥지 주변에서 자외선을 발산하면서 다른 새들의 눈에는 한없이 눈부셔 보이는 것이죠." 그들이 구애하는 암컷을 비롯해서 말이다. "필요에 따라 적 앞에서는 위장하고 동종 앞에서는 과시하는 것 사이에서 영리하게 줄타기를 하죠."

알이 부화하자마자 아들을 죽이는 뉴기니앵무 어미에게서 관찰되는 기이한 행동 또한 구멍의 희소성에서 왔다. 하인손에 따르면, 모든 둥지 구멍이 다 똑같지가 않다. 건조한 나무 구멍은 번식에 더할 나위 없이 훌륭하지만, 비만 오면 침수되어 알과 새끼들이 익사하는 구멍은 별로 바람직하지 못하다. 뉴기니앵무 암컷 새끼는 일반적으로 수컷 새끼보다 일주일 정도 빨리 둥지를 떠난다. 그래서 어미는 자기가 가진 모성을 딸에게 쏟아서 번식의 성공률을 높이려고 한다. 자주 침수되는 구멍에 둥지를 튼 암컷은 알을 낳으면 성장이 빠른 딸들의 발육을 촉진시키기 위해서 아들들을 제거한다. 그리고 새끼는 암수가 확연히 다른 색깔로 알에서 나오기 때문에 어미는 부화하자마자 새끼들의 운명을 결정할 수 있다. 그러나 이 행위는 개체군의 성별 사이에 균형을 무너뜨리지 않는 선에서 일어난다고 하인손은 말한다. "너무 자주 하지만 않으면 괜찮아요."

뉴기니앵무는 가장 특이한 모성으로 상을 받을 만하지만, 새들 사이에서 예상치 못한 양육 방식에 대한 일화는 많이 있다. 흰머리수리 수컷 두 마리와 암컷 한 마리가 미시시피 강가에 지은 둥지에서 새끼를 보살피는 모습이 관찰되었다. 2018년 네바다에 설치된 한 웹캠으로 미국수리부엉이 암컷 한 쌍이 함께 새끼를 키우는 모습이 찍혔다. 이 종에서는 처음 관찰된 행동이었다. 그해 미네소타의 베미지 호에서는 한 사진사가 76마리의 새끼들을 거느리고 가는 비오리 암컷을 카메라에 담았다. 당연히 모두자기 새끼는 아니었을 것이다. 아마도 새끼를 길러본 경험이 있는 이 나이 든 암컷에게 다른 암컷들이 마치 어린이집에 보내듯이 새끼들을 맡겨

버린 것이다.

우리 집에서 도로 바로 아래에 있는 야생동물 보호구역에는 15년 전쯤 날개를 다쳐서 센터에 오게 된 주노라는 이름의 까마귀 암컷이 있다. 주노는 비록 날지 못하지만 매년 센터로 보내지는 아기 까마귀들을 말 그대로 날개 아래에서 품어주고 먹이고 훈련시키며 어미 노릇을 한다. "새끼들에게 세상을 살아가는 법을 가르쳐서 나중에 방생되어도 스스로 살아갈 수 있게 도와줍니다." 한 직원이 내게 말했다.

새들의 이런 예쁜 마음 씀씀이에 혼란스러워지는가?

새들은 종이 다른 새끼도 기른다. 조류학자 마릴린 무스잘스키 샤이가 이종(異種) 간의 육아에 관해서 쓴 논문에는 안경솜털오리 새끼들을 둥지째 돌보는 큰회색머리아비, 붉은꼬리말똥가리 세 마리를 키우는 미국수리부엉이, 자기와 남의 새끼를 모두 기르는 멧종다리와 홍관조의 이야기가 나온다. 나는 특히 한 종이 다른 종의 새끼에게 적극적이고 끈질기게 먹이를 준다는 보고에 마음이 따뜻해졌다. 동부파랑새 수컷은 집굴뚝새 새끼들에게 그 부모와 싸워가면서까지 먹이를 먹인다. 집굴뚝새 수컷 한 마리는 자기 짝이 둥지에서 알을 품는 동안 쇠부리딱따구리의 새끼를 먹였는데 심지어 자기 새끼들이 부화한 다음에도 그만두지 않았다. 또다른 집굴뚝새는 새집에 온갖 재료를 가져다가 둥지를 만들었는데 정작 짝을 찾지 못하자 검은머리밀화부리 세 마리가 독립할 때까지 애벌레를 잡아다 먹였다. 그것으로도 헛헛한 마음을 달래지 못했는지 다시 둥지를 튼 집참새 가족을 모두 먹였다. 한 동부나무피위는 동부왕산적딱새 새끼들이 심한 폭풍우에 부모를 잃자 10일 동안 이 업둥이들을 거두어먹여 둥지에서 독립시켰다. 둥지를 지은 낙수구에 빗물이 넘치는 바람에 여러 차례 둥지를 잃은 찌르레기 암수 한 쌍은 결국에는 스스로 번식하기를 포기하고 아메리카붉은가슴울새 새끼를 돌보았다.

최근에는 더 많은 사례들이 보고되었다. 미시간 공원에서 캐나다두루미 한 쌍이 자기 새끼와 함께 거위 새끼를 기르는 모습이 관찰되었다. 콜로라도에서는 산파랑지빠귀 새끼를 먹이고 둥지에서 배설물을 치우며 청소까지 해주는 피그미동고비를 한 사진작가가 포착했다. 델라웨어 북부에서는 한 숲지빠귀가 심지어 부모가 있는데도 민무늬지빠귀 둥지의 새끼들에게 먹이를 제공하고 청소해주는 모습을 두 과학자가 처음으로 보고했다. 이 모습들은 고스란히 영상에 녹화되었는데, 나중에 영상을 분석해보니 숲지빠귀는 진짜 부모보다 더 열심히 부모 노릇을 해서 아비가 배설 주머니 6개를 버릴 때 26개를 버렸고, 네 마리 새끼에게 어미는 33번, 아비는 15번 먹일 때 무려 78번이나 먹이를 배달했다. 특히 새끼들 중에서도 가장 약한 놈을 더 많이 먹였다.

왜 새들이 다른 종의 새끼를 기르는가? 마릴린 샤이는 리처드 도킨스가 『이기적 유전자(The Selfish Gene)』에서 입양은 부모 본능이 잘못 자극된 결과이고, "양부모에게는 어떤 생식적 이점도 없이 자기 친족에게 투자할 시간과 에너지를 낭비한다"라고 한 주장을 언급했다. 혹은 그것은 도킨스가 "양육의 기술"이라고 부른 것의 연습이 될 수도 있다. 그러나 샤이는 직접적인 원인이 있을 것이라고 생각한다. 한 둥지에 양쪽 모두의 새끼가 있거나, 조력자의 둥지가 파괴되었거나, 혹은 "수혜자"의 둥지 근처에 있었거나, 또는 그것이 어떤 종이든 간에 배고픈 새끼의 울음소리를 듣고는 들여다보지 않을 수 없었을지도 모른다. 마지막 것이 나에게는 가장 그럴듯한 가설이다. 이종 간 양육의 사례는 단지 부모 되기의 강력한 인력에 대한 증거일지도 모른다.

나는 집단 육아와 완전 방임이라는 양대 축에 흥미를 느꼈다. 큰진흙집새부터 도토리딱따구리까지 약 10퍼센트의 종이 새끼가 완전히 독립할 때까지 여러 마리의 어른 새들이 모여서 몇 달, 심지어 몇 년을 돌본다. 반면에 1퍼센트에 속하는 소수의 새들은 함께 양육하는 수고를 덜고자 이 일을 다른 새들에게 맡긴다. 그보다도 적은 비율의 조류 집단은 알 품는 일을 대지의 어머니에게 맡긴 채 새끼를 두고 떠나서 자기들이 알아서 스스로 먹고살게 내버려둔다.

숲칠면조가 이들 중의 하나이다.

"이 새들은 모든 면에서 놀랍지만 특히 번식하는 방법은 정말 유별납니다." 대릴 존스의 말이다. "존 굴드가 오스트레일리아에는 변칙이 많다고 생각하게 된 것도 이 새 때문이죠." 존스는 "까치 사나이" 말고도 "칠면조 고자질쟁이"로도 알려졌는데, 지난 30년 동안 이 새의 번식 세계를 밝혀왔기 때문이다. 1990년대에 처음 브리즈번에 와서 박사학위 과정 중에 숲칠면조를 연구하면서 존스는 이 새를 찾아 파푸아뉴기니의 열대우림을 헤매야 했다. 이제 숲칠면조는 퀸즐랜드 남동부 전역에서 인구가 많은 지역으로 이동했고, 공원, 정원, 뒷마당, 심지어 자동차 도로에까지 거대한 무덤을 건설하면서 도시의 새로 거듭나고 있다.

우림에서건 교외에서건 알을 품을 무덤을 짓는 일은 수컷 숲칠면조의 몸에 큰 무리를 주는, 그야말로 분골쇄신의 노력이다. 숲칠면조는 흙무덤을 짓는 동안 체중이 20퍼센트까지 감소한다. 그리고 연속해서 같은 흙무덤을 2년 동안 사용하는 경우는 거의 없으므로 매 번식기마다 그들의 노력은 새롭게 시작된다. 수컷이 자신의 흙무덤을 맹렬히 방어하고 심지어 먹이를 먹을 때조차 오래 방치하지 않는다는 것은 놀랍지 않다. 팀로와 나는 걱정할 필요가 없다.

"이 새들은 다른 어느 동물들보다도 뛰어난 공학자들입니다. 왜냐하면 각 개체가 생태계에 엄청난 변화를 만들어내기 때문이죠." 존스가 말한다. "우림 숲 바닥의 낙엽층에 있는 유기물질들은 숲에서 양분을 움직이는 엔진입니다." 그가 설명한다. "숲칠면조가 반경 100미터의 큰 원 안에서 긁어모은 모든 유기물과 씨앗, 열매 등이 흙무덤으로 들어가서 압축되면서 실제로 숲의 **구조**를 조작하고 있습니다."

우림이든 교외 뒷마당이든 이 흙무덤은 거대한 비료더미가 된다. 식생의 발효, 신진대사 활동, 그리고 무덤 안의 축축한 환경에서 잘 자라는 균류, 세균, 작은 무척추동물들의 엄청나게 다양한 집단 부패활동에 의해서 열이 생성된다. "그래서 실제로 숲칠면조는 자연의 과정을 영리하게 활용하고 있죠." 존스가 말한다. "하지만 이것도 기계와 마찬가지입니다. 온도를 계속 유지하려면 물질을 꾸준히 공급해야 하거든요."

이 대목이 수컷 숲칠면조의 숨은 재주가 발휘되는 지점이다. 수컷은 매일 아침 흙무덤의 바닥에 좁은 구멍을 파고 따뜻한 재료 안으로 머리를 들이밀어 온도를 잰다. 아주 미묘한 온도 변화까지 감지해서 그때그때 재료를 빼거나 추가하여 흙이 품고 있는 알의 온도를 섭씨 33도에 아주 가깝게 유지한다.

수컷 칠면조가 어떻게 그렇게 온도를 정확하게 측정하는지는 밝혀지지 않았다. 발, 머리의 맨살, 목의 주머니 등 다양한 신체 부위가 온도 감지기로 제안되었다. 그러나 존스는 아마도 입천장 또는 혀일 것이라고 말한다. 이 새는 흙무덤에서 작업하는 동안 부리 한가득 흙을 퍼간다. "맛을 보는 거죠." 그가 말한다. "몇 번 씹고는 그 다음에"—그는 여러 번 혀를 찼다—"입안에서 흙을 돌려 입천장으로 밀어올립니다." 감지한 온도에 따라서 흙무덤을 열고 재료를 추가하거나 흙을 제거해서 온도를 조절한다.

숲칠면조는 또한 날씨 변화에 주의를 기울이고 그에 맞추어 무덤의 모양을 바꾼다. 비가 심하게 오면 무덤이 젖어 갑자기 온도가 내려간다. 그때는 비가 잘 흘러내리도록 흙무덤을 위쪽으로 높이 쌓고, 비가 그치면

흙을 열어 말린다.

숲칠면조의 사촌이자 사막에서 서식하는 무덤새인 풀숲무덤새는 온도 조절의 달인이다. 흙무덤 재료로 사용하는 관목성 유칼립투스의 이름을 따서 말리파울(malleefowl)이라고도 불리는 풀숲무덤새는 미생물과 태양을 적절히 사용해서 흙무덤을 데운다. 봄에는 미생물이 발효하면서 발생하는 열을 이용하고 여름에는 태양열을 이용한다. 한여름에는 과열되지 않도록 모래를 흙무덤 위에 높이 쌓는다. 가을에 태양열이 약해지면 낮에는 무덤을 헤쳐놓아서 데우고 밤이면 다시 쌓아올린다. 한 번 흙무덤을 열고 닫을 때마다 1톤에 가까운 흙을 옮겨야 한다.

"그렇게 건조한 지역에서는 흙무덤을 잘 쌓을 수 없거든요." 존스가 말한다. "환경이 좋은 우림에서도 충분히 힘든 일이에요." 풀숲무덤새는 아마 수천 년 전에 이 지역이 훨씬 습했던 시기에 오스트레일리아 중부로 이주했을 것이다. "아웃백에서 발견되는 너비 20미터의 모래더미가 멸종한 거대 풀숲무덤새의 작품으로 보입니다. 그때만 해도 괜찮았지만 오스트레일리아는 점점 건조해졌어요." 존스가 말한다. "이 새들은 온도 조절의 절대지존이지만 이제는 멸종위기에 처했습니다."

무덤새 수컷들은 오직 암컷을 유인하기 위해서 이 구조물을 짓는다. 그러나 흙무덤에 언제 알을 낳을지, 또 더 중요하게는 누구의 알을 낳을지를 결정하는 것은 암컷이다.

잠시 사랑과 짝 선택의 주제로 돌아가보자. 숲칠면조들에게 암수가 짝을 이루는 일 같은 것은 일어나지 않는다. 암컷과 수컷 둘 다 여러 상대와 교미한다. 특히 수컷에게는 그것을 증명할 장비가 있다고 존스는 말한다. "아주 크고 드라마틱한 '정자 전달 장치'를 갖췄습니다. 앞이 둘로 갈라진 희한한 남근은 너무 뚜렷해서 부화한 지 며칠 내에도 교미가 가능합니다."

존스는 숲칠면조가 새들 중에서 가장 정보에 입각해서 짝을 선택한다고 주장한다. "정말입니다. 그 어떤 새보다도요." 그의 주장을 들어보자. "이 새들은 육아의 부담이 없기 때문에, 심지어 알을 품지도 않죠. 오로지 알을 낳는 것까지만 걱정하면 됩니다." 그래서 숲칠면조는 알을 많이 낳는다. "지역에서 공급받을 수 있는 영양소의 양에 따라서 5-7일에 하나씩 총 평균 12개, 많게는 20개까지 낳습니다." 숲칠면조의 알은 무게가 230 그램 이상 나가는 큰 알로, 다 합치면 암컷 몸무게의 약 3배 정도나 나간다. 다른 새들은 번식철마다 한 번 짝짓기를 한다. 한 번 짝을 짓고, 그것으로 그 번식철에 낳을 모든 알을 한 둥지에 낳는다. "그러나 숲칠면조 암컷은 12-20개의 알 각각에 대해 달리 수정을 선택합니다. 알을 하나 낳을 때마다 어느 수컷의 정자로 수정할지를 정보에 입각해서 현명하게 결정하는 것이죠."

암새는 하루에 최소 10여 개의 흙무덤을 방문해서 무덤과 무덤 지킴이인 수컷을 평가한다. 물론 암새는 좋은 유전자를 가진 수컷을 찾고 있다. 그래서 수새는 색깔을 포함한 여러 가지 생리적 특성들을 뽐낼 필요가 있다. 예를 들면, 밝은 노란색 육수를 사용해서 굵은 소리를 내는 것처럼 말이다(존스에 따르면 육수를 확장시키고 공기를 채워 "목 전체가 크게 부풀어오른다." 그런 다음 콧구멍으로 공기를 내뿜어 산쑥들꿩과 유사한 저주파의 울리는 소리를 낸다). 그러나 일차적으로 암새는 훌륭하고 안정적인 인큐베이터를 찾아다닌다. 구조 자체는 엇비슷해 보이기 때문에 무덤 소유자의 역량을 평가 기준으로 대신한다. 그래서 자신의 흙무덤을 최선을 다해 방어하고 성실히 돌보는 수컷을 선호한다. "배양기가 잘 작동하도록 부지런하고 수완이 있어야 합니다. 그리고 늘 가까이 머물면서 지킬 수 있어야 하죠." 존스의 설명이다.

어떤 수컷들은 크기를 가늠하지 못한다. "완벽해 보이지만 암컷들이 거들떠보지 않는 거대한 흙무덤을 쌓아놓습니다. 우리도 왜 그런지는 몰라요." 존스가 말한다. "그렇게 거대한 흙무덤을 쌓게 된 것도 어쩌면 암컷이 오지 않기 때문이라고 생각해요. 달리 할 일이 없는 거죠. '음, 오늘도 아무도 안 왔네. 그럼 뭘 하지? 이미 너무 큰 감이 있지만 조금만 더 흙을 보태볼까.'"

일단 암컷이 수컷을 결정하고 그의 흙무덤에 정착하면 그때부터는 이 무덤에 대한 접근을 두고, 쪼고 물고 날개로 한 방 날리면서 다른 암컷들과 맹렬하게 싸운다. 그런 다음 짝짓기를 한다. 숲칠면조는 흙무덤 꼭대기에서 교미를 한다. 두루미보다는 청둥오리에 가까운, 낭만이라고는 눈곱만큼도 없는 광경이다. 수컷은 암컷의 등을 타고 올라간 다음 도망가지 못하게 목덜미를 붙잡는다. "수컷들은 항상 공격적이에요." 존스가 말한다. 암컷을 재촉하고 쪼는데 때로는 정도가 심해서 암컷은 날개를 올려 방어하다가 깃털을 잃기도 한다.

교미를 마치면 암컷은 알을 낳기 위해서 흙무덤 중앙에 원뿔 모양의 깊은 구멍을 천천히 파나가는데, 수컷은 도움을 주기는커녕 수시로 암컷의 작업을 방해하고 머리를 쪼아서 괴롭힌다. 35-45분 정도 땅을 파고 난 후, 암새는 부리로 흙을 크게 퍼올려 흙무덤의 온도를 확인한다. 암새도 이 신비한 기술을 소유했다. 알을 낳는 데에는 몇 분밖에 걸리지 않는다. 산란이 끝나자마자 수컷은 암컷을 무덤에서 쫓아내고 구멍을 메운다. 암컷은 떠난 후에는 다시는 알이나 새끼와 교류하지 않는다. 수컷의 거친 태도를 보아서 어미가 주위를 맴돌지 않는 것을 탓할 수는 없다.

한편, 수컷은 계속해서 자기 흙무덤을 지키고 보호한다. 알을 위협하는 것은 무엇과도 싸울 기세이다. 고안나도마뱀이라는 몸길이 1.8미터짜리 왕도마뱀도 어림없다. 이 도마뱀은 때때로 둥지를 습격해서 무덤을 파고 알을 꺼내먹는다. "숲칠면조는 그들의 얼굴을 겨냥해서 물건들을 발로 차요." 존스가 말한다. "아주 튼튼한 다리를 가졌죠." 존스는 이 새들을 연구하면서 흙무덤을 직접 파서 알과 새끼들을 측정했다. "때로는 수컷들이 1미터 밖에 서서 나뭇가지와 돌을 마구 던지더라고요."

45일 정도 아비가 낙엽으로 하릴없이 시간을 보내고 부리로 온도를 측정하고 고안나도마뱀을 쫓아내는 동안, 무덤 속 깊이 묻힌 저 알들의 배아는 극도로 습하고 높은 가스압이 있는 환경에서 무럭무럭 자란다. 부화할 준비가 되면 새끼들은 등과 발을 사용해서 알껍데기를 부수고 나온다.

이제 기적과 같은 일이 일어난다. 새끼들이 깨어난 곳은 어둡고 축축하고 숨 쉬기 힘든 세상이다. 말 그대로 1톤짜리 흙더미 아래에 파묻힌 것이다. 그 안에는 산소가 별로 없고 유독한 이산화탄소가 많다. "1미터 깊이의 흙과 막대기와 바위 밑에서 삶을 시작합니다." 존스의 말이다. 새끼 새들은 등을 대고 누운 채 발로 천장을 긁어내고, 떨어진 흙은 자기 등 아래로 눌러서 다진다. 이렇게 하는 데에 2.5일 정도가 걸린다. 조밀한 흙과 낙엽이 있는 무덤을 헤치고 힘들면 수시로 쉬어가면서 조금씩 위로 땅을 파고 올라온다.

마침내 무덤을 뚫고 한낮의 빛을 향해 나온 새끼 새는 그 어떤 종보다 발달된 상태여서 이내 뛰고 날면서 혼자서도 얼마든지 잘 먹고 잘 살 수 있다. "숲칠면조 새끼는 대단히 성숙해서 따로 부르는 말이 있어야 할 정도예요." 존스가 말한다. 새끼들은 그럴 필요가 있다. 이 모든 고난의 끝에 아버지가 먹이를 한가득 들고 기다리고 있을 것이라고 생각했다면 착각이다. 되려 아버지는 새끼들을 위협한다. "만약 운이 나빠 무덤에서 나오자마자 아버지를 만나게 되면," 존스가 말한다. "이 수컷 숲칠면조는 눈앞의 새끼 새가 누구인지 알지 못해요. 그저 자기 흙무덤 주변을 어슬렁대는 끔찍한 존재일 뿐이죠. 여러 차례 본 적이 있는데, 자기 새끼를 바로 덤불 속으로 내치더라고요."

새끼 숲칠면조는 부모에게 버림받고도 잘 살아남는다. 그러나 그들이 이겨내지 못하는 것은 고양이와 개와 여우와 고안나도마뱀들이다. 부모의 보살핌을 받지 못하는 가장 큰 대가라고 존스는 말한다. "포식자가 어떻게 생겼는지 가르쳐주는 부모가 없어서 고양이가 다가오면 어떻게 행동해야 하는지, 어떻게 숨고 대처해야 하는지 모르거든요." 새끼의 97퍼센트가 첫 일주일을 넘기지 못하고 죽는다.

믿을 수 없이 비효율적인 번식법이다. 그럼에도 용케 잘 작동하는 것 같다.

팀 로는 이렇게 썼다. 50년 전에 브리즈번 지역에서 "숲칠면조는 추억에 지나지 않았다. 이 열대우림 그늘의 주민들은 숲 가장자리에서 가끔씩 도시로 여행하는 나그네로만 알려졌었다." 숲칠면조들은 어쩌다 도시에 출몰하는 종이었다. 하지만 이제 이 새들은 사실상 도시의 모든 변두리 지역을 장악하고 있다. 숲칠면조 개체수의 증가는 "칠면조 쓰나미"라고 불리는 수준이다.

"지난 20년 동안 개체수가 700퍼센트 늘었어요." 존스가 말한다. "이제 이 새를 연구하러 뉴브리튼 오지의 정글까지 갈 필요가 없습니다. 그냥 뒷문을 열고 나가면 돼요. 이 새가 이렇게 도시에서 성공할 줄은 꿈에도 몰랐죠. 원래 이 새들은 우림 종이었으니까요. 숲에서도 삶은 충분히 힘들지만, 도시에는 고양이, 개, 수영장, 자동차가 있어요. 압박이 더 크죠. 그러나 저는 순전히 수의 문제라고 생각합니다. 암컷이 20개의 알을 낳는다면 개체수를 유지하는 데는 2개만 있으면 되죠. 두 마리 이상이 살아남으면 개체수는 늘어날 수밖에 없습니다. 그 결과가 바로 지금의 모습이죠."

적어도 숲칠면조들은 부모 중의 하나가 육아 사업에 일정한 에너지를 쏟는다. 그러나 탁란하는 종들은 부모가 모두 의무를 저버리고 다른 종의 둥지에 알을 낳은 다음 새끼를 기르는 노동 전부를 남에게 맡긴다. 이들은 새들의 세계에서 '데드비트(deadbeat : 양육비를 떼어먹는 부모/옮긴이)'로 알려져 있다. 그러나 그 평판은 과연 합당한가?

13

세계 제일의 탐조가

모잠비크 북부의 숲지대에 한 야오족 꿀 사냥꾼이 큰 소리로 브르르르르 하고 혀를 굴리더니 이내 짧게 음! 하는 신호를 보내며 수풀을 헤치고 다닌다. 처음에는 아무 반응도 없다. 그러나 이내 나무 사이에서 찌르레기만 한 새 한 마리가 나타난다. 등은 짙고 가슴은 연한 이 새가 사냥꾼에게 다가가면 이제 일종의 협동 보물사냥이 시작된다. 큰꿀잡이새라는 이 새는 영역 신호와는 분명 다른 티르-티르-티르 하는 독특한 울음소리로 사냥꾼의 신호에 응답하며 이 나무에서 저 나무로 사냥꾼을 이끈다. 새는 횟대에서 횟대로 끊임없이 신호를 보내며 이동한다. 새가 앞장서고 사람이 뒤따르는 이런 행동은 마침내 새가 보물이 있는 곳에 도착할 때까지 계속된다. 보물이란 키가 큰 활엽수 높은 곳, 또는 바위 틈바구니에 자리한 벌집이다. 일단 둥지에 가까이 가면 큰꿀잡이새는 근처 나뭇가지에 앉아 목적지에 다 왔다는 뜻으로 음 사이의 간격이 더 길고 "부드러운 지시 신호(indication call)"를 보낸다.

인간의 다른 어떤 소리도 이 새를 움직이게 하지 못한다. 오직 브르르르르-음! 하는 야오족의 굴림-신음소리뿐이다. 탄자니아에서 하자어를 쓰는 사람들에게 이 소리는 선율이 있는 휘파람이다. 최근 실험에서 진화생물학자 클레어 스포티스우드와 동료들은 야오족 꿀 사냥꾼의 이 굴림-신음소리, 야오족의 다른 신호음, 목걸이흰비둘기의 노래를 각각 들려준 다음 큰꿀잡이새의 반응을 추적했다. 굴림-신음 신호를 들은 새들의 3분의 2가 이 소리에 반응해서 꿀 사냥꾼을 안내했고, 그중 80퍼센트가 사냥꾼을 벌집으로 이끌었다.

이런 방식으로 새와 인간이 소통한다. "꿀 사냥꾼은 자기가 뒤따르고 싶은 꿀잡이새에게 특별한 소리로 신호를 보내고, 꿀잡이새는 이 정보를 활용해 훌륭한 협력자가 될 파트너를 선택합니다." 스포티스우드의 말이다. 반대의 경우도 마찬가지이다. 새들이 인간 파트너를 소환하기 위해서 큰 소리로 얼른 좀 와보라고 신호를 보내기도 한다.

이 새는 숨겨진 벌집이 있는 곳을 대놓고 알려준다. 꿀 사냥꾼들은 꿀잡이새의 울음소리와 비행, 그리고 나뭇가지에 앉는 패턴을 보고 벌집의 방향과 거리를 가늠한다. 벌집을 찾은 사냥꾼은 연기로 벌을 진압한 다음 꿀을 수확하고 나서 새들이 잔치를 벌이도록 에너지가 풍부한 벌집의 밀랍은 남겨두고 간다.

큰꿀잡이새는 아프리카 꿀 사냥꾼과의 독특한 관계로 인해서 인디카토르 인디카토르(*Indicator indicator*)라는 라틴어 학명을 얻었다. 아마도 아주 오래되었을 이 관계는 1980년대에 케냐의 생태학자 후세인 이삭이 처음 확인했다. 이 행위로 양쪽 모두 합당한 이익을 얻는다. 밀랍을 먹고사는 꿀잡이새는 사냥꾼이 벌을 제압하고 벌집을 열어주지 않으면 혼자서는 밀랍을 충분히 얻을 수 없다. 사냥꾼으로서도 중요한 열량원인 벌집을 빠르고 효율적으로 찾으려면 꿀잡이새의 도움을 받아야 한다.

내가 아는 한 야생동물이 이렇게 직접적으로 인간과 협력하는 다른 사례는 없다. 엘리자베스 페니시도 「사이언스(*Science*)」지에 "인간과 야생동물의 관계 중에서 이보다 마음이 따뜻해지는 것은 없다"라고 썼다.

그러나 마음이 따뜻해지는 것은 어디까지나 인간의 관점에서이다. 꿀잡이새는 지킬과 하이드의 양면을 지니고 있다. 어린 꿀잡이새가 양부모가 지은 어두운 둥지 안에서 자기 수양 형제들을 죽이는 모습을 보고도 감동적이라고 말할 사람은 없을 것이다.

큰꿀잡이새는 탁란하는 새이다. 있으나 마나 한 이 새의 아비와 어미가 조류 스펙트럼의 맨 끝에서 "제로 육아"의 자리를 차지한다. 암컷은 다른 종의 둥지에 알을 낳고 아무것도 모르는 숙주 부모를 속여 자기 새끼를 희생해가면서까지 남의 새끼를 기르게 만든다.

탁란은 척추동물 세계에서는 극히 드물다. 몇몇 어류와 소수의 개미, 벌, 말벌, 딱정벌레, 나비 등에서나 일어날 뿐 파충류나 포유류에서는 보고된 바가 없다. 새들의 세계에서도 1퍼센트에 해당하는 약 100종 정도만이 소위 절대적인 기생체로서 오롯이 탁란에 번식을 의지한다. 이 전략은 위험성이 있지만 적어도 일부 새들에서는 꽤나 성공적인 것 같다. 탁란은 서로 다른 새들의 가계에서 적어도 7차례 독립적으로 진화했다.

최근에 과학자들은 이러한 이례적인 번식 체계가 동물의 세계에서 가장 흥미로운 행동을 진화시켰음을 알게 되었다. 정교한 속임수, 예리한 패턴 감지, 정보를 공유하는 창의적이고 은밀한 시스템, 그리고 복잡한 의사결정 전략이 그것이다. 이 모두가 기생체와 숙주가 서로 주고받은 맞대응의 결과이다.

큰꿀잡이새는 주로 쇠벌잡이새를 숙주로 삼는다. 쇠벌잡이새는 참새만 한 크기의 아름다운 계피색 새로, 등쪽은 밝은 초록색이고 목은 노란색이다. 땅돼지가 파놓은 굴보다 훨씬 큰 구멍의 위쪽에서부터 파들어가서 좁은 터널에 둥지를 짓는다. 암컷 꿀잡이새는 몸속에 하루 동안 더 알을 품고 있다가 쇠벌잡이새의 둥지에 낳는데, 이는 꿀잡이새의 알이 숙주의 알보다 먼저 부화할 것이라는 뜻으로 꿀잡이새 새끼가 다음 단계를 도모하는 데에 훨씬 유리해진다. 바로 한 둥지를 쓰게 될 다른 새끼 새들을 죽이는 것이다. 살해 무기는 부리 끝에 달린 바늘처럼 날카로운 한 쌍의 갈고리이다. 수양 형제들이 알을 까고 나오면 이 갈고리로 하나씩 찔러 죽인다(한 용감무쌍한 동물학자가 꿀잡이새의 힘을 직접 확인해보다가 혀에 구멍이 났다는 보고가 있다).

꿀잡이새가 둥지의 다른 새끼들을 죽인다는 사실은 과학자들도 수십 년 전부터 알고 있었다. 그러나 클레어 스포티스우드 연구팀이 자연 상태에서 벌잡이새의 어두운 땅속 둥지에 설치한 카메라로 살해 장면을 촬영하기 전까지는 그 악랄함이 목격된 적이 없었다.

희미한 적외선 불빛에 녹화된 장면은 꼭 히치콕의 영화 속 한 장면 같았다. 조류 버전의 「사이코」라고나 할까. 완벽한 암흑 속에서 꿀잡이새 새끼가 갓 태어난 둥지 메이트를 찾아서 더듬거리며 살점이 닿을 때까지 공중에서 무턱대고 부리를 내리친다. 그리고 희생자를 감지하는 순간, 붙잡아 과다출혈로 죽을 때까지 반복적으로 물어서 흔들어댄다. 적극적인 공격으로 불과 몇 분이면 벌잡이새 새끼 한 마리가 죽는다. 그러나 때로 죽음은 천천히 진행된다. 이 잔인한 과정은 7시간까지도 걸린다.

녹화된 영상을 보고 있다 보면, 도대체 왜 가까이 있던 벌잡이새 어미가 당장 뛰어들어서 자기 새끼를 구하지 않는지 이해할 수 없다. 부리에 찔려 고통스럽게 죽어가는 새끼를 말이다. 그러나 둥지 안쪽은 어두컴컴하다. 게다가 벌잡이새는 야간 시력이 별로 좋지 않다. 심지어 영상에서는 숙주 어미가 자기 새끼에게 부리를 휘두르느라고 바쁜 꿀잡이새 새끼에게 먹이까지 주는 모습이 포착되었다. 이처럼 대단히 효과적인 살해 행각의 결과, 꿀잡이새는 혼자 살아남아서 둥지를 독점하고 아무것도 모르는 숙주 부모의 보살핌을 독차지한다.

이런 극악무도한 행위를 하는 새가 꿀잡이새만은 아니다. 탁란하는 새들 중에는 갓 부화한 숙주의 새끼들을 죽이는 사례가 수두룩하다. 라틴 아메리카의 줄무늬뻐꾸기는 부리의 바늘 같은 갈고리로 둥지 메이트를 찔러 죽이는 꿀잡이새의 기술을 공유한다. 뻐꾸기 새끼는 히치콕의 「이창」에 나온 "높은 곳에서 미는" 방법에 맞게 적용했다. 숙주의 알이나 심지어 갓 부화한 새끼를 자기 몸 위로 끌어올려 등 한복판의 움푹 팬 곳에 올린 다음, 다리를 옆쪽으로 고정시킨 채 둥지 바깥쪽으로 몸을 기울인다. 뻐꾸기 새끼는 눈도 채 뜨지 못한 상태에서 이 일을 한다. 마치 작은 어린아이를 들어다가 창문 밖으로 내던지는 사악한 작은 레슬링 선수 같다. 갓 태어난 이 작고 눈도 보이지 않는 벌거벗은 새끼가 이런 끔찍한 짓을 한다는 사실에 경악하지 않을 수 없다.

기생 새끼들에게는 다른 재간도 있다. 숙주인 부모 새를 속여 먹이를 더 많이 받아먹기 위해서 호스필드매사촌 새끼는 부모가 먹이를 줄 때 날개 밑의 밝은 노란색 무늬를 내비쳐 마치 입을 벌린 새끼들이 더 있는 것처럼 보이게 한다. 또 뻐꾸기 새끼는 자외선을 밝게 반사하는 날개가 숙주 부모를 자극해서 보통 새끼에게 먹이는 양보다 더 많은 먹이를 자신에게 가져오게 한다. 모든 것이 계획대로 진행되면, 추가로 더 얻어먹은 기생 뻐꾸기 새끼는 숙주 부모보다도 몸집이 큰 괴물처럼 자란다. 한 유럽 굴뚝새가 자기보다 10배나 더 큰 뻐꾸기 새끼의 등에 앉아서 입에 먹이를 넣어주는 모습이나, 둥지가 넘칠 정도로 커다란 팰리드뻐꾸기의 먹성을 감당하느라고 애쓰는 조그만 흰깃꿀빨기새의 모습은 실로 가장 희한하고도 왠지 울컥하게 되는 자연의 광경이다.

영국의 박물학자 길버트 화이트는 뻐꾸기의 번식법을 "모성애에 대한 잔학 행위"이자 "본능에의 폭력"이라고 불렀다. 어떻게 이 새들은 정상적인 번식 행위에서 이토록 희한한 방식으로 일탈하게 되었을까? 어쩌다 숙주 종들은 그렇게 쉽게 속아서 분별없이 남의 알을 품고 심지어 자기 새끼와는 어처구니없을 정도로 다르게 생긴 새끼를 먹일까? 왜 숙주들은 자기 새끼를 사칭하는 사기꾼을 내쫓거나 부당하고 폭력적인 결말로부터 자식을 구하지 않을까?

어린 시절에 나는 남의 둥지에 알을 낳던 갈색머리카우새를 우리 동네의 진정한 악당이라고 생각했다. 이 수상한 사기꾼들은 숲이나 덤불을 돌아다니며 내가 좋아했던 "착한" 새들—비레오, 솔새, 되새, 딱새—의 둥지를 기웃거리다가 지키는 이가 없으면 슬쩍 자기 알을 투척하거나 맹금류의 날갯짓을 요란하게 흉내 내어 어미새를 둥지에서 내쫓고는 했다.

갈색머리카우새 암컷은 탁란할 둥지를 찾을 때, 그 둥지의 산란 단계가 자기와 맞지 않으면 둥지의 알과 새끼를 무참히 파괴하고 숙주가 다시 알을 낳게 만들어서 일정을 맞춘다. 알에서 부화한 갈색머리카우새 새끼는 둥지를 공유하는 숙주의 새끼를 내치지는 않지만 거칠게 경쟁한다. 크기가 작은 숙주의 새끼들은 갈색머리카우새 새끼와는 맞서볼 기회도 없이 굶어 죽는다.

조류학자 아서 클리블랜드 벤트는 갈색머리카우새를 "게으른 방랑자, 남을 사칭하는 협잡꾼"이라고 불렀다. 그 갈색 머리는 의뭉스러워 보이기까지 한다. 이 새는 상모솔새부터 초원종다리까지 크기도 다양한 170여 종의 새들에게 사기를 쳐서 자식을 버리고 카우새를 키우게 만든다.

그렇다면 갈색머리카우새 새끼는 자기가 상모솔새나 초원종다리가 아니라 카우새라는 것을 어떻게 알까? 보통 새끼 새를 다른 새의 둥지에 양자로 들이면 양부모를 각인해서 그 습성, 노래, 심지어 짝짓기 방식까지 배운다. "그러나 탁란하는 새들은 어떤 식으로든 이러한 각인의 오류를 피해왔어요." 일리노이 대학교 어배너–샴페인에서 갈색머리카우새를 연구하는 매슈 맥킴 라우더의 말이다. "이 새에게서는 자아의식이 발달했습니다." 지금까지 수십 년간 이것은 단순한 본능의 문제로 치부되었다. 그러나 2019년, 라우더 연구팀은 갈색머리카우새 어미가 특별한 신호를 보내서 새끼들에게 자기인식이라는 중요한 정보를 알려준다고 보고했다. "암컷 갈색머리카우새는 여러 사회적 상황에서 이 신호를 보냅니다. 이 신호는 일종의 소리 암호로 기능해 새끼에게 누구를 보고 배워야 할지 알려주고, 결국 자기 가문의 노래를 익히고 올바른 짝을 식별하게 합니다." 라우더의 설명이다. 실제로 소리 암호를 들은 어린 새의 뇌에서 변화가 일어나 뇌의 청각 영역이 자기 종의 노래를 배우게 준비시킨다. 이런 식으로 어미 카우새는 새끼 카우새에게 자신이 누구이며 누가 되어야 하는지를 가르친다. 숙주 종의 일원이 아니라 탁란하는 새로 거듭나야 한다고 말이다.

숙주의 입장에서 갈색머리카우새는 악몽 같은 존재이다. 연구자들은 최근에 한 갈색머리카우새 암컷이 자신이 알을 낳은 둥지를 유심히 지켜보다가 만약 숙주가 낯선 알을 내다버리면 사정없이 둥지를 공격하고 알을 깨는 모습을 보았다. 숙주로 하여금 둥지를 새로 짓게 하여 기생에 유리하게 만드는 이 전략은 "농장경영(farming)"이라고 불린다. 이런 행동은 자기 알을 파괴한 것에 대한 복수로도 볼 수 있다. 둥지와 그 안에 있는 알과 새끼 모두를 죽여 숙주를 벌하려는 것이다. 이 마피아 전략은 일부 숙주 새들이 갈색머리카우새의 알을 내쫓지 않는 이유를 설명하기도 한다. 카우새가 짜놓은 각본대로 움직이지 않으면 이 기생체가 돌아와서 둥지를 난장판으로 만들 것이라는 사실을 배우게 만드는 것이다. 게다가 카우새는 한 철에 최대 40개까지 알을 낳는 새이므로(붉은눈비레오 같은 전형적인 숙주는 10개를 웃돈다), 보복의 기회는 충분하다.

카우새는 자기 일을 아주 잘한다. 너무 잘해서 벨비레오나 커클랜드솔새 같은 멸종위기종을 포함해 서식처 소실로 이미 어려운 상황에 처한 북아메리카 명금류 수십 종이 절멸하는 데에 큰 역할을 하고 있는 것 같다.

그러나 지금까지 말한 것은 훨씬 복잡하고 흥미로우며 심지어 아름답기까지 한 이야기의 어두운 면일 뿐이다. 탁란하는 새들은 자연계 최고의 번식 사기꾼들일지는 모르나, 결코 게으르거나 의욕이 없는 것은 아니다. 특히 암새들은 대단한 기량과 용기를 보여준다. 그리고 이들이 번식하는 방식은 기생체와 숙주를 기발한 적응과 행동의 극단으로 떠미는 사납고 매력적인 공진화적 군비경쟁으로 이끌었다. 경쟁은 독특한 시각 단서와 소리 암호 개발을 촉진하여 종 안에서, 그리고 어쩌면 **다른 종들** 사이에서도 서로 소통하는 방식을 바꾸고 일종의 보편적인 조류 언어를 만들고 있다. 심지어 새로운 종의 진화를 촉진할 가능성까지 있다. 그리고 이 모든 일은 아주 빠르게, 우리의 눈앞에서 일어나는 것 같다.

브리즈번 북서쪽 관목지대에서 윌 피니가 이 오래된 경쟁을 탐구하고 있다. 피니는 뻐꾸기와 숙주의 관계를 연구하는 전문가로 그리퍼스 대학교 환경미래 연구소에서 탁란하는 새들의 특성과 숙주에게 미치는 영향에 관한 프로젝트를 총괄하고 있다. 피니의 연구팀은 이 지역에서 번식하는 기생성 뻐꾸기와 숙주가 형성하는 복잡한 군집을 연구하고자 이곳에 왔다. 이 새들은 그들의 신체, 알, 자손, 행동, 뇌, 그보다 더한 것까지도 형성하는 생존 경쟁에 얽매여 있다.

그것은 과학자들이 생각했던 것과는 다른 종류의 경쟁이다. 최근까지 탁란에 관한 지식은 모두 유럽의 뻐꾸기 2종과 북아메리카의 뻐꾸기 1종을 연구한 결과에서 왔다. "우리는 탁란하는 100종의 새들 중 저 두 지역에서 서식하는 3종만 알고 있는 셈입니다." 피니가 말한다. "탁란 연구의 90퍼센트가 저곳에서 이루어졌죠. 하지만 오스트레일리아에는 탁란하는 새가 10종쯤 있어요. 그리고 그중 7종이 이곳에 있죠." 지금까지 피니가 연구한 바에 따르면, 7종 모두가 1종 이상을 숙주로 삼고, 또 한 숙주는 여러 종의 뻐꾸기들에게 탁란을 당하는 것으로 보인다. "탁란에 관해서 라면 아마 이곳이 전반적인 탁란의 세계를 대표할 겁니다." 그가 말한다. "다수의 숙주에게 위협을 가하는 다수의 뻐꾸기들이 아주 흥미로운 관계를 맺고 있어요. 우리는 이렇게 묻습니다. 이 시스템에서 실제로 어떤 일이 일어나고 있는가? 지금까지 우리가 가정했던 것처럼 숙주 하나와 기생체 하나, 이렇게 둘 사이의 깔끔한 공진화적 군비경쟁이 전부인가? 아니면 다윈의 '뒤엉킨 강둑(entangled bank)'처럼 수없이 증폭되고 중첩된 방식 안에서 다수의 뻐꾸기 종이 다수의 숙주 종에 기생하면서 개별 종의 진화는 물론이고 숙주 군집 전체의 진화를 이끄는가?"

이것이 피니가 자신의 연구지에서 이해하고자 하는 것들 중의 하나이다. "이곳은 새들이 서로 어떻게 연관되어 있는지 새롭게 질문할 기회를 줍니다." 그가 말한다. "정보가 동종의 두 개체 사이에서만이 아닌, 종간에 전달되는 방식에 관해서 말이죠. 이것은 대단히 흥미진진한 주제이지만, 한편으로는 너무 복잡해서 괜히 섣불리 파헤치는 건 도박과도 같습니다. 하지만 죽이 되든 밥이 되든 일단 한번 해보려고 해요."

피니의 연구지는 네보 산과 글로리어스 산 그늘의 수림 초원에 있다. 연구지 한쪽은 샘슨베일 호수의 가장자리와 경계를 둔다. 이곳은 자연 그대로의 원시적인 경관은 아니다. 오래된 목초지와 경작지인 이곳은 한때 사람들이 작물을 심고 경작했으나 이제는 놀리는 땅이 되어 관목들이 우거졌다. 덕분에 피니가 연구하는 요정굴뚝새나 덤불굴뚝새처럼 땅에 둥지를 짓는 작은 새들에게나 그들을 괴롭히는 뻐꾸기에게 안성맞춤인 서식지가 되었다.

샘슨베일 호수는 인공 호수이다. 1960년대에 브리즈번 시에서 도시를 위한 수원을 확보하기 위해서 토지를 매입하여 사람들을 내보내고 커다란 댐을 지어 저수지를 만들었다. 가물면 호수의 수위가 낮아져 옛날 그곳을 가로지르던 철로를 볼 수 있다. 가축을 가두던 울타리들도 남아 있다. 중남미가 원산지인 커다란 관목으로 오스트레일리아에서는 최악의 잡초로 여겨지는 란타나 같은 침입종들이 빽빽이 자라서 뚫기 힘든 덤불을 형성한다. 공룡 시대부터 살아온 후프소나무가 여전히 우뚝 서 있고, 오래된 울창한 무화과나무들이 자라는 우림도 일부 남아 있다. 나무들이 열매를 맺을 때면 덤불과 호숫가에 사는 종들이 뒤섞여 최대 240여 종이 몰려드는 새들의 인기 지역이고, 날씨가 많이 건조할 때는 팰리드뻐꾸기처럼 내륙 깊은 곳의 종들까지 피난을 온다. 피니에 따르면, 브리즈번을 경유하는 사람들이 흰머리장미앵무나 점박이보석새와 줄무늬보석새, 그리고 오스트레일리아에서 가장 작은 꿀빨기새인 주홍머리꿀빨기새를 보기 위해서 이곳에 들른다. 때로는 누군가 오래된 공동묘지에 버리고 간 호로새 같은 가축성 조류들이 돌아다니는 것도 볼 수 있다(피니는 이 호로새가 영화 「스타워즈」에 나오는 자자 빙크스와 너무 똑같이 생겨서 이 새를 보고 착안한 것이 아닌가 싶을 정도라고 말했다).

군비경쟁의 한쪽에는 요정굴뚝새와 덤불굴뚝새를 비롯해서 탁란을 당하는 새들이 있다. 그리고 다른 한쪽은 참새 크기의 작은청동뻐꾸기에서부터 몸길이가 60센티미터로 세계에서 가장 큰 탁란 종인 홈부리뻐꾸기까지 7종의 뻐꾸기가 차지한다. 홈부리뻐꾸기는 주로 얼룩무늬쿠라윙, 오스트레일리아까치, 까마귀, 큰까마귀 등 몸집이 큰 새들의 둥지에 알을 낳는다.

현재 피니는 부채꼬리뻐꾸기를 집중적으로 연구 중이다. 목 부위가 연한 주황색인 이 날씬한 청회색 새는 요정굴뚝새와 덤불굴뚝새, 가시부리솔새, 특히 갈색가시부리솔새에 탁란한다. 피니는 호스필드청동뻐꾸기를 포함한 청동뻐꾸기류도 눈여겨보는데, 이 작은 유목성 뻐꾸기는 불과 몇 주일 간격으로 번식 영역을 옮겨서 10-12개의 숙주 둥지(주로 요정굴뚝새)에 하나씩 알을 낳는다. 새끼 뻐꾸기는 대개 요정굴뚝새 새끼보다 하루나 이틀 먼저 부화해서 곧바로 숙주의 알과 새끼들을 모조리 축출하기 시작한다. 요정굴뚝새 부모는 자식을 모두 잃고 뻐꾸기 새끼를 기르는 데에 50일 가까이나 투자한다.

요정굴뚝새는 어느 면에서 보더라도 인상적이다. 매사에 거침이 없고 에너지가 넘치며 둥지를 사납게 지킨다. '굴뚝새'라는 말은 구대륙에서 가장 작은 새의 하나인 유라시아굴뚝새를 부르는 이름이었다. 오스트레일리아의 요정굴뚝새는 이곳에 정착한 유럽인들이 고향을 생각나게 하는 이 투지 넘치는 작은 새들에게 홀딱 반해서 근연관계가 전혀 없는 이름을 붙인 것이다. "요정"이라는 말은 20세기의 어느 시점에 툭 튀어나와서 고착되었는데, 이언 롤리 같은 조류학자는 "평범한 오스트레일리아 사람이 일상의 대화에서 사용하기에는 너무 낯간지러운 말"이라며 거부했다. 교활하고 대담하며 쉼 없이 움직이는 이 새를 보면, 내가 사는 곳의 얄밉게 생기 넘치는 캐롤라이나굴뚝새가 생각난다. 단, 요정굴뚝새는 흉내지빠귀처럼 위를 향하는 길고 표현력이 풍부한 꼬리를 가졌고 북아메리카나 유럽의 굴뚝새와는 달리 깃털의 색깔이 매우 현란하다. 동부요정굴뚝새와 서부요정굴뚝새 수컷의 머리와 등은 화사한 파란색이다. 얼룩요정굴뚝새는 정수리와 귀의 덮개깃이 하늘색이다. 붉은등요정굴뚝새의 목덜미는 진홍색을 쓰윽 그어놓은 것 같고, 보라머리요정굴뚝새는 왕족의 연보라색 왕관을 쓰고 있는데, 요정굴뚝새를 연구하는 앤드루 캣시스의 말에 따르면, "태양의 서커스 팀이 공연 의상을 입혀준 것 같다."

걷다 보니 유칼립투스와 아까시나무 관목지대에서 다양한 요정굴뚝새의 울음소리와 노랫소리가 흘러나왔다. 동부요정굴뚝새의 피피 소리가 약동하는 잔물결처럼 울려퍼진다. 얼룩요정굴뚝새의 금속성 떨림음은 미니 타자기 소리처럼 들린다. 낚싯줄을 끌어당기듯이 약하지만 고음의 노랫소리는 붉은등요정굴뚝새의 것이다. 요정굴뚝새들은 모두 선택적 협동번식가(즉, 상황에 따라서 협동적으로 번식할 수 있다는 뜻이다)로 암수 여러 쌍이 조력자의 도움을 받아 둥지를 지키고 새끼를 기르며 번식한다. 이곳의 전형적인 번식철인 8월에서 이듬해 2월까지 요정굴뚝새 암컷 한 마리가 돔 형태로 생긴 둥지를 많게는 8개까지 짓고 각각에 3-4개의 알을 낳은 다음 혼자서 품는다. 그렇다면 온 세상이 이 작은 어릿광대들로 들끓게 될 것 같지만, 포식자들이 새끼의 3분의 2를 가져간다. 그리고 어미가 주의하지 않으면, 나머지는 탁란 종들이 제거할 것이다.

피니는 군비경쟁의 양편, 그리고 이 경쟁이 새들의 몸과 뇌와 행동에 미치는 근본적인 영향을 추적하고 있다.

우리는 메마른 잡초와 관목 사이를 걸으며 작은 주황색 깃발을 찾고 있다. 피니의 연구팀 소속 10명의 "둥지 수색대"가 발견한 둥지들을 표시한 것이다. 검은죽지솔개 한 마리가 머리 위로 날아간다. 휘파람솔개도 지나간다. 8월 말, 오스트레일리아에서는 겨울의 끝자락, 봄이 막 시작되는 시기이다. 따뜻하고 비가 자주 내린 작년 겨울에 이곳에서는 곤충이 폭발하고 번식철이 일찍 시작되었다. 호스필드청동뻐꾸기는 봄이 끝나가는 11월 11일에 첫 알을 낳았다. 산란이 너무 빨라서 피니는 연구팀을 배치할 시간도 없었다. 요정굴뚝새와 뻐꾸기 일부는 이미 둥지를 떠났다. 뱀, 안테키누스, 레이스왕도마뱀, 참매, 솔개, 쿠라윙, 오스트레일리아새호리기, 채찍새, 쿠카부라 등 포식자의 맹습으로 살아남은 새가 거의 없었다.

이곳에서는 뻐꾸기나 숙주 모두 성공적으로 번식하기가 매우 어렵다.

"영국에서는 포식으로 인한 번식 실패율이 10-15퍼센트 정도입니다." 피니가 내게 말했다. "이곳에서는 70-80퍼센트에 가까워요. 첫 50개 정도의 둥지가 포식자 때문에 한 마리도 성공하지 못하는 경우도 여러 해 있었어요. 동부채찍새가 둥지를 완전히 찢어발기는 장면도 봤죠."

피니 연구팀의 미국인 연구원들은 고무로 된 긴 각반을 차고 있었다. 이유를 물으니 서로 눈짓을 했다. "뱀" 때문이란다. 반면 오스트레일리아 팀원들은 아무도 뱀을 겁내지 않았다. 심지어 이곳에서는 치명적인 동부갈색뱀도 흔하다. 이 뱀은 퀸즐랜드 지방의 거의 모든 마을과 도시 변두리에서 번식하고, 뱀에 물린 심각한 부상의 대부분이 이 뱀 때문이다. 도발하면 고개를 쳐들고 사납게 문다. 하지만 사람이 죽는 경우는 드물다. 그러나 최근에는 한 남성이 교외의 자기 집 뒤뜰에서 개를 보호하려다가 이 뱀에 물려 1시간 만에 사망했다는 뉴스가 있었다.

나는 고개를 숙여 청바지와 운동화를 내려다보았다.

"괜찮을 거예요." 피니가 말했다. 믿어야지 별 수 없다. 퀸즐랜드에서 태어난 피니는 집 건물의 아래쪽으로 기어들어가야 하는 비좁은 공간에서 뱀을 처리하는 임무를 맡아 어려서부터 뱀을 다루었다. 피니 연구팀은 뱀을 "위험한 국수 가닥"이라는 별명으로 부른다. 동부갈색뱀은 공격적이라고 알려졌지만, "실제로는 아주 부끄럼이 많아 알아서 비킬 거예요. 설사 문다고 해도 독니가 작아서 청바지를 뚫진 못할 겁니다."

이곳에서 땅에 둥지를 짓는 새들은 운이 썩 좋지 못하다. 동부갈색뱀은 둥지의 입구로 들어가든 둥지 뒤쪽에서 직접 구멍을 뚫든 어떻게 해서든 안으로 들어가서 알과 새끼를 모조리 잡아먹는다. 피니의 웹사이트에는 요정굴뚝새 연구자 로렌 스미스가 쓴 짧은 시가 있다.

작은 요정굴뚝새야
너의 아버지는 누구시니? *뱀이 쩝쩝거린다*
우린 절대 모를 거야.

새들의 둥지는 보기 어려운데, 특히 덤불굴뚝새들은 관목과 잡초 깊숙이 둥지를 파묻는 경향이 있기 때문에 웬만해서는 찾아내기 힘들다. "앞아서 기다리다가 새가 보이면 뒤를 따라가죠." 케임브리지 대학교의 안드레아 마니카와 피니의 지도로 박사과정을 밟는 제임스 케널리의 말이다. "덤불굴뚝새 암컷이 연못에서 밀크워드를 물고 나오는 것을 보면 잽싸게 뒤를 쫓아서 란타나 관목 깊숙한 곳에 있는 둥지까지 따라가요. 물론 우리는 새끼들이 밥 달라고 우는 소리도 잘 듣는답니다."

피니와 코넬 대학교 조류 연구소의 마이크 웹스터는 합동으로 야외 조사 지역을 운영한다. 연구팀은 1년에 약 700개의 둥지를 찾는다. 8개월의 번식기 동안에 숙주와 뻐꾸기의 알을 확인해서 개수를 세고 사진을 찍어 상세히 조사한다(케널리는 알들의 사진을 찍은 도서관을 만들고 있다). 또한 둥지에서 뻐꾸기 새끼를 꺼내와서 길이를 측정하고, 필름 통에 거꾸로 넣어 저울에 올린 다음 무게를 잰다. 그러고 나서 띠를 두르고 피를 뽑는다. 연구팀은 생존이 달린 치열한 경쟁에 갇힌 종들 중에서 누가 승자이고 패자이며, 어떻게 경쟁이 진행되는지를 이해하기 위해서 번식의 성공 여부를 자세히 관찰한다.

주황색 깃발이 달려 있다고는 해도 붉은등요정굴뚝새의 둥지는 찾기 힘들다. 무성한 풀과 잡초에 깊숙이 가려져 거의 보이지 않기 때문이다. 마른 풀과 잎과 나뭇가지로 이루어진 작고 섬세한 돔 형태의 덩어리 속 작은 구멍으로 피니가 두 손가락을 미끄러지듯이 집어넣더니 알 3개를 꺼낸다. 모두 분홍기가 도는 흰색으로 미세한 적갈색 점이 덮여 있다. 둘은 숙주의 것, 살짝 더 큰 나머지 하나는 호스필드청동뻐꾸기의 것이다.

전통적으로 새들의 알은 탁란하는 새와 숙주가 진화적 군비경쟁에서 맞서는 주요 전장으로 알려졌다. 전쟁은 다음과 같이 진행된다. 탁란 종이 새로운 타깃 숙주 종을 감쪽같이 속여서 자기 알을 받아들이고 키우게 한다. 이윽고 숙주는 낯선 알을 감지하고 내쫓는 능력을 진화시킨다. 그러면 다시 기생체가 색깔과 패턴이 숙주의 알과 흡사해서 도저히 구분할 수 없는 알을 만들어 대응한다. 이 상황에서 숙주는 자기 알의 외형을 바꾸든지, 아니면 침입자의 알을 구별하는 능력을 키우든지 해서 방어한다. 이런 식으로 공격과 방어가 계속된다. 이 진화의 주고받기는 위험도가 큰 도박이다. 숙주가 개발한 모든 방어에 대해서 뻐꾸기는 더 까다로운 속임수로 보복해왔다. 각 수에는 맞대응하는 수가 진화한다.

이런 상호 적응의 과정이 놀라운 결과를 낳았다.

첫째로 전 세계의 뻐꾸기들은 알을 탁월하게 위조한다. 반대로 숙주는 근소한 차이만 있을 뿐 완벽하게 똑같아 보이는 뻐꾸기 알을 찾아내는 비상한 능력이 발달한다. 이것은 둥지 속의 이상한 알을 찾아낸다기보다 자기 알의 생김새를 더 심도 있게 배우는 수준 높은 학습 과정이다.

어떤 숙주 종들은 암컷마다 고유한 점과 선의 패턴을 가진 알로 방어한다. 메리 캐스웰 스토더드와 동료들은 최근에 기생성 뻐꾸기가 목표로 삼는 영국의 명금류들이 어떤 식의 특별한 패턴으로 뻐꾸기의 알 위조에 맞서는지 연구했다. "숙주가 뻐꾸기와 어려운 싸움을 하는 중이라면, 한 가지 쉬운 방법은 '이 알은 내 것이 맞는군' 하고 알아볼 수 있는 복잡하지만 식별 가능한 패턴을 만들어내는 겁니다." 스토더드의 말이다.

숙주 새들이 알에 고유한 패턴의 도장이라도 찍는 것일까?

"이 질문에 답하려면 알에 대한 일종의 안면인식 소프트웨어가 필요하다고 생각했어요." 스토더드가 말한다. 숙주의 알에 있는 패턴과 색깔은 차이가 너무 미묘해서 인간의 눈으로 관찰해서는 감지할 수 없다. "눈으로 봐서는 차이를 찾을 수 없습니다. 분석하려면 반드시 컴퓨터가 필요해요." 그래서 스토더드는 케임브리지 대학교의 컴퓨터 과학자 크리스 타운과 협력하여 네이처패턴매치(NaturePatternMatch)라는 소프트웨어를 개발했다. 네이처패턴매치는 새에게 중요하게 인식될 만한 특징을 구별하는 소프트웨어이다. 이 프로그램은 지도에서 호수나 산 정상, 나무 군락 등 중요한 자연 지형물을 등록하는 방식으로 알의 특징을 등록한다. 단 알의 특징은 색깔 있는 방울이나 구불구불한 선이다. "만약 미키마우스처럼 보이는 얼룩이 있다면, 이 프로그램은 이미지가 회전하거나 동일한 장소에서 동일한 크기로 나타나지 않더라도 미키마우스 얼룩을 본 적이 있다고 말할 수 있는 것이죠." 스토더드가 설명한다. "이것은 새나 다른 동물들이 시각 정보를 처리하는 것과 대략 유사한 방식으로 패턴을 분석하는 대단히 강력한 인식 알고리즘이에요."

이 프로그램은 스토더드 팀이 원하던 결과를 산출했다. 숙주 종들이 알껍데기에 개별화된 서명을 추가했다는 명확한 증거이다. "마치 지폐에 특수한 워터마크를 삽입하는 것과 같아요." 스토더드가 말한다. 개체별 변이는 알 패턴을 위조하기 어렵게 만든다. 알의 색이나 패턴에서 뻐꾸기가 숙주를 기가 막히게 흉내 낸 되새 같은 새에서 가장 확실한 알 서명이 나타났다.

이 "알 경쟁"은 이례적인 속도로 진행 중이다. 클레어 스포티스우드와 엑서터 대학교의 마틴 스티븐스는 뻐꾸기베짜는새와 그 숙주인 황색옆구리날개부채새라는 두 미국 새가 낳은 알들이 불과 40년 만에 색깔과 점의 패턴을 변화시키며 서로의 진화를 바짝 좇아가는 과정을 포착했다. 40년은 진화의 관점에서 눈 깜짝할 시간조차 되지 못하는 찰나이다.

"알들의 전쟁에서 핵심은 생사를 가르는 시각 전쟁입니다." 스토더드의 말이다. "뻐꾸기는 알을 정확하게 모방해야 해요. 그렇지 않으면 그 알은 들켜서 내쫓길 테니까요. 반대로 숙주는 뻐꾸기의 알을 인지하지 못하면 그대로 게임이 끝납니다. 그래서 뻐꾸기 쪽에서는 뛰어나게 알을 잘 모방해야 하고, 숙주 쪽에서는 뛰어나게 알을 잘 인식해야 하는 것입니다."

그리고 여기가 바로 종착점이라고 여겨졌다. 뻐꾸기, 그리고 다른 모든 탁란 종들에게 모든 것은 알의 문제로 귀결되었다.

윌 피니는 "세계적으로 많은 연구가 알에 집중된 것이 사실"이라고 말한다. 뻐꾸기나 뻐꾸기베짜는새가 되새나 날개부채새 둥지에 알을 낳고 그 알이 검열을 무사히 통과하면 이제 탁란새들은 준비 완료이다. 숙주들은 부화한 뻐꾸기 새끼를 내치는 일이 거의 없다. 설사 자기 새끼와 닮은 구석이 하나도 없더라도 말이다. 부화하고 몇 주일이 지나서 뻐꾸기 새끼가 성장해도 숙주 새들은 둥지를 장악한 작은 괴물을 이상할 정도로 알아보지 못하고 이 "새끼"를 돌볼 것이다.

그 이유를 설명하는 이론적 모형이 있다. 부모 새는 자기가 맨 처음 만든 둥지에서 부화한 새끼를 자식으로 "각인하고" 그후로는 그것과 다르게 생긴 새끼는 모두 내친다는 것이다. 생애 최초의 둥지가 탁란에 당첨된 불운한 숙주 부모는 뻐꾸기 새끼에게 눈을 버려 앞으로 영원히 자식을 거부하게 될 것이다. 이 모형은 뻐꾸기 새끼를 잘못 각인했을 때에 치러야 하는 대가가 너무 크기 때문에 숙주에서 새끼를 내치는 능력이 진화하지 못했다고 주장한다. 유럽과 북아메리카에서 탄생한 이 가설은 모든 탁란 종에게 적용된다고 여겨졌다.

"오스트레일리아에서는 조금 다릅니다." 피니가 말한다.

제임스 케널리는 덤불굴뚝새의 작은 돔형 둥지에 다가가서 알 2개를 찾았다. "가능성이 있어요." 그가 말한다. 알들은 비슷해 보이지만 쉽게 구분할 수 있다. 하나는 덤불굴뚝새의 것이고 다른 하나는 부채꼬리뻐꾸기의 것이다. 뻐꾸기 알에는 덤불굴뚝새처럼 흰색에 적갈색 반점이 있지만 좀더 선명하고 뚜렷해서 구분이 간다. 덤불굴뚝새의 알에는 반점과 얼룩들이 마구 흩어져 있다. 둘 다 알 아래쪽에 반점이 모여 있다. 호스필드청동뻐꾸기의 알도 제법 흉내를 잘 내지만, 일반적으로 오스트레일리아의 뻐꾸기들은 대륙 건너에 있는 뻐꾸기들에 비하면 숙주의 알을 흉내 내는데에 서툰 편이다. 빛나는청동뻐꾸기와 작은청동뻐꾸기는 애초에 흉내낼 생각이 없다. 대신 알을 어두운 색소로 코팅하여 보이지 않게 숨긴다. 숙주의 눈에는 알의 색깔이나 광도가 둥지 안쪽 벽과 비슷해서 구분하기힘들기 때문에 잘 보이지 않는다.

대부분의 요정굴뚝새들은 외형만 보고는 낯선 알을 내치거나 버리지못한다. 특히 뻐꾸기 암컷이 요정굴뚝새 암컷과 산란 시기를 맞춘다면말이다. 만약 둥지의 희미한 불빛 속에서 뻐꾸기 알을 확실히 짚어내지못한다면 요정굴뚝새 암컷은 어찌할 것인가? 이들은 어떤 숙주도 한 적이 없다고 여겨졌던 일을 한다.

뻐꾸기가 숙주에 기생한다면, 숙주는 낯선 알을 내쫓는 능력을 발달시켜 여기에 대항할 것이다. 2000년대 초반에 오스트레일리아 국립대학교의 나오미 랭모어가 뻐꾸기를 연구하기 시작했을 때까지 이것은 널리 용인된 지식이었다. 그러나 현장에서 연구하면 할수록 랭모어는 그에 반대되는 증거를 더 찾게 되었다. 사실 대부분의 오스트레일리아 숙주 새들은 뻐꾸기의 알을 거부하지 않는 편이다. "진화론과는 완전히 상반되는 것이죠." 그녀가 말한다. "뻐꾸기와 숙주의 군비경쟁은 낯선 알을 인지하고 내쫓는 방향으로 숙주에게 강한 압력을 행사할 텐데 말이에요."

숙주가 정말로 자기 알과 뻐꾸기 알을 구분하지 못하는 것일까?

그 답을 찾기 위해서 랭모어는 오스트레일리아에 있는 모든 숙주의 알과는 확연히 다른 밝은 파란색 플라스틱 알을 대량으로 제작했다. 그리고 다양한 숙주 새들의 둥지에 집어넣었다. 그 결과, 컵 모양의 둥지를 지은 숙주 새들은 쉽게 알아채고 버렸다. 그러나 요정굴뚝새처럼 돔 형태의 집을 지은 새들은 그렇게 하지 못했다. 그럴 수밖에 없다. 돔 형태의 둥지는 안이 어두워서 시각적으로 알을 구분하기가 어렵기 때문이다.

다음으로 랭모어는 충격적인, 그리고 이토록 괴이한 육아 방식을 연구한 보람을 주는 발견을 했다. 요정굴뚝새와 가시부리솔새처럼 돔 형태의 둥지를 지은 새들을 더 자세히 살펴보았더니, 이 새들은 비록 뻐꾸기 알을 내쫓지는 못했어도 뻐꾸기 새끼는 기가 막히게 알아보고 쫓아낸 것이었다. 이 작은 숙주 새들은 침입한 새끼를 잡아다가 둥지 밖으로 끌어내든지, 아예 둥지를 폐기하고 새로 번식을 시도했다.

"이것은 지금까지 탁란의 공진화에 관해 알려진 모든 지식과 상반됩니다." 랭모어가 내게 말했다. "각인의 오류에 대한 위험성(뻐꾸기 새끼를 자기 새끼로 각인하는 바람에 진짜 자기 새끼를 내치게 될 가능성을 말한다/옮긴이) 때문에 숙주가 뻐꾸기 새끼를 내쫓는 행동은 진화할 수 없다고 보았죠. 그래서 세계 어느 곳에서도 새끼 인식이 진화하지 않았다고 말입니다."

그렇다면 여러분, 새들의 무법지대, 오스트레일리아에 오신 것을 환영합니다.

"이곳에서 뻐꾸기와 숙주 사이의 군비경쟁은 숙주가 뻐꾸기의 새끼를 식별하는 지경까지 왔습니다." 랭모어의 말이다. 흥미로운 사실은 여기에서 끝이 아니다. 오스트레일리아에서는 숙주뿐만 아니라 뻐꾸기 새끼도 똑같이 규칙을 어긴다. "숙주의 이런 놀라운 인지 능력 때문에 뻐꾸기 새끼 또한 숙주의 새끼를 닮는 쪽으로 진화했습니다. 외형에서부터 밥 달라는 신호까지 말입니다. 다른 곳에서는 볼 수 없는 특징들이죠." 랭모어에 따르면 요정굴뚝새와 가시부리솔새, 파리잡이새 등을 타깃으로 삼는 청동뻐꾸기는 "크기, 피부와 솜털 색깔, 심지어 숙주의 입 색깔까지 환상적으로 흉내 낸 새끼를 진화시켰습니다."

호스필드청동뻐꾸기 새끼는 심지어 숙주의 새끼가 먹이를 조르는 신호를 익혀 소리까지 비슷해졌다. "뻐꾸기 새끼가 숙주 새들의 소리를 미처 들어볼 새도 없이 둥지에서 내쫓는 것을 감안하면 정말 놀라운 일입니다." 랭모어가 말한다. "숙주 부모가 어떤 소리에 가장 잘 반응하는지 주의 깊게 듣고 있다가 불과 며칠 만에 실질적으로 숙주의 새끼와 구별이 가지 않는 수준으로 먹이 조르는 신호를 바꿉니다." 진짜 대단한 학습 능력이다. 남아메리카 종인 비명소리카우새 새끼는 주요 숙주인 회색베이윙의 새끼와 모습과 소리가 비슷하다.

랭모어는 군비경쟁의 이 특별한 무기—뻐꾸기 새끼가 각각의 숙주를 이토록 똑같이 따라 하는 것—가 오스트레일리아 뻐꾸기들의 종 분화를 추진했을지도 모른다고 생각한다. "청동뻐꾸기는 새로운 숙주에게 입양될 때마다 새로운 형태와 먹이 조르는 신호로 적응해야 합니다. 이것이 실제로 이 뻐꾸기들을 서로 다른 아종(亞種)으로 갈라놓는지도 몰라요." 그녀의 말이다.

그렇다면 이제 뻐꾸기 숙주들의 대응 전략이 어떻게 진화했는지 이야기해보자. 남오스트레일리아 플린더스 대학교의 연구원 다이앤 콜롬벨리-네그렐과 동료들은 먹이를 조르는 소리를 흉내 내는 뻐꾸기 새끼에게 맞서 요정굴뚝새가 창의적인 방식으로 대응한다는 것을 발견했다. 어미 요정굴뚝새는 아직 알 속에 있는 새끼에게 암호를 전달한다.

동부요정굴뚝새와 붉은등요정굴뚝새 어미는 알을 품는 동안 특별한 울음소리를 내는데, 같은 음을 몇 분에 한 번씩 계속해서 불러준다. 이 신호는 알 속의 새끼가 기억하는 일종의 가족 암호로 기능한다. 당연히 수컷 새도 암호를 배운다. 요정굴뚝새 새끼가 부화해서 밥을 달라고 울 때면 조르는 울음소리에 이 특별한 음을 넣는다. 그러면 부모가 듣고 "아하! 조놈이 내 새끼구나" 하고 알 수 있다.

조르는 신호가 학습되는지 유전되는지 확인하기 위해서 과학자들은 22개의 둥지를 대상으로 알들을 서로 바꾸어 다른 부모에게서 자라게 했다. 부화한 새끼는 생물학적 엄마가 아닌 품어준 엄마의 신호를 사용했다.

알 상태에서 똑같이 소리 암호에 노출되는 뻐꾸기 새끼는 왜 그 암호를 배우지 못하는지는 알려지지 않았다. 어쩌면 고작 며칠의 훈련 기간이 뻐꾸기에게는 충분하지 않거나, 혹은 뻐꾸기 새끼는 요정굴뚝새 새끼의 학습 능력을 갖추지 못했는지도 모른다. 이유야 어떻든 요정굴뚝새 부모는 뻐꾸기 새끼의 먹이 조르는 소리에 암호가 포함되었는지의 여부를 보고 가짜를 잡아낸다.

나오미 랭모어와 동료들은 동부요정굴뚝새가 부화하고 2-6일 만에 호스필드청동뻐꾸기 새끼의 40퍼센트를 유기하거나 다른 곳에 새롭게 둥지를 짓기 시작하는 것을 확인했다. 보통 암컷이 먼저 떠나고 수컷이 몇 시간 또는 며칠 뒤에 암컷을 따라가면서 뻐꾸기 새끼가 굶어 죽게 내버려둔다. 뻐꾸기 새끼의 시체는 몇 시간 만에 고기개미의 밥이 된다.

실수로 자기 새끼를 내다버리는 대가는 극도로 크다. 잘못을 저지르는 위험을 최소화하기 위해서 요정굴뚝새 암컷은 새끼, 환경, 그리고 경험에서 얻은 단서들을 종합한 수준 높은 의사결정 과정과 다수의 복잡한 규칙에 의존하는 것 같다.

먼저, 둥지에 새끼가 하나만 있다는 것은 좋지 못한 징조이다. 요정굴뚝새는 한 번에 여러 개의 알을 낳는다. 따라서 새끼가 혼자만 남았다는 것은 나머지가 축출되었다는 뜻이다. 또한 주변 지역이나 둥지 근처에 뻐꾸기 성체가 있다는 것은 불길한 소식이다. 요정굴뚝새는 주변에서 성체 뻐꾸기가 얼쩡대는 것을 보았을 때에만 뻐꾸기 새끼를 거부한다. 아마도 가장 중요한 것은 각 요정굴뚝새의 경험일 것이다. 만약 자기 새끼의 모습을 익힐 기회가 있었다면, 순진한 어미보다는 둥지에 혼자 남은 새끼더라도 자기 새끼를 버릴 가능성이 줄어들 것이다.

이 단서들은 요정굴뚝새가 새끼를 버리는 위험한 행동을 취하기 전에 취합되어야 한다.

왜 요정굴뚝새는 뻐꾸기 새끼를 식별하고 쫓아내도록 진화했는데, 개개비는 그렇게 하지 못할까? "요정굴뚝새는 알 단계의 군비경쟁에서 이미 '졌어요.' 뻐꾸기 알을 못 골라냈으니까요." 랭모어가 말한다. "그래서 새끼 단계에서 수비에 대한 더 강한 선택압을 받게 되는 결과로 이어진 거죠."

그러나 오스트레일리아에서도 새끼 거부는 상대적으로 드물다. 대단히 비효율적이고 치러야 할 대가가 너무 크기 때문이다. 오스트레일리아 숙주의 경우 뻐꾸기에 대한 진정한 방어 전략은 게임 초반, 심지어 뻐꾸기 암컷이 알을 낳기도 전에 수행된다. 즉, 애초에 뻐꾸기가 둥지 근처에 오지 못하게 하는 것이 훨씬 덜 파괴적이다. 피니의 연구팀은 사회 학습과 이종 간의 정보 교환을 포함하여 숙주에서 진화한 영리한 최전방 수비를 살펴보고 있다.

8월의 어느 아침 동틀 무렵, 피니가 아까시나무, 멜라루카, 유칼립투스가 자라는 숲속의 좁은 길을 따라서 덤불 속에 묻혀 있는 덤불굴뚝새의 둥지로 나를 데려갔다. 우리는 단조롭게 이이-이이-이이 하는 오스트레일리아노란울새 소리와 부채꼬리뻐꾸기의 애처롭게 가라앉은 떨림음을 들었다. 피니가 둥지를 확인했다. 알 하나. 상당히 차가웠다. "버려진 건 아니기를 바랍니다."

굴뚝새들은 둥지 주변에서 뻐꾸기를 보고, 자신이 산란하기 전에 알을 발견하면 알을 버리거나 둥지를 파괴하고 근처의 다른 곳으로 이사를 간다. 황금솔새는 카우새가 자기 둥지에 알을 낳았을 것이라고 의심이 들면 자기 알과 카우새 알을 함께 묻고 그 위에 새로 둥지를 짓는다. 제임스 케널리는 반대 경우도 보았다. 한 쌍의 요정굴뚝새가 주변에 있는 뻐꾸기를 인식했고 둥지에 새로운 알이 있는 것까지 알았을 때, "덤불에 그 알만 덩그러니 남겨두곤 둥지 전체를 해체하고 떠나더라고요."

피니는 둥지에서 9미터 정도 떨어진 곳에 돔 형태의 작은 위장 가림막을 친 다음, 동결건조한 빛나는 청동뻐꾸기 모형 하나를 꺼냈다. 낡을 대로 낡았지만 알아볼 수는 있었다. 피니는 이 모형을 철망이 쳐진 보호우리 안에 넣고 둥지에서 몇 미터 떨어진 곳에 올려놓았다. 그런 다음 위장 텐트로 돌아와서 기다리며 소리를 기록했다.

덤불굴뚝새는 둥지 근처에서 뻐꾸기를 보면 물리적으로 공격하는 대신 깩깩거리며 꾸짖는 듯한 울음소리로 다른 새들을 불러모은다. 반대로 동부요정굴뚝새는 직접 뻐꾸기를 공격하는 경향이 있다. 피니의 뻐꾸기 모형이 너덜너덜해진 것도 다 그 때문이다. 새들은 날카로운 작은 부리로 곧장 모형의 머리를 향해서 덤벼들었다.

우리는 겨우살이새의 날카로운 울음소리를 들었다. 오스트레일리아에 서식하는 유일한 꽃새류이다. 채찍새 한 쌍이 휩-츄 하는 소리도 들었다. 그외에 덤불은 고요했다.

"정말 지루한 일이에요." 피니가 말한다. 동부요정굴뚝새는 둥지 주변에서 경계하며 30분마다 와서 둥지를 확인하고 한시도 방심하지 않는다. 이 새들은 동네에서 무슨 일이 일어나는지 모르는 것이 없다. 반면에 덤불굴뚝새는 3시간이고 4시간이고 알을 두고 돌아다닌다. "새들이 자기를 보여주겠다고 마음먹을 때까지 무작정 기다리는 수밖에 없어요." 피니가 말한다. 이것은 둥지를 찾기 위해서 숙주의 활동을 이용하는 뻐꾸기에 대한 방어일지도 모른다. "덕분에 연구자들은 죽을 맛이죠."

요정굴뚝새의 사회적 행동을 연구하면서 피니는 둥지 주변에서 어린 수컷들을 관찰할 일이 있었다. "어린 수컷은 보통 혼자서 둥지에 가지 않아요." 그가 말했다. "한번은 꼬박 3일을 기다려서야 실험을 할 수 있었어요. 이 새들은 둥지 주변에서도 소리를 많이 내지 않아요. 그래서 정말 조심해야 합니다. 잠복하는 동안 아무것도 못 하고 둥지를 지켜보면서 머리의 땀이나 닦고 바보처럼 앉아 있어야 해요. 그런 실험은 정말 고역이죠." 그렇게 기다리던 중에 다른 새들은 수없이 등장했다고 한다. 갑자기 가림막을 뚫고 들어와서 그를 식겁하게 한 에뮤를 포함해서 말이다. "진짜 엄청나게 큰 공룡 새예요! 쥐라기에서 바로 건너온 것 같다니까요."

30분쯤 숨어 있다가 피니는 포기했다. "안 되겠어요. 다른 둥지로 가죠."

이번에 우리는 덤불굴뚝새 암컷이 알 3개를 낳아놓은 근처 숲의 작은 공터에 가림막을 쳤다. 피니는 다시 한번 뻐꾸기 모형을 횃대에 올리고 가림막 뒤로 숨었다. 대신 이번에는 덤불굴뚝새의 뻐꾸기 경계음을 울렸다. 반응은 즉각적이었다. 덤불굴뚝새 암컷이 불쑥 나타나더니 법석을 떨기 시작했다. 이윽고 주변 관목의 낮은 가지에서 다른 새들이 모습을 드러냈다. 피니는 뻐꾸기 모형 4.5미터 반경 이내에 들어온 새를 모두 세었다. 다른 덤불굴뚝새들, 르윈꿀빨기새, 오스트레일리아노란올새, 회색부채꼬리딱새, 동부요정굴뚝새 한 쌍, 떠들썩한 갈색가시부리솔새 몇 마리가 왔다. 심지어 숲칠면조까지 공터를 가로질러 나타났는데, 상대적으로 점잖은 등장이었다. 피니는 아주 대단한 반응도 본 적이 있다고 했다. 30마리나 되는 새들이 모여들어서는 동네 주민들이 집단으로 들고일어난 듯이 소동의 원인을 조사하는 모습이었다.

피니에 따르면, 가장 요란을 떠는 것은 동부요정굴뚝새이다. 뻐꾸기의 몇 미터 앞까지 와서는 "입을 닫지 않았다." 뻐꾸기를 향한 새들의 집단공격 신호는 내재된 것이 아니라 학습된 것이다. 피니는 나오미 랭모어와 함께 예전에 롭 매그래스가 요정굴뚝새와 시끄러운광부새를 대상으로 한 실험을 똑같이 수행하면서 이 사실을 알아냈다. 캔버라의 식물원에서 자라면서 뻐꾸기를 본 적이 없는 "순진한" 요정굴뚝새 개체군과, 뻐꾸기가 많이 돌아다니는 캠벨 공원 근처의 유칼립투스 숲지대의 개체군을 대상으로 방금 피니와 내가 한 것처럼 뻐꾸기 모형을 설치했다. 순진한 새들은 모형을 무시했다. "모형을 확인하기는 했지만, 근처에 앉아 있거나 모형을 지나쳐 반대쪽에 있는 둥지로 갔어요." 반대로 캠벨 공원의 요정굴뚝새들은 모형을 거칠게 공격했다. "눈이 완전히 돌아가서는 뻐꾸기에게 달려들었어요." 피니가 말했다. "제 모형은 머리 뒤쪽의 깃털이 전부 뜯겨나갔어요. 우리에 넣어두었는데도 요정굴뚝새들이 아래로 비집고 들어가서 공격했거든요. 손에 뻐꾸기 모형을 들고 있으면 제 손까지 공격했어요. 다들 정신이 나간 것처럼 흥분했죠. 이런 식으로 한쪽에서는 제 정신이 아닌 반응을, 다른 한쪽에서는 지루한 반응을 보였습니다."

피니와 랭모어는 뻐꾸기를 잘 모르는 어린 요정굴뚝새가 경험 많은 이웃 요정굴뚝새들의 집단공격 행태를 관찰한 후에 뻐꾸기를 위협 대상으로 인지하게 된다는 것도 알게 되었다. 이것은 개개비의 경우에도 해당되었다. 이 순진한 새들은 처음에 뻐꾸기 모형을 완전히 무시했다. 그러나 다른 요정굴뚝새들이 뻐꾸기를 집단공격하는 모습을 본 후에는 자신도 모형을 적극적으로 공격했다. "순진한 숙주가 사회적 학습을 통해 탁란하는 종을 적으로 식별하게 된다는 것을 직접적으로 보여준 최초의 증거였어요." 피니가 말한다. 한번 배운 교훈은 뼛속까지 새겨진다. 일단 적의 정체를 익히고 나면, 요정굴뚝새들은 뻐꾸기와 직접 접촉하지 않았어도 몇 년 뒤에도 같은 방식으로 반응할 것이다.

피니는 동부요정굴뚝새가 뻐꾸기를 보고 내지르는 집단 경계음이 아주 특별한 소리라는 것을 알게 되었다. "모를 수가 없는 소리예요." 피니는 새들이 정말로 뻐꾸기에 특화된 소리를 내는지 보기 위해서 요정굴뚝새에게 뱀, 쿠라웡, 매, 뻐꾸기 등 야생에서 만날 법한 온갖 위협 대상의 모형을 보여주고 반응을 녹음했다.

"뻐꾸기 앞에서는 새들이 참지 못했어요. 5분 정도 보여주는 동안 뱀이나 매 모형 앞에서는 몇 차례의 경계음을 보내고는 조용히 위협 대상을 관찰했어요. 하지만 뻐꾸기 앞에서는 수없이 신호를 보냈고 신호 자체도 좀더 짜증을 내는 듯한 소리여서 달랐습니다." 새들이 탁란하는 종에 대해서 유별나고 강력한 신호를 보내는 것도 그럴 만하다고 피니는 말한다. "포식자에게 둥지를 잃으면 내일부터 다시 지으면 됩니다. 하지만 탁란을 당하면 자신의 번식 성공에는 전혀 도움이 안 되는 일을 하느라 6주일의 시간과 노력을 들여야 하니까요. 전혀 다른 문제죠."

그 신호는 위협 대상을 공격하기 위한 도움을 얻기 위해서 다른 새들을 불러모은다. 집단공격은 효과적으로 뻐꾸기를 좌절시킬 수 있다. 케임브리지 대학교의 저스틴 웰버건과 닉 데이비스는 뻐꾸기가 숨어서 숙주의 움직임을 관찰하는 위험도가 높은 장소에서도 집단공격은 탁란의 가능성을 4배나 낮춘다는 것을 알아냈다. 심한 집단공격을 당한 뻐꾸기는 깃털을 잃거나 상처를 입거나 심지어 죽을 수도 있다. 뻐꾸기 경계음은 매를 비롯한 뻐꾸기의 다른 포식성 천적을 끌어들이기도 하고, 이웃 숙주들의 경각심을 불러일으켜 집단공격에 참여하거나 자신의 둥지를 좀더 철저히 지키게 함으로써 뻐꾸기가 알을 낳지 못하게 하기도 한다.

몇몇 뻐꾸기 종에서는 집단공격을 인식하고 심지어 조종하는 영리한 방법이 진화했다. 어떤 뻐꾸기는 포식성 매를 흉내 내어 숙주 종을 놀라게 하고 도망가게 만든다. 사람을 미치게 만드는 큰 울음소리 때문에 "뇌염뻐꾸기"라고 불리는 아시아의 매사촌과의 새는 시크라라는 새매를 닮았을 뿐만 아니라 맹금류의 비행 방식과 나뭇가지에 걸터앉는 방식까지 고대로 따라 한다. 어찌나 똑같은지 많은 새들이 뻐꾸기 경계음이 아니라 "맹금류" 경계음을 울릴 정도이다. 또한 뻐꾸기는 숙주의 둥지에 접근할 때 매와 유사한 비행 패턴을 사용한다. 교활함은 여기에서 끝나지 않는다. 2017년에 데이비스와 동료인 제니 요크는 숙주인 개개비를 정신없게 만들어 둥지에서 자신의 알을 찾아내지 못하도록 하려고 뻐꾸기 암컷이 마치 웃음소리 같은 크위크-크위크-크위크-크위크 또는 키이-키이-키이 하는 새매의 특징적인 무서운 소리를 낸다는 것을 발견했다.

카우새는 반대로, 그러나 교묘하기는 마찬가지인 방식으로 숙주를 조종한다. 이들은 전략적으로 "몸치장으로의 초대"라고 부르는 자세를 취하는데, 이것이 숙주들의 공격성을 낮추는 것처럼 보인다.

착한 종의 모습을 따라 하는 "양의 탈을 쓴 늑대" 전략으로 집단공격을 피하는 탁란 종도 있다. 사하라 사막 이남의 악랄한 꿀잡이새의 하나인 월버그꿀잡이새는 순진한 아프리카회색딱새와 비슷하게 생겼다. 남아프리카의 드롱고뻐꾸기는 이름처럼 드롱고(두갈래꼬리바람까마귀)라는 새와 꼭 닮았다. 잠비아의 뻐꾸기베짜는새는 그 지역에서 흔하고 온순한 남부금란조와 똑같은 깃털 색깔과 패턴이 진화했다. "뻐꾸기베짜는새는 죄 없는 금란조와 너무 비슷하게 생겨서 탁란 대상인 황색옆구리날개부채새는 그 둘을 구분하지 못합니다." 피니가 말한다. "다시 말해서 뻐꾸기가 숙주인 날개부채새 옆에서 의심을 일으키지 않고 돌아다닐 수 있게 진화했다는 뜻이지요."

피니는 오스트레일리아 새들에게 뻐꾸기 모형을 보여주면서 차츰 여러 종들 간에 뻐꾸기 경계음이 상당히 비슷하다고 느끼기 시작했다. "혼자 되물었어요. '방금 저 가시부리솔새가 낸 소리가 요정굴뚝새 소리와 비슷하지 않았나?'" 피니가 말했다. "계속 신경이 쓰이더라고요. 혹시 내가 착각한 건 아닌가 하는 생각도 들었어요. 야외 현장에 있으면 헛것을 보거나 듣는 기분이 들 때가 많거든요." 그러나 피니는 이후에 아프리카에서 뻐꾸기베짜는새에 반응하는 날개부채새의 반응을 관찰하면서 깨달았다. 피니의 말이다. "내가 정신이 이상해진 건지는 모르겠지만, 저 날개부채새 소리는 청동뻐꾸기에 반응하는 요정굴뚝새 소리와 너무 비슷하다'라고 생각했죠. 그러던 어느 날 스웨덴에서 열린 학회에 참석했다가 방을 함께 썼던 웁살라 대학교의 데이비드 위트크로프트와 맥주를 한잔하게 되었어요. 데이비드는 히말라야에서 연구를 하고 있었어요. 저는 데이비드에게 이 묘하게 비슷한 뻐꾸기 경계음에 대해 이야기했죠. 그랬더니 데이비드가 어떻게 비슷하냐고 묻더군요. 제가 설명했더니 데이비드가 '오, 혹시 이런 소리 아닙니까?' 하더니 스마트폰을 꺼내서 소리를 들려줬어요. 전 그대로 얼이 빠져버렸어요. 데이비드는 '이건 히말라야에서 뻐꾸기에게 반응하는 솔새들의 소리입니다' 하고 말했죠."

이제 피니는 아프리카, 인도, 중국, 인도네시아, 일본 등 전 세계에서 뻐꾸기 경계음을 수집해서 새들이 다른 나라 새들의 뻐꾸기 경계음에 어떻게 반응하는지 보려고 한다.

"전 세계 숙주 종들에서 공통의 뻐꾸기 경계음이 진화했다는 사실은 진화론적 관점에서도 일리가 있습니다." 피니가 말한다. "뻐꾸기는 정말 특이한 종류의 위협을 가합니다. 어른 새가 아닌 오직 새끼에게만 해가 되니까요. 그래서 경계음의 진화를 생각할 때 이렇게 묻게 됩니다. '과연 어떤 선택적 압력이 있는 것일까?' 얼룩무늬쿠라윙 같은 일반적인 포식자가 나타나면 새들은 경계 신호를 보내는 것과 포식자에게 들키는 위험 사이에서 아슬아슬하게 줄타기를 해야 해요. '동료에게 위험을 알리고 싶다. 하지만 **놈이 나를** 알아채는 것은 원하지 않는다.' 하지만 뻐꾸기 앞에서 다른 것은 하나도 중요하지 않습니다. 그저 **모두에게 이 사실을 알리**고 얼른 뻐꾸기를 내쫓아야겠다는 생각뿐이죠. 그러려면 가장 크고 가장 시끄러운 소리를 선호하는 쪽으로 선택이 진행될 겁니다. 되도록 많은 종을 불러올 수 있는 소리를 내는 것이죠."

어떤 소리인지 궁금한가? 고음의 낑낑대는 소리인데, 해마가 말처럼 히힝거린다고 상상하면 될 것 같다.

피니의 관점에서 보면, 탁란은 어떤 새의 언어로든 뻐꾸기가 **나타났다고** 효과적으로 소리를 질러 알리는 유사한 경계음을 만들어왔는지도 모른다. "기생체가 가하는 위험을 다른 개체에게 전달하는 일이 한 종 안에서 매우 중요한 요소임은 잘 알려져 있죠." 피니가 말한다. "그러나 이 기생체가 다수의 종을 위협한다면, 위협에 대한 정보 역시 **종에서 종으로** 전해질 수 있지 않을까요. 일종의 행동적 집단면역을 가능하게 하는 것이죠." 그러면서 피니는 2016년에 수천 개의 인간의 언어를 대상으로 소리와 의미의 관계를 분석한 어느 연구팀의 발표를 언급했다. 이들은 여러 대륙과 어족을 아우르는 비슷한 원형(原型) 단어 100여 개를 찾아냈다. 그중에는 '별', '잎', '무릎', '뼈', '혀', '코' 등이 있었다. 이러한 언어적 연관성의 분포와 역사를 보면, 이 원형 단어들이 유전되었거나 빌려온 것이 아니라 독자적으로 나타난 것임을 알 수 있다.

새들에게도 똑같은 일이 일어날 수 있을까? 피니가 묻는다. "뻐꾸기를 나타내는 새들의 국제어가 있을 수도 있지 않을까요?"

피니가 덤불굴뚝새 둥지에서 뻐꾸기 알 하나를 꺼내서 휴대전화로 밑에서 불빛을 비추었다. 발달 중인 작은 뻐꾸기 새끼가 꼼지락대는 윤곽이 보였다. 평범한 모습이었으나 어딘가 모르게 아름답고 기적 같았다. 이 알 속의 새끼가 깃털로 덮인 둥지에서 부화하고 운이 좋다면 둥지를 떠날 때까지 길러줄 양부모의 온기 안에서 자라게 하려고 뻐꾸기 어미가 무슨 일을 했는지 생각해보면 말이다.

"진짜로 힘들고 고된 번식 전략이에요." 나오미 랭모어가 말한다. "그런데도 탁란하는 새들이 게으른 사기꾼이라는 평판을 받는 건 말도 안 됩니다. 실제로 얼마나 어렵고 힘든 일을 하는데요. 특히 암새에게는요."

뻐꾸기 암새가 되어서 생각해보자.

"충분한 수의 둥지를 찾는 것만으로도 이미 벅찹니다." 랭모어가 말한다. 탁란할 둥지를 찾기 위해서 뻐꾸기 암컷은 숙주를 매 순간 관찰하고 눈에 띄지 않게 뒤를 쫓아서 대개는 극도로 잘 숨겨놓았거나 영리하게 자리 잡은 터를 찾아내고 둥지 짓는 과정을 지켜본다.

일부 탁란 종 암컷은 알을 맡길 둥지를 아주 까다롭게 골라서 무리 중에서 최고의 부모—자식을 성공적으로 기를 확률이 높은 경험 있는 새—를 선택한다. 좋은 부모인 것을 어떻게 알까? 아마 전해에 그 커플의 번식 성공 여부를 확인하고 기억할 것이다. 갈색머리카우새 암컷은 한 커플이 낳은 새끼의 성공률을 평가하여 새끼를 잘 키워낸 커플의 둥지에만 다시 돌아와서 알을 낳고, 실패한 커플은 피한다고 여겨진다. 또는 짝지은 암수의 성적 신호—이를테면 장식이나 노래, 과시 행위 등—를 엿듣거나 그 암수가 무리의 다른 새들보다 얼마나 지위가 높은지, 얼마나 적극적으로 둥지를 짓는지, 둥지가 얼마나 크고 튼튼하게 지어지는지 등 부모의 자질을 나타내는 정직한 신호를 보고 판단한다. 모두 뻐꾸기 어미가 이웃의 분노를 일으키지 않도록 멀찌감치 떨어져서 어렵게 얻어야 하는 정보이다.

랭모어가 연구하는 개체군에서 각각의 뻐꾸기 한 쌍이 총 10-15개의 요정굴뚝새 둥지에 탁란한다. 그렇다면 암컷은 10여 곳에서 둥지를 짓는 암컷 요정굴뚝새를 감시해야 한다. 일부 탁란 종은 수리나 다른 포식자의 둥지 밑에 둥지를 짓는 베짜는새나, 쏘는 곤충의 보금자리 가까이에 둥지를 지어 탁란을 방지하려는 노란엉덩이가시부리솔새와 같은 숙주와 맞서야 한다. 북아메리카의 황금솔새는 일부러 갈색머리카우새에게 극도로 공격적인 붉은깃찌르레기 근처에 둥지를 짓는다.

각 둥지에서 뻐꾸기 암컷은 둥지를 짓는 요정굴뚝새 암컷을 지켜보다가 완성되면 부모가 나가 있을 때를 틈타 몰래 안에 들어가서 요정굴뚝새가 알을 낳았는지 확인한다. 요정굴뚝새는 대략 3일이라는 단기간에 알을 모두 낳기 때문에 뻐꾸기 암컷은 시간을 잘 맞추어야 한다. 그렇지 않으면 뻐꾸기 알은 보기 좋게 쫓겨나거나 심지어 둥지의 안감으로 꿰매질지도 모른다. "숙주의 알과 시기를 똑같이 맞춰야 합니다." 제임스 케널리의 말이다. "너무 일찍 부화하면 둥지를 유기할 가능성이 있고, 너무 늦게 부화하면 숙주의 새끼들과 먹이 경쟁을 잘 해나가지 못할 테니까요."

뻐꾸기는 둥지에 알이 몇 개인지 정기적으로 가서 점검한다. 그리고 자기가 알을 낳을 때가 되면 요정굴뚝새 알을 제거하고 자기 알로 대체해서 굴뚝새 어미가 알들이 온전히 있다고 믿게 만든다. 요정굴뚝새는 알을 하루걸러 한 번씩 낳아서 그 과제를 더 어렵게 만드는데, 이것은 뻐꾸기를 피하기 위한 한 방법일 것이다. 숙주 입장에서 그 "막간"에 알이 늘어난 것을 본다면, 그것은 둥지를 버려야 한다는 신호이다.

뻐꾸기는 아주 신속하고 은밀하게 알을 낳아야 한다. 둥지에서 1-2미터쯤 떨어진 관목에 내려앉은 다음 돔 형태의 둥지로 날아올라 정면의 입구로 들어가는데, 꼬리를 넓게 펴고 있어서 구멍 밖에서는 여전히 모습이 보인다. 눈 깜짝할 사이에 알을 낳고 둥지 밖으로 뒷걸음질쳐 나와서 부리에는 요정굴뚝새의 알을 하나 물고 멀리 날아가버린다.

둥지에서 머무는 시간은 모두 합해야 6초 정도이다.

알을 낳아도 여전히 쉴 시간은 없다. 뻐꾸기 암컷은 이내 알을 낳을 다른 둥지를 찾아나선다. 각 둥지의 정확한 장소와 현재 상황을 기억하고 이미 알을 낳은 둥지로 돌아와서 또 알을 낳는 일은 없어야 한다. 그랬다가는 자기 자식들끼리 경쟁하게 만들 테니까 말이다.

탁란할 둥지를 찾아 숙주 부모를 관찰하고 신중하게 타이밍을 조절해 숙주와 산란 시기를 맞추어야 한다. 또한 이 모든 것은 들키지 않고 이루어져야 한다. 발각되었다가는 동네 전체가 들고일어나서 공격할 것이 뻔하다. 이 일을 한 철에 10-12번쯤 하는데, 그 말은 12쌍의 커플과 12개의 둥지를 추적해야 한다는 뜻이다. 뻐꾸기 암컷은 이 모든 활동을 정확히 파악하고 예리하게 관찰한 다음 잊지 않도록 머릿속 노트에 적어야 한다.

탁란하는 새들의 뇌는 기생하지 않는 명금류 사촌보다 더 작을지도 모른다. "그러나 공간 지각력만큼은 놀랍도록 뛰어납니다." 랭모어의 설명이다. "아마도 뇌의 공간을 다르게 할당할 거예요. 명금류는 뻐꾸기가 하지 않는 노래 학습에 이 놀라운 신경회로 전체를 할당합니다. 하지만 탁란하는 새들은 해마가 훨씬 커요. 해마는 환경의 공간적 측면에 대한 학습과 기억에 관여하는 뇌 영역이거든요." 갈색머리카우새를 대상으로 한 연구에 따르면 암컷은 수컷보다 해마의 부피가 큰데, 암컷이 둥지를 탐색한다는 점을 생객해보면 그럴 만하다. 또한 갈색머리카우새 암컷은 공간기억 과제에서도 수컷을 능가한다. 이는 결국 바깥에서 숙주의 둥지를 찾아다니는 일이다. 여러 공간을 이동하면서 24시간 주기로 특정 장소를 기억하는 일 말이다.

야외 현장에서 시간을 보내는 동안 작은 요정굴뚝새를 응원하고 뻐꾸기가 살아가는 방식에 가혹한 잣대를 들이미는 나 자신을 발견했다. 그러나 실제로는 뻐꾸기의 삶이 훨씬 고되다. 설사 뻐꾸기 암컷이 모든 알을 적시에 둥지로 들여보낸다고 해도 68퍼센트는 포식자에게 잡아먹힌다. 그리고 뻐꾸기 새끼가 부화하더라도 요정굴뚝새 어미가 내쫓을 가능성이 크다. "그래서 성공률이 매우 낮아요." 랭모어가 말한다. "1년에 서너 마리만 잘 자라서 둥지를 떠나도 우리는 완전히 흥분하죠."

공간 정보, 시간 정보, 사회 정보, 예리한 관찰력. 이 모든 것이 뻐꾸기 암컷이 종의 영속을 위해서 모든 역경을 뚫고 정밀하게 사용하는 프로그램 안에 들어간다.

"이 얼마나 정교하게 조율된 생물인가요." 랭모어가 말한다. "정말로요. 기이한 군비경쟁을 벌이는 바람에, 그들은 세계 최고의 탐조가가 되었습니다."

14

마녀와 물 보일러의 공동 육아 협동조합

새들의 계통수에서 숲칠면조나 부채꼬리뻐꾸기의 미니멀 육아와 정반대되는 방식, 즉 부모가 줄 수 있는 최대의 관심, 양육, 헌신, 보호를 제공하는 새를 찾는다고 해보자. 그렇다면 일단 뻐꾸깃과는 제쳐두고 시작할 것이다. 수리, 왜가리, 황제펭귄, 물수리, 리스트제비갈매기처럼 알을 품고 새끼를 돌보는 데에 과도한 시간과 에너지를 소비한다고 알려진 새들도 많으니까 말이다.

그러나 큰부리애니는 특별한 경우이다. 크고 검은 몸집에 꼬리가 길고 부리 위에 커다란 혹(용골)—이 혹 때문에 서인도제도에서는 "마녀 새"라는 별명을 얻었다—이 달린 이 새 역시 뻐꾸깃과의 일원으로, 박물학자 아치 카가 쓴 것처럼 "마치 누군가가 내던진 것처럼 요상한 방식으로 풀숲에 내려앉는" 시끄럽고 어딘가 어설픈 구석이 있는 새이다. 그러나 이 새는 신기하고 놀라운 집단 육아로 유명하다. 또한 아주 독특하고 애정이 넘치는 방식으로 집단의 결속을 과시하는 활기찬 궐기대회를 여는 것으로도 잘 알려져 있다.

이 새들은 하루에도 몇 번씩 둥지 근처에 집합해서 자기들만의 놀라운 집단과시 행동을 한다. "대규모 축구 작전회의 같아요"라고 크리스티나 릴이 말한다. 새들은 둥글게 모여 부리를 안쪽으로 향한 채 머리를 맞대고 일제히 합창을 시작한다. 모터보트가 웅웅대는 소리 같기도 하고 물거품이 끓어오르는 소리 같기도 한 꾸르륵 소리가 단체로 10분 이상 지속되는데, 이 소리 때문에 남아메리카에서는 이 새를 "물 보일러"라는 뜻의 '에르비도르(hervidor)'라는 별명으로 부른다.

프린스턴 대학교의 생태진화 생물학 교수인 릴은 10년 넘게 이 뻐꾸깃과의 매력적인 아웃사이더들을 연구해왔다. 릴은 큰부리애니에 관한 세 가지 흥미로운 수수께끼를 풀고, 새들이 협력하여 추구하는 일들과 그 이유를 밝히는 데에 자신의 지적 능력과 용기를 쏟고 있다.

릴이 내게 보여준 영상에서는 파나마의 어느 강가에 드리운 나뭇가지에 잔가지를 바구니 모양으로 엮어 만든 둥지 안에서 몸집이 제법 큰 새 네 마리가 공간을 차지하려고 서로 밀치고 있다. 둥지 안에는 여러 쌍의 부모들이 낳은 알들이 쌓여 있다. 큰부리애니는 소위 협동 육아를 한다. 새들이 형제자매나 자식, 또는 번식을 포기한 다른 새들의 도움을 받아서 새끼를 기르는 육아는 극히 드물다고 알려졌다. 그러나 이제는 도토리딱따구리, 플로리다덤불어치, 동부파랑새, 그리고 오스트레일리아의 요정굴뚝새들을 비롯해서 조류 전체의 9퍼센트에 달하는 900여 종이 협력하여 새끼를 기른다는 사실이 밝혀졌다. 대부분의 종에서 협동 육아는 "선택적"이다. 다시 말해서 굳이 도움을 받지 않아도 성공적으로 번식할 수 있다는 뜻이다. 그러나 애니와 같은 극소수의 새들은 "절대적" 협동 육아를 한다. 즉 새끼들을 독립시킬 때까지 조력자가 반드시 필요하다는 뜻이다.

이런 행동은 수 세기 동안 생물학자들을 적잖이 당황하게 했다. 생각해보라. 왜 자기가 번식할 기회를 마다하고 조력자로 전락해서 다른 개체의 새끼를 기르겠는가? 다윈은 벌이나 그밖의 곤충들에서 관찰되는 이런 행동이 그의 자연선택 이론에 치명적이라고 우려했다. 그러나 뉴기니앵무 암수의 색깔 때문에 절망했던 바로 그 윌리엄 해밀턴이 1960년대에 친족 선택(kin selection)이라고도 알려진 포괄 적합도 이론(theory of inclusive fitness)으로 다윈을 구해냈다. 근연관계에 있는 친척을 돕는 것은 자신의 유전물질을 물려주는 한 방법일 수 있다. 왜냐하면 가까운 친척은 나와 유전자의 일부를 공유하기 때문이다. 이 발상은 "나는 형제 둘, 사촌 넷, 육촌 여덟을 위해서 목숨을 내놓을 준비가 되어 있다"라고 봉투 뒷면에 낙서한 어느 생물학자의 말로 어느 정도 이해할 수 있다. 스스로 번식하지 않는 조력자들도 가까운 친척을 돌봄으로써 "간접적" 적합도를 얻는다. 자신의 유전자를 자손에게 직접 물려주지 않아도 유전자의 일부는 (간접적으로나마) 가계 안에서 지속될 테니까.

대부분 협동 육아는 유전적 혈연관계로 긴밀히 맺어진 가족 단위의 집단에서 피가 섞인 조력자들의 도움을 받아서 이루어지는데, 이 조력자들은 과거에 같은 부모에게서 먼저 태어난 자식들로서 부모를 도와 둥지 속 어린 동생들을 돌본다.

그러나 큰부리애니의 사정은 다르다. 이 새에서는 협동 집단의 구성원끼리 유전적 연관성이 없다. 릴은 이 사실을 아주 어렵게 알아냈다. 야생에서 둥지를 추적하고 40-60개의 공동 둥지를 감시하면서 10여 차례의 번식기 동안 매번 새들의 운명을 기록하고 어른 새와 새끼 새의 혈액을 채취하고 DNA 검사를 해서 각 둥지의 새들을 식별하고 각 알의 어미를 결정하여 유전관계를 확인했다.

릴은 이 새의 독특한 번식 및 사회 조직, 특히 협동 번식에 깊은 흥미를 느꼈다. 10년 전 릴이 박사과정을 시작했을 때, "협동 번식은 언제나 혈연관계가 있는 개체 사이에서 이루어진다고 생각했죠." 그녀가 말한다. "협력은 가족 내에서만 진화한다고요. 모두 친족 선택에 관한 것이었어요. 새끼를 낳는 친척을 돕는 것이 곧 자기 유전자를 물려주는 일이다!"

릴이 발견한 것처럼, 큰부리애니는 반역자이다. 여기에 낯선 새들과 둥지를 틀고 오랫동안 함께 사는 것을 선호하는 듯한 새가 있다. 이것이 첫 번째 미스터리였다. 왜 이 새는 새끼를 기르는 것처럼 중요한 일에 피한 방울 섞이지 않은 남을 끌어들일까?

릴은 어려서부터 새를 사랑했다. "가장 하고 싶은 일은 쌍안경을 들고 나가서 최대한 많은 새들을 찾아내는 것이었어요." 대학 졸업 후에 릴은 케냐에서 흰배고어웨이새(이 이름은 이 새의 독특한 'g'way!'라는 울음소리에서 왔다)라는 대단히 사회적인 부채머리새의 서로 돕는 행동을 기록하는 일을 했다. 박사과정 지도교수를 따라서 동물의 이주를 연구하러 맨 처음 파나마에 갔을 때, 릴은 그곳에서 아주 흔한 새인 큰부리애니에게 끌렸고, 야생에서 이 새를 연구한 사람이 없다는 사실에 적잖이 놀랐다. "이 새는 한곳에 머물러 지내기 때문에 동물의 이주를 연구하기에는 적합하지 않았죠. 하지만 독특한 사회적 행동과 번식 습성을 연구하는 데는 이만한 새가 없어요." 그녀가 말했다.

큰부리애니는 아르헨티나에서부터 파나마에 이르기까지 아마존 강과 그 지류의 축축한 열대림, 그리고 호수, 강, 개울의 제방을 따라 우거진 숲에서 서식한다. 릴은 이 새가 서식하는 최북단인 파나마 중부의 바로 콜로라도 섬에서 연구를 하고 있다. 이 지역에서 큰부리애니는 늪지대 섬 가장자리에 많이 분포한다.

"큰부리애니는 굉장히 사교적인 새예요. 크게 무리를 지어 살죠." 번식기가 아닐 때에는 100여 마리가 거대한 공동 보금자리를 형성한다. 그러나 새끼를 키우는 시기인 우기에는 근연관계가 아닌 암수 커플 2-4쌍이 번식하지 않는 조력자 몇 마리들과 함께 모여 유대가 돈독한 집단을 이룬다. 각 집단은 공동의 둥지를 짓고 그곳에서 암컷들이 거의 비슷한 시기에 집단으로 알을 낳는다. 그리고 공동 육아를 하여 새끼들이 둥지를 떠날 때까지 모두 모아놓고 키운다. 릴에 따르면, 이 집단은 대단히 안정적이어서 10년이 넘게 함께 지낸다. 이주하지 않고 한곳에서 장기간 함께 머물기 때문에 "서로에 대해서 배우고 함께 양육을 경험할 기회가 많다"라고 릴은 말한다.

릴은 나에게 큰부리애니 둥지 사진을 보여주었다. 가장자리를 밝은 초록색 잎으로 덧댄 둥지 안에 서로 혈연관계가 아닌 암컷 셋이 알을 낳았다. 둥지에는 레이스 장식 같은 파란 얼룩이 있는 새하얀 알 10여 개가 쌓여 있다. "저 알들은 서로 피가 섞이지 않은 형제자매 집단이에요." 그녀가 설명했다. "한 암수 커플이 낳은 형제자매 셋, 또다른 한 쌍이 낳은 형제자매 셋. 이렇게 서로 연관이 없는 둥지 식구들이 한 둥지 안에 모여 있죠."

어른 새들은 자기가 낳은 알이나 새끼를 구분하지 못한다. 개개비나 참새목의 날개부채새의 알과 다르게 애니의 알은 "이것이 내 알이다"라고 말해줄 만한 표식이 없다. "어느 게 누구 알인지 아무도 몰라요." 릴이 말한다. 그러나 모든 어른 새들이 육아를 함께 맡아서 알을 따뜻하게 품고 번갈아가며 포식자를 정찰하고 새끼들의 발육에 필요한 크고 육즙이 많은 메뚜기, 여치, 매미, 거미들을 잡아다 먹인다. 둥지의 새끼들은 벌거벗고 앞을 보지 못하는 상태로 태어나지만, 불과 5~6일이 지나면 둥지 바깥으로 나와서 물속에서 수영하고 다시 올라갈 정도로 성장한다. 아기 새들은 둥지 아래의 물속으로 뛰어들었다가 헤엄쳐서 나무 밑동까지 온 다음, 잔가지에 부리를 걸고 날개를 퍼덕거려 몸을 끌어올리고는 둥지까지 올라간다. 어른들은 교대로 보초를 서면서 바짝 경계한 상태로 새끼 새들을 지켜본다.

이것은 "우리는 모두 함께합니다"의 극단적인 조류 버전으로, 안정적으로 잘 운영되는 집단 거주지에서 아이들을 키우는 것과 같다. 어떤 공동체에서나 마찬가지로 여기에는 조율과 협력이 필요하다. 이 새들은 어떻게 자신들의 일을 조직할까? 또 어떻게 이렇게 많은 새들이 애초에 이런 공동생활에 합의할까? 릴이 안고 있는 질문들이다.

이것이 두 번째 수수께끼이다. 사육 상태에 있는 동물들이 어떻게 문제를 함께 풀고, 함께 선택하는지는 비교적 잘 알려져 있지만, 야생에서의 모습은 거의 알려지지 않았다고 릴이 말한다. "벌집을 지을 터에 대한 정보를 춤으로 소통하는 꿀벌은 어떻게 그렇게 많은 개체들이 서로 합의하여 새로운 집을 선택하는지 보여주는 좋은 예입니다."

애니들은 어떻게 할까?

큰부리애니들이 가장 먼저 내려야 하는 중요한 집단 의사결정은 둥지의 위치이다. 안전한 둥지 터는 성공적인 번식에 결정적인 요소이지만, 수가 많지도 않고 서로 멀리 떨어져 있다. 새들은 물 위, 호숫가, 강가의 습지, 또는 가지에 매달린 덩굴나무처럼 뱀이나 원숭이들의 위협이 덜한 둥지 터를 선호한다. 그리고 같은 이유로 이것이 야외 연구자들에게는 심각한 도전이 된다.

릴이 2006년에 연구를 막 시작했을 당시에는 큰부리애니에 관해서 알려진 것이 거의 없었다. 그보다 수십 년 전에 큰부리애니 연구를 시도했다가 힘들어서 포기한 생물학자 데이비드 데이비스는 이렇게 썼다. "카누를 타고 다녀도 새들이 무성한 수풀이나 강물을 따라 침수된 땅으로 들어가버리면 더는 뒤쫓을 수 없는 경우가 많았다." 릴은 바닥이 평평한 작은 모터보트를 활용한 덕분에 해안을 따라서 천천히 어른 애니들을 따라다닐 수 있었다. 이런 식으로 릴과 연구팀은 지난 10여 년 동안 40개 이상의 둥지를 성공적으로 모니터하면서 알과 새끼들의 운명을 기록하고 혈액 샘플을 채취하고 둥지에 카메라를 설치해서 새들을 촬영했다. 그러나 벌, 말벌, 모기, 보아뱀, 열사병 같은 일상적인 어려움은 둘째 치더라도 여전히 이동의 어려움과 문제가 있었다. 예를 들면 침수된 숲처럼 말이다.

릴의 야외 연구기지가 있는 바로콜로라도는 1914년에 차그레스 강에서 배들이 양방향으로 이동할 수 있도록 댐을 세우면서 형성된 인공 저수지인 가툰 호수의 한복판에 있다. 기지에서 보면 넓은 물을 오가는 거대한 컨테이너 선들을 볼 수 있다. 이곳은 원래 습한 열대림에 둘러싸인 언덕의 정상부였지만 이제는 댐에 의해서 차오른 물 때문에 섬이 되었다. 섬 주위의 물은 배가 다니기에 문제가 없어 보이지만, 수면 바로 밑에는 수백 년 된 나무 수십만 그루가 잠겨 있다고 릴은 말한다. "앞으로 나아가려면 물속의 그루터기를 피해서 끊임없이 지그재그로 움직여야 해요. 배가 얼마나 여러 번 부딪히고 망가졌는지 말도 못 해요."

수면 아래에 도사린 위협은 하나 더 있다.

악어이다.

"도처에 아주 큰 악어들이 있어서 함부로 물에 들어갈 수가 없어요. 그래서 모든 작업을 보트 위에서 합니다. 그래도 늘 긴장하죠." 릴과 팀원들이 섬 가장자리를 따라 애니 포획을 위해서 조류용 미세그물을 설치할 때가 가장 고역이다. 연구자들은 낮은 물에 기둥을 세우고 물가에 평행하게 그물을 설치하여 새들이 물 위에서 날아오를 때를 노린다. "이 그물이 진짜 골칫거리예요." 릴이 말한다. "알맞은 자리에 기둥을 세우고 그물을 적당히 팽팽하게 쳐야 하는데 보트가 가만히 있지 않고 계속 흔들리니까 작업이 힘들죠."

한번은 릴이 막 그물을 쳤는데 애니 한 마리가 곧장 그물로 날아들어 빠져나오려고 안간힘을 썼다. "새를 포획하러 갈 때는 작은 플라스틱 카약을 타요. 정말 까다로운 작업이죠. 그물이 있는 데까지 카약을 가져다

대고 언제 뒤집힐지 모르는 이 작은 보트에 선 채로 그물에서 새를 빼내야 하니까요." 릴이 그물까지 노를 저어가서 카약에서 막 일어나려는 순간 커다란 악어가 물속에서 솟아올랐다. "영화 「조스」인 줄 알았다니까요. 악어가 새와 그물을 통째로 입에 물고 아래로 끌어내렸어요. 작은 플라스틱 카약에 앉아 그 광경을 지켜보면서 생각했죠. 이건 진짜 아닌 것 같다······."

미국이 운하를 파나마에 넘기고 악어 개체수 통제 조치가 종료된 이후 악어의 수는 더 늘었다. 물가를 따라서 새를 포획하는 일이 더욱 위험해졌다. "한동안 그물로 새를 잡는 일을 그만둬야 했어요." 릴이 말했다. "팀원들이 카약을 타고 나섰다가 거대한 악어 때문에 배가 뒤집히는 악몽을 꿨죠. 하지만 우리는 다시 시작했어요. 그리고 위험을 인식한 만큼 더 조심했어요."

악어는 어쩌다 한 번씩 어른 새들을 사냥하는 정도이지만, 흰머리카푸친원숭이나 뱀들은 이 새의 진정한 천적이다. 릴은 큰부리애니 둥지에서 나뭇가지뱀을 발견했고, 알을 갓 삼킨 구렁이를 보기도 했다. 일반적으로 열대 새들은 포식당하는 일이 많다고 릴이 말했다. 그리고 파나마에서는 큰부리애니 둥지의 약 70퍼센트가 공격을 받는다. 뱀은 유난히 끈질긴 포식자로 둥지가 텅 빌 때까지 집요하게 매일 돌아온다. 더 큰 무리를 이루고 사는 새들은 포식의 위험에서 벗어나서 성공적으로 번식할 가능성이 크고, 심지어 작은 뱀 정도는 죽일 수도 있다.

이것이 첫 번째 미스터리에 대한 답이 될지도 모르겠다. 서로 남인 어른 새들이 안전을 위해서, 또 함께 둥지 포식자들을 공격하기 위해서 연합한다는 것이다. "큰 집단일수록 새끼가 무사히 자라서 둥지를 떠날 확률이 높아집니다." 릴이 말한다.

그러나 큰 집단에서 생활하는 일에는, 특히 함께 번식하고 새끼를 키우고 보호하는 일에는 조직적인 팀워크가 필요하다.

한 쌍의 새가 번식에 성공하기까지 둘 사이에 얼마나 정확한 조율이 필요한지 생각해보자. 암수는 구애, 교미, 둥지 짓기를 준비하는 일련의 행동을 함께한다. 1950년대의 바바리비둘기 연구는 이러한 행동들이 얼마나 한 치의 오차도 없이 이루어져야 하는지를 보여주었다. 암컷은 수컷의 구애를 듣고 보아야만 둥지를 짓고 알을 낳고 싶다는 욕구가 생긴다. 반대로 암컷이 주는 신호는 수컷이 알을 품게 하는 변화를 일으킨다. "암컷과 수컷이 생리적으로 번식의 다음 단계로 넘어가는 건 행동과 구애의 아주 정확한 상호작용에 의해서예요." 릴이 말한다. 이러한 단계의 전이에는 생식 호르몬의 변화가 있다.

"큰부리새도 비슷한 피드백 과정을 거쳐요. 하지만 둘이 아닌 다른 두세 쌍의 암수 커플과 이 일들을 함께해야 하죠." 한 무리 안에서 번식하는 4마리, 6마리, 8마리의 수컷과 암컷이 둥지의 터를 닦고 정착해서 번식에 이르는 모든 단계를 동시에 진행해야 한다.

짝짓기를 끝내고 나면 둥지를 돌보는 임무를 조율해야 한다. 이번에는 누가 알 위에 앉을 것인가? 지금은 누가 새끼들을 먹일 차례인가?

암수 둘이서 짝을 지어 양육하는 새들에서는 알을 품고 먹이를 찾는 일이 완벽하게 조율된다. 예를 들면, 많은 명금류 암수가 서로 교대로 알을 품고 새끼를 먹인다. 알이 부화하고 몇 주일 동안 암수가 각각 평균 약 2,000가지의 먹이(곤충, 열매, 유충 등)를 물어와서 새끼에게 먹여 발육을 촉진한다. 새끼는 작고 헐벗고 무력한 상태로 태어나 완전히 성장하면 몸집이 20배나 커진다.

과학자들은 오랫동안 부모 새들이 알을 품고 새끼를 먹이는 노동량이 유전적으로 정해져 있다고 생각했다. 그러나 1980-1990년대에 명금류에 대한 실험으로 이 생각이 바뀌었다. 부모는 새끼를 먹이고 둥지를 방문하는 일을 번갈아가면서 비슷한 비율로 한다. 그러나 암수 중 하나를 제거하면 남은 새는 빈자리를 메우기 위해서 그만큼 더 열심히 일한다. 이는 곧 어미와 아비가 각각 상대가 투입하는 노동량의 정도를 주의 깊게 관찰하고 자신의 노동량을 상대적으로 결정한다는 뜻이다. 배우자의 노동량에 대한 민감도는 종 사이에서뿐만 아니라 개체 간에도 다양하다. 푸른발얼가니새는 이 분야의 챔피언으로 암수가 아주 공평하게 일을 분담한다. 집참새는 협력과 평등주의의 수준이 높지 않아서 배우자의 노동량 변화를 무시하는 경향이 있다(단, 상대의 부정을 감지하면 자신의 노동량을 제한한다. 연구에 따르면, 바람을 잘 피는 짝을 가진 수컷 참새는 새끼에게 먹이를 덜 가져다주었다). 반대로 큰박새는 공정성의 최고봉에 있으면서 어미와 아비가 각각 상대의 행동에 따라서 융통성 있게 자신의 행동을 조정하여 노력을 일치시킨다. 그러나 큰박새 내에서도 "개체마다 편차"가 있는데, 상대의 행동에 빠르게 반응하는 새가 있는가 하면 그렇지 않은 새도 있다.

부모 사이에 육아를 조율하는 미묘한 상호작용은 명금류에서만 일어나는 것이 아니다. 작은바다쇠오리 부모는 교대로 먹이를 찾아서 길고 짧은 여행을 떠난다. 사막에서 번식하는 흰물떼새는 땅에 둥지를 짓는데, 열 스트레스로부터 알과 자신을 보호하기 위해서 양육의 정도를 조율한다.

이 모든 활동의 규모가 2배, 3배, 4배로 늘어난다고 생각하면 큰부리애니들의 상황이 짐작이 갈 것이라고 릴은 말한다. 이 새들이 무리 지어 한데 모이는 모습은 참 매력적이다. 가족을 기반으로 협동 번식하는 대부분의 새들은 한 쌍의 암수가 무리 전체를 지배하고 나머지들은 이 우두머리 암수를 도와서 그들의 새끼를 기른다. 그러나 큰부리애니는 훨씬 평등하다. 무리에 들어온 모두가 번식한다. 그리고 일종의 팀 정신을 가지고 일을 완수하는 것 같다. 모두가 합심하여 나뭇가지로 된 커다란 둥지를 짓는데, 각 암수 커플이 교대로 일을 한다. 각 커플은 다음 커플이 일을 넘겨받을 때까지 적게는 몇 분에서 많게는 1시간 이상 작업하는데, 주로 암컷이 벽돌공이고 수컷은 자재를 날라다주는 역할이다. 그렇게 열심히 일하다가 다음 커플이 도착하면, "사전에 협의된 것처럼" 이내 자리를 뜬다. 무리 중 누구라도 경계음을 울리면 전체가 재빨리 모여 위협 대상을 공격한다.

그러나 드디어 누군가가 처음으로 알을 낳은 순간, 화기애애하던 분위기는 확실히 덜 협조적인 방향으로 전환된다. 아직 알을 하나도 낳지 않은 암컷은 둥지에 있는 다른 알을 보면 가차없이 제거한다. 릴이 나에게 놀라운 장면을 하나 보여주었다. 큰부리애니 암컷 한 마리가 둥지에 내려앉더니 머리를 곧추세워 둥지에 놓여 있는 알 하나를 조사한다. 그러더니 자기 쪽으로 알을 끌어와서는 둥지 가장자리까지 굴려 결국 물속으로 풍당 떨어뜨렸다. "동작이 아주 서툴러요. 다리 사이에 알을 끼고 있다가 알을 밀어내자마자 둥지 바깥으로 같이 떨어지는 걸 본 적도 있어요."

이것이 세 번째 수수께끼이다. 왜 이처럼 결속력이 강하고 평등주의적인 집단에서 번식하는 암컷이 동료가 낳은 알을 밀어내는 것일까?

공동으로 둥지를 짓는 다른 새들도 같은 행위를 하는 것이 목격되었다. 타조는 땅에 알을 낳는데, 다른 암컷의 알을 둥지 가장자리로 굴려 눈앞에서 치워버린다. 코넬 대학교의 월트 케이니그는 둥지를 공유하는 또다른 새인 도토리딱따구리가 구멍 속으로 몸을 기울여 부리로 알을 떨어뜨리려는 장면을 목격했다. 이 딱따구리의 집단 둥지 체제는 척추동물의 세계에서 가장 복잡한 것에 속하는데, 혈연관계에 있는 최대 7마리의 수컷과 3마리의 암컷으로 구성된 가족 집단 안에서 모두 한 둥지에 알을 낳고 다수의 조력자들의 도움을 받는다. 큰부리애니처럼 도토리딱따구리 암컷도 자신이 알을 낳기 전에 둥지에 있는 알을 발견하면 이내 제거하는데, 그로 인해서 새들이 낳은 알의 3분의 1 이상이 죽는다. 그러나 코에닉과 동료 론 뮴이 발견한 것처럼, 박살 난 알도 그냥 버려지지는 않는다. 깨진 알의 잔해를 모아서 나무로 가져간 다음 그 알을 낳은 암컷을 포함해서 모두가 잔치를 벌인다. 뮴은 이것을 "집단 알 흡입"이라고 부른다.

자신의 알이 버려진 큰부리애니 암컷은 다른 암컷에게 따지지 않는다. "굳이 자기 알을 지키려고 애쓰지도 않고 알을 버린 암컷에게 보복하지도 않아요." 릴이 말한다. 큰부리애니의 알은 암컷 체질량의 20퍼센트나 되기 때문에 암컷의 희생은 결코 작지 않다.

그러나 적어도 이 방식은 공평하게 이루어진다. 누가 맨 처음 알을 낳는지는 전적으로 운에 달렸기 때문이다. 암컷의 나이나 경험, 무리에 머문 시간과는 전혀 상관이 없다. 일단 자기 알을 낳기 시작하면 남의 알을 버리는 짓을 그만둔다. 이렇게 모든 암컷들이 산란을 시작하면 더 이상의 파괴는 없다. 자연이 호르몬으로 작동되는 생리적이고 정신적인 스위치를 켜면, 모두가 공동의 새끼를 보살피는 일을 시작하여 양육의 모든 면을 조율하고 두세 쌍이 각자 할 일을 효율적으로 분담한다.

이 새들이 어떻게 모두 한목소리를 내는 것일까?

분명 스포츠 팀이 빈번한 작전회의를 통해서 하는 일과 비슷한 방식일 것이다. 한 새가 크고 특별한 신호로 "팀원"을 소집한다. 그것은 카아-카아-카아 하는 고음의 고함으로 소집의 목적으로만 사용되고 팀의 누구든지 소집할 수 있다. "단결하고 격려하는 신호예요." 릴이 설명한다. "'자, 다들 모여봐. 한번 실력을 발휘해보자고. 잘해봅시다!'라는 것처럼요." 신호를 들은 모든 팀원들이 상당히 먼 거리에서도 모여들어 신호를 보낸 새 옆에 앉아 부리를 안쪽으로 향하고 원을 그린다. 단, 한 마리는 원 밖에서 포식자를 경계하며 보초를 선다. 원을 이룬 새들은 때때로 회의장 안팎을 넘나들며 자리다툼을 하거나 서로를 타고 오르고 깡충깡충 뛰어다니기도 하지만, 언제나 부리는 원의 중심을 향한다. 그런 다음 신호를 보냈던 새가 아까의 집합 신호를 낮은음의 기계적인 꾸르륵 소리로 전환하면 모두가 거기에 동참한다.

릴은 30개의 개별 집단에서 이러한 원형 합창을 140건 이상 관찰했는데, 하루에도 여러 차례 이렇게 떼 지어 회의하고 함께 합창했다. "동시에 이루어지는 공유된 큰 신호에 다 함께 참여한다는 점은 분명합니다." 릴이 말한다. "이러한 동시성에 어떤 의미가 있을까요? 이보다 더 뛰어난 새가 있을까요? 이 음성 신호에는 아직 우리가 이해하지 못한 엄청나게 많은 정보가 들어 있을 겁니다."

새들이 이 원형 합창에 합류하는 이유도 아직은 수수께끼이다. 큰부리애니의 합창은 아프리카에서 협동 번식하는 초록낮부리새들의 결집성 합창과도 비슷한데, 이 경우는 이웃과의 영토 경쟁이 목적이라고 릴은 말한다. 그러나 세력권이 충돌하는 곳에서 큰부리애니는 이런 식의 과시를 보이지 않는다.

"우리는 원형 합창의 정확한 기능을 알아내려고 약간 통제된 실험을 시도하고 있어요." 릴이 말한다. "아무래도 집단의 조정 활동과 관련이 있는 것 같아요. 둥지의 터를 고를 때, 알을 낳기 직전에 한 번 더, 그리고 알을 낳기 시작한 직후, 그리고 생식 주기가 시작될 때 이런 모습을 더 많이 보이거든요." 일단 알을 낳기 시작하면 이 활동을 완전히 멈춘다.

릴은 이 과시 행동에 한 가지 이상의 기능이 있다고 짐작한다. "아마도 구성원들 사이의 유대감을 키울 거예요." 이는 여느 팀 회의와 다르지 않다. 가족 집단 내에서 협동 번식하는 새들의 경우, 조력자들은 1년 정도 머물렀다가 떠나는 뜨내기들이다. 반대로 "큰부리애니들은 정말 긴 시간을 서로 붙어 있어요." 릴이 말한다. "2006년에 우리가 연구를 시작한 이후로 지금까지 함께하는 집단들이 있거든요." 그렇다면 이들의 과시 행동은 한 차례 뱀이나 원숭이를 맞닥뜨린 뒤에 집단의 응집력과 결속력을 강화시킬지도 모른다. "마치, '자, 포식자가 왔었지만 이제는 갔어. 다행히 우리 모두 살아남았지. 이제 다 괜찮아질 거야'라고 말하는 것처럼 말이죠." 어쩌면 더 깊은 생물학적 기능("나는 알을 낳을 준비가 되었어, 너는 어때?")이 있을지도 모른다. 또한 둥지의 터를 결정하는 것 같은 집단 의사 결정("나는 이 자리에 둥지를 지어도 좋을 것 같은데, 네 생각은 어때?")을 촉진하는 더 심오한 사회적 기능도 가능하다. 릴의 예비 조사에 따르면, 종종 집단 내에서 여러 암수 쌍이 세력권의 각기 다른 장소에 따로 둥지를 짓기 시작할 때가 있는데, 이 과시 행위는 여러 둥지 터들 중에 어떤 것을 선택할지를 결정하는 데에 큰 역할을 한다.

"그런데 어떤 식으로 이 집단 포럼에서 '투표'를 하는지 모르겠어요." 릴이 궁금해했다. "의견이 충돌하는 경우에는 어떻게 극복할까요?"

릴은 최근에 이 새들이 "사공이 많아도 배가 산으로 가지 않게" 조율하는 방법을 발견했다. 커다란 알 바구니 위에 앉아서 알을 품는 것처럼 중차대한 사안에 관해서는 일을 동등하게 분담하지 않고 특정 수컷 한 마리가 전담한다. 대신에 밤에는 다른 수컷이 넘겨받아서 알을 품는다. "밤에는 항상 같은 새가 둥지에 앉아 있더라고요." 릴이 말한다. "효율성과 안전의 측면에서 아주 합리적인 결정이죠. 밤마다 '자, 오늘 밤에는 누가 알을 품고 지킬래?'를 6-7마리 새들이 결정하고 조율하기란 힘든 일이니까요. 일을 맡은 수컷은 희생을 치러야 하지만, 그 덕분에 알들이 노출될 위험은 줄어들죠."

또한 릴은 집단 간 협업의 수준에 큰 차이가 난다는 것도 알아냈다. "어떤 집단은 대단히 동기화가 잘 이루어져서 모두 합심해요." 그녀가 말한다. "이 새들은 함께 좋은 결정을 내리고 육아를 조율하는 데에도 뛰어나요. 하지만 형편없는 무리들도 있죠. 알을 낳아야 할 때와 번식 시기를 맞추지 못해요. A 암컷이 알을 낳으면 B 암컷이 밀어내버려요. 이틀 후 A가 다시 알을 낳으면 B가 또 내다버려요. 또 이틀이 지나서 A가 세 번째로 알을 낳았는데 여전히 B가 가차 없이 밀쳐내죠. 그러다가 어느 시점에 A가 진저리를 치면서 말해요. '알을 5개나 낳았는데 남은 알이 하나도 없다니. 내가 나가고 말지!' 이처럼 구성원 간의 타이밍이 맞지 않으면 집단 전체가 와해될 수도 있고 결국 모두에게 재앙이 됩니다. 알들을 내다버리고 새끼는 잡아먹히고 구성원들은 결국 무리를 버리게 되죠."

왜 어떤 집단은 협업하고 결속하는데 다른 집단은 해체될까? "아직은 몰라요." 릴이 말한다. "그러나 이 복잡한 사회적 무리 안에서 그들이 어떻게 함께 일하고 또 무엇이 그들을 성공하게 만드는지를 탐구할 기회가 있다는 건 참 흥미진진하죠."

복잡한 사회에서 생활한다는 것은 새의 인식에 강력한 영향을 미칠 수 있다. 과학자들은 사회생활이 실제로 동물의 뇌를 변화시켜 인지의 밑바탕에 있는 신경 메커니즘—신경조절 물질의 합성과 분비, 뉴런 사이의 시냅스 형성과 강화, 새로운 뉴런 생성 등—을 향상시킨다고 밝혔다. 집단생활은 학습, 기억, 그리고 다른 새의 관점에서 보는 능력까지 포함해서 많은 인지 기술을 요구한다. 집단생활은 구성원을 인지하고 상대와의 과거 사회적 상호작용을 기억하며 상대의 행동을 예측할 뿐 아니라 심지어 집단의 다른 구성원들 사이의 관계까지 파악해야 한다.

큰 무리를 짓고 사는 새들은 청각 신호든 시각 신호든 간에 일반적으로 복잡한 신호 레퍼토리를 개발한다. 그리고 청각 신호를 수정해서 거기에 새롭고 보다 자세한 정보를 새겨넣는다. 이 새들에서는 문제를 해결하는 능력도 향상되었다. 우리는 꿀벌과 물고기 연구를 통해서 더 많은 개체로부터 정보를 수집할수록 문제수행 능력이 증진된다는 사실을 알게 되었다. 합심하여 어려움을 해결하는 새들은 혼자서 애쓰는 새들보다 더 앞서 나갈 수 있다. 이 사실은 왜 많은 오스트레일리아 새들이 그토록 극단적인 행동을 보이고 또 그렇게 지능이 높은지를 시사한다. 이들은 대개 복잡한 사회를 이루고 살면서 집단 내 구성원들과 평생 지속되는 유대관계를 맺고 또 긴 번식기를 가지므로, 철에 따라서 이동하는 경우가 많고 짝하고만 살며 상대적으로 번식기가 짧은 북반구의 새들보다 종합적으로 더 복잡한 상호작용을 하면서 사는 것이다.

협동 번식하는 또다른 새인 오스트레일리아 서부의 오스트레일리아까치에 대한 새로운 연구 결과는 지능의 발전이 집단 안에 구성원의 수가 더 많을수록 더 활발해진다는 사실을 암시한다. 엑서터 대학교의 알렉스 손턴과 그의 동료인 웨스턴오스트레일리아 대학교의 벤 애슈턴과 어맨다 리들리는 3마리에서 12마리까지 규모가 다양한 집단에서 생활하는 야생 까치를 대상으로 인지 능력을 시험했다. 연구원들은 더 큰 집단에 살고 있는 새들이 더 작은 집단의 새들보다 인지 문제를 더 잘 해결한다는 것을 발견했다. 연구팀은 특정 색깔과 먹이의 유무를 연결하고 먹이를 숨겨둔 장소를 기억하는 능력을 시험했다. 또한 투명한 장애물 뒤에 놓인 먹이를 본 새가 이 장애물을 계속해서 쪼는 대신에 뒤로 돌아가서 먹이를 얻는 데에 걸리는 시간을 측정하여 자기통제 능력을 보았다. 이것은 지능의 믿을 만한 척도이다. 큰 집단에서 자란 새들은 더 빨리 배우고 잘 기억했으며 쪼려는 충동을 더 잘 조절했다. "큰 집단에서 성장하면서 겪은 어려움이 곧 인지 발달로 이어진다는 사실을 시사한다"라고 손턴은 말했다. 더 영리한 암컷이 더 좋은 엄마가 되어 더 많은 알을 부화시키고 더 많은 새끼를 성공적으로 키웠다. 게다가 2019년에 이 연구팀은 규모가 큰 집단에서 혁신적인 행동이 더 많이 촉발되고 사회적 정보 공유를 통해서 이런 행동이 쉽게 확산된다는 것도 보여주었다.

복잡한 사회생활에 요구되는 능력이 큰부리애니에서도 지능의 진화에 박차를 가했을지도 모른다. 첫째로 집단 내의 동료 구성원들을 인지하고 알아간다는 것은 쉬운 과제가 아니다. "이 새들은 어려서부터 같이 자란 사이가 아니거든요." 릴이 말했다. "다 커서 만난 거라 서로의 얼굴을 익혀야 해요. '쟤는 나와 같은 무리에 있고, 쟤는 아니지.' 그러려면 신호를 터득하고 인지해야 합니다." 큰부리애니의 합창 행위 속 복잡한 의사소통 역시 그들의 집단적 의사결정처럼 정교한 인지 능력이 필요하다.

동물이 어떻게 집단으로 결정을 내리는지는 아직 밝혀지지 않았다고 릴은 말한다. "동물마다 서로 다른 의사결정 메커니즘을 따릅니다. 어떤 동물들은 우두머리 혼자서 그 자리에서 결정하고 통보하죠. '자, 모두 나를 따르라.' 반면에 집단 전체가 합의에 도달하는 과정을 거치기도 해요. 집단적 의사결정은 합의의 최저 기준인 정족수를 감지해서 일을 진행하는 능력이 수반됩니다. 하지만 큰부리애니가 어떤 메커니즘을 사용하는지는 아직 몰라요." 릴이 말한다. "그러나 적어도 인지적 판단이 들어가는 건 확실해요. '도대체 지금 무슨 일이 일어나는 거야?', '모두 여기가 둥지 터로 괜찮다고 생각하는 거야?' 이런 걸 알아내기는 꽤 힘들죠." 릴은 이제 큰부리애니의 인지 능력을 시험할 방법을 고안하고 있다. 이 새의 인지 능력이 어떻게 이토록 수준 높은 정신적 과제를 처리하는지 확인하기 위해서이다.

릴은 가계도에 있는 다른 뻐꾸기들의 기생생활 방식에서 큰부리애니의 별난 번식 체계의 뿌리를 본다. "하지만 진짜 멋진 건 따로 있어요." 그녀가 말한다. "큰부리애니는 탁란하는 새처럼 행동할 뿐 아니라 숙주처럼 행동하기도 하거든요. 자기 알을 동종의 다른 새들의 둥지에 넣는다는 면에서는 탁란을 하는 셈이지만, 새끼를 버리고 육아의 책임을 남에게 전가하는 대신에 직접 둥지에 남아서 알과 새끼를 돌봅니다." 그리고 숙주처럼 다른 새의 알을 내다버린다. 여기에 세 번째 미스터리의 답이 있다. "암컷은 자신이 그해의 첫 알을 낳기 전에는 둥지에서 다른 알을 발견하면 그것을 기생하는 알로 보고 제거합니다." 릴이 말했다. "큰부리애니는 자신이 산란하기 전에 둥지에 알이 있는 걸 좋아하지 않아요. 마치 출산일을 기다리고 있는데 집에 왔더니 요람에 아기가 누워 있는 것과 같죠. '아마 이 아기는 내 아이가 아닐 거야.' 데이비드 데이비스가 말한 것처럼, '큰부리애니는 자기 자신을 숙주로 삼는 기생충'이에요."

큰부리애니의 놀라운 집단과시 행동은—조류 세계에서 유일하다—이 새들이 공동 번식을 시작한 이후에 처음 나타났다.

다시 말해서 큰부리애니의 번식 방식은 현재 진화하고 있는 셈이다. "이것은 대단히 유연한 행동이에요." 릴이 말한다. "현재로서는 기생체로 행동하던 흔적과, 공동 과시나 다수의 의사결정과 같은 집단생활에 대한 적응이 혼재되어 있어요. 모두가 완벽하게 번식을 조율할 정도의 단계까지는 이르지 못한 거죠."

"그 점이 저한테는 재미있는 부분이에요." 릴이 말한다. "이 흥미로운 행동들의 이상한 혼합이 어떻게 진화했으며, 또 그것을 선호하게 한 원래의 선택압은 무엇인지, 또 어떻게 시간이 지나면서 원래는 기생에 해당하는 행동이 상리공생적이고 진정한 사회적 행동으로 탈바꿈했는지를 생각하면 말이죠."

이것은 협동 번식이란 "모두 친족관계에 관한 것"이라는 수십 년 된 관점을 완전히 뒤집는 사례이다.

릴은 수백 종의 새를 대상으로 협동 번식 체계를 조사하면서 온갖 다양한 형태를 발견했다. 가족 집단 내에서만 번식하는 요정굴뚝새나 플로리다덤불어치(암수가 일부일처로 짝을 짓고 조력자들이 자기의 형제자매를 함께 양육하는 방식)도 있고, 반대로 피가 섞이지 않은 새들과 함께 새끼를 기르는 큰부리애니와 유럽바위종다리도 있다. 그리고 그 사이에 있는 새들도 있다. 그중에 뿔호반새는 아프리카와 아시아 전역에서 발견되는데, 한 둥지에 있는 조력자들은 친척과 남이 섞여 있다. 그리고 아프리카찌르레기는 최대 40마리로 이루어진 크고 시끌벅적한 집단을 이루는데, 대부분 친족 기반이지만 혈연관계가 아닌 번식기의 암컷이 일부 섞여 있고 번식기의 수컷 역시 친척과 남이 섞여 있다. 릴이 조사한 213종 중에서 친족과 비친족이 뒤섞여 연합한 94종은 대부분 오스트레일리아, 마다가스카르, 그리고 신열대구의 종으로, 다시 말해서 북반구가 아닌 지역의 새들이었다. 서로 피가 섞이지 않은 개체들로 이루어진 협동 번식 집단은 생각했던 것만큼 드물지 않았다.

북반구에 치중해서 형성되었던 또 하나의 편견이 무너진 셈이다.

그렇다면 이방인들이 모여 혈연 집단이 아닌 집단을 만드는 이유는 무엇일까? 그 이유는 이런 습성을 보이는 새들의 종수만큼이나 다양하다고 릴은 말한다.

선택의 여지가 없는 새들도 있다. 회색어치의 경우, 한배에서 자란 새들 중에서 나이가 가장 많은 놈만 성숙한 후에도 자신이 나고 자란 영역에 머무를 수 있다. 장자가 가차없이 내쫓는 바람에 어린 동생들은 피가 섞이지 않은 커플들과 정착해서 살아야 한다.

혼자 살기에는 비용이 너무 많이 들어서 함께 사는 새도 있다. 어맨다 리들리와 동료들은 독립해 나와서 홀로 "떠다니는" 남부얼룩무늬꼬리치레들이 살아남기 위해서 고군분투하는 것을 보았다. 먹이를 먹는 동안 보초를 설 다른 꼬리치레들이 없으므로 좀더 경계심을 가져야 한다. 그러다 보면 먹이를 많이 찾을 수 없고 그래서 살이 빠진다. 장기적인 측면에서 혼자 고립되어 계속 살아갈 수는 없으므로 번식하지 않는 조력자로서 무리에 합류한다.

일부 미혼의 새—주로 수컷—는 낯선 커플이나 집단에 합류한 다음, 그곳에 거주하는 암컷과 짝지을 기회를 노린다. 암새에게 접근하기 위해서 수컷은 종종 암컷과 그 새끼들에게 먹이를 물어다준다. 그런 다음 번식기가 될 때까지 주변에서 어슬렁대는데, 그의 훌륭한 행동이 번식의 지위를 물려받게 할 수도 있다. 이것은 특히 뿔호반새에 해당하는 사례이지만, 쇠황조롱이, 후투티, 흰배뉴질랜드굴뚝새, 푸에르토리코난쟁이새에서도 일어나는 일이다. 외부에서 유입된 총각 풍경광부새가 종종 무리 내에서 유난히 성실한 조력자가 되어 무리와 피가 섞인 다른 조력자들보다 더 많은 곤충과 열매 등을 배달한 결과, 마침내 수컷 배우자가 사망했을 때 암컷이 자기에게 눈을 돌려 함께 번식할 확률을 높이는 경우가 있었다. 암새가 특정 조력자를 짝으로 받아들일 것인지의 여부는 암새의 새끼들에게 가져다주는 먹이의 양에 달렸다. 설사 배필로 간택될 확률이 희박하다고 해도 번식의 가능성이 전혀 없는 친척들과 함께 있는 것보다는 낫다.

그렇다면 무리의 입장에서 이방인을 받아들이는 이유는 무엇일까? 큰부리애니를 비롯한 협동 번식가들은 암수 한 쌍보다 집단이 새끼를 더 효율적으로 기르고 포식자와 탁란의 위험에서 더 많은 경계와 보호를 제공한다는 것을 보여왔다(2013년에 과학자들은 세계적으로 탁란과 협동 번식의 분포 영역이 매우 중첩된다는 것을 발견했다. 이것은 협동 번식이 탁란에 대한 방어의 방식으로 진화했을지도 모른다는 증거를 제시한다). 또한 규모가 큰 집단은 자원과 둥지 터의 확보에서도 소규모 집단을 능가한다. 그리고 앞에서 보았듯이, 많이 모여 사는 새들일수록 문제를 해결하는 능력을 더 많이 키운다. 결국 협동 육아의 장점은 생식을 공유하는 데에 드는 비용보다 더 크다.

때로는 대규모 집단의 장점—또는 필요성—이 너무 큰 나머지, 다른 집단에서 새끼를 납치해다가 머릿수를 채우는 새들도 있다. 큰진흙집새가 그러하다.

로버트 하인손은 큰진흙집새가 그의 첫사랑이었다고 했다. 박사과정 주제를 찾고 있던 어느 날 오스트레일리아 국립대학교 캠퍼스 근처의 개울에서 우연히 이 새들을 발견했다. "정말 알 수 없는 행동을 하고 있더라고요." 그가 말했다. "날개와 꼬리를 흔들고 하얀 얼룩무늬를 번쩍거리면서 춤을 추고, 눈을 움찔거려 마치 눈알이 밖으로 튀어나온 것처럼 보일 때까지 멋지고도 기괴한 공연을 선보였어요. 이제 막 날기 시작한 어린 큰진흙집새 앞에서 이처럼 구애의 춤을 추는 거예요. '도대체 뭐 하는 거지?' 하고 생각하면서 그대로 앉아서 몇 시간 동안 하염없이 지켜보고 말았습니다."

그러나 하인손이 목격한 것은 유괴라는 충격적 행위의 첫 단계였다. 그는 이후 수년 동안 관찰하고 연구한 뒤에야 그림의 전체를 볼 수 있었다.

큰진흙집새는 스펙트럼의 극단에 있는 절대적인 협동 번식가들이다. 이 새는 다수의 조력자가 없이는 새끼를 기를 수 없다. 그것은 이 새가 먹이를 찾는 방식과 연관이 있다. 큰진흙집새는 땅을 파서 땅속의 딱정벌레 유충이나 지렁이를 잡아먹는다(이것은 까다로운 방법이고 오랜 시간 기술을 연마해야 한다. 큰진흙집새들이 가족과 몇 년씩 함께 지내는 이유가 여기에도 있다). 큰진흙집새 네 마리가 풀타임으로 일해야만 새끼 한 마리를 기르기에 충분한 먹이를 찾아올 수 있다. 집단생활은 큰진흙집새가 열악한 환경에서도 목숨을 부지하게 한다. 심지어 여건이 좋은 습한 해에도 이 새들은 늘 조직에 다른 새들을 모집해서 4라는 마법의 수를 유지하려고 한다고 하인손은 말한다. "머릿수를 맞추려고 다른 무리의 새들을 꾀어서 데리고 옵니다." 그래도 습한 해에는 대체로 아주 평화롭게 생활한다. 하루 종일 낙엽을 체계적으로 걸러 먹이를 찾고 서로 다투거나 경쟁하는 일은 없다. 어린 새들은 집에 머물며 부모를 돕는다.

그러나 가뭄이 찾아들어 땅이 굳고 메말라서 먹이를 찾기가 어려운 흉년이 오면 이야기는 달라진다. "지옥이 따로 없죠." 하인손의 말이다. "번식을 맡은 나이 든 새가 굶어 죽으면 엄청난 사회적 혼란이 야기됩니다. 무리는 쪼개지고 조력자의 일부가 어린 새들을 끌고 나가서 작은 무리를 만들어 떠돌아다니는데, 규모가 너무 작으니 스스로는 번식을 할 수 없어 이합집산을 거듭하죠. 이 소집단들은 조력자를 모으기 위해서 여기저기 탐색 비행을 합니다."

그러면서 정말로 상황이 고약하게 변한다. "큰진흙집새들은 전쟁을 벌이고 다른 무리의 둥지를 파괴하기 시작합니다." 하인손이 말한다. 큰 집단이 작은 집단을 급습해서 괴롭히거나 공격하고 갓 날기 시작한 어린 새들을 납치해간다.

유괴는 아장아장 걷는 새끼가 무리에 둘러싸여 있을 때부터 시작된다. 털이 다 자란 어린 새는 둥지 밖으로 나오지만 아직 무력하고 제대로 날 수도 없다. "반은 날고 반은 땅바닥에서 퍼덕거리며 돌아다녀요." 그래서 포식자, 그리고 납치범에게 취약하다. "무리의 응집력이 강하기 때문에 대개는 모두 어린 새 주위에 모여 있어요. 하지만 잠시라도 어린 새만 두고 자리를 떠날라 치면 기회를 놓칠세라 이내 다른 무리의 큰진흙집새들이 날아와서 날개를 휘젓고 꼬리를 흔들며 꾀어내기 시작합니다. 어린 새는 이 공연에 홀딱 빠져 이내 유괴범의 뒤를 쫓아갑니다." 하인손이 말한다.

그때부터 이 어린 새는 새로운 집단에 들어가서 새끼들을 먹이는 일을 할 것이다. "이건 노예를 만드는 개미에 비유할 수 있습니다. 말 그대로 다른 개미를 훔쳐와서 일하게 하는 거죠. 가족과 떨어져 유괴된 어린 새는 결국 아무 연고도 없는 새들을 위해서 일하게 되고 이들이 그 거래에서 얻는 건 아무것도 없습니다."

큰진흙집새 이야기는 협동 번식이 생겨난 한 가지 이유를 제시한다. 혹독하고 예측할 수 없는 환경이 서로 돕는 행동을 선호해서 진화한 것이다. 이 가설을 "고생살이(hard life)" 가설이라고도 한다.

최근 수많은 과학 논문들이 협동 번식에 대한 갖가지 특별한 이유를 제시하고 있다. "진화생물학자들이 하는 일이 바로 그거예요." 릴이 말한다. "사물과 현상의 명백한 증거와 공통된 동인을 찾는 거죠." 어쩌면 협동 번식은 흉년에 대한 완충재 역할을 하면서 탁란이나 포식자, 또는 예측할 수 없는 날씨로부터 새들을 보호하기 위해서 생겨났을지도 모른다. 또는 처음부터 좋은 환경에서 진화했을 가능성도 있다. 짝짓기하는 개체 수가 너무 많아지다 보니 서식처가 포화 상태에 이르러 둥지 터나 먹이원이 부족해진 것이 원인이 된 것이다. 어린 새들은 제 영역을 지킬 능력이 없으므로 조력자를 자처했을 수 있다. 또는 강수량이 충분하고 생장철이 긴 안정된 서식처에 사는 동안 암수 둘이 사는 생활에서 가족을 이루고 사는 생활로 더 많이 전환했을지도 모른다. 자원이 풍족하면 어른 새가 어린 새를 데리고 있기도 수월하고 어린 새의 입장에서도 부모와 함께 머물며 삶의 기술을 배우기가 더 쉽기 때문이다. 그래서 일단 이들이 무리를 지어 살게 된 이후, 혹독하고 변덕스러운 환경에 노출되면서 둥지 내에서 조력자가 진화했을 수 있다. 어쩌면 그 반대일지도 모른다. 집단생활이 확립되고 나서 새들이 혼자서는 살아남을 수 없는 혹독한 서식지에서도 살 수 있게 되었을 수도 있다.

릴은 협동 번식하는 새들마다 각각 다른 종류의 동인이 작용했다고 생각한다. "협동 번식이 행동의 한 범주라고 생각하는 순간, 우리는 그런 행동을 일으킨 원동력을 찾으려고 합니다. 하지만 협동 번식을 다양한 이유로 다양한 선택압을 받는 상황에서 일어난 여러 사회 체계를 포함하는 포괄적인 용어로 생각한다면, 많은 동인을 예상할 수 있죠." 릴의 말이다. 보금자리를 공유할 때에 얻는 혜택은 친척을 도와서 자기 유전자를 확산시키는 것에서부터, 더 많은 먹이를 얻고 포식자나 기생체로부터 더 많은 보호를 받아서 생식적으로 더 크게 성공하는 것까지 범위가 다양하다. 여기에 드는 비용은 경쟁이다. 누구의 유전자가 이러한 집단 활동에서 가장 많은 혜택을 볼까? "이것은 복잡한 미적분학이 아니에요." 릴이 말한다. "하지만 구체적인 비용과 편익은 종마다 다를 수 있겠죠."

새들의 계통수를 다시 한번 보자. 이 가계도의 한 나뭇가지에는 이웃하는 다른 가지들과는 전혀 다른 삶의 방식을 공유하는 새들이 모여 있다고 생각할지도 모르겠다. 그러나 한 가지 안에서 서로 나란히 뻗어나간 잔가지들, 즉 서로 근연관계에 있는 종들조차 전혀 다른 방식으로 존재해 왔다. 플로리다덤불어치와 갈색머리동고비는 협동 번식한다. 그러나 그들과 각각 근연관계에 있는 캘리포니아덤불어치와 붉은가슴동고비는 그렇지 않다. 붉은배딱따구리는 보편적인 방식에 따라서 짝을 지어 번식한다. 그러나 그들의 사촌인 도토리딱따구리는 척추동물 중에서도 가장 복잡한 공동 둥지 체제를 운영한다. 한 종에서 한 가지 삶의 전략이 진화한다. 하지만 이웃한 가까운 친척은 완전히 다른 전략에 따라서 산다. 심지어 한 종에서조차 번식 방법에는 차이가 있을 수 있다. 오스트레일리아 까치 중에서 서부 개체군은 협동 번식하고, 동부 개체군은 암수가 짝지어 번식한다. 그뿐이 아니다. 서로 다른 가지에 있는 새들이지만 각각 다른 경로와 다른 이유로 비슷한 방식에 이르게 된 경우도 있다. 두갈래꼬리바람까마귀와 금조처럼 서로 갈라진 가지에 있는 새들이 둘 다 모방을 삶의 도구로 삼았다. 가계도에서 서로 아주아주 멀리 있는 앵무류와 까마귀류는 둘 다 문제해결과 놀이를 위해서 만들어진 지적인 두뇌가 진화했다.

이것이 내가 새들을 좋아하는 이유이다. 지구상의 그 어떤 동물보다 다양하며 일관성이 없고 예측 불가능하기 때문이다.

나가는 글

애팔래치아 산맥 구릉지대의 8월 하순이다. 번식철은 거의 끝났다. 하지만 동부파랑새는 암수가 짝을 지어 둥지를 들락날락한다. 이 새가 새끼를 기르는 방식은 이곳에서는 너무 친숙하지만, 사촌인 멕시코파랑지빠귀와도, 도토리딱따구리와 덤불어치와도, 그리고 단독으로 또는 협동으로 둥지를 트는 다른 모든 종들과도 크게 다르다.

한번은 뒤뜰에서 암컷 홍관조가 노래하는 것을 보았다. 암수의 깃털 색깔이 다른 덕분에 둘 중 누가 노래하는지 쉽게 알 수 있다. 그러나 수컷과 암컷의 외형이 구분되지 않는 치핑참새, 애기여새, 찌르레기의 경우에는 암컷의 노래를 들으며 "수컷"이 노래한다고 생각했던 때가 있을 것이다.

이 책을 쓰면서 새를 보는 방식이 달라졌는데, 말하자면 새로운 쌍안경을 받은 것과 같다. 하루라도 좋으니 새가 되어 이 세상을 경험해보고 싶다. 자외선으로 구워진 나뭇잎을 보고, 섬세한 음악적 차이를 구분하고, 복잡한 신호와 노랫소리의 음향적 구조에서 일어나는 빠른 변화를 이해하고 싶다. 딱 하루만이라도 바닷새가 맡는 냄새를 맡을 수 있으면 좋겠다. 아침에 일어나보니 바다제비의 후각이 장착되어 있다면 얼마나 좋을까. 소용돌이치는 냄새 기둥과 구름을 찾아서 물 위를 항해하는 꿈을 꾼다. 위대한 수필가 루이스 토머스가 쓴 것처럼, 냄새는 앎의 한 방식이고 생각하는 행위와 놀라울 정도로 닮았다. 새들이 감각을 사용하는 방식은 또다른 앎을 향한 단서를 주었다.

새들의 경이롭고도 불가사의한 능력을 상기해보자. 나는 둥지를 트는 민무늬지빠귀들이 다가오는 허리케인 계절의 양상을 기상학자보다 더 뛰어나게 예측한다는 것을 배웠다. 조류학자 크리스토퍼 헤크셔는 델라웨어에서 둥지를 트는 민무늬지빠귀들이 허리케인이 빈번하고 강력한 해에는 번식기를 단축한다는 사실을 발견했다. 이미 몇 달 전에 폭풍을 예상하고, 멕시코 만과 카리브 해를 건너서 남아메리카로 가는 이동 일정을 조정해서 최악의 허리케인을 피한다. 또한 그해에는 일찌감치 알을 더 많이 낳는다. 어떻게 8월에 일어날 일을 5월에 아는지는 커다란 수수께끼인데, 아마도 남아메리카에서 월동하는 동안 주워들은 단서들과 연관이 있을 것이다. 민무늬지빠귀들이 다가올 열대성 폭풍을 예측하여 둥지를 짓는 타이밍은 미국 해양대기청의 기상 예보관들의 예측보다 최소한 같거나 더 낫다. 민무늬지빠귀 암컷 말이다. 둥지 짓기와 알 낳는 일정을 결정하는 것은 이들이니까.

그동안의 잘못된 편견과 가정이 물러나고 새들의 행동에 대한 좀더 섬세한 이해가 가능해지면서 낙관론이 자리 잡을 수 있게 되었다. 새로운 과학을 통해서 우리는 암새가 단지 소극적 참여자라는 믿음, 새는 감각이 없는 날개 달린 눈이라는 믿음, 새들의 사회는 처음부터 "자연의 피투성이 이빨과 발톱"이었다는, 즉 다른 개체나 종과의 관계가 "죽이거나 죽거나"의 경쟁으로만 이루어졌다는 믿음에서 벗어나고 있다. 이제는 대단히 협력적인 새들도 있다는 것을 안다. 새들은 곤충에서 토끼까지 모든 사냥감에 대해서, 자신에게 돌아오는 몫이 없을 때에도, 남의 구애 공연에 "바람잡이"가 될 때에도, 남의 새끼를 키울 때에도 협력한다. 새들은 소리를 사용해서 갈등을 해소하고 영역의 경계를 협상하고 분쟁을 해결하고 먹이원이나 위험을 알린다. 그리고 노래하고 일하고 놀 때에 순서와 차례를 지킨다.

새들은 또한 동물의 행동을 이진법적으로 즐겨 구분하는 인간의 행동이 부질없다고 가르친다. 우리처럼 새들도 스펙트럼 안에서 살고 행동한다. 그리고 규칙을 정의하고 어기는 예외의 힘을 증명한다.

새들은 또한 인간이 생각만큼 유일한 존재가 아니라는 것도 보여주었다. 케아앵무의 약 올리는 행동과 익살스러운 놀이는 타인의 마음을 인식하는 능력과 친구와 함께 놀고 싶다는 바람이 인간만의 것이 아님을 말해준다. 또한 언어와 도구를 사용하고 복잡한 건축물을 짓고 다른 동물을 이해하고 조종하고 속이는 일 역시 인간만 할 수 있는 것이 아니었다. 다만 자신이 특별한 이유를 지어내는 능력만큼은 인간이 독보적이다.

이제 우리는 새들이 비단 생물학적인 측면만이 아니라 문화적으로도 구별된다는 것을 안다. 심지어 같은 종 안에서조차 그러하다. 새들은 노래, 바우어 건설, 놀이의 양식을 장소마다 개체군마다 다르게 배운다. 야자잎검은유황앵무, 케아앵무, 남방큰재갈매기, 박새, 동부요정굴뚝새, 금조들은 새들이 사회적 학습을 통해서 먹이를 찾는 다양한 방법을 터득하고 적의 정체를 파악하고 지역 방언이나 자신만의 특별한 박자를 익힌다는 것을 가르쳐준다.

사람이 되는 데에 한 가지 방법만 있는 것이 아니듯이, 새가 되는 데에도 한 가지 방법만 있는 것은 아니다. 우리는 여러 문화에 걸쳐 서로 다른 문화적 이상을 공유하는 관습이 있고, 이것들은 역동적이고 변화무쌍하다. 새들에게도 개별 정체성이 있고 서로 구분되는 행동과 문화적 관습이 있다. 그 역시 역동적이며 사회적 학습의 결과로 공유되는 것이다. 그러나 모든 인간이 인간다운 특성을 통해서 하나로 이어지는 것처럼, 새들도 "새다움"이라는 공통의 실로 연결되어 있다.

새들의 행동을 전반적으로 관찰함으로써 우리 자신의 행동에 대한 새로운 시각을 얻게 된다. 로버트 하인손이 지적한 것처럼, 기근의 시기나 생태학적 압박의 시기에 새들에게 일어나는 일은 환경적 압박이 있을 때에 인간 사회에서 일어나는 일과 크게 다르지 않을지도 모른다. 큰진흙집새들에게 가뭄과 같은 힘겨운 생태 환경은 사회의 큰 틀을 무너뜨리고 사회 붕괴, 권력 다툼, 납치와 같은 복잡한 마키아벨리식 사회 전술의 무대를 형성한다. 어떤 개체는 남을 짓밟고 살아남지만 이는 "남을 괴롭히지 않고는 살 수도 번식할 수도 없는 환경 때문"이라고 하인손은 말한다. 좋은 시절에는 제대로 기능하면서 새들을 부양하던 사회구조가 환경이 나빠지면 약자를 괴롭히는 소수에게만 큰 보상을 주고 나머지 개체군에는 고난을 주는 가혹하고 폭력적이고 분열된 체제로 탈바꿈한다.

기후 변화, 서식지 축소, 종의 멸종과 함께 이 비유는 더욱 적절해진다.

이 행성에 있는 동료 여행자에게, 그리고 행성 자체에 우리가 무슨 짓을 하고 있는지를 생각할 때면 절망이 밀려온다.

2009년에 세상을 떠나기 전까지 세계 최고의 군대개미 전문가였던 카를 레튼마이어는 신열대구 숲속의 "초소형 사자", 에키톤 부르켈리이와 동행한다고 알려진 동물의 목록을 처음으로 완성했다. 레튼마이어는 진드기와 곤충에서부터 새들에 이르기까지 이 개미와 협력하는 총 557종을 기록했다. 단일 종을 대상으로 기술된 가장 큰 동물 집단이다. 눈알무늬개미새를 포함해서 이들 중에서 최소한 300종이 개미에 의존해서 살아간다. 어떤 서식처든 에키톤 부르켈리이가 사라지면 수백 종의 새와 동물들이 멸종의 위협을 받을 것이다.

그 일이 생각보다 빨리 일어날지도 모르겠다. 지난 수십 년간 조류학자들은 곤충에 생계를 의존하는 새들의 수가 급감하는 것을 목도하고 있다. 유럽의 농경지대와 시골에서는 금눈쇠올빼미, 벌잡이새, 새호리기, 그리고 8종의 자고새가 자취를 감추었다. 나이팅게일과 유럽멧비둘기 개체수도 많이 줄었다. 그러나 그 원인은 단순한 서식지 파괴가 아니다. 주식인 딱정벌레, 잠자리, 그밖의 다른 곤충들이 사라지는 바람에 굶어 죽은 것이다. 2019년 연구에 따르면, 지난 25년 동안 곤충에 기대어 살아가는 새들은 유럽 전역에서 13퍼센트, 덴마크에서는 거의 30퍼센트가 감소했다는 결과가 나왔다.

같은 해에 과학자들은 1970년대 이후로 미국과 캐나다에 있는 새들 4마리 중 1마리가 모습을 감추었다는 충격적인 소식을 전했다. 이는 거의 30억 마리에 해당한다. 사라진 종은 초원종다리, 솔새, 제비부터 울새나 참새처럼 뒤뜰의 흔한 새들까지 스펙트럼이 넓다. 새들은 해변, 숲, 초원, 사막, 툰드라 등 모든 서식처에서 사라졌는데 개발과 농경으로 인한 서식처 손실은 물론이고 농약이 큰 원인으로 보인다. 최근에 발표된 한 연구에 따르면, 네오니코티노이드라는 살충제 때문에 철새가 여행에 필요한 몸무게와 지방을 얻지 못해서 제때 여행을 시작하지 못하고 있다. 우리는 레이철 카슨이 『침묵의 봄(Silent Spring)』에서 던진 예언을 떠올리지 않을 수 없다. "한때 울새, 고양이새, 비둘기, 어치, 굴뚝새들의 울음소리가 울려퍼지던 아침에 지금은 소리가 없다."

또한 그해에 산불이 오스트레일리아를 휩쓸면서 10억 마리 이상의 조류, 포유류, 파충류가 몰살되었고 광대한 자연 서식지가 파괴되었다.

기후 변화에 취약한 새들은 내가 이름을 댈 수 있는 것보다 훨씬 더 많다. 붉은가슴도요와 같은 철새는 먹이원이 개화하는 시기에 맞추어 섬세하게 조율된 여행 일정에 차질을 주는 기후 패턴의 변화에 쉽게 영향을 받는다. 바다제비처럼 먹이가 제한된 새들은 갑작스러운 환경 변화를 겪으면 먹이 분포가 급격하게 달라지기 때문에 새끼의 끼니를 챙기는 어려움을 겪는다. 최근에 우즈홀 해양연구소는 따뜻해지는 기온과 사라지는 해빙 때문에 이번 세기말이면 남극의 황제펭귄이 멸종할지도 모른다고 경고했다.

그럼에도 여전히 희망은 있다. 우리는 흰머리수리와 물새들의 부활에서, 그리고 사촌인 솔새들이 극적으로 감소한 시기에 영문을 알 수 없이 급증한 비레오새(1970년대보다 8,900만 마리가 증가했다)에서, 우림 출신으로 도시 환경에서 놀랍게 번성한 숲칠면조에서, 크고 지배적인 눈알무늬개미새가 절멸한 후에 그 틈을 메운 작은 점박이개미새에서, 알 속에 있는 새끼에게 뜨거운 날씨를 경고하여 새끼가 생장을 조절하고 더 작게 부화하여 쉽게 열을 식힐 수 있게 한 금화조에서, 유연성과 유동성을 보이는 많은 새들의 번식 행동에서, 사회 학습을 통해서 정보를 빨리 전파하여 진화가 허락하는 것 이상으로 새롭고 변화하는 상황에 적응하는 박새와 기타 새들에게서 희망을 본다. 이런 융통성이 몇몇 종들에게는 변화하고 예측 불가능한 세상에 대처하는 능력을 줄 수도 있다. 개체 변이는 집단에 약간의 탄력성을 가져온다. 그것은 진화적 변화의 문제이자 혁신과 날카로운 문제해결의 문제들이다.

스웨덴에 있는 농장에서 룬드로 돌아오는 길에 마티아스 오스바트는 새들을 연구하면서 도달한 관점을 이야기해주었다. 반은 우스갯소리이다. 오스바트는 까마귓과 동물들이 인지의 돌파구를 눈앞에 두고 있다고 믿는다. 이 새들은 수백만 년 동안 존재해왔다. 하지만 우리 인간은 한 종으로서 고작 수십만 년을 존재했다. 지질학 용어로 말하자면, 통계적으로 무의미한 찰나의 순간이다. 그러나 우리가 존재한 이 짧은 시간 동안 까마귀와 큰까마귀 등 까마귓과 새들은 먹이원과 피난처로 인간을 이용하는 법을 배웠다. 만약 인간이 사라지고 까마귀들이 인간이라는 자원을 잃는다면, 까마귀 두뇌에서 자체적으로 인지 발달을 촉구하는 모종의 선택압이 생길지도 모른다고 오스바트는 말한다. 새들의 초효율적인 신호 전달과 뉴런의 조밀한 분포와 함께 뇌의 크기가 2배나 3배로 커지면서 까마귀들이 인류를 잇는 위대한 사상가가 되어 동물 세계에 군림할지도 모른다. 이 사건은 생각보다 빨리 일어날 수도 있다고 그는 말한다. "인간은 땅속에 파묻힌 공룡을 파내어 과거에 이 동물에게 무슨 일이 일어났는지를 연구합니다. 어쩌면 까마귀의 형상을 한 공룡이 땅속에서 우리를 파내어 인간에게 무슨 일이 일어났는지를 연구할지도 모르죠." 오스바트는 그들이 우리와 같은 실수를 반복하지 않기를 바란다.

영어로 "호의를 보이는", 또는 "성공의 가능성"이라는 뜻의 'auspicious'라는 단어는 라틴어로 "새들의 관찰자"라는 뜻의 'auspex'에서 왔다. 고대 로마에서는 사제나 점쟁이들이 새들의 비행 패턴을 보고 점을 쳤다. 16세기에 영어 'auspice(전조)'는 원래 징조를 찾기 위해서 새를 관찰하는 일을 가리켰다. 여기에는 무시할 수 없는 예감이 있다. 우리에게 아직 기회가 있을 때에 새를 더 많이 관찰하고 새들의 평범하고 평범하지 않은 행동에 관심을 기울이고 새들의 경이로운—그리고 여전히 신비스러운—존재 방식을 배운다면, 아마 지금보다 더 잘할 수 있지 않을까.

감사의 글

이런 종류의 책은 야외 현장과 실험실에서 새를 연구하고 관찰하는 훌륭한 일에 몸담은 박물학자들과 과학자들의 선의와 관대함과 헌신이 없다면 쓰일 수 없다. 이들은 미스터리를 벗겨내고 새에 관한 새로운 지식을 만드는 영웅들이다. 내가 이 책을 쓰면서 함께 작업한 모든 연구자들은 시간과 전문지식, 그리고 연구에 대한 열정을 나에게 아낌없이 나누어주었다. 특히 현장에서 연구 과정을 직접 보여주고 연구 대상을 소개하느라고 애써주신 분들께 감사하고 싶다.

우선 앤드루 스키어치에게 깊이 감사한다. 앤드루는 사랑앵무의 사진에 대한 나의 간단한 질문에 따뜻한 인사를 건네며 오스트레일리아의 바라딘에서 열린 오스트레일리아 야생동물 소리녹음 단체회의에서 강연하도록 초대해주었다. 회의에 가는 길에 앤드루와 그의 여자친구인 도예가 세라 코샤크는 친절하게도 그들 집 마당의 맨 앞줄에서 생생하게 요정굴뚝새를 보게 해주었고, 2주일간 뉴사우스웨일스의 풍경과 새와 자연의 소리들을 선사했다. 그 여행에서 음향 경관의 마법사인 앤드루는 새들의 노래와 울음소리를 듣는 새로운 방법으로 나의 귀를 열어주었고 나는 새를 듣는 방식을 완전히 바꾸게 되었다. 그는 또한 이 책의 원고를 전부 다 읽고 통찰력 있는 제안을 해주었다.

일과 가족을 떠나서 일부러 시간을 내어 블루마운틴의 심장부에 있는 금조 연구지를 보여준 아나 달지엘에게 진심으로 감사한다. 아나와 저스틴 웰버건은 그들이 연구하는 새들에 관한 나의 끝없는 질문에 답해주었고 금조가 구애하는 놀라운 영상을 보여주었다.

팀 로에게는 우선 그가 오스트레일리아의 새들에 관해서 쓴 책인 『노래의 기원』에 대해서 감사하고 싶고, 다음으로는 긴 하루 동안 나에게 그가 사는 곳의 야생 조류를 소개해준 것에 깊이 감사한다. 그는 그의 집 뒷마당의 숲칠면조 흙무덤을 보여주었을 뿐 아니라(지금은 크기가 두 배가 되었다고 한다), 꿀빨기새, 오스트레일리아까치, 코카투, 풍경광부새를 비롯한 수십 종의 오스트레일리아 새들을 소개하고 그 새들에 관한 매혹적이고 박식한 견해를 들려주었다.

그리피스 대학교의 윌 피니는 자신의 연구지에서 나와 함께 거의 3일을 꼬박 보내면서 뻐꾸기와 숙주들 간의 기이한 관계와 그 새들을 연구하는 방법을 소개했다. 피니는 물론이고 피니와 함께 이 새들의 이야기를 풀어나가는 연구팀에 고마움을 표한다 제임스 케널리, 매기 그룬들러, 니콜 리처드슨, 데릭 트래셔, 조 웰클린, 줄리언 커푸어, 매슈 마쉬, 레베카 브래큰, 자크 데이비스, 웬디 뎁틀라, 스테파니 르콰이어, 라일리 닐, 그리고 노아 헌트까지. 나와 함께 시간을 보내며 그들이 관심을 가진 새들의 연구, 과거와 현재와 미래를 설명해준 제임스, 데릭, 조, 줄리안에게는 더 특별한 감사를 전한다.

시간을 내어 내게 자신들의 조사 지역을 보여주고 멋진 연구에 대해서 설명해준 다른 오스트레일리아 연구자들로는 멜버른 대학교의 미셸 홀, 그리피스 대학교의 브래니 이직, 대릴 존스, 시드니 왕립식물원의 존 마틴(내게 처음으로 힘이 넘치는 부엉이를 보여주었다), 오스트레일리아 국립대학교의 로버트 하인손, 나오미 랭모어, 로버트 맥래스가 있다.

메리 캐스웰 스토더드는 프린스턴 대학교의 자기 연구실에서 몇 시간 동안이나 내게 조류의 색각, 알, 그리고 많은 다른 주제에 관한 놀라운 연구들을 설명해주었고, 친절하게도 콜로라도 고딕에 있는 로키마운틴 생물학 연구소에 초대해주었다. 그곳에서 스토더드와 베네딕트 호건, 해럴드 아이스터는 넓적꼬리벌새의 다이빙 구애의 경이로움과 그들이 그것을 연구한 천재적인 방식을 보여주었다. 나는 이 재능 있는 젊은 과학자들이 나와 함께 보내준 시간에 깊이 감사한다.

마티아스와 헬레나 오스바트는 스웨덴 룬드 근처에 있는 집과 조류장에서 환영해주었고, 내게 그들의 놀라운 큰까마귀들을 소개시켜주었다. 큰까마귀와 일반적인 새들의 놀이에 대한 방대한 지식을 아낌없이 나누어준 것에 대해서 특히 마티아스에게 감사한다. 라울 슈윙거와 아멜리아 바인은 케아앵무에 대한 활기찬 소개와 이 가장 짓궂고 사랑스럽고 장난기 많은 새들을 이해하기 위해서 그들이 수행하는 탁월한 연구를 보여주었다. 정말 고마웠다.

수많은 과학자들이 시간을 내어 자신들의 연구에 대해서 심도 있는 대화를 나누어주었다. 소개하겠다. 매시 대학교의 제임스 데일, 플로리다 주립대학교의 에밀리 듀발, 와일드라이프 웨스트 사(社)의 반 그레이엄, 케임브리지 대학교의 제시카 맥라클란, 콜로라도 대학교 볼더의 메디나-가르시아, 아카디아 대학교의 숀 맥캔, 캘리포니아 대학교 데이비스의 개브리엘 네비트, 드렉셀 대학교의 숀 오도넬, 부에노스아이레스 대학교의 후안 레보레타, 프린스턴 대학교의 크리스티나 릴, 오클랜드 대학교의 알렉스 테일러, 생물학자 폴 테벨, 퍼시픽 대학교의 크리스토퍼 템플턴, 코넬 대학교 조류연구소의 마이클 웹스터, 뉴멕시코 주립대학교의 팀 라이트에게 감사의 인사를 전한다.

나는 세인트앤드루스 대학교의 수 힐리가 시간을 내어 벌새, 둥지 짓기, 야생 인지에 관해서 이야기해준 것은 물론이고 원고 전체를 세심하고 신중하게 읽고 도움이 되는 제안들을 제시해준 것에 크게 감사한다.

바쁜 일정에도 불구하고 나와 오랜 시간 교신하며 자신들의 연구에 관해서 이야기해주고 참고 문헌을 제공해주고 이 책에서 자신들의 연구를 다룬 부분을 읽고 또 읽어준 수많은 자애로운 사람들로는 앞에서 언급한 과학자 및 박물학자들뿐 아니라, 윌로우뱅크 야생동물 보존구역의 닉 애크로이드와 커스티 윌스, 매시 대학교의 필 배틀리, 막스플랑크 조류연구소의 이츠하크 벤 모하, 민족 조류학자 마크 본타, 메릴랜드 대학교의 제럴드 보르지아, 마운트 홀리요크 대학의 퍼트리샤 브레넌, 덴마크 남부대학교의 싱네 브링클뢰브, 빈 대학교의 토마스 부그니아, 코스타리카 열대 생태 및 보존에 관한 국제교육 교류, 해외연구 프로그램의 조엘 샤베스-캄푸스, 디킨 대학교의 존 엔들러, 빈 대학교의 자브리나 엥게제르, 조류학자 로버트 고스퍼드, 알래스카 대학교와 버몬트 대학교의 조지 햅, 델라웨어 주립대학교의 크리스토퍼 헤크셔, 밴더빌트 대학교의 수자나 에르쿨라노-오젤, 일리노이 대학교 어배너-샴페인의 제이슨 키지, 엑서터 대학교의 로라 켈리, 도쿄 대학교의 매슈 I. M. 라우더, 미항공우주국의 제시카 메어, 그르노블 대학교의 줄리앙 메예르, 로테르담 자연사박물관의 키스 모엘리커르, 캔터베리 대학교의 시메나 넬슨, 코넬 대학교 조류연구소의 캐런 오돔, 캘리포니아 대학교 산타크루즈의 폴 폰가니스, 룬드 대학교의 사이먼 포티에르, 코넬 대학교 조류연구소의 에드 숄스, 야생동물 보존협회의 조너선 슬래트, 케이프타운 대학교와 케임브리지 대학교의 클레어 스포티스우드, 캘리포니아 주립대학교 산 마르코스의 디에고 수스타이타, 교토 대학교의 스즈키 도시타카, 퍼시픽 대학교의 크리스포터 템플턴, 엑서터 대학교의 알렉스 손턴, 텍사스 대학교 오스틴의 줄리아 요크, 동물학자이자 사진작가인 크리스티 융커, 미네소타 대학교의 말린 저크가 있다.

이 모든 과학자들의 의견과 기여가 이 책을 대단히 풍부하게 만들었고, 정확성을 보장하는 데에서도 매우 귀중한 것이었다. 그런데도 실수가 나온다면 그것은 모두 내 탓이다.

2017년 바라딘에서 열린 연례회의에서 자연의 소리를 녹음한 지대한 노력과 오스트레일리아 새와 그밖의 야생동물에 관한 경험을 나누어준 오스트레일리아 야생동물 소리녹음 단체 회원들에게 특별한 감사를 드리고 싶다. 내 귀를 열어준 것에 대해서 특별히 로스 밴트, 리 바클레이, 토니 베일리스, 제시 카파도나, 루시 패로우, 수 굴드, 비키 핼릿, 마이클 마호니, 밥 톰킨스, 앤드루 스키어치, 프레드 반 게셀에게 감사한다. 나는 마지막 날 저녁에 작은 관목 댐 옆에 조용히 앉아서, 물을 마시러 내려온 10여 마리의 윤기 나는 검은 코카투를 보던 순간을 결코 잊지 못할 것이다.

로키마운틴 생물학 연구소의 이안 빌릭은 연구소를 소개해주었다. 고맙게 생각한다. 또한 내가 참가했던 수많은 조류 축제에서 새들과 산책하고 이야기할 기회를 주고 많은 멋진 종들과 사람들을 소개해준 축제 조직위원회와 참가자들에게 고마운 마음을 전하고 싶다. 특히 스페인 카탈루냐의 델타 조류축제의 아벨 줄리엔, 프란세스 커츠너, 미구엘 라파, 얌파 밸리 왜가리축제의 낸시 메릴, 로저 토리 페터슨 미국 야생자연축제의 조너선 웨스턴, 밴쿠버 국제조류축제의 밥 엘너와 롭 버틀러, 카체마크 만 물새축제의 말로리 프림과 로비 믹슨에게 감사한다. 스웨덴 자연보호구역인 앙아른셰엥엔 탐험에서 멋진 새들을 보여주고 스칸센에서 큰회색올빼미 퍼시와의 마법 같은 순간을 선사해준 알빈 그란에게 깊이 감사한다.

나는 또한 응원과 깨달음, 아이디어, 사진, 탐조 기회를 준 수많은 친구와 동료, 수전 앨리슨, 수전 바식, 로스 케이시, 캐시 클라크, 대니얼 델라노, 로라 델라노, 마크 에드먼드슨, 앤드루 플로이드, 테드 플로이드, 그레그 겔버드, 도리트 크린, 로빈 헤인스, 로저 허쉬랜드, 수전 히치콕,

브라이언 호프스테터(특이한 새들의 행동에 대한 훌륭한 목록을 보내주었다), 리치 호프스테터, 조아나 홀댁, 멕 제이, 캐런 B. 런던, 도나 루시, 미셸 마틴, 레즐리 미들턴, 낸시 머피-스파이어, 미리암 넬슨, 데브라 니스트롬, 댄 오닐, 다이앤 오버, 마이클 로드마이어, 샌디 슈미트, 데이비드 스파이서, 엘렌 와그너, 폴 와그너, 조 화이트, 헨리 바인섹, 앤드루 윈덤에게 감사한다. 꾸준히 함께하면서 대화를 나누고 함께 산책해준 샌디 쿠쉬먼, 리즈 덴튼, 샤론 허쉬랜드, 피트 마이어스에게 특별히 감사한다. 그리고 너그럽게 자신의 훌륭한 사진들을 공유해준 피트에게 다시 한번 감사의 말씀을 전한다.

나는 2019년 4월에 암으로 세상을 떠난 내 사랑하는 친구 캐서린 매그로우에게 감사를 전하고 싶다. 캐서린은 이 세상에서 선을 위해서 용감히 싸운 사랑의 힘이었다. 나는 캐서린의 벗으로 살았던 시간, 그리고 우리 집에 온기와 유머와 빛을 가져다준 그녀의 놀라운 두 딸 에마와 그레이스를 알고 사랑하게 된 것을 진심으로 행운이라고 생각한다.

내가 이 책을 쓴 3년은 크나큰 도전이었다. 나에게 이렇게 좋은 가족이 있다는 것은 평생의 복이다. 내 인생에, 콜로라도 산맥에서, 우리 집 마당에서 내가 그들의 강하고 능력 있는 도움과 친절한 마음이 가장 필요할 때 나타나준 나의 벗, 호이와 로니에게 감사한다. 의학적 도움과 위로의 말과 함께, 꾸준히 나를 초대해준 난에게 감사한다. 한없는 인내심과 창의력과 생기로 우리 가족을 도와준 존, 그리고 늘 내 옆에 있어준 내 사랑하는 자매들인 킴, 낸시, 사라 그리고 아낌없는 사랑과 지지를 보내준 사랑하는 게일과 빌에게 그저 감사한 마음뿐이다.

낸스와 스티브, 내 삶에서 그들의 본질적이고 사랑이 넘치고 자애롭고 지속된 존재 자체에 대해서 매일 무한히 감사한다.

내 에이전트인 멜러니 잭슨에게는 어떻게 감사해야 할지 모르겠다. 힘든 시기에 더 빛났던 지성과 따뜻한 지지, 그리고 언제나 완벽한 편집적 관점과 충고들에 진심으로 감사한다. 멜러니는 나를 모든 작가가 원할 만한 편집자인 앤 고도프에게 이끌어주었다. 앤의 비범한 지혜와 명확성과 우아함에 경의를 표한다. 출간 과정에서 원고를 옮기는 데에 전문적이고 창의적인 도움을 준 캐시 데니스에게 감사한다. 아주 멋진 표지 디자인을 해준 대런 해거와 이해를 돕는 커버로 빛나는 예술 작품을 만들어준 유니케 누그로호, 그리고 이 책 전체에 사랑스러운 삽화를 그려준 존 버고인에게 감사한다.

마지막으로 내 가장 깊은 감사를 내 딸 조와 넬에게 주고 싶다. 그들의 긍정의 말, 음악 플레이리스트, 만화책, 집안일, 동지애, 유머, 관점, 충고, 솔직함, 사랑, 지지가 없었다면 이 책은 나오지 못했을 것이다. 편집 보조라는 공식적인 역할을 맡아서 훌륭하고 끈기 있게 제 업무를 수행하고 수십 건의 녹음된 인터뷰를 신중하게 기록하고 강의 행사를 조율하고 여행과 일정을 계획하고 무엇보다 예리한 편집적 안목으로 언제나 현명한 조언을 아끼지 않은 넬에게 감사한다. 넬, 네 건강과 행복에 찾아왔던 많은 어려움에도 불구하고 이렇게 큰 도움을 주어서 정말 고맙다. 너는 나의 올빼미이자 애니새이자 매이고 큰까마귀, 벌새, 그리고 민무늬지빠귀란다.

더 읽을 만한 책들

들어가는 글 : 새 한 마리를 보면서

G. F. Barrowclough, et al., "How many kinds of birds are there and why does it matter?" *PLOS ONE* 11, no. 11 (2016): doi/ 10.1371/ journal.pone.0166307.

N. J. Boogert et al., "Measuring and understanding individual differences in cognition," *Philosophical Transactions of the Royal Society* B 373 (2018): 20170280.

J. Dale, "Plumage Color in Males and Females" (keynote lecture, 54th Annual Conference of the Animal Behavior Society, Toronto, 2017).

R. E. Gill et al., "Extreme endurance flights by landbirds crossing the Pacific Ocean: Ecological corridor rather than barrier?" *Proceedings of the Royal Society B: Biological Sciences* 276, no. 1656 (October 2008): 447–57.

J. Gould, *The Birds of Australia*, 7 vols. (London: Richard and John E. Taylor, 1848).

D. Griffin, *Animal Thinking* (Cambridge, MA: Harvard University Press, 1984).

S. D. Healy, "Animal cognition," Integrative Zoology 14, no. 2 (2019): 128–31.

S. D. Healy et al., "Explanations for variation in cognitive ability: Behavioural ecology meets comparative cognition," *Behavioural Processes* 80, no. 3 (2009): 288–94.

R. Heinsohn, "Ecology and evolution of the enigmatic eclectus parrot (Eclectus roratus)," *Journal of Avian Medicine and Surgery* 22, no. 2 (2008): 146–50.

R. Heinsohn, "Eclectus' True Colors Revealed," *Bird Talk*, February 2009, 38.

R. Heinsohn et al., "Extreme reversed sexual dichromatism in a bird without sex role reversal," *Science* 22, no. 309 (2005): 617–19.

S. Herculano-Houzel, "Numbers of neurons as biological correlates of cognitive capacity," *Current Opinion in Behavioral Sciences* 16 (2017): 1–7.

L. Lefebvre, "Taxonomic counts of cognition in the wild," *Biology Letters* 7, no. 4 (August 2011): 631–33.

T. Low, *Where Song Began: Australia's Birds and How They Changed the World* (New Haven, CT: Yale University Press, 2016).

J. U. Meir, "Physiology at the Extreme: From Ocean Depths to Mountain Peaks Among the Stars" (plenary lecture, North American Ornithological Conference, Washington, DC, August 17, 2016).

J. U. Meir and W. K. Milsom, "High thermal sensitivity of blood enhances oxygen delivery in the high-flying bar-headed goose," Journal of Experimental Biology 216 (2013): 2172–75.

J. U. Meir et al., "Heart rate and metabolic rate of bar-headed geese flying in hypoxia," *Federation of American Societies for Experimental Biology Journal* 27 (2013).

J. U. Meir et al., "Reduced metabolism supports hypoxic flight in the high-flying bar-headed goose (Anser indicus)," *eLife* 8 (2019): e44986.

K. J. Odom et al., "Female song is widespread and ancestral in songbirds," *Nature Communications* 5 (2014): 3379.

D. J. Pritchard et al., "Why study cognition in the wild (and how to test it)?," *Journal of the Experimental Analysis of Behavior* 105, no. 1 (2016): 41–55.

D. J. Pritchard et al., "Wild rufous hummingbirds use local landmarks to return to rewarded locations," *Behavioural Processes* 122 (2016): 59–66.

K. Riebel et al., "New insights from female bird song: Towards an integrated approach to studying male and female communication roles," *Biology Letters* 15, no. 4 (2019): doi/full/10.1098/rsbl.2019.0059.

L. Robin, R. Heinsohn, and L. Joseph, eds., *Boom & Bust: Bird Stories for a Dry Country* (Canberra, Australia: CSIRO Publishing, 2009).

G. R. Scott et al., "How bar-headed geese fly over the Himalayas," *Physiology* 30(2) (2015): 107–15.

S. Shaffer discovery reported in the *East Bay Times*: P. Rogers, "Hitchhiking Gull Takes 150-Mile Truck Ride Along California Freeways," July 13, 2018, https://www.eastbaytimes.com/2018/07/13/hitchhiking-seagull-takes-150-mile-truck-ride-along-california-freeways/.

L. Swan, *Tales of the Himalaya: Adventures of a Naturalist* (La Crescenta, CA: Mountain N' Air Books, 2000), 90.

J. F. Welklin, "Neighborhood bullies: The importance of social context on plumage in redbacked fairy-wrens" (Sigma Xi Mini-Symposium, Cornell University, Ithaca, NY, February 2015).

J. F. Welklin et al., "Social environment, costs, and the evolution of sexual signals" (EvoDay Symposium, Cornell University, Ithaca, NY, May 8, 2015).

말하기

1 새벽 합창단

K. S. Berg et al., "Phylogenetic and ecological determinants of the neotropical dawn chorus," *Proceedings of the Royal Society B: Biological Sciences* 273, no. 1589 (2006): 999–1005.

D. Colombelli-Négrel et al., "Embryonic learning of vocal passwords in superb fairy-wrens reveals intruder cuckoo nestlings," *Current Biology* 22 (2012): 2155–60.

D. Colombelli-Négrel et al., "Prenatal learning in an Australian songbird: Habituation and individual discrimination in superb fairy-wren embryos," *Proceedings of the Royal Society B: Biological Sciences* 281, no. 1797 (2014): 20141154.

J. Dale, "Ornamental plumage does not signal male quality in red-billed queleas," *Proceedings of the Royal Society B: Biological Sciences* 267, no. 1458 (2000): 2143–49.

A. H. Dalziell and A. Cockburn, "Dawn song in superb fairy-wrens: A bird that seeks extrapair copulations during the dawn chorus," *Animal Behaviour* 75, no. 2 (2008): 489–500.

K. Delhey et al., "Cosmetic coloration in birds: Occurrence, function, and evolution," supplement, *American Naturalist* 169, no. S1 (2007): S145–S158.

C. Dreifus, "Luis Baptista, 58, an Author and an Expert on Bird Song," *The New York Times*, June 27, 2000).

G. Happ, *Sandhill Crane Display Dictionary: What Cranes Say with Their Body Language* (Dunedin, FL: Waterford Press, 2017).

S. Hoffmann et al., "Duets recorded in the wild reveal that interindividually coordinated motor control enables cooperative behavior," *Nature Communications* 10, no. 2577 (2019): doi:10.1038/s41467-019-10593-3.

S. Keen et al., "Song in a social and sexual context: Vocalizations signal identity and rank in both sexes of a cooperative breeder," *Frontiers in Ecology and Evolution* 4, no. 46 (2016): doi:10.3389/fevo .2016.00046.

E. Kemmerer et al., "High densities of bell miners Manorina melanophrys associated with reduced diversity of other birds in wet eucalypt forest: Potential for adaptive management," *Forest Ecology and Management* 255, no. 7 (2008): 2094–2102.

D. M. Logue and D. B. Krupp, "Duetting as a collective behavior," *Frontiers in Ecology and Evolution* (2016): doi.org/10.3389/fevo.2016.00007.

B. Mampe et al., "Newborns' cry melody is shaped by their native language," *Current Biology* 19, no. 23 (2009): 1994–97.

M. M. Mariette et al., "Parent-embryo acoustic communication: A specialised heat vocalisation allowing embryonic eavesdropping," *Scientific Reports* 8, no. 10 (2018): 17721.

J. P. Myers, "One deleterious effect of mobbing in the southern lapwing (Vanellus chilensis)," *Auk* 95, no. 2 (1978): 419–20.

S. A. Nesbitt, "Feather staining in Florida sandhill cranes," *Florida Field Naturalist* (fall 1975): 28–30.

C. Pérez-Granados et al., "Dawn chorus interpretation differs when using songs or calls: The Dupont's lark Chersophilus duponti case," *Peer Journal* 6 (2018): e5241.

K. D. Rivera-Cáceres, "The Ontogeny of Duets in a Neotropical Bird, the Canebrake Wren" (PhD diss., University of Miami, 2017), Open Access Dissertations, 1830.

K. D. Rivera-Cáceres and C. N. Templeton, "A duetting perspective on avian song learning," *Behavioural Processes* 163 (2019): 71–80.

K. D. Rivera-Cáceres et al., "Early development of vocal interaction rules in a duetting songbird," *Royal Society Open Science* 5, no. 2 (2018): 171791.

A. C. Rogers et al., "Function of pair duets in the eastern whipbird: Cooperative defense or sexual conflict?," *Behavioral Ecology* 18, no. 1 (2007): 182–88.

O. Tchernichovski et al., "How social learning adds up to a culture: From birdsong to human public opinion," *Journal of Experimental Biology* 220 (2017): 124–32.

C. N. Templeton et al., "An experimental study of duet integration in the happy wren, Pheugopedius felix," *Animal Behaviour* 86, no. 4 (2013): 821–27.

R. J. Thomas et al., "Eye size in birds and the timing of song at dawn," *Proceedings of the Royal Society B: Biological Sciences* 269 (2002): 831–37.

J. A. Tobias et al., "Territoriality, social bonds, and the evolution of communal signaling in birds," *Frontiers in Ecology and Evolution* 24 (2016): doi: 10.3389/fevo.2016.00074.

2 경계경보

B. E. Byers and D. E. Kroodsma, "Avian Vocal Behavior," in *The Cornell Lab of Ornithology Handbook of Bird Biology*, eds. I. J. Lovette and J. W. Fitzpatrick, 3rd ed. (Hoboken, NJ: Wiley, 2016): 355–405.

S. S. Cunningham and R. D. Magrath, "Functionally referential alarm calls in noisy miners communicate about predator behaviour," *Animal Behaviour* 129 (2017): 171–79.

E. Curio et al., "Cultural transmission of enemy recognition: One function of mobbing," *Science* 202, no. 4370 (1978): 899–901.

F. S. E. Dawson Pell, "Birds orient their heads appropriately in response to functionally referential alarm calls of heterospecifics," *Animal Behaviour* 140 (2018): 109–18.

S. Engesser et al., "Chestnut-crowned babbler calls are composed of meaningless shared building blocks," *PNAS* 116, no. 39 (2019): 19579–84: doi.org/10.1073/pnas.1819513116.

S. Engesser et al., "Experimental evidence for phonemic contrasts in a nonhuman vocal system," *PLOS Biology* 13, no. 6 (2015): e1002171.

S. Engesser et al., "Internal acoustic structuring in pied babbler recruitment cries specifies the form of recruitment," *Behavioral Ecology* 29, no. 5 (2018): 1021–30.

M. Hingee and R. D. Magrath, "Flights of fear: A mechanical wing whistle sounds the alarm in a flocking bird," *Proceedings of the Royal Society B: Biological Sciences* 276, no. 1676 (2009): 4173–79.

B. Igic et al., "Crying wolf to a predator: Deceptive vocal mimicry by a bird protecting young," *Proceedings of the Royal Society B: Biological Sciences* 282, no. 1809 (2015): doi. org/10.1098/rspb.2015.0798.

B. Jones, "Long-lasting cognitive and behavioral effects of single encounter with predator," (presentation, International Ornithological Congress, Vancouver, August 26, 2018).

S. L. Lima and L. M. Dill, "Behavioral decisions made under the risk of predation: A review and prospectus," *Canadian Journal of Zoology* 68, no. 4 (1990): 619–40.

R. D. Magrath and T. H. Bennett, "A micro-geography of fear: Learning to eavesdrop on alarm calls of neighbouring heterospecifics," *Proceedings of the Royal Society, B: Biological Sciences* 279, no. 1730 (2012): 902–09.

R. D. Magrath et al., "An avian eavesdropping network: Alarm signal reliability and heterospecific response," *Behavioral Ecology* 20, no. 4 (2009): 745–52.

R. D. Magrath et al., "Eavesdropping on heterospecific alarm calls: From mechanisms to consequences," *Biological Reviews* 90, no. 2 (2015): 560–86.

R. D. Magrath et al., "Recognition of other species' aerial alarm calls: Speaking the same language or learning another?," *Proceedings of the Royal Society B: Biological Sciences* 276, no. 1657 (2009): 769–74.

R. D. Magrath et al., "Wild birds learn to eavesdrop on heterospecific alarm calls," *Current Biology* 25, no. 15 (2015): 2047–50.

J. R. McLachlan, "Alarm Calls and Information Use in the New Holland Honeyeater" (PhD thesis, University of Cambridge, 2019).

J. R. McLachlan, "How an alarm signal encodes for when to flee and for how long to hide," symposium at the International Ornithological Congress, Vancouver, August 26, 2018.

J. Meyer and D. D. Reyes, "Geolingüística de los lenguajes silbados del mundo, con un enfoque en el español silbado," *Géolinguistique* 17 (2017): 99−124.

T. G. Murray et al., "Sounds of modified flight feathers reliably signal danger in a pigeon," *Current Biology* 27, no. 22 (2017): P3520− 3525.E4.

D. A. Potvin et al., "Birds learn socially to recognize heterospecific alarm calls by acoustic association," *Current Biology* 28 (2018): 2632−37.

R. M. Seyfarth et al., "Vervet monkey alarm calls: Semantic communication in a free−ranging primate," *Animal Behaviour* 28, no. 4 (1980): 1070−94.

R. M. Seyfarth et al., "Monkey responses to three different alarm calls: Evidence of predator classification and semantic communication," *Science* 210, no. 4471 (1980): 801− 803.

T. N. Suzuki, "Semantic communication in birds: Evidence from field research over the past two decades," *Ecological Research* 31, no. 3 (2016): 307−19.

T. N. Suzuki et al., "Wild birds use an ordering rule to decode novel call sequences," *Current Biology* 27, no. 15 (2017): 2331−36.

C. N. Templeton et al., "Allometry of alarm calls: Black− capped chickadees encode information about predator size," *Science* 308, no. 5730 (2005): 1934−37.

3 모창의 달인

R. W. Byrne and N. Corp, "Neocortex size predicts deception rate in primates," *Proceedings of the Royal Society B: Biological Sciences* 271, no. 1549 (2004): 1693−99.

T. Caro, "Antipredator deception in terrestrial vertebrates," *Current Zoology* 60, no. 1 (2014): 16−25.

A. H. Chisholm, *Nature's Linguists: A Study of the Riddle of Vocal Mimicry* (Burwood, Australia: Brown, Prior, Anderson, 1946).

A. H. Dalziell, "Avian vocal mimicry: A unified conceptual framework," *Biological Reviews* 90, no. 2 (2015): 643−58.

A. H. Dalziell and R. D. Magrath, "Fooling the experts: Accurate vocal mimicry in the song of the superb lyrebird, Menura novaehollandiae," *Animal Behaviour* 83, no. 6 (2012): 1401−10.

A. H. Dalziell and J. A. Welbergen, "Elaborate mimetic vocal displays by female superb lyrebirds," *Frontiers in Ecology and Evolution* (2016): doi.org/10.3389/fevo.2016.00034.

A. H. Dalziell et al., "Dance choreography is coordinated with song repertoire in a complex avian display," *Current Biology* 23, no. 12 (2013): 1132−35.

N. J. Emery and N. S. Clayton, "The mentality of crows: Convergent evolution of intelligence in corvids and apes," *Science* 306, no. 5703 (2004): 1903−07.

T. P. Flower et al., "Deception by flexible alarm mimicry in an African bird," *Science* 344, no. 6183 (2014): 513−16.

M. Goller and D. Shizuka, "Evolutionary origins of vocal mimicry in songbirds," *Evolution Letters* 2, no. 4 (2018): 417−26.

V. A. Gombos, "The cognition of deception: The role of executive processes in producing lies," *Genetic, Social, and General Psychology Monographs* 132, no. 3 (2006): 197−214.

B. Igic and R. D. Magrath, "Fidelity of vocal mimicry: Identification and accuracy of mimicry of heterospecific alarm calls by the brown thornbill," *Animal Behaviour* 85, no. 3 (2013): 593–603.

B. Igic and R. D. Magrath, "A songbird mimics different heterospecific alarm calls in response to different types of threat," *Behavioral Ecology* 25, no. 3 (2014): 538–48.

A. C. Katsis et al., "Prenatal exposure to incubation calls affects song learning in the zebra finch," *Scientific Reports* 8 (2018): 15232.

L. A. Kelley and S. D. Healy, "Vocal mimicry in male bowerbirds: Who learns from whom?," Biology Letters 6, no. 5 (2010): 626–29.

J. F. Prather et al., "Precise auditory-vocal mirroring in neurons for learned vocal communication," *Nature* 451, no. 7176 (2008): 305–10.

D. A. Putland et al., "Imitating the neighbours: vocal dialect matching in a mimic-model system," *Biology Letters* 2, no. 3 (2006): 367–70.

R. M. Sapolsky, *Behave: The Biology of Humans at Our Best and Worst* (New York: Penguin Press, 2017).

R. A. Suthers and S. A. Zollinger, "Producing song: The vocal apparatus," *Annals of the New York Academy of Sciences* 1016 (2004): 109–29.

R. Zann and E. Dunstan, "Mimetic song in superb lyrebirds: Species mimicked and mimetic accuracy in different populations and age classes," *Animal Behaviour* 76, no. 3 (2008): 1043–54.

일하기

4 생계가 달린 냄새

J. J. Audubon, "Account of the habits of the turkey buzzard, Vultur aura, particularly with the view of exploding the opinion generally entertained of its extraordinary power of smelling," *Edinburgh New Philosophical Journal* 2 (1826): 172–84.

B. G. Bang, "Anatomical adaptations for olfaction in the snow petrel," *Nature* 205 (1965): 513–15.

B. G. Bang, "Anatomical evidence for olfactory function in some species of birds," *Nature* 188 (1960): 547–49.

B. G. Bang, "The olfactory apparatus of tubenosed birds (Procellariiformes)," *Acta Anatomica* 65, no. 1 (1966): 391–415.

D. Bakaloudis, "Hunting strategies and foraging performance of the short-toed eagle in the Dadia-Lefkimi-Soufli National Park, north-east Greece," *Journal of Zoology* 281, no. 3 (2010): 168–74.

F. Bonadonna et al., "Evidence that blue petrel, Halobaena caerulea, fledglings can detect and orient to dimethyl sulfide," *Journal of Experimental Biology* 209 (2006): 2165–69.

S. Brinkløv et al., "Echolocation in oilbirds and swifts," *Frontiers in Physiology* 4 (2013): 123.

S. Brinkløv et al., "Oilbirds produce echolocation signals beyond their best hearing range and adjust signal design to natural light conditions," *Royal Society Open Science* 4, no. 5 (2017):

170255.

G. C. Cunningham and G. A. Nevitt, "Evidence for olfactory learning in procellariiform seabird chicks," *Journal of Avian Biology* 42, no. 1 (2011): 85–88.

S. J. Cunningham and I. Castro, "The secret life of wild brown kiwi: Studying behaviour of a cryptic species by direct observation," *New Zealand Journal of Ecology* 35, no. 3 (2011): 209–19.

J. L. DeBose and G.A. Nevitt, "The use of odors at different spatial scales: Comparing birds with fish," *Journal of Chemical Ecology* 34, no. 7 (2008): 867–81.

G. De Groof et al., "Neural correlates of behavioural olfactory sensitivity changes seasonally in European starlings," *PLOS ONE* 5, no. 12 (2010): e14337.

P. Estók et al., "Great tits search for, capture, kill and eat hibernating bats," *Biology Letters* 6, no. 1 (2010): 59–62.

D. R. Griffin, "Acoustic orientation in the oil bird, Steatornis," Proceedings of the National *Academy of Sciences* 39, no. 8 (1953): 884–93.

D. R. Griffin, "How I Managed to Explore the 'Magical' Sense of Bats," *Scientist*, October 3, 1988.

N. P. Grigg et al., "Anatomical evidence for scent guided foraging in the turkey vulture," *Scientific Reports* 7 (2017): 17408.

H. Gwinner et al., "Green plants in starling nests: Effects on nestlings," *Animal Behaviour* 59 (2010): 301–9.

J. C. Hagelin and I. L. Jones, "Bird odors and other chemical substances: A defense mechanism or overlooked mode of intraspecific communication?," *Auk* 124, no. 3 (2007): 741–61.

K. A. Hindwood, "A feeding habit of the shrike-tit," *Emu* 46 (1946): 284––85.

R. A. Holland et al., "The secret life of oilbirds: New insights into the movement ecology of a unique avian frugivore," *PLOS ONE* 4, no. 12 (2009): e8264.

G. R. Martin et al., "The eyes of oilbirds (Steatornis caripensis): Pushing at the limits of sensitivity," *Naturwissenschaften* 91, no. 1 (2004): 26–29.

R. Montgomerie and P. J. Weatherhead, "How robins find worms," *Animal Behaviour* 54, no. 1 (1997): 143–51.

G. A. Nevitt, "Sensory ecology on the high seas: The odor world of the procellariiform seabirds," *Journal of Experimental Biology* 211 (2008): 1706–13.

G. A. Nevitt and J. C. Hagelin, "Symposium overview: Olfaction in birds: A dedication to the pioneering spirit of Bernice Wenzel and Betsy Bang," *Annals of the New York Academy of Sciences* 1170, no. 1 (2009): 424–27.

G. A. Nevitt et al., "Evidence for olfactory search in wandering albatross, Diomedea exulans," *Proceedings of the National Academy of Sciences* 105, no. 12 (2008): 4576–81.

R. S. Payne, "Acoustic location of prey by barn owls (Tyto alba)," *Journal of Experimental Biology* 54 (1971): 535–73.

S. Potier et al., "Sight or smell: Which senses do scavenging raptors use to find food?," *Animal Cognition* 22, no. 1 (2019): 49–59.

J. C. Slaght et al., "Global Distribution and Population Estimate of Blakiston's Fish Owl," in *Biodiversity Conservation Using Umbrella Species: Blackiston's Fish Owl and the Red-Crowned Crane*, ed. F. Nakamura (New York: Springer, 2018): 9–18.

J. C. Slaght et al., "Ecology and Conservation of Blakiston's Fish Owl in Russia," in Biodiversity Conservation Using Umbrella Species: Blackiston's Fish Owl and the Red− − − Crowned Crane, ed. F. Nakamura (New York: Springer, 2018): 47–70.

K. E. Stager, "The role of olfaction in food location by the turkey vulture (Cathartes aura)," Los Angeles County Museum Contributions in Science 81 (1964): 3–63.

M. S. Stoddard and R. Prum, "Evolution of avian plumage color in a tetrahedral color space: A phylogenetic analysis of New World buntings," American Naturalist 171, no. 6 (2008): 755–76.

D. Sustaita et al., "Come on baby, let's do the twist: The kinematics of killing in loggerhead shrikes," Biology Letters 14, no. 9 (2018).

C. Tedore and D.−−E. Nilsson, "Avian UV vision enhances leaf surface contrasts in forest environments," Nature Communications 10 (2019): 239.

R. W. Van Buskirk and G. A. Nevitt, "The influence of developmental environment on the evolution of olfactory foraging behavior in procellariiform seabirds," Journal of Evolutionary Biology 21, no. 1 (2008): 67–76.

A. von Humboldt, Personal Narrative of a Journey to the Equinoctial Regions of the New Continent: Abridged Edition, trans. and ed. Jason Wilson (New York: Penguin Classics, 1996).

H. Weimerskirch et al., "Use of social information in seabirds: Compass rafts indicate the heading of food patches," PLOS ONE 5, no. 3 (2010): e9928.

S.−−Y. Yang et al., "Stop and smell the pollen: The role of olfaction and vision of the oriental honey buzzard in identifying food," PLOS ONE 10, no. 7 (2015): e0130191.

5 불타는 도구

L. Aplin, "Culture and cultural evolution in birds: A review of the evidence," Animal Behaviour 147 (2019): 179–87.

P. Barnard, "Foraging site selection by three raptors in relation to grassland burning in a montane habitat," African Journal of Ecology 25, no. 1 (1987): 35–45.

M. Bonta et al., "International fire− spreading by 'firehawk' raptors in northern Australia," Journal of Ethnobiology 37, no. 4 (2017): 700–18.

N. J. Emery and N. S. Clayton, "Effects of experience and social context on prospective caching strategies by scrub jays," Nature 414, no. 6862 (2001): 443–46.

D. C. Gayou, "Tool use by green jays," Wilson Bulletin 94 (1982): 595–96.

C. Green, "Use of tool by orange− winged sitella," Emu 71, no. 1 (1972): 185–86.

R. Gruber et al., "New Caledonian crows use mental tool representations to solve metatool problems," Current Biology 29, no. 4 (2019): 686–92.

J. N. Hobbs, "Use of tools by the white− winged chough," Emu 71, no. 2 (1971): 84–85.

T. J. Hovick et al., "Pyric− carnivory: Raptor use of prescribed fires," Ecology and Evolution 7, no. 21 (2017): 9144–50.

B. Kenward et al., "Development of tool use in New Caledonian crows: Inherited action patterns and social influences," Animal Behaviour 72, no. 6 (2006): 1329−43.

J. S. Marks and C. S. Hall, "Tool use by bristle− thighed curlews feeding on albatross eggs," Condor 94, no. 4 (1992): 1032−34.

F. F. Marón et al., "Increased wounding of southern right whale (Eubalaena australis) calves by kelp gulls (Larus dominicanus) at Península Valdés, Argentina," PLOS ONE 10, no. 10 (2015): 1−20.

A. Skutch, The Minds of Birds (College Station, TX: Texas A& M University Press, 1996).

A. M. P. von Bayern et al., "Compound tool construction by New Caledonian crows," Scientific Reports 8, no. 1 (2018): 15676.

6 개미 추종자들

M. Araya-Salas et al., "Spatial memory is as important as weapon and body size for territorial ownership in a lekking hummingbird," Scientific Reports 8, no. 2001 (2018): doi:10.1038/s41598-018-20441-x.

H. J. Batcheller, "Interspecific information use by army-ant-following birds," Auk 134, no. 1 (2017): 247−55.

J. C. Bednarz, "Cooperative hunting Harris' hawks (Parabuteo unicinctus)," Science 239, no. 4847 (1988): 1525−27.

S. Boinski and P. E. Scott, "Association of birds with monkeys in Costa Rica," Biotropica 20, no. 2 (1988): 136−43.

J. Chaves-Campos, "Ant colony tracking in the obligate army ant-following antbird Phaenostictus mcleannani," Journal of Ornithology 152, no. 2 (2011): 497−504.

J. Chaves-Campos, "Localization of army-ant swarms by ant-following birds on the Caribbean slope of Costa Rica: Following the vocalization of antbirds to find the swarms," Ornitologia Neotropical 14, no. 3 (2003): 289−94.

J. Chaves-Campos et al., "The effect of local dominance and reciprocal tolerance on feeding aggregations of ocellated antbirds," Proceedings of the Royal Society B 276, no. 1675 (2009): 3995−4001.

L. G. Cheke and N. S. Clayton, "Mental time travel in animals," Wiley Interdisciplinary Reviews: Cognitive Science 1, no. 6 (2010): doi.org/10.1002/wcs.59.

N. S. Clayton and A. Dickinson, "Episodic-like memory during cache recovery by scrub-jays," Nature 395, no. 6699 (1998): 272−78.

M. A. W. Hornsby et al., "Wild hummingbirds can use the geometry of a flower array," Behavioural Processes 139 (2017): 33−37.

C. J. Logan et al., "A case of mental time travel in ant-following birds?," Behavioral Ecology 22, no. 6 (2011): 1149−53.

A. E. Martínez et al., "Social information cascades influence the formation of mixed-species foraging aggregations of ant-following birds in the Neotropics," Animal Behaviour 135 (2018): 25−35.

S. O'Donnell, "Evidence for facilitation among avian army-ant attendants: Specialization and species associations across elevations," Biotropica 49, no. 5 (2017): 665−74: doi.org/10.1111/btp.12452.

S. O'Donnell et al., "Specializations of birds that attend army ant raids: An ecological approach to cognitive and behavioral studies," *Behavioural Processes* 91 (2012): 267–74.

F. Otto, "5 Things to Know About Being Bitten by a Viper," Drexel University News Blog, December 21, 2015.

D. J. Pritchard and S. D. Healy, "Taking an insect-inspired approach to bird navigation," *Learning and Behavior* 46, no. 1 (2018): 7–22.

T. Suddendorf and M. C. Corballis, "The evolution of foresight: What is mental time travel, and is it unique to humans?," *Behavioral and Brain Sciences* 30, no. 3 (2007): 299–351.

M. B. Swartz, "Bivouac checking, a novel behavior distinguishing obligate from opportunistic species of army-ant-following birds," *Condor: Ornithological Applications* 103, no. 3 (2001): 629–33.

J. Tooby and I. DeVore, "The Reconstruction of Hominid Behavioral Evolution Through Strategic Modeling," in *The Evolution of Human Behavior: Primate Models*, ed. W. G. Kinzey (Albany: State University of New York Press, 1987): 183–237.

J. M. Touchton and J. N. M. Smith, "Species loss, delayed numerical responses, and functional compensation in an antbird guild," *Ecology* 92, no. 5 (2011): 1126–36.

J. M. Touchton and M. Wikelski, "Ecological opportunity leads to the emergence of an alternative behavioural phenotype in a tropical bird," *Journal of Animal Ecology* 84, no. 4 (2015): 1041–49.

E. Tulving, "Episodic memory: From mind to brain," *Annual Review of Psychology* 53 (2002): 1–25.

E. O. Willis, *The Behavior of Ocellated Antbirds* (Washington, DC: Smithsonian Institution Press, 1973).

E. O. Wilson, *A Window on Eternity, A Biologist's Walk Through Gorongosa National Park* (New York: Simon & Schuster, 2014).

E. O. Willis and Y. Oniki, "Birds and army ants," *Annual Review of Ecology and Systematics* 9 (1978): 243–63.

P. H. Wrege et al., "Antbirds parasitize foraging army ants," *Ecology* 86, no. 3 (2005): 555–59.

놀기

7 놀 줄 아는 새

J. E. C. Adriaense et al., "Negative emotional contagion and cognitive bias in common ravens (Corvus corax)," *PNAS* 116, no. 23 (2019): 11547–52.

A. C. Bent, *Life Histories of North American Jays, Crows, and Titmice* (Mineola, NY: Dover, 1964).

K. Bobrowicz and M. Osvath, "Cognition in the fast lane: Ravens' gazes are half as short as humans' when choosing objects," *Animal Behavior and Cognition* 6, no. 2 (2019): 81–97.

A. Bond and J. Diamond, *Thinking Like a Parrot: Perspectives from the Wild* (Chicago: University of Chicago Press, 2019).

T. Bugnyar et al., "Ravens attribute visual access to unseen competitors," *Nature*

Communications 7, no. 10506 (2016): doi: 10.1038/ncomms10506.

T. Bugnyar et al., "Ravens judge competitors through experience with play caching," *Current Biology* 17, no. 20 (2007): 1804–8.

G. M. Burghardt, "Defining and Recognizing Play," article in the *Oxford Handbook of the Development of Play* (Oxford: Oxford University Press, 2012).

N. J. Emery and N. S. Clayton, "Do birds have the capacity for fun?," *Current Biology* 25, no. 1 (2015): R16–R20.

M. S. Ficken, "Avian play," *Auk* 94 (1977): 573–82.

E. H. Forbush and John Bichard May, A Natural History of American Birds of Eastern and Central North America (New York: Bramhall House, 1955).

K. Groos, *The Play of Animals*, trans. Elizabeth L. Baldwin (New York: D. Appleton and Company, 1898).

E. Gwinner, "Über einige Bewegungsspiele des Kolkraben," *Zeitschrift für Tierpsychol* 23 (1966): 28–36.

B. Heinrich, *Mind of the Raven* (NY: HarperCollins, 1999).

B. Heinrich, "Why do ravens fear their food?", *The Condor* 90 (1988): 950–52.

J. Hutto, *Illumination in the Flatwoods: A Season with the Wild Turkey* (Guilford, CT: Lyons and Burford, 1995).

I. Jacobs et al., "Object caching in corvids: Incidence and significance," *Behavioural Processes* 102 (2014): 25–32.

C. Kabadayi and M. Osvath, "Ravens parallel great apes in flexible planning for tool-use and bartering," *Science* 357, no. 6347 (2017): 202–4.

M. L. Lambert et al., "Birds of a feather? Parrot and corvid cognition compared," *Behaviour* 156, nos. 5–8 (2018): 508–94.

R. Miller et al., "Differences in exploration behaviour in common ravens and carrion crows during development and across social context," *Behavioral Ecology and Sociobiology* 69, no. 7 (2015): 1209–20.

E. P. Moreno-Jiménez et al., "Adult hippocampal neurogenesis is abundant in neurologically healthy subjects and drops sharply in patients with Alzheimer's disease," *Nature Medicine* 25, no. 4 (2019): 554–60.

M. Osvath and M. Sima, "Sub-adult ravens synchronize their play: A case of emotional contagion?" *Animal Behavior and Cognition* 1, no. 2 (2014): 197–205.

M. Osvath et al., "An exploration of play behaviors in raven nestlings," *Animal Behavior and Cognition* 1, no. 2 (2014): 157–65.

S. M. Pellis et al., "Is play a behavior system, and, if so, what kind?," *Behavioural Processes* 160 (2019): 1–9.

L. Riters et al., "Song practice as a rewarding form of play in songbirds," *Behavioural Processes* 163 (2017): doi.org/10.1016/j.beproc.2017.10.002.

S. M. Smith, "The behavior and vocalizations of young turquoise-browed motmots," *Biotropica* 9, no. 2 (1977): 127–30.

M. Spinka et al., "Mammalian play: Training for the unexpected," *Quarterly Review of Biology* 76, no. 2 (2001): 141–68.

D. Van Vuren, "Aerobatic rolls by ravens on Santa Cruz Island, California," *Auk* 101, no. 3 (1984): 620–21.

8 산속의 어릿광대들

J. Diamond and A. B. Bond, *Kea, Bird of Paradox: The Evolution and Behavior of a New Zealand Parrot* (Oakland: University of California Press, 1999).

G. K. Gajdon et al., "What a parrot's mind adds to play: The urge to produce novelty fosters tool use acquisition in kea," *Open Journal of Animal Sciences* 4 (2014): 51–58.

M. Goodman et al., "Habitual tool use innovated by free-living New Zealand kea," *Sci Rep.* 8, no. 1 (2018): 13935: doi:10.1038/s41598-018-32363-9.

M. Heaney et al., "Keas perform similarly to chimpanzees and elephants when solving collaborative tasks," *PLOS ONE* 12, no. 2 (2017): e0169799: doi.org/10.1371/journal.pone.0169799.

J. R. Jackson, "Keas at Arthurs Pass," *Notornis* 9, no. 2 (1960): 39–58.

G. Marriner, *The Kea: A New Zealand Problem* (Christchurch, NZ: Marriner Bros., 1908).

M. O'Hara et al., "Kea Logics: How These Birds Solve Difficult Problems and Outsmart Researchers," in *Logic and Sensibility*, ed. S. Watanabe, (Keio, Japan: Center for Advanced Research on Logic and Sensibility, 2012).

J. Panksepp, "Beyond a joke: From animal laughter to human joy?," *Science* 308, no. 5718 (2005): 62–63.

S. M. Pellis et al., "The function of play in the development of the social brain," *American Journal of Play* 2, no. 3 (2010): 278–97.

R. Schwing, "Scavenging behavior of kea (Nestor notabilis)," *Notornis* 57, no. 2 (2010): 98–99.

R. Schwing et al., "Kea (Nestor notabilis) decide early when to wait in food exchange task," *Journal of Comparative Psychology* 131, no. 4 (2017): 269–76.

R. Schwing et al., "Positive emotional contagion in a New Zealand parrot," *Current Biology* 27, no. 6 (2017): R213–R214.

R. Schwing et al., "Vocal repertoire of the New Zealand kea parrot Nestor notabilis," *Current Zoology* 58, no. 5 (2012): 727–40.

A. Wein et al., "Picture—object recognition in kea (Nestor notabilis)," *Ethology* 121, no. 11 (2015): 1059–70.

짝짓기

9 섹스

P. Abbassi and N. T. Burley, "Nice guys finish last: Same-sex sexual behavior and pairing success in male budgerigars," *Behavioral Ecology* 23, no. 4 (2012): 775–82.

D. G. Ainley, "Displays of Adélie Penguins: A Re-interpretation," (1974) in *The Biology of Penguins*, ed. B. Stonehouse, (London: Macmillan, 1975), 503–34.

N. W. Bailey and M. Zuk, "Same-sex sexual behavior and evolution," *Trends in Ecology and Evolution* 24, no. 8 (2009): 439–46.

Y. Ben Mocha and S. Pika, "Intentional presentation of objects in cooperatively breeding Arabian babblers (Turdoides squamiceps)," *Frontiers in Ecology and Evolution* (2019): doi. org/10.3389/fevo.2019.00087.

Y. Ben Mocha et al., "Why hide? Concealed sex in dominant Arabian babblers (Turdoides squamiceps) in the wild," *Evolution and Human Behavior* 39 (2018): 575–82.

T. Birkhead, "Uncovered: The Secret Sex Life of Birds," *BirdLife International*, February 13, 2018.

P. L. R. Brennan, "The Hidden Side of Sex," *Scientist*, July 1, 2014.

P. L. R. Brennan and R. Prum, "The limits of sexual conflict in the narrow sense: New insights from waterfowl biology," *Philosophical Transactions of the Royal Society* B 367, no. 1600 (2012): 2324–38.

G. M. Levick, *Antarctic Penguins: A Study of Their Social Habits* (London: William Heinemann, 1914).

G. R. MacFarlane et al., "Homosexual behaviour in birds: Frequency of expression is related to parental care disparity between the sexes," *Animal Behaviour* 80, no. 3 (2010): 375–90.

D. MacLeod, "Necrophilia among ducks ruffles research feathers," *The Guardian*, March 8, 2005.

C. W. Moeliker, "The first case of homosexual necrophilia in the mallard Anas platyrhynchos (Aves: Anatidae)," *DEINSEA* 8 (2001): 243–47.

A. P. Møller, "Copulation behaviour in the goshawk, Accipiter gentilis," *Animal Behaviour* 35, no. 3 (1987): 755–63.

N. Ota, "Are the neural mechanisms shared between singing and dancing in Blue-Capped Cordon-Bleu Finches?", Presentation at the International Ornithological Congress 2018.

N. Ota et al., "Tap dancing birds: the multimodal mutual courtship display of males and females in a socially monogamous songbird," Scientific Reports 5 (16614) (2015).

D. G. D. Russell et al., "Dr. George Murray Levick (1876–1956): Unpublished notes on the sexual habits of the Adélie penguin," *Polar Record* 48, no. 4 (2012): 387–393.

K. Swift and J. M. Marzluff, "Occurrence and variability of tactile interactions between wild American crows and dead conspecifics," *Philosophical Transactions of the Royal Society B: Biological Sciences* 373, no. 1754 (2018): 20170259.

10 목숨을 건 구애

F. J. Aznar and M. Ibáñez-Agulleiro, "The function of stones in nest building: The case of black wheatear (Oenanthe leucura) revisited," *Avian Biology Research* 1 (2016): 3–12.

A. C. Bent, *Life Histories of North American Nuthatches, Wrens, Thrashers and Their Allies* (Washington, DC: Smithsonian, 1948).

N. J. Boogert et al., "Mate choice for cognitive traits: A review of the evidence in nonhuman vertebrates," *Behavioral Ecology* 22, no. 3 (2011): 447–59.

E. H. DuVal, "Cooperative display and lekking behavior of the lance-tailed manakin (Chiroxiphia lanceolata)," *Auk* 124, no. 4 (2007): 1168–85.

E. H. DuVal, "Female mate fidelity in a lek mating system and its implications for the evolution of cooperative lekking behavior," *American Naturalist* 181, no. 2 (2013): 213–22.

R. Heinsohn et al., "Tool-assisted rhythmic drumming in palm cockatoos shares key elements of human instrumental music," *Science Advances* 3, no. 6 (2017): e1602399.

B. G. Hogan and M. C. Stoddard, "Synchronization of speed, sound and iridescent color in a hummingbird aerial courtship dive," *Nature Communications* 9, no. 1 (2018): 5260.

M. G. Lockley et al., "Theropod courtship: Large scale physical evidence of display arenas and avian-like scrape ceremony behaviour by Cretaceous dinosaurs," *Scientific Reports* 6 (2016): 18952.

E. A. Marks et al., "Ecstatic display calls of the Adélie penguin honestly predict male condition and breeding success," *Behaviour* 147, no. 2 (2010): 165– 184.

J. Moreno et al., "The function of stone carrying in the black wheateater, Oenanthe leucura" *Animal Behaviour* 47, no. 6 (1994): 1297–1309.

R. G. Prum, *The Evolution of Beauty: How Darwin's Forgotten Theory of Mate Choice Shapes the Animal World—and Us* (New York: Doubleday, 2017).

M. J. Ryan, *A Taste for the Beautiful: The Evolution of Attraction* (Princeton, NJ: Princeton University Press, 2018).

M. J. Ryan and M. E. Cummings, "Perceptual biases and mate choice," *Annual Review of Ecology, Evolution, and Systematics* 44 (2013): 437–59.

H. M. Schaefer and G. D. Ruxton, "Signal diversity, sexual selection, and speciation," *Annual Review of Ecology, Evolution, and Systematics* 46 (2015): 573–92.

E. J. Scholes et al., "Visual and acoustic components of courtship in the bird-of-paradise genus Astrapia (Aves: Paradisaeidae)," *PeerJ* 5 (2017): e3987.

11 두뇌 게임

M. Araya-Salas et al., "Spatial memory is as important as weapon and body size for territorial ownership in a lekking hummingbird," *Scientific Reports* 8, no. 2001 (2018): doi:10.1038/s41598-018-20441-x.

G. Borgia, "Complex male display and female choice in the spotted bowerbird: Specialized functions for different bower decorations," *Animal Behaviour* 49, no. 5 (1995): 1291–301.

G. Borgia and J. Keagy, "Cognitively Driven Co-option and the Evolution of Complex Sexual Displays in Bowerbirds," in *Animal Signaling and Function: An Integrative Approach*, ed. D. J. Irschick et al. (Hoboken, NJ: John Wiley and Sons, 2015), 75–109.

G. Borgia and D. C. Presgraves, "Coevolution of elaborate male display traits in the spotted bowerbird: An experimental test of the threat reduction hypothesis," *Animal Behaviour* 56, no. 5 (1998): 1121–28.

J. Chen et al., "Problem-solving males become more attractive to female budgerigars," *Science* 363, no. 6423 (2019): 166–67.

A. H. Chisholm, *Bird Wonders of Australia* (East Lansing: Michigan State University Press, 1958).

A. Cockburn, "Can't See the 'Hood for the Trees: Phylogenetic and Ecological Pattern in Cooperative Breeding in Birds," plenary lecture, IOC 2018.

A. Cockburn et al., "Superb fairy-wren males aggregate into hidden leks to solicit extragroup fertilizations before dawn," *Behavioral Ecology* 20, no. 3 (2009): 501–10.

A. H. Dalziell and A. Cockburn, "Dawn song in superb fairy-wrens: A bird that seeks extrapair copulations during the dawn chorus," *Animal Behaviour* 75, no. 2 (2008): 489–500.

J. M. Diamond, "Bower building and decoration by the bowerbird Amblyornis inornatus," *Ethology* 74, no. 3 (1987): 177–204.

J. M. Diamond, "Evolution of bowerbirds' bowers: Animal origins of the aesthetic sense," *Nature* 297 (1982): 99–102.

J. Keagy et al., "Cognitive ability and the evolution of multiple behavioral display traits," *Behavioral Ecology* 23, no. 2 (2012): 448–56.

L. A. Kelley and J. A. Endler, "How do great bowerbirds create forced perspective illusions?," *Royal Society Open Science* 4, no. 1 (2017): 160661.

D. Lack, Ecological Adaptations for Breeding in Birds (London: Chapman and Hall, 1968).

J. R. Madden, "Do bowerbirds exhibit cultures?," *Animal Cognition* 11, no. 1 (2008): 1–12.

D. J. Pritchard and S. D. Healy, "Taking an insect-inspired approach to bird navigation," *Learning & Behavior* 46, no. 1 (2018): 7–22.

D. J. Pritchard et al., "Wild hummingbirds require a consistent view of landmarks to pinpoint a goal location," *Animal Behaviour* 137 (2018): 83–94.

D. J. Pritchard et al., "Wild rufous hummingbirds use local landmarks to return to rewarded locations," *Behavioural Processes* 122 (2016): 59–66.

양육하기

12 방목 육아

M. AlRashidi et al., "The influence of a hot environment on parental cooperation of a ground-nesting shorebird, the Kentish plover Charadrius alexandrines," *Frontiers in Zoology* 7 (2010): 1–10.

I. E. Bailey et al., "Image analysis of weaverbird nests reveals signature weave patterns," *Royal Society Open Science* 2, no. 6 (2015): 150074.

R. Biancalana, "Breeding biology of the sooty swift Cypseloides fumigatus in São Paulo, Brazil," *Wilson Journal of Ornithology* 127, no. 3 (2015): 402–10.

A. J. Breen et al., "What can nest– building birds teach us?," *Comparative Cognition and Behavior Reviews* 11 (2016): 83–102.

B. L. Campbell et al., "Behavioural plasticity under a changing climate; how an experimental local climate affects the nest construction of the zebra finch Taeniopygia guttata," *Journal of Avian Biology* 49, no. 4 (2018): doi.org/10.1111/jav.01717.

A. Cockburn, "Prevalence of different modes of parental care in birds," *Proceedings B: Biological Sciences* 273, no. 1592 (2006): 1375–83.

A. Göth and D. Jones, "Ontogeny of social behaviour in the megapode Australian brush– turkey (Alectura lathami)," *Journal of Comparative Psychology* 117, no. 1 (2003): 36–43.

H. F. Greeney et al., "Trait-mediated trophic cascade creates enemy-free space for nesting hummingbirds," *Science Advances* 1, no. 8 (2015): e1500310.

L. M. Guillette and S. D. Healy, "Nest building, the forgotten behavior," *Current Opinion in*

Behavioural Sciences 6 (2015): 90−96.

L. M. Guillette et al., "Social learning in nest-building birds: A role for familiarity," *Proceedings of the Royal Society B: Biological Sciences* 283, no. 1827 (2016): 20152685.

Z. J. Hall et al., "Neural correlates of nesting behavior in zebra finches (Taeniopygia guttata)," *Behavioural Brain Research* 264, no. 100 (2014): 26−33.

Z. J. Hall et al., "A role for nonapeptides and dopamine in nest-building behaviour," *Journal of Neuroendocrinology* 27, no. 2 (2015): 158−65.

M. R. Halley and C. M. Heckscher, "Interspecific parental care by a wood thrush (Hylocichla mustelina) at a nest of the veery (Catharus fuscescens)," *Wilson Journal of Ornithology* 125, no. 4 (2013): 823−28.

R. Heinsohn et al., "Adaptive sex ratio adjustments via sex-specific infanticide in a bird," *Current Biology* 21, no. 20 (2011): 1744−47.

D. N. Jones et al., *The Megapodes* (Oxford: Oxford University Press, 1995).

D. N. Jones et al., "Presence and distribution of Australian brush-turkeys in the greater Brisbane region," *Sunbird* 34, no. 1 (2004): 1−9.

D. N. Jones, "Living with a dangerous neighbor: Australian magpies in a suburban environment," *Proceedings 4th International Urban Wildlife Symposium*, ed. Shaw et al. (2004).

D. N. Jones, "Reproduction Without Parenthood: Individual Behaviour of Male, Female and Juvenile Australian Brush-Turkeys," in *Animal Societies: Individuals, Interaction and Organisation*, eds. Peter J. Jarman and Andrew Rossiter (Kyoto: Kyoto University Press, 1994): 135−146.

J. J. Price and S. C. Griffith, "Open cup nests evolved from roofed nests in the early passerines," *Proceedings of the Royal Society* B 284, no. 1848 (2017): doi.org/10.1098/rspb.2016.2708.

D. R. Rubenstein, "Superb starlings: cooperation and conflict in an unpredictable environment," in *Cooperative Breeding in Vertebrates*, eds. W. D. Koenig and J. L. Dickinson (Cambridge: Cambridge University Press, 2016): 181−96.

M. M. Shy, "Interspecific feeding among birds: A review," *Journal of Field Ornithology* 53, no. 4 (1982): 370−93.

M. C. Stoddard et al., "Avian egg shape: Form, function and evolution," *Science* 356, no. 6344 (2017): 1249−54.

M. C. Stoddard et al., "Evolution of avian egg shape: Underlying mechanisms and the importance of taxonomic scale," *Ibis* 161 (2019): 922−25: doi.org/ 10.1111/ ibi.12755.

R. E. van Dijk et al., "Nest desertion is not predicted by cuckoldry in the Eurasian penduline tit," *Behavioral Ecology and Sociobiology* 64, no. 9 (2010): 1425−35.

K. van Vuuren et al., " 'Vicious, aggressive bird stalks cyclist': The Australian magpie (Cracticus tibicen) in the news," *Animals* 6, no 5 (2016): 29.

13 세계 제일의 탐조가

D. E. Blasi et al., "Sound-meaning association biases evidenced across thousands of languages," *PNAS* 113, no. 39 (2016): 10818−23.

W. E. Feeney, "Evidence of Adaptations and Counter-Adaptations Before the Parasite Lays Its Egg: The Frontline of the Arms Race," in *Avian Brood Parasitism: Behaviour, Ecology, Evolution and Coevolution*, ed. M. Soler (New York: Springer, 2017): 307−24.

W. E. Feeney, "'Jack-of-all-trades' egg mimicry in the brood parasitic Horsfield's bronze-cuckoo?" *Behavioral Ecology* 25, no. 6 (2014): 1365−73.

W. E. Feeney and N. E. Langmore, "Social learning of a brood parasite by its host," *Biology Letters* 9, no. 4 (2013): doi.org/ 10.1098/ rsbl.2013.0443.

W. E. Feeney and N. E. Langmore, "Superb fairy-wrens, Malurus cyaneus, increase vigilance near their nest with the perceived risk of brood parasitism," *Auk* 132, no. 2 (2015): 359−64.

W. E. Feeney et al., "Advances in the study of coevolution between avian brood parasites and their hosts," *Annual Review of Ecology, Evolution, and Systematics* 45 (2014): 227−46.

W. E. Feeney et al., "Evidence for aggressive mimicry in an adult brood parasitic bird, and generalised defences in its host," *Proceedings of the Royal Society B: Biological Sciences* 282, no. 1810 (2015): 20150795.

W. E. Feeney et al., "The frontline of avian brood parasite-host coevolution," *Animal Behaviour* 84 (2012): 3−12.

M. F. Guigueno et al., "Female cowbirds have more accurate spatial memory than males," *Biology Letters* 10, no. 2 (2014): 20140026.

H. A. Isack and H.-U. Reyer, "Honeyguides and honey gatherers: Interspecific communication in a symbiotic relationship," *Science* 243, no. 4896 (1989): 1343−46.

R. M. Kilner and N. E. Langmore, "Cuckoos versus hosts in insects and birds: Adaptations, counter-adaptations and outcomes," *Biological Reviews* 86, no. 4 (2011): 836−52.

N. E. Langmore et al., "Escalation of a coevolutionary arms race through host rejection of brood parasitic young," *Nature* 422, no. 6928 (2003): 157−60.

N. E. Langmore et al., "Learned recognition of brood parasitic cuckoos in the superb fairy−wren, Malurus cyaneus," *Behavioral Ecology* 23, no. 4 (2012): 798−805.

N. E. Langmore et al., "Visual mimicry of host nestlings by cuckoos," *Proceedings of the Royal Society B: Biological Sciences* 278, no. 1717 (2011): 2455−63.

N. E. Langmore et al., "Socially acquired host-specific mimicry and the evolution of host races in Horsfield's bronze-cuckoo Chalcites basalis," *Evolution* 62, no. 7 (2008): 1689−99.

W. Liang, "Crafty cuckoo calls," *Nature Ecology & Evolution* 1, no. 10 (2017): 1427−28.

M. I. M. Louder et al., "An acoustic password enhances auditory learning in juvenile brood parasitic cowbirds," *Current Biology* (2019): doi.org/10.1016/j.cub.2019.09.046.

M. I. M. Louder et al., "A generalist brood parasite modifies use of a host in response to reproductive success," *Proceedings of the Royal Society B: Biological Sciences* 282, no. 1814 (2015): doi.org/10.1098/rspb.2015.1615.

D. Parejo and J. M. Avilés, "Do avian brood parasites eavesdrop on heterospecific sexual signals revealing host quality? A review of the evidence," *Animal Cognition* 10, no. 2 (2007): 81−88.

E. Pennisi, "Wild bird comes when honey hunters call for help," *Science* 353, no. 6297 (2016): 335.

G. A. Ranger, "On three species of honey-guide; the greater (Indicator indicator), the lesser (Indicator minor) and the scaly-throated (Indicator variegatus)," *Ostrich* 26, no. 2 (1955): 70–87.

J. M. Rojas Ripari et al., "Innate development of acoustic signals for host parent-offspring recognition in the brood-parasitic screaming cowbird Molothrus rufoaxillaris," *Ibis* 161, no. 4 (2018): 717–19.

C. N. Spottiswoode and J. Koorevaar, "A stab in the dark: Chick killing by brood parasitic honeyguides," *Biology Letters* 8, no. 2 (2012): 241–44.

C. N. Spottiswoode and M. N. Stevens, "Host-parasite arms races and rapid changes in bird egg appearance," *American Naturalist* 179, no. 5 (2012): 633–48.

C. N. Spottiswoode et al., "Reciprocal signaling in honeyguide-human mutualism," *Science* 353, no. 6297 (2016): 387–89.

M. Stevens, "Bird brood parasitism," *Current Biology* 23, no. 20 (2013): R909–R913.

M. C. Stoddard and M. E. Hauber, "Colour, vision and coevolution in avian brood parasitism," *Philosophical Transactions of the Royal Society B: Biological Sciences* 372, no. 1724 (2017): 20160339.

M. C. Stoddard et al., "Higher-level pattern features provide additional information to birds when recognizing and rejecting parasitic eggs," *Philosophical Transactions of the Royal Society B: Biological Sciences* 374, no. 1769 (2019): 20180197.

14 마녀와 물 보일러의 공동 육아 협동조합

B. J. Ashton et al., "Cognitive performance is linked to group size and affects fitness in Australian magpies," *Nature* 554, no. 7692 (2018): 364–67.

B. J. Ashton et al., "An intraspecific appraisal of the social intelligence hypothesis," *Philosophical Transactions of the Royal Society B: Biological Sciences* 373, no. 1756 (2017): doi/ 10.1098/ rstb .2017.0288.

A. Carr, *The Windward Road: Adventures of a Naturalist on Remote Caribbean Shores* (New York: Knopf, 1956).

C. K. Cornwallis, "Cooperative breeding and the evolutionary coexistence of helper and nonhelper strategies," *Proceedings of the National Academy of Sciences* 115, no. 8 (2018): 1684–86.

W. D. Hamilton, "The genetical evolution of social behaviour. II," *Journal of Theoretical Biology* 7 (1964): 17–52.

W. D. Koenig, "What drives cooperative breeding?," *PLOS Biology* 15, no. 6 (2017): e2002965.

W. D. Koenig and R. L. Mumme, "The great egg-demolition derby," *Natural History* 106, no. 5 (1997): 32–37.

R. L. Mumme et al., "Costs and benefits of joint nesting in the acorn woodpecker," *American Naturalist* 131, no. 5 (1988): 654–77.

A. Ridley et al., "The cost of being alone: The fate of floaters in a population of cooperatively breeding pied babblers Turdoides bicolor," *Journal of Avian Biology* 3, no. 4 (2008): 389–92.

C. Riehl, "Infanticide and within-clutch competition select for reproductive synchrony in a cooperative bird," *Evolution* 70, no. 8 (2016): 1760−69.

C. Riehl and M. J. Strong, "Social living without kin discrimination: Experimental evidence from a communally breeding bird," *Behavioral Ecology and Sociobiology* 69, no. 8 (2015): 1293−99.

C. Riehl and M. J. Strong, "Stable social relationships between unrelated females increase individual fitness in a cooperative bird," *Proceedings of the Royal Society B: Biological Sciences* 285, no. 1876 (2018): doi/ 10.1098/ rspb.2018.0130.

C. Riehl et al., "Inferential reasoning and egg rejection in a cooperatively breeding cuckoo," *Animal Cognition* 18, no. 1 (2015): 75−82.

M. Taborsky et al., "The evolution of cooperation based on direct fitness benefits," *Philosophical Transactions of the Royal Society B: Biological Sciences*. 371, no. 1687 (2016): 20140474.

A. Thornton and K. McAuliffe, "Cognitive consequences of cooperative breeding? A critical appraisal," *Journal of Zoology* 295, no. 1 (2015): 12−22.

K. Wojczulanis-Jakubas et al., "Seabird parents provision their chick in a coordinated manner," *PLOS ONE* 13, no. 1 (2018): e0189969.

나가는 글

D. E. Bowler, "Long-term declines of European insectivorous bird populations and potential causes," *Conservation Biology* 33, no. 5 (2019): 1120−30.

M. L. Eng et al., "A neonicotinoid insecticide reduces fueling and delays migration in songbirds," *Science* 365, no. 6458 (2019): 1177−80.

C. M. Heckscher, "A nearctic-neotropical migratory songbird's nesting phenology and clutch size are predictors of accumulated cyclone energy," *Scientific Reports* 8, no. 9899 (2018): doi:10.1038/s41598-018-28302-3.

S. Jenouvrier et al., "The Paris agreement objectives will likely halt future declines of emperor penguins," *Global Change Biology* (2019): doi:10.1111/gcb.14864.

C. W. Rettenmeyer et al., "The largest animal association centered on one species: The army ant Eciton burchellii and its more than 300 associates," *Insectes Sociaux* 58, no. 3 (2011): 281−92.

L. Robin and R. Heinsohn, *Boom & Bust: Bird Stories for a Dry Country* (Clayton, Victoria, Australia: Csiro Publishing, 2009).

K. V. Rosenberg et al., "Decline of the North American avifauna," *Science* 366, no. 6461 (2019): eaaw1313.

역자 후기

모창의 달인, 방화범, 한량, 유괴범, 전문 사기꾼, 프로 퍼즐러, 친족살해범, 메모리 게임 고수…….

영화 「오션스」 시리즈에 나오는 등장인물들이 아니라 이 책에 나오는 새들이다. 모두 아웃라이어(outlier)들이다. 아웃라이어는 자료의 전체적인 패턴에서 크게 동떨어진 이상치를 말하는 통계 용어이다. 『새들의 방식』은 조류 세계의 분야별 아웃라이어들을 모아놓은 책이다. 그래서 이 책에 나오는 새들은 이름부터 하는 짓까지 모두 기괴하고 낯설기 짝이 없다. 비범하고 극단적인 행동으로 "평범과 한계를 정의하는 통념"을 뒤흔드는, 선을 넘는 녀석들이라고나 할까.

아웃라이어는 대체로 무시되고 제거되는 값이라는 특징이 있다. 이런 특수하고 예외적인 수치는 평균에 기반한 규칙과 모델을 세우는 데에 방해가 되기 때문이다. 그런데 이 책은 아웃라이어를 조금 다른 시각으로 소개한다. 저자는 조류 세계의 아웃라이어들에게 결코 함부로 버려서는 안 되는 중대한 의미와 상징이 있다고 말한다. 또한 무시하고 넘어가기에는 평균에서 벗어난 괴짜들이 새들의 세계에 너무 많다. (인간이 정해놓은) 규칙을 위반하고 범주에서 이탈하는 것 자체가 새들의 속성이라는 뜻이다. 그러나 한발 더 나아가 저자는 이 아웃라이어들이 사실 아웃라이어가 아닐 가능성을 제기한다. 우리가 지금까지 진짜 주류를 비주류로 잘못 알고 있었다는 말이다.

사실 동물의 세계에 대한 오해는 수없이 많다. 루시 쿡의 『오해의 동물원』에 따르면, 가을이 되면 홀연히 사라졌다가 이듬해 봄에 다시 나타나는 철새의 행방은 20세기 초가 되어서야 밝혀졌다. 그때까지 사람들은 철새가 추운 계절이면 다른 동물로 변신하거나 물속에서 동면하고 심지어 달에서 지내다가 온다고 믿었다. 『새들의 방식』에서는 암컷 새의 노래, 새의 후각과 지능, 새들의 집단 육아 등 새에 대한 수많은 오해와 편견을 바로잡는데, 그 일등 공신이 바로 아웃라이어들이다.

이 아웃라이어들은 감히 인간보다 뛰어난 능력의 소유자들로 능수능란하게 거짓말을 하고 속임수를 일삼을 뿐 아니라 인간의 언어에 버금가는 경계음을 개발하고 제대로 놀 줄 알며 극강의 구애 작전을 벌이고 심지어 프로메테우스에게 인간보다 먼저 불을 받았을지도 모른다. 이런 놀라운 능력은 인간의 면면이 진화한 과정을 이해하는 단서를 제공하므로 중요하다.

한편 새들은 인간의 시선에서 이해가 가지 않는 희한한 행동으로 의문과 오해를 산다. 이 책에서는 그 해답이 속 시원하게 공개된다. 경쟁 관계의 수컷 홍엽조들이 모여 카르텔을 형성하는 데에도, 금조 수컷이 교미의 절정에 이르렀을 때 난데없는 모창을 하는 데에도, 넓적꼬리벌새 수컷이 극한의 구애 공연을 펼치는 데에도, 오스트레일리아까치가 우체부만 공격하는 데에도, 뉴기니앵무 암컷이 갓 부화한 아들을 죽이는 데에도, 아라비아꼬리치레 커플이 최선을 다해 성행위를 숨기는 데에도 나름의 이유가 있다. 물론 아직 만족할 만한 답을 찾아내지 못한 의문들도 부지기수이고, 오늘 과학이 내린 결론이 반드시 모범답안이라고 할 수도 없다. 그러나 이 책에서 저자가 만난 사람들처럼 목숨의 위협을 받으면서도 몸을 사리지 않고 온갖 고생을 자처하는 연구자들 덕분에 우리는 어느 노과학자가 "그 답을 알게 된다면 죽어도 여한이 없을 것 같다"라고 했으나 애석하게도 끝내 답을 알지 못한 채 세상을 떠난 퍼즐의 답을 알게 되었고, 앞으로도 업데이트는 계속될 것이다.

진화는 선견지명이나 목적성, 방향성이 없는 무작위적인 과정이지만, 어떤 형질이나 행동이 진화한 데에는 이유가 있다. 자연선택이든 성선택이든 살아남는 데에 보탬이 되었기 때문에 선별되어 후손에게 전해졌다는 것이다. 더군다나 기나긴 진화의 역사를 거치며 오늘날까지 남아 있다면 거기에는 필시 그럴 만한 합리적인 이유가 있을 것이라고들 생각한다. 그런데 수십 년간 한 새를 지켜봐온 전문가들은 결국 이런 결론을 내린다. 동물들이 놀이를 하는 것은 거창한 이유가 있어서가 아니라 "그저 노는 게 좋아서 노는 것"이고, 수새의 화려한 구애 행위가 진화한 것은 그것이 수컷의 자질을 간접적으로 드러내서가 아니라 "단지 암새의 눈에 아름답게 보이기 때문"일지도 모른다고. 저자도 이렇게 거든다. "새들의 세계에 다양한 동반관계가 존재하는 데에는 생각보다 간단한 이유가 있을지도 모른다. 그저 사랑하기 때문에 사랑하는 것." 나는 저 부분을 옮기며 루이스 토머스가 "새소리는 지금까지 새들의 업무용 통신 수단으로 분석되어 음악적 요소를 건드릴 기회가 없었던 영역이지만 분명한 것은 새들의 지저귐에도 음악이 있다는 사실이다. (중략) 나는 이 새가 그저 제가 좋아서 노래한다고 생각하지 않을 수 없다. 어떨 때는 제가 음악의 거장이라도 된 양 연습에 몰두하는데 노래를 시작하다가 화성이 복잡해지는 두 번째 마디 중간쯤 왔을 때 어디가 마음에 들지 않는지 멈추었다가 처음부터 다시 시작하기도 한다"라고 쓴 글이 생각나면서 이런 이유 같지 않은 이유들이 과학에서조차 모든 것을 효용 가치로 따지게 되는 세상에서 잠시 한숨 돌리게 되는 마음의 여유를 주었다(물론 저것들 역시 뇌의 보상 체계를 자극하기 때문이라고 반박한다면 할 말은 없지만서도).

역자가 아닌 독자로서 가장 흥미로웠던 점이기도 한데, 이 책을 읽다 보면 "진화는 현재 진행중"이라는 사실을 깨닫게 될 것이다. 진화는 흔히 과거에, 그것도 억겁의 세월을 거쳐 일어난 사건으로 여겨진다. 오늘날 우리가 보는 생물의 형질들은 모두 적응과 선택을 거쳐 살아남아 영구히 굳어진 것들이라고 말이다. 하지만 『새들의 방식』에서는 우리가 관찰할 수 있을 만큼 빠른 시간 동안 바뀌고 달라지는 형질과 행동이 소개된다. 그 원동력의 하나는 새들의 뛰어난 사회적 학습 능력에 있다. 학습을 통해 행동을 변화시키고 그것이 다시 형질에까지 영향을 미친다는 것이다. 그렇다면 새들은 단순히 자연에 선택 당하는 것이 아닌 인간처럼 진화의 능동적 주체로 살아간다고 보아도 좋지 않을까.

이 책에 나오는 새들은 큰까마귀를 비롯한 소수를 제외하면 한국인들에게 잘 알려지지 않은 종들이다. 사실 한국인에게만이 아니라 모두에게 낯선 새를 소개하는 것이 저자의 의도이므로 그럴 수밖에 없다. 지금까지 학계의 중심 연구 대상이었던 북반구 온대 지방의 새들이 아닌 주류에 반기를 든 오스트레일리아 토종 새들이 이 책의 중심이다. 그래서 나는 독자들에게 조금만 적극적으로 이 책을 읽어달라고 부탁하고 싶다. 책의 부록에는 이 책에 나오는 새들의 영어 일반명을 실었다. 조금 번거롭겠지만 책을 읽으며 해당 종을 영어명으로 검색해서 이미지를 함께 보았으면 좋겠다. 그리고 유튜브에서 종의 이름과 함께 "call" 또는 "song"이라고 검색하면 새의 소리를 들을 수 있다. 이 책은 짜임새 있고 흥미로운 글만으로도 더할 나위 없이 훌륭하지만, 새의 이미지나 노랫소리를 곁들인다면 그 재미는 몇 배가 될 것이다.

저자가 발로 뛰어서 쓴 책은 대부분 재미있다. 이 책은 새에 대한 궁금증도 풀어주고 몰랐던 사실도 알려주고 경각심도 일으켜주고 편견도 고쳐주겠지만 모든 쓸모를 떠나 일단 재미가 있다. 자신이 하는 연구가 "까놓고 말해서 그냥 노는 거"라는 진짜 과학자들의 이야기는 주인공 새들만큼이나 흥미롭다. 내레이션 없는 「동물의 왕국」 영상은 나 같은 문외

한이 백날 보아도 무슨 내용인지 알 수가 없다. 이 책은 비록 인간이지만 최대한 새의 입장에서 새의 눈으로 보고 새의 귀로 듣고 새의 감각으로 느끼려는 사람들의 이야기이기도 하다. 결국 우리가 알게 되는 새들의 속사정은 그들이 죽도록 고생해서 밝혀낸 것들이다. 이 놀라운 세상을 먹기 좋게 차려놓아준 저자와 새 전문가들에게 감사한다.

2021년 늦가을
조은영

인명 색인

새 이름 색인